Jetzt helfe ich mir selbst

Motor
buch
Verlag

Einbandgestaltung: Anita Ament

Bilder/Zeichnungen: frisch CONSULTING; Friedrich Schröder; Sven Schröder; Motor-Presse Stuttgart; Bosch; Opel; Continental Teves AG; Dunlop; Hella.

Alle Angaben und Tipps in diesem Ratgeber wurden nach bestem Wissen und Gewissen erteilt. Eine Haftung der Autoren, des Verlags und seiner Beauftragten für Personen-, Sach- und Vermögensschäden ist ausgeschlossen.

Der Inhalt dieses Bands entspricht dem Kenntnisstand zum Zeitpunkt der Drucklegung. Abweichungen durch Weiterentwicklung der beschriebenen Fahrzeuge, geänderte Anweisungen des Fahrzeugherstellers bzw. neue gesetzliche Bestimmungen sind möglich.

ISBN 3-613-02429-2

Auflage 101 40 07

Herstellung: TEBITRON, 70839 Gerlingen
Druck und Bindung: Slovenská Grafia a. s.,
SK-83403 Bratislava
Printed in Slovakia

Friedrich Schröder/Sven Schröder

Opel Meriva

Ottomotoren:

1,6 Liter 8V	64 kW/ 87 PS
1,6 Liter ECOTEC	74 kW/100 PS
1,8 Liter ECOTEC	92 kW/125 PS

Dieselmotoren:

1,7 Liter DTI ECOTEC	55 kW/ 75 PS
1,7 Liter CDTI ECOTEC	74 kW/100 PS

ab Modelljahr 2003

Inhaltsverzeichnis

Ein Ratgeber stellt sich vor

»Jetzt helfe ich mir selbst« ist ein Ratgeber rund ums Auto. Er veranschaulicht Ihnen die Technik und gibt detaillierte Pflege- und Wartungstipps. Schon anlässlich kleinerer Arbeiten stellen Sie fest: Mit Unterstützung des vorliegenden Bands macht Do it yourself großen Spaß, und Sie entlasten obendrein noch Ihren Geldbeutel. Denn mit praxisgerechtem Beistand verliert manche Panne ihre Schrecken – oft reichen schon wenige Handgriffe, um ein malades Auto wieder »zu beleben«.

Ein Ratgeber mit System

Jedes Ratgeberkapitel gliedert sich in die Abschnitte Theorie, Wartung, Störungsbeistand und Reparatur.
Theorie: Hier gibt's allgemeine Informationen zu Technik und Funktionen. Neben allgemeinen Beschreibungen beinhaltet dieser Part zudem **Techniklexika** mit Hintergrundwissen zu speziellen Problemen.
Wartung: Step by Step begleiten Sie praxisgerechte Anleitungen zu allen Arbeiten. **Arbeitssymbole** verdeutlichen Ihnen den voraussichtlichen Zeitaufwand, den Schwierigkeitsgrad sowie mögliche Gefahren für Sicherheit und Umwelt. Detaillierte **Illustrationen** veranschaulichen Arbeitsabläufe und Probleme.
Reparatur: Die einzelnen **Arbeitsschritte** folgen dem gleichen Muster wie bei den Wartungsarbeiten.
Praxistipps erleichtern Ihnen die Arbeit und »entschärfen« mögliche Probleme. Der Reparaturteil beinhaltet mitunter auch einen **Störungsbeistand**. Darin sind mögliche Störungen, deren Ursachen und Abhilfen aufgelistet. Technikthemen und Störungsbeistände erschließen Sie gleichermaßen in der Inhaltsübersicht und dem Stichwortverzeichnis. Das Inhaltsverzeichnis enthält zudem Hinweise auf Wartungs- und Reparaturarbeiten der verschiedenen Baugruppen: Jeweils zu Beginn eines neuen Kapitels finden Sie eine Übersicht zu allen Wartungs- und Reparaturarbeiten. Die entsprechenden Seitenangaben entbinden Sie von lästiger Sucherei.

Wartung

Reparatur

***Jeweils zu Beginn eines neuen Kapitels:** Übersicht der Wartungs- und Reparaturarbeiten. Die Seitenangaben führen direkt zu den Arbeitsschritten.*

Die Bauteile des Motors

Motorblock. Hier sind die beweglichen Teile gelagert. Er besteht bei vielen Motoren aus Grauguss. Der Motorblock trägt auch Aggregate wie Lichtmaschine, Anlasser und Zündanlage.

Zylinderkopf. Schließt den Zylinder nach oben ab. Er enthält Kanäle für Frisch- und Abgas, Ventilsitze, Lager und Führungen für Teile der Ventilsteuerung, Zündkerzengewinde, Wasserkanäle und Brennraum.

***Technik populär auf den Punkt gebracht:** Jedes Techniklexikon greift knappe und präzise Infos zu Begriffen, Funktionen und Zusammenhängen auf.*

Arbeitsschritte   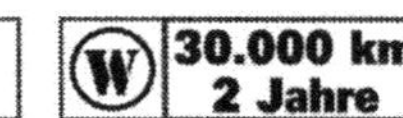

1 Ansauggeräuschdämpfer abbauen. Beim Diesel: Luftansaugleitung abbauen. Bei allen Motoren: elektrische Steckverbindungen lösen.

2 Sechs Schrauben der Zylinderkopfhaube lösen und Haube vorsichtig abnehmen. Sitzt der Deckel fest, lösen Sie ihn durch Schläge mit Handballen oder Hammerstiel.

3 Für die Messung von Ein- und Auslassventil eines Zylinders müssen beide Ventile entlastet sein. Dazu den Motor durchdrehen, bis an der Nockenwelle die Spitzen beider Nocken von Zylinder 1 (in Fahrtrichtung rechts) symmetrisch nach links und rechts oben zeigen (OT-Markierung beachten). Diese Position entspricht dem Oberen Totpunkt.

***Step by Step zum Erfolg:** In den »Arbeitsschritten« erfahren Sie, wie und wo Sie »den Hebel anzusetzen haben« und was zu berücksichtigen ist.*

Kühlsystem

Störungs-beistand

Störung	*Ursache*	*Abhilfe*
A Temperatur-Anzeigenadel steht im roten Bereich	**1** Keilrippenriemen zu schwach gespannt oder gerissen	Riemenspannung kontrollieren oder Riemen ersetzen
	2 Zu wenig Flüssigkeit im Kühlsystem	Auffüllen, notfalls aus der Scheibenwaschanlage
	3 Kabel zur Temperaturanzeige hat Masseschluss	Kabel am Temperaturgeber abziehen, Zeiger muss zurückgehen, sonst Masseschluss; Kabelverlauf kontrollieren

Der ideale Pannenführer: *Der »Störungsbeistand« unterstützt Sie, um Fehler und Fehlfunktionen systematisch einkreisen zu können. Außerdem liefern wir Ihnen hier Tipps, wie Sie mögliche Störungen beheben.*

Praxistipp

Kompressions-druckluft strömt aus

Wenn Kompressionsdruckluft an einer der folgenden Stellen ausströmt, hat dies meist diese Ursachen:

- Ansaugkrümmer oder Luftfiltergehäuse: defektes Einlassventil.
- Geöffneter Kühler oder Kühlmittel-Ausgleichsbehälter: defekte Zylinderkopfdichtung.

Praxistipps für Schrauber: *Hier benennen wir kurz und knapp mögliche Fehler und deren Beseitigung.*

Kein Do it yourself innerhalb der Garantiezeit

Wenn Sie ein neueres Auto fahren, halten Sie unbedingt die Hersteller-Wartungsintervalle ein. Vor allem verzichten Sie aufs Do it yourself: Opel erfüllt Ihnen – selbst berechtigte – Garantieansprüche erfahrungsgemäß nur dann, wenn eine Vertragswerkstatt regelmäßig und rechtzeitig alle Wartungsarbeiten an Ihrem Auto erledigt hat. Das gilt übrigens auch für Garantieansprüche an Austauschaggregaten wie beispielsweise Motor oder Getriebe.

Ratgeberservice: Checklisten

Auf der vorderen und hinteren Umschlaginnenseite »finden« Sie diverse Checklisten, um Ihr Auto im Alltag, für den Winter oder die TÜV-/DEKRA-Hauptuntersuchung fit zu machen und zu halten. Die erforderlichen Checks sind mit den Seitenangaben der entsprechenden Arbeitsanleitungen ergänzt. Bevor Sie »loslegen« möchten, kopieren Sie sich einfach die entsprechende Liste als Arbeitsunterlage und haken darauf die Arbeiten kurzerhand ab.

Die Arbeitssymbole

Mit dem Umweltbaum sensibilisieren wir Sie hinsichtlich Umweltschutz. Sie finden das Symbol in schöner Regelmäßigkeit, wenn Arbeiten oder dabei anfallende »Abfälle« problematisch für die Umwelt sind.

Die Zahl der Schraubenschlüssel signalisiert den Schwierigkeitsgrad: 1 Schlüssel = leichte Arbeit; 2 Schlüssel = anspruchsvolle Arbeit; 3 Schlüssel = schwierige Arbeit.

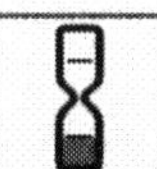

Das Uhrensymbol berücksichtigt den Zeitaufwand für durchschnittlich begabte Hobbyschrauber. Die Angaben beziehen selbstverständlich fehlende Routine und mitunter nicht »greifbares« Spezialwerkzeug ein.

Ausrufezeichen markieren grundsätzlich jene Arbeiten, die Einfluss auf die Betriebssicherheit Ihres Autos haben. Sollten Sie dabei nicht jeden Schritt aus dem Effeff beherrschen: Hände weg! Solche Arbeiten sind IMMER ein Fall für die Werkstatt.

Die Prüfplakette beziffert Vorsorgearbeiten zur Hauptuntersuchung. Wenn Sie die markierten Wartungs- und Prüfarbeiten jeweils vor dem TÜV- oder Dekra-Termin selbst durchführen, sparen Sie so manchen Euro und mitunter eine Menge an Zeit.

Die Wartungsplakette kennzeichnet jene Wartungsarbeiten, die auch Vertragswerkstätten beim kleinen und großen Kundendienst an Ihrem Auto erledigen. Alle Punkte entsprechen dem offiziellen Wartungsplan.

DER Opel Meriva

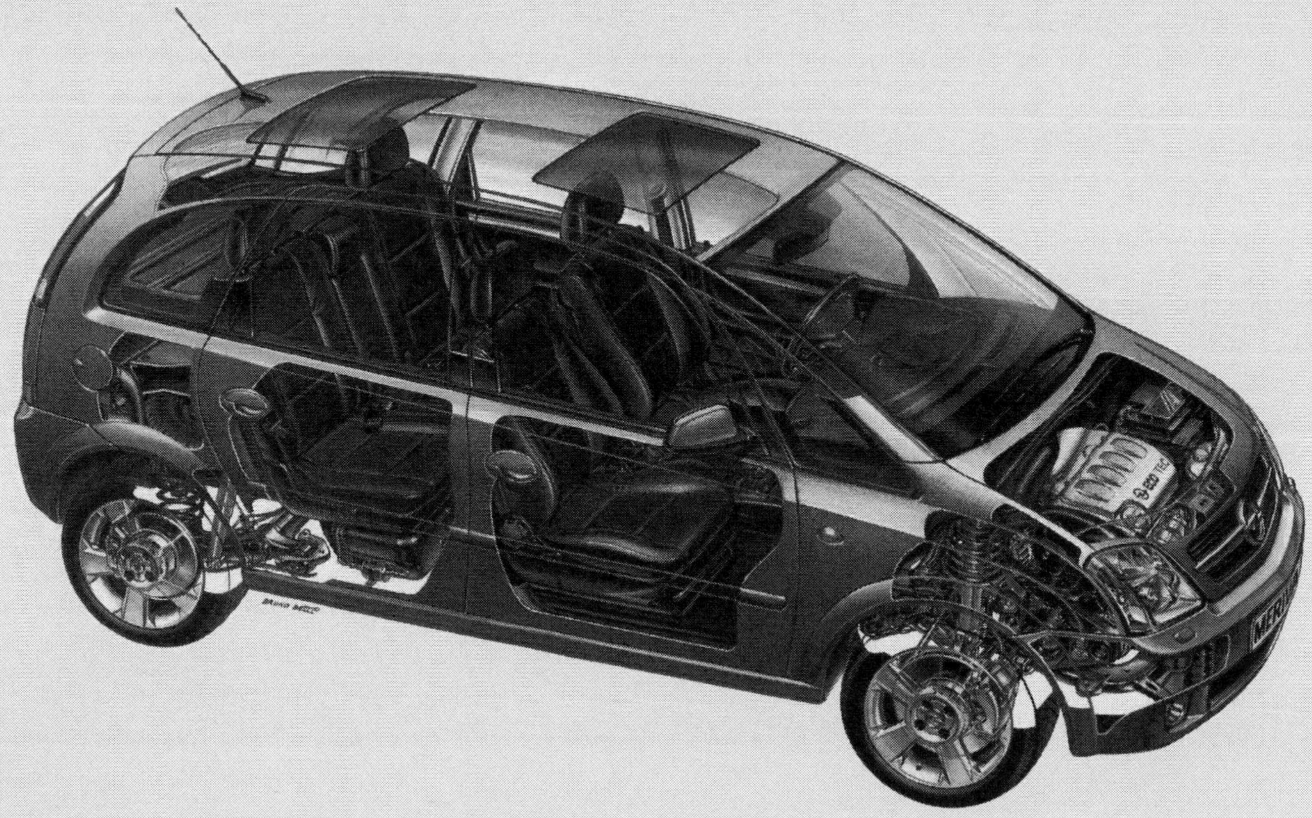

Klein und oho: *Im Segment der Kompakt-Vans kreierte Opel – mit dem Meriva – in 2003 ein völlig neues Automobil. Heute hat der Kleine längst eine treue Käuferschaft gefunden und gehört europaweit zu den gefragtesten Vertretern seiner Spezies. Unter dem Blech nutzt der Meriva einen Großteil der Corsa-C- und Astra-G-Technik, äußerlich und im Innenraum geht der Meriva dagegen eigene Wege. Sein wandlungsfähiges »FlexSpace®-Raumkonzept« ist einzigartig unter seinesgleichen, es bietet bei ausreichendem Gepäckraum bis zu fünf Personen Platz. Unter seiner Motorhaube legen sich drei moderne Otto- und zwei durchzugsstarke Dieselmotoren ins Zeug.*

Der Meriva kommt im spanischen Saragossa auf die »Autowelt«. Exakt also dort, wo auch der Corsa schon seit Jahren gebaut wird. Opel stärkt damit seine Präsenz im aktuellen Van-Segment. Denn nach dem »Traumstart« des Zafira schickt sich auch der Meriva mit Riesenschritten an, europaweit das beliebteste Auto im Kompakt-Van-Segment zu werden. Schon im ersten Produktionsjahr rollten rund 114.700 Meriva aus den Produktionshallen, rund 40 Prozent davon bevölkern deutsche Straßen. Meriva-Käufer haben hierzulande die Wahl zwischen drei Modellvarianten (»Meriva«, »Meriva Enjoy«, »Meriva Cosmo«) und fünf unterschiedlichen Motoren. Das Leistungsband der drei Ottomotoren reicht von 64 kW (87 PS) bis 92 kW (125 PS) und das der Selbstzünder von 55 kW (75 PS) bzw. 74 kW (100 PS). Obwohl die jeweiligen Ausstattungspakete schon ab Werk mit lukrativen Umfängen und fairen Preisen locken, können deutsche Käufer ihren ganz privaten »Van-Sinn« zusätzlich noch mit einer opulenten Reihe lukrativer Sonderausstattungen bzw. Zubehör ab Werk steigern: 54 Sonderausstattungen und 36 Zubehöroptionen decken nahezu jede Nische in der Nische ab.
Doch ganz unabhängig vom jeweiligen Modell- und Ausstattungsstandard, wenn's brenzlig wird, »beruhigt« jeder Meriva mit umfassender Sicherheitsausstattung. Der Kleine »überzeugt« zudem mit einem ausgewogenen Raumangebot, »glänzt« mit einem multivariablen Innenraum und einer patentierten hinteren Sitzreihe. Letztere taucht unter Nutzung des gesamten Kofferraumvolumens (1.410 Liter) komplett im Unterboden ab. Als zweisitziger Van »schluckt« der Meriva mit einer nahezu ebenen und 1.640 Millimeter langen Ladefläche auch sperriges Freizeitgepäck wie etwa Mountainbikes oder Ski. Wem das noch nicht reicht – bei umgeklapptem Beifahrersitz sind es dann 2.400 Millimeter. Durchaus vorzeigbar für einen Kompaktwagen mit gerade mal 4,04 Metern Außenlänge, 1,69 Meter Breite und 1,62 Meter Höhe.

Vorbildliche Raumökonomie und fünf Motoren zur Wahl – im Meriva selbstverständlich

Mit 4,04 Meter Länge ist der Meriva »konsequente« 27,5 Zentimeter kürzer als sein größerer Bruder der Zafira. Doch dort, wo die »Gene« für aktive Fahrsicherheit versammelt sind, trumpft der der Kleine mit DSA-Fahrwerk (**D**ynamic **S**afety **A**ction) nicht nur unter seinesgleichen wie ein Großer auf: Sein Radstand ist mit 2.630 Millimeter ohnehin alles andere als Mini und auch die Spurweite – 1.449 Millimeter an der Vorderbzw. 1.464 Millimeter an der Hinterachse – lässt den Meriva alles andere als schmächtig auf dem Asphalt kauern. Davon profitieren selbstverständlich die Fahrdynamik und der Fahrkomfort: Auf Handlingkursen, in Pylonengassen, gleichwie auf langen Urlaubsfahrten hinterlässt der Meriva einen guten Eindruck. Und das nicht nur unter seinesgleichen, sondern auch im Umfeld vergleichbarer Limousinen.
Einerlei ob »Meriva«, »Meriva Enjoy« oder »Meriva Cosmo«: Alle drei Mini-Vans nehmen jeden der fünf offerierten Motoren unter »die Haube«. Bis auf den Basistreibsatz mit acht Ventilen gründen die anderen Antriebe auf dem aktuellen ECOTEC-Stammbaum, der mittlerweile ja fast das gesamte Opel-Modellprogramm unter Dampf setzt. Wer im Meriva freilich dem Kupplungspedal ade sagen möchte, muss sich zwangsläufig auf zwei Motorvarianten beschränken: Beide Diesel bleiben außen vor – Easytronic®, so heißt das von Opel feilgebotene automatisierte Fünfgang-Schaltgetriebe, gibt's nur in Kombination mit dem 1,6-bzw. 1,8-Liter ECOTEC Ottomotor.

Auf hohem Niveau – das Torsionsverhalten der verzinkten Karosserie

Bis auf die obligatorischen Plattformgleichteile mit dem Corsa-C hat der Meriva einen völlig eigenständigen Auftritt: Opel-Techniker setzten bei der Konstruktion bis ins kleinste Detail auf die immense Datenleistung eines Großrechners. Das machte den Body nicht nur »so leicht wie möglich«, sondern in puncto Torsionsverhalten auch »so stabil wie nötig«. Der Meriva rangiert hier in guter Gesellschaft mit den Besten der Kompaktklasse. Kein Wunder, ein Großteil der Karosserie besteht aus hochfesten Stählen. Die Karosseriebleche sind zudem beidseitig verzinkt – was Opel zu einer zwölfjährigen Garantie gegen Durchrostung animiert.
Für den bestmöglichen Passagierschutz sorgen vielfältige, aufeinander abgestimmte Systeme. Der Meriva »fesselt« seine Insassen mit Automatik-Dreipunktgurten – an den Vordersitzen mit Gurtstraffern und Gurtkraftbegrenzern – sowie zwei Full-Size-Airbags, zwei Seitenairbags und Kopfairbags.
Bei einem schweren Frontalcrash »verpufft« ein Großteil der Aufprallenergie auf drei separaten »Lastpfaden«. Die Überschussenergie seitlicher Unfallgegner leiten verstärkte A- und B-Säulen, biegesteife

Schweller sowie die Türen gezielt in die Karosseriestruktur ein. Der Kraftstofftank bleibt von alledem weitgehend verschont, er ist im Bereich der hinteren Sitzbank unter dem Bodenblech platziert, den Tankeinfüllstutzen nimmt das Radhaus auf.

Detailarbeit – die Insassensicherheit

Einen Frontalcrash »entschärft« der Meriva, im Rahmen seiner Möglichkeiten, mit zwei Frontairbags im Full-Size-Format – für den Beifahrersitz gibt's optional eine Belegungserkennung per Sensormatte in der Sitzfläche. Vorteil: Der Beifahrerairbag löst nur dann aus, wenn der Sitz belegt ist. Das kann die Crashfolgekosten erheblich senken.
Seitencrashs »polstern« zwei zwölf Liter große Seitenairbags in den Rückenlehnen der Vordersitze ab. Optional »greifen« noch Full-Size-Kopfairbags sowie aktive Kopfstützen auf den vorderen Sitzen in das Unfallgeschehen ein. Im Ernstfall sind sie innerhalb weniger Millisekunden präsent.
Mögliche Bein- und Fußverletzungen minimiert auf der Fahrerseite das von Opel patentierte Pedal Release System (PRS): Bei einem schweren Frontaufprall »fallen« Brems- und Kupplungspedal aus ihren Verankerungen, um sich hernach kraft- und momentenfrei vor der Spritzwand zu »ducken«.

»Fällt« bei einem Frontalcrash in den Fußraum:
Die Meriva-Pedalerie.

Auf einen Blick – das Meriva-Modelltrio

Opel richtet das Meriva-Angebot maßgeschneidert auf die unterschiedlichsten Aufgabenstellungen einzelner Kundengruppen aus. Der GM-Mini rollt grundsätzlich als Fünftürer von den Produktionsbändern. Hier die Ausstattungsmöglichkeiten:

- Opel Meriva – »die Einstiegsklasse«
- Opel Meriva Enjoy – »die Mittelklasse«
- Opel Meriva Cosmo – »die Oberklasse«

Opel Meriva – »die Einstiegsklasse«

Ganz im Sinne einer fairen Preisgestaltung orientiert sich der Basis-Meriva konsequent am Wesentlichen. Doch das Wesentliche legt Opel schon in der Einstiegsklasse durchaus großzügig aus: Goodies wie Fahrer-, Beifahrer-, Seitenairbags, Seitenaufprallschutz, Pedal Release System, Gurtstraffer und -stopper, Dreipunkt-Automatikgurte – der Meriva hat alles an Bord. Zudem verwöhnt er unter anderem mit einem multivariablen Innenraumkonzept (FlexSpace®), einer elektrischen Servolenkung, einer höhenverstellbaren Lenksäule, Serviceintervallanzeige, einem Triple Info Display (TID), Wärmeschutzverglasung, Zentralverriegelung mit Funkfernbedienung und diversen Cupholdern. Nicht zu vergessen die elektronische Wegfahrsperre, der Drehzahlmesser, die Scheibenwischerintervallschaltung, eine Laderaumabdeckung und zwei Isofix-Kinderbefestigungen im Fond.

Opel Meriva Enjoy – »die Mittelklasse«

Zusätzlich zur Basisausstattung werten die Mittelklasse unter anderem 6"-Stahlfelgen mit 185/60 R 15-Reifen, in Wagenfarbe »gefärbte« Außenspiegel, eine klappbare Armlehne zwischen den Vordersitzen, Ablagetische an den Vordersitzrückenlehnen, ein umklappbarer Beifahrersitz, in Chrom gefasste schwarze Instrumenteneinsätze, Doppeltonhorn, elektrische Fensterheber in den Vordertüren, das Innenraumkomfortpaket mit diversen Ablagefächern, Gepäcknetz, Verzurrösen am Heckbankrücken sowie eine verschiebbare Mittelarmlehne im Fond auf.

Opel Meriva Cosmo – »die Oberklasse«

Der Oberklasse Meriva fährt als Cosmo mit 7"-Leichtmetallfelgen im 7-Speichendesign und 185/60 R 15-Reifen durch die Lande. Seine Außenspiegelgehäuse, die Türaußengriffe, der Heckklappengriff und die Seitenschutzleisten sind zudem in Wagenfarbe gefärbt.

Wohingegen die hinteren A-, B- und C-Säulen in Anthrazit erstrahlen. Der Innenraum macht voll auf »Tech-Design«: Silbergraue Dekorleisten, matt verchromte Mittelkonsole, Schaltknauf mit Chromring sowie verchromte Türinnengriffe und Handbremsknopf sorgen für unterkühlten Charme.

Wahlprogramm – die Sonderausstattungen

Von der »Qual der Wahl« befreit der Meriva mitunter schon ab Werk: Nicht alle möglichen Sonderausstattungen sind innerhalb der Motoren-, Getriebe- und Ausstattungsranges kombinierbar. Die Umfänge der offerierten Wunschausstattungen beeinflusst das freilich nur marginal. So sind die Sonderausstattungen und Zusatzpakete mitunter eine wahre Fundgrube für jene Käufer, die »ihr kleines Reich« aus der Großserie ableiten möchten.

Nicht nur Musik- und Informationsfreaks, mobile Telefonisten, Straßenkartenmuffel oder Rad/Reifengourmets – auch Käufer, die schlicht und einfach auf hochwertiges Original-Zubehör setzen, werden in den Preislisten fündig. Da bleibt ambitionierten bzw. zahlungsbereiten Do it yourselfern eigentlich nur noch wenig Schraubarbeit übrig. Dennoch: Bei diversen Optionen lohnt ein Preisvergleich im Zubehörhandel. So zum Beispiel bei Anhängerkupplung oder Dachtransportsystemen mit unterschiedlichen Aufsätzen.

Das Grundträgersystem ordern Sie jedoch besser direkt bei Ihrem Opel-Händler: Dann ist zumindest die erforderliche Sicherheitsbasis für weitere »Aufbauten« gewährleistet – zumindest bei ordnungsgemäßer Montage des Basisträgers.

Zur Palette der Sonderausstattungen gehören unter anderem ein Airbag mit Sitzbelegungserkennung, Full-Size-Kopfairbags vorne und hinten inklusive aktiver Kopfstützen vorne, ESP, Geschwindigkeitsregler, Scheinwerferreinigungsanlage, Xenon-Scheinwerfer, Diebstahlwarnanlage und diverse Metallic-Farbtöne. Meriva-Eigner mit Sinn für bezahlbaren Luxus werten ihren »Kleintransporter« mit einer Klimaanlage (AC), einem Zusatzheizer oder einem Navigationssystem auf. Natürlich gibt's auch elektrische Fensterheber mit Tippfunktion, beheizbare Außenspiegel, Nebelscheinwerfer oder Lederausstattung, Parkpilot oder beheizbare Einzelsitze gegen »Bares«. Frischluftfans weht der Wind auf Sonderwunsch durch ein transparentes Schiebe-/Ausstelldach um die Nase.

Die Meriva-Motoren – ab 75 PS »ökonomisch mobil« und mit 125 PS »flott unterwegs«

Als einziger »Otto« trägt der Z16 SE (1,6-Liter 87 PS) nicht das ECOTEC-Label, alle anderen Motoren »schmückt« das Anhängsel ECOTEC. Die Auswahl reicht vom sparsamen Y17 DT mit 55 kW (75 PS) aus 1,7-Liter Hubraum bis hin zum sportlichen Z18 XE mit 92 kW (125 PS) aus 1,8-Liter Hubraum. Der mittlere Benziner (Z16 XE) bringt's auf 74 kW (100 PS), er liegt damit auf gleichem Niveau wie der direkt eingespritzte Diesel (Z17 DTH). Alle Meriva-Antriebe sind abgasseitig auf der Höhe der Zeit – alle Ottomotoren sowie der Z17 DTH erfüllen die Euro 4-Grenzwerte, dem »kleineren« Selbstzünder attestiert der Gesetzgeber Euro 3.

Z16 SE – 1.598 cm³ Hubraum, 64 kW (87 PS) Leistung / 5.400 min.$^{-1}$

Seinen letzten Großserienauftritt hatte der Z16 SE im Astra G – freilich in einer leicht modifizierten Variante mit höherem Verdichtungsverhältnis. Hier wie dort macht der Z16 SE einen eher unauffälligen Job – technische Höchstleistungen sind seine Sache nicht. Doch

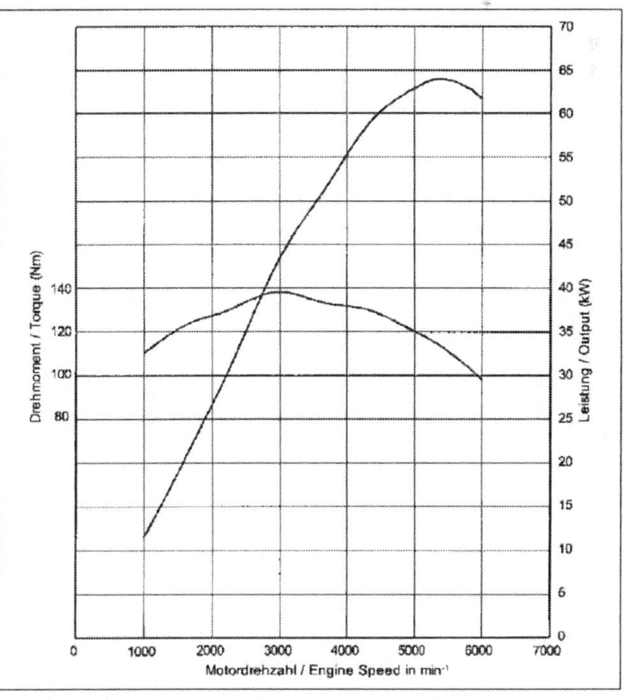

»Wellenförmig«: Der Drehmomentverlauf (138 Nm bei 3.000 min.$^{-1}$) des Z16 SE Achtventilers mit 64 kW (87 PS) bei 5.400 min.$^{-1}$.

im Rahmen seiner Möglichkeiten gibt sich der geliftete Otto keine wirkliche Schwäche: Mit 64 kW (87 PS) bei 5.400 min.$^{-1}$ geht's im Meriva schon durchaus zügig voran. Übrigens auch dann, wenn zum Überholen nicht generell der nächst kleinere Gang zum Zuge kommt. Sein höchstes Drehmoment wuchtet der Z16 SE bei 3.000 min.$^{-1}$ ins Getriebe, an den Vorderrädern legen sich dann 138 Nm ins Zeug. 2.400 min.$^{-1}$ später sind 64 kW mobil.

Das reicht immerhin für maximal 171 km/h und für einen Sprint von Null auf 100 km/h in 14,5 Sekunden. Da fällt es kaum auf, dass dieser Motor bereits eine längere Vergangenheit auf dem Buckel hat. An der Tankstelle lässt er sich – pro 100 Kilometer – mit durchschnittlich 7,8-Liter Eurosuper füttern, und seine CO_2-Emission liegt mit 187 Gramm/km immerhin locker im Bereich von Euro 4.

ECOTEC Z16 XE – 1.598 cm³ Hubraum, 74 kW (100 PS) Leistung / 6.000 min.$^{-1}$

Gleicher Hubraum, acht Ventile und eine Nockenwelle mehr im Zylinderkopf: die konstruktiven Unterschiede des Z16 XE ECOTEC mit 74 kW (100 PS) zum Z16 SE. Doch zwischen beiden Aggregaten liegen Welten – Welten, die vor allem unter der Oberfläche, zum Beispiel im Bereich der Gaswechsel und der Elektronik, zum Tragen kommen. Der »modernere Charakter« des 16-Ventilers wird bereits nach den ersten Kurbelwellenumdrehungen offenbar, der ECOTEC klingt sonorer, er läuft mechanisch »weicher« und geht über den gesamten Drehzahlbereich kräftiger zur Sache. Schon ein Vergleich ihrer Leistungsdiagramme am grünen Schreibtisch macht deutlich: Es sind weniger die Kilowatt denn der Drehmomentverlauf des ECOTEC-Ablegers (150 Nm bei 3.600 min.$^{-1}$ gegenüber 138 Nm bei 3.000 min.$^{-1}$), der über den gesamten Leistungsbereich leichtfüßiger mit dem Gaspedal umgeht. Und das zu günstigeren Konditionen – im Durchschnitt verbrennt der ECOTEC-Motor weniger Eurosuper als sein schwächerer »Hubraumkollege«. Im Drittelmix reichen 7,5 Liter auf 100 Kilometer, bei einer Höchstgeschwindigkeit von 177 km/h ein akzeptabler Wert. Wie auch der Sprint von 0 auf 100 km/h, nach 13,5 Sekunden erledigt. Doch vor dem Steuergesetz gibt's keinen Unterschied – EURO 4. Die CO_2-Emission beträgt 179 Gramm/km.

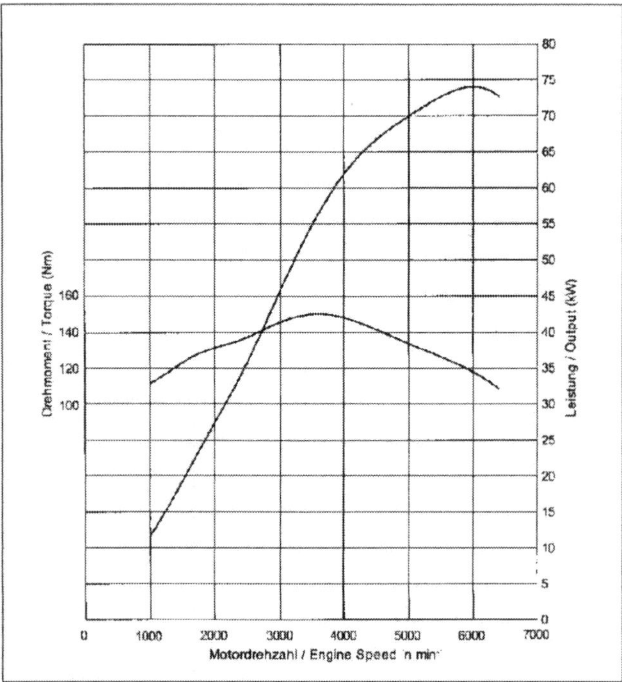

***»Standfest«:** Der Drehmomentverlauf (150 Nm bei 3.600 min.$^{-1}$) des Z16 XE ECOTEC mit 74 kW (100 PS) bei 6.000 min.$^{-1}$.*

ECOTEC Z18 XE – 1.796 cm³ Hubraum, 92 kW (125 PS) Leistung / 6.000 min.$^{-1}$

1.796 cm³ Hubraum, 165 Nm bei 4.600 min.$^{-1}$, 92 kW (125 PS) bei 6.000 min.$^{-1}$, 11,3 Sekunden von 0 auf 100

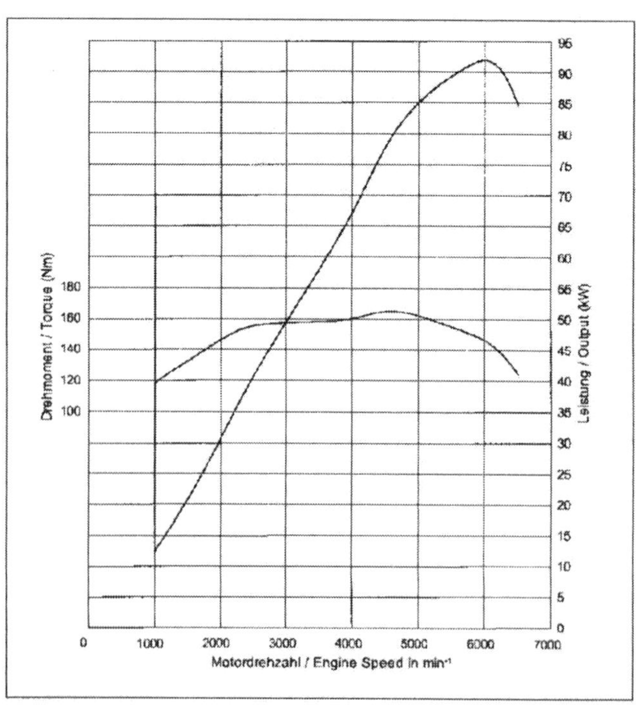

***»Stabil«:** Der Drehmomentverlauf (165 Nm bei 4.600 min.$^{-1}$) des Z18 XE ECOTEC mit 92 kW (125 PS) bei 6.000 min.$^{-1}$.*

km/h, 192 km/h Topspeed – die lebhaften Eckdaten des Mini-Van mit Z18 XE Motor. Der »Kraftwagen« trumpft freilich weniger als Sprinter denn als quicklebendiger Mittelstreckler auf – souveräne Gelassenheit ist eher sein Ding als nervöse Leistungsspitzen. Gut so, denn wenn es dann mal richtig zur Sache gehen muss, beispielsweise bei Überholmanövern auf Landstraßen, hat der Z18 XE immer noch ein paar solide Newtonmeter und Kilowatt in petto. In dieser Hinsicht ähnelt der Kleine seinen großen Artgenossen. Nicht so an der Tanksäule – ihm reichen für 100 Kilometer durchschnittlich 8,2 Liter Eurosuper. Seinen Auspuff verlassen pro Kilometer 196 Gramm CO_2.

ECOTEC Y17 DT – 1.686 cm³ Hubraum, 55 kW (75 PS) Leistung / 4.400 min.⁻¹

Mit einem Drittelmix von 5,4 Liter auf 100 Kilometer bleibt der Meriva mit dem Y17 DT-Selbstzünder »locker« unter sechs Liter/100 km. Dabei legen sich seine 55 kW (75 PS) bei 4.400 $min.^{-1}$ vom Stand weg relativ willig ins Zeug: 17 Sekunden dauert's von 0 auf 100 km/h, in der Stunde rennen sie maximal 161 Kilometer weit. Die Kraft »fließt flexibel« ins Getriebe – zwischen 1.800 und 3.000 $min.^{-1}$ liegen 165 Nm an der Schwungscheibe an. Die CO_2-Emission beträgt 146 g/km.

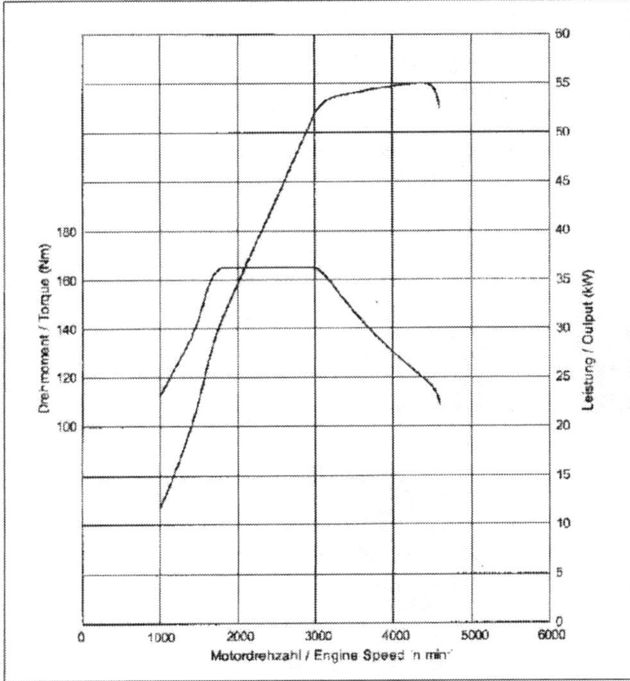

»Geradlinig«: Der Drehmomentverlauf (165 Nm zwischen 1.800 – 3.000 $min.^{-1}$) des Y17 DT-ECOTEC mit 55 kW (75 PS) bei 4.400 $min.^{-1}$.

ECOTEC Z17 DTH – 1.686 cm³ Hubraum, 74 kW (100 PS) Leistung / 4.400 min.⁻¹

Mit geringerem Durst (5,3 Liter/100 km) und identischem Hubraum lässt der Z17 DTH mit 74 kW (100 PS/4400 $min.^{-1}$) seinen schwächeren Bruder ohne Ladeluftkühler ziemlich alt aussehen. Bereits bei 2.300 $min.^{-1}$ wuchtet er »gekühlte« 240 Nm an sein Schwungrad. Das reicht, um beim Beschleunigen oder Überholen die Tachonadel im fünften Gang noch munter zu bewegen. Bei 178 km/h findet der Vortrieb ein Ende – aus dem Stand bis 100 km/h nimmt sich der 74-kW-Selbstzünder 13,4 Sekunden Zeit. Vom »Treibhausgas« CO_2 emittiert der Z17 DTH 143 g/km.

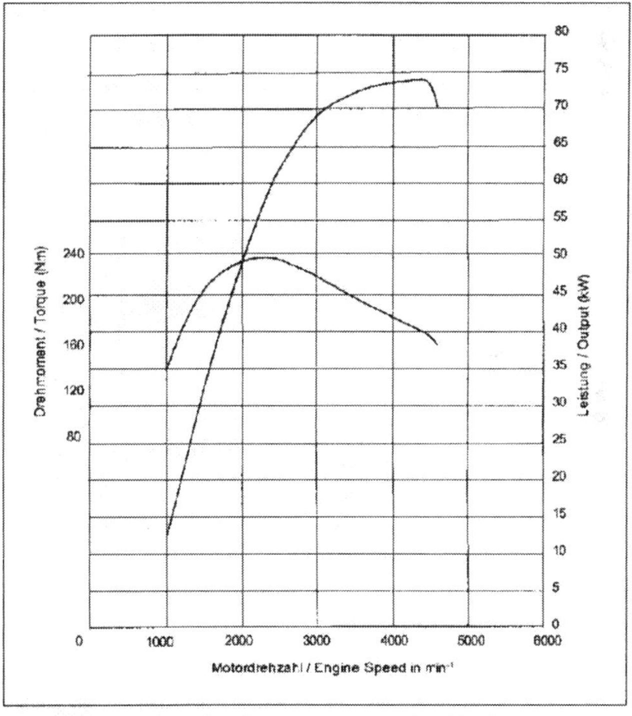

»Hochprozentig«: Der Drehmomentverlauf (240 Nm bei 2.300 $min.^{-1}$) des Z17 DTH-ECOTEC mit 74 kW (100 PS) bei 4.400 $min.^{-1}$.

So können Sie kombinieren – der Meriva und seine Motoren

	1,6l 8V 64 kW/87 PS	1,6l 16V 74 kW/100 PS ECOTEC	1,8l 16V 92 kW/125 PS ECOTEC	1,7l 16V 55 kW/75 PS ECOTEC	1,7l 16V 74 kW/100 PS ECOTEC
Meriva	o	o	o	o	o
Meriva Enjoy	o	o	o	o	o
Meriva Cosmo	–	o	o	o	–

o lieferbar, – nicht lieferbar

Die Abmessungen

Stufenheck, Schrägheck, Steilheck – für Meriva-Käufer keine wirklich ernsthafte Frage: Als in der Wolle gefärbter Van kommt der kleine Opel ausschließlich mit Steilheck daher. »Kompakte« 4.042 mm Gesamtlänge sind über jeden Zweifel erhaben: Der Meriva gehört zur Spezies der Mini-Vans. Und das, obwohl er mit 1.624 mm in der Höhe, 1.694 mm in der Breite und 2.630 mm zwischen Vorder- und Hinterachse durchaus kein spartanischer »Winzling« ist. Von seinen »erwachsenen« Breiten-, Höhen- und Radstandsmillimetern profitiert der Innenraum: Fünf Erwachsene macht der Meriva mobil – bei gutem Willen auch schon 'mal auf Überlandstrecken mit erweitertem »Handgepäck«. Der Meriva-Kofferraum schluckt nach ECIE-Norm 350 Liter. Mit komplett umgelegter Rückbank finden in seinem Heck bis zu 1.410 Liter »ein Dach über dem Kopf«.

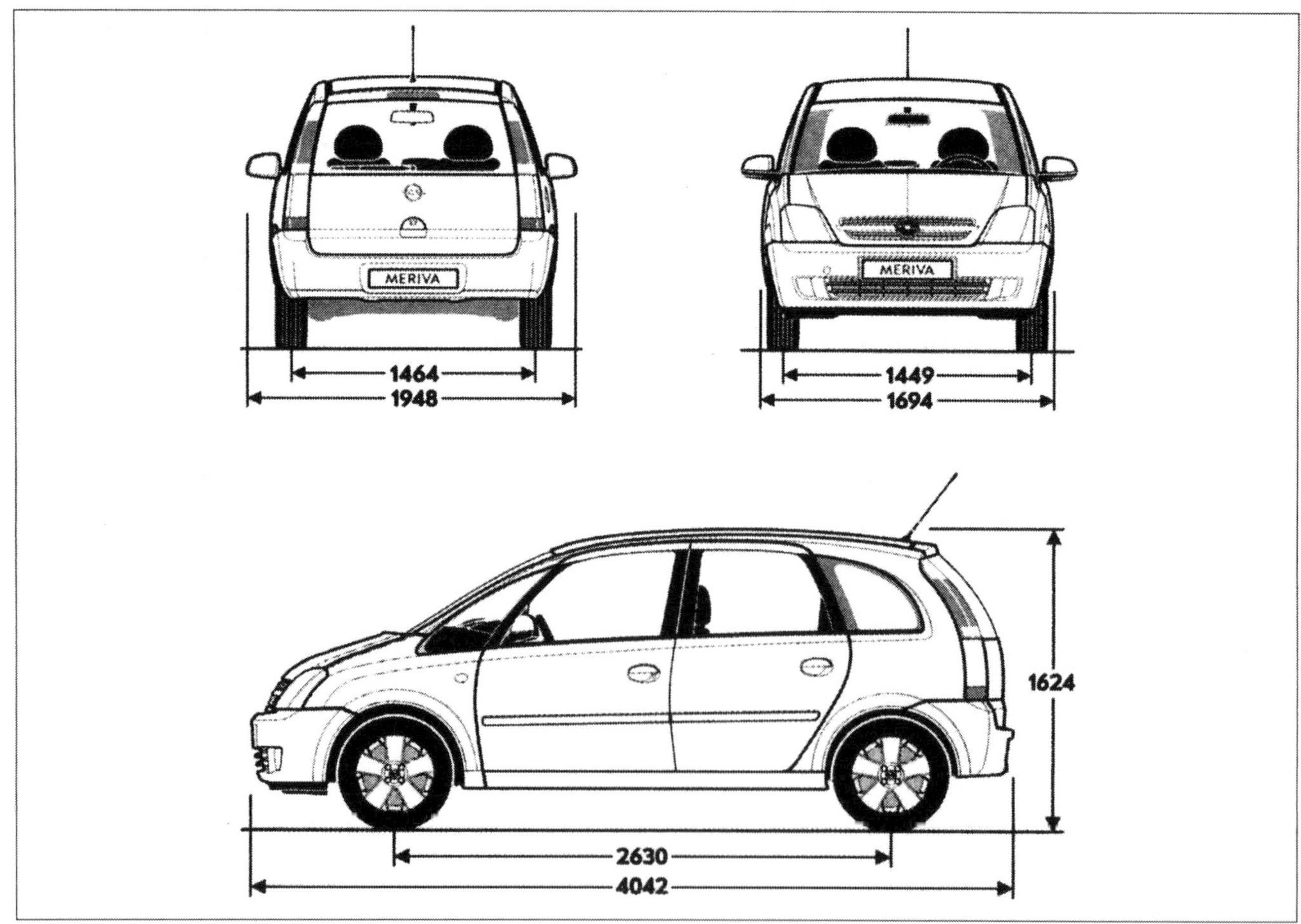

Abmessungen*: *Länge – 4.042 mm, Breite – 1.694 mm, Höhe – 1.624 mm, Radstand – 2.630 mm, Spurweite v. / h. – 1.449 / 1.464 mm.*

** bei Leergewicht mit Normalbereifung*

Modellpflege

2002
Weltpremiere des Meriva auf dem Autosalon in Paris.

2003

- Rolling out als Meriva »Essentia«, »Enjoy« und »Cosmo« mit fünf Motorvarianten (1,6-Liter 64 kW/87 PS, 1,6-Liter ECOTEC 74kW/100 PS; 1,8-Liter ECOTEC 92 kW/125 PS, 1,7-Liter DTI ECOTEC 55 kW/75 PS, 1,7-Liter CDTI ECOTEC 74 kW/100 PS).
- Vollverzinkte Karosserie mit FlexSpace®-Innenraumkonzept, ABS-Bremssystem mit Bremsassistent und elektronischer Bremskraftverteilung (EBD), DSA-Sicherheitsfahrwerk, PRS-Sicherheitspedale (auskuppelnde Pedalbox), Rammschutzträger in den Seitentüren, Sicherheitslenksäule, verstärkte Säulen und Schweller, verwindungssteife Fahrgastzelle, Traktionskontrolle (TC Plus) in Kombination mit 1,8-Liter ECOTEC und 1,7-Liter CDTI ECOTEC, Scheibenbremsen (v. innenbelüftet), Innenraumpollenfilter und Zentralverriegelung mit Funkfernbedienung.
- Sonderausstattungen: u. a. Easytronic® (automatisiertes 5.Gang-Getriebe) in Kombination mit 1,6-Liter und 1,8-Liter ECOTEC, DVD Car-Entertainment System, elektrische Fensterheber, Geschwindigkeitsregler; Diebstahlwarnanlage; elektrisches Schiebe-/Ausstelldach; Laderaumsicherheitsnetz; FCKW-freie AC; Wärmeschutzverglasung; Leichtmetallfelgen 6J x 15" / 7J x 17"; Dach-Basisträger mit diversen Trägersystemen; Xenonscheinwerfer; Mobiltelefonmontage Vorrüstung; Zusatzheizer für Dieselmotoren.

2004

- Wegfall der Modellbezeichnung »Essentia«, Basismodell heißt jetzt Meriva, allgemeine Modellpflegemaßnamen, u. a. modifizierte Getriebeabstufungen bei den Benzinern; erweiterte Sonderausstattungen.

DIE AUSRÜSTUNG

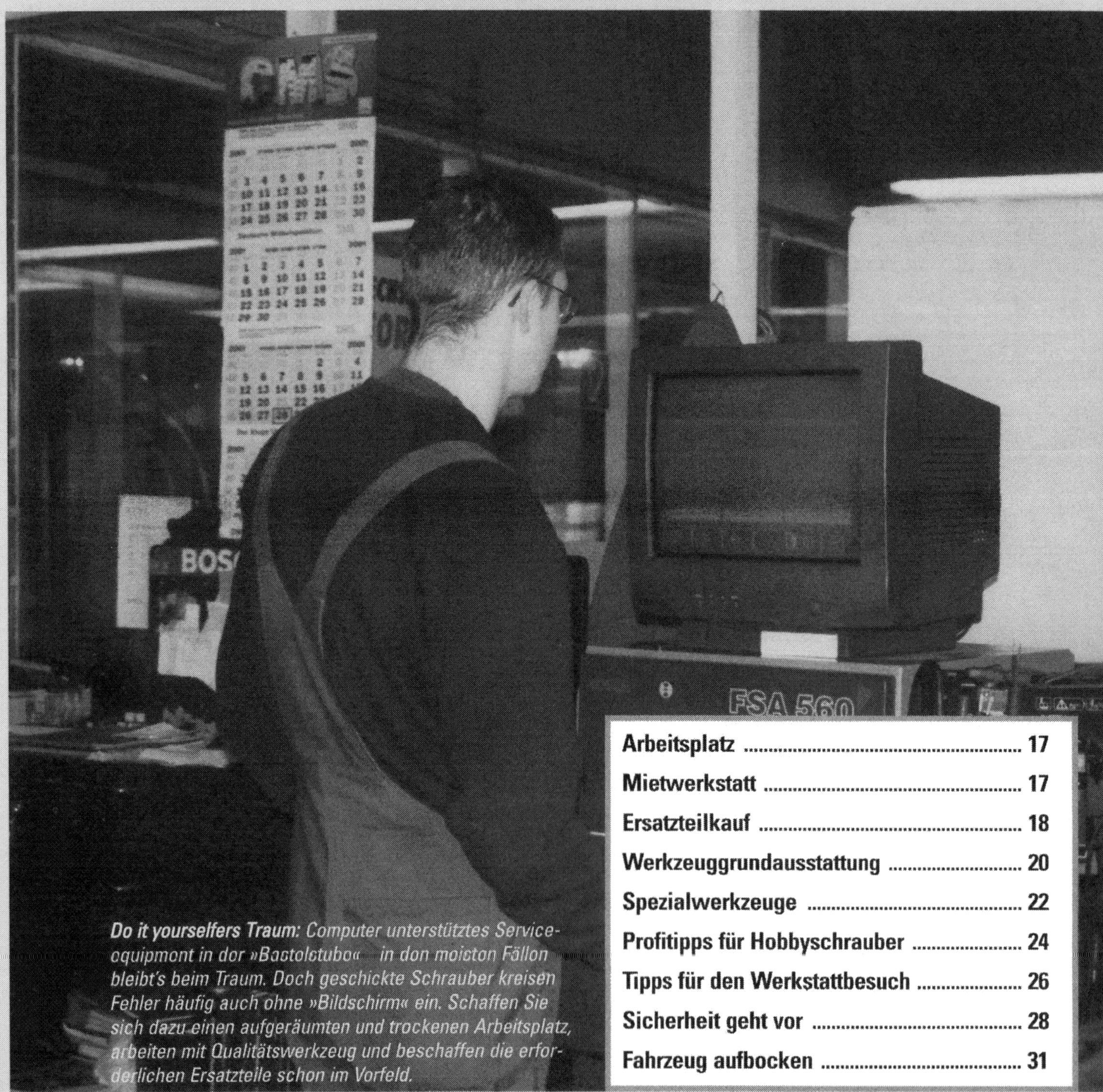

Do it yourselfers Traum: Computer unterstütztes Serviceequipment in der »Bastelstube« – in den meisten Fällen bleibt's beim Traum. Doch geschickte Schrauber kreisen Fehler häufig auch ohne »Bildschirm« ein. Schaffen Sie sich dazu einen aufgeräumten und trockenen Arbeitsplatz, arbeiten mit Qualitätswerkzeug und beschaffen die erforderlichen Ersatzteile schon im Vorfeld.

Als Hobbymechaniker benötigen Sie zunächst einen möglichst hellen und freundlichen **Arbeitsplatz**, schließlich möchten Sie sich ja voll aufs Schrauben konzentrieren. Am besten geeignet: eine ausreichend breite und hell beleuchtete Garage mit eigenem Stromanschluss. Bei gutem Wetter macht Schrauben unter freiem Himmel natürlich viel mehr Spaß. Doch achten Sie darauf, dass Sie Ihr Auto auf einer ebenen und möglichst betonierten oder gepflasterten Fläche verarzten. Außerdem – handeln Sie bei allen Arbeiten »pingelig« nach der Devise: **Safety first**.

Do it yourself unter Aufsicht – in Mietwerkstätten möglich

Für Hobbyschrauber mit überschaubarem Werkzeugsortiment sind Mietwerkstätten die wohl sinnvollste Empfehlung. Neben Hebebühnen und einer mehr oder weniger umfangreichen Spezialwerkzeugausstattung assistieren die Betreiber ihren »Gästen« häufig auch mit kompetenter Hilfestellung und fundierten Praxistipps am Objekt: Probleme sind unter fachkundiger Anleitung ohnehin leichter lösbar – egal ob es beim Schrauben oder mit dem technischen Grundwissen klemmt. Die meisten Mietwerkstätten bieten mehrere Arbeitsplätze, doch mit freien Hebebühnen ist unter der Woche eher zu rechnen als an Wochenenden: Dann nämlich greifen Hobbyschrauber besonders gern zum Schraubenschlüssel. Mietwerkstätten rechnen volle Arbeitsstunden erfahrungsgemäß zwischen 18 bis 23 Euro ab – inklusive Werkzeug. Stöbern Sie einfach mal in den gelben Seiten Ihres Telefonbuchs, im Kleinanzeigenteil Ihrer Tageszeitung, in Anzeigenblättern oder im Internet, dort finden Sie meistens einschlägige Adressen in Reichweite. Mitunter hat sogar Ihr Tankwart einen aktuellen Tipp zur »neuesten« Hobbywerkstatt in nächster Umgebung.

Gut vorbereiten – den Werkstattbesuch

Do it yourself in Mietwerkstätten lohnt freilich nur, wenn Reparaturen flott über die Bühne gehen. Denn schon kleinere Arbeiten, die Sie dort »blauäugig« erledigen möchten, können locker den Arbeitspreis von Fach- bzw. Vertragswerkstätten übersteigen – time is money und Erfahrungen sind bares Geld. Erst recht bei umfangreichen Reparaturen, die Sie zum ersten Mal selbst erledigen möchten. Allein dieser Umstand zwingt Sie förmlich zu akribischer Planung am grünen Tisch. Schließlich möchten Sie Ihren Wagen ja nicht nutzlos auf einer kostspieligen Hebebühne parken, währenddessen Sie fehlende Ersatzteile oder erforderliches Spezialwerkzeug erst noch beschaffen müssen. Dazu kommt noch der Zeitdruck derer, die Ihnen missmutig im »Nacken« sitzen, weil sie ungeduldig auf die von Ihnen blockierte Hebebühne warten: Denken Sie also schon vor der Reparatur daran, wenn Ihr Auto in einer Mietwerkstatt »zur Immobilie« wird, kostet Sie das Nerven und reichlich Bares allemal …

Praxistipp

So arbeiten Sie effektiv

- Damit Sie erst gar nicht in Versuchung kommen, Ihrem Auto eventuell »falsche« Ersatzteile unterzujubeln zu wollen, befreien Sie den Arbeitsplatz vorab von »ALLEN alten Hinterlassenschaften«.
- Legen Sie demontierte Teile grundsätzlich in der Ausbaureihenfolge ab. Das ist während der späteren Montage mehr als die halbe »Miete«.
- Kleinteile deponieren Sie besser in separaten Schachteln oder anderen Behältnissen. Nach dem Ausbau drehen Sie Schrauben gleich wieder in das entsprechende Gewinde ein. In dem Fall zumindest sind Sie sicher – ALLES sitzt an seinem angestammten Platz und das »nervende« Schraubenpuzzle findet nicht statt.
- Falls in der Nähe Ihres »Tatorts« ein Gully oder Ölabscheider installiert ist, decken Sie das Gitter ab: Gitterroste haben auf Kleinteile eine »magische Anziehungskraft«!
- Studieren Sie vor Arbeitsbeginn mitgelieferte Reparatur- oder Montageunterlagen. Halten Sie die Unterlagen auch während der Arbeit immer in Reichweite.
- Während umfangreicher Arbeiten skizzieren Sie sich entscheidende Montageschritte. Das vereinfacht die folgende Montage und erleichtert Ihnen die Fehlersuche.
- Legen Sie sich zu Arbeiten in den Radkästen, an den Stoßfängern oder unter dem Wagen nicht unüberlegt auf den nackten Boden: Eine alte Decke hält kurzzeitig die Bodenkälte von Ihren Nieren fern. Und damit auch Öl oder Feuchtigkeit keine Chance hat, isolieren Sie die Unterlage zusätzlich noch mit einer Plastikfolie.
- Sollten Sie nach der Arbeit Ölspuren auf dem Boden zurückgelassen haben, versuchen Sie fürs Erste die Flecken mit einem scharfen Haushaltsreiniger oder Geschirrspülmittel zu neutralisieren. Besser sind freilich spezielle Ölfleckentferner aus dem Zubehörhandel..

Rechtzeitig beschaffen – die Ersatzteile

Spätestens dann, wenn Sie an die Arbeit gehen, sollten sämtliche Ersatzteile »greifbar« sein. Stellen Sie schon rechtzeitig eine Ersatzteilliste zusammen, auf der alle erforderlichen Teile aufgeführt sind. Denken Sie währenddessen nicht nur an ohnehin betroffene Teile, sondern berücksichtigen auch jene Dinge (Dichtungen, Sicherungsringe, Radialwellendichtringe, selbstsichernde Muttern, Fett, flüssiges Dichtmittel, etc.), die zur Reparaturpheripherie gehören. Falls Ihnen am grünen Tisch der Durchblick fehlt, fragen Sie einen Ersatzteilverkäufer danach – er kennt die meisten Arbeitsabläufe und stellt Ihnen ein Reparaturset zusammen. Sollten Sie vorab die Reparatur nicht genau abschätzen können, legen Sie den Termin so, dass Sie für einen außerplanmäßigen Besuch beim Zubehör- oder Ihrem Opel-Händler noch genügend Zeit haben. Gehen Sie übrigens niemals davon aus, dass Ihre Vertragswerkstatt ständig alle Ersatzteile bevorratet – kalkulieren Sie Bestellzeiten ein.

Abhängig vom Nummerncode – das »richtige« Ersatzteil

Im Laufe der Produktionszeit ändert sich so manches Detail der Serienausstattung, ohne dass daraus nun gleich ein »neues Auto« entstünde. Für Do it yourselfer wichtig zu wissen: Denn häufig entscheidet nicht nur das Baujahr über das passende Ersatzteil, sondern sogar der Produktionsmonat. Folglich erleichtern Sie sich und dem Ersatzteilverkäufer die Arbeit, wenn Sie beim Kauf von vornherein den Fahrzeugschein oder die Daten des Typenschilds auf den Verkaufstresen legen. Ein geschulter Ersatzteilverkäufer erkennt aus den Nummerncodes das für Ihren Wagen passende Teil dann mühelos. Und wenn Sie als »erfahrener Zweifler« ganz auf Nummer Sicher gehen möchten, dann bringen Sie einfach das gereinigte Altteil mit.

Safety first – vergleichen Sie Original- und Fremdteile

Alle Ersatzteile, die Sie für Ihr Auto benötigen, erhalten Sie beim Vertragshändler. Doch längst nicht ALLES müssen Sie dort ordern: Der solide Zubehörhandel hält ebenfalls ein breites Angebot bereit. Mitunter »finden« Sie dort sogar Teile von Herstellern, die Opel auch in der Erstausrüstung beliefern. Vergleichen Sie also die Preise – vorausgesetzt Service, Qualität und Lieferfähigkeit sind tatsächlich vergleichbar. Risiken mit No-name-Produkten sollten Sie dagegen niemals eingehen. Die eingesparten Beträge sind oftmals nur gering und gleichen bei weitem das Sicherheitsmanko nicht aus. Sicher im Sinne von **SICHER** fahren Sie nur mit Ersatzteilen im Qualitätsmaßstab des Erstausrüsters.

Einleuchtend – billig ist nicht preisgünstig

Bei sicherheitsrelevanten Ersatzteilen ist Sparsamkeit mit »Sicherheit« fahrlässig: Bremsbeläge, Bremsschei-

***Die »Geburtsurkunde«**: Seine Typenschilder trägt der Meriva an der Beifahrer B-Säule und in der Bodengruppe neben dem Beifahrersitz, »versteckt« unter dem Bodenteppich. Alternativ können die Codes auch am inneren Radlauf im Motorraum rechts oder unterhalb der Frontscheibe links erscheinen. Die »Platten« dokumentieren das Produktionsdatum, den Fahrzeugtyp, das Gewicht, die Identifizierungsnummer sowie die Art und Herkunft der montierten Aggregate.*

ben, Bremsschläuche und -leitungen, gleichfalls Antriebswellen wie -gelenke sollten Sie grundsätzlich mit ABE-Prüfnummer in Erstausrüster- oder Originalqualität kaufen. Die meisten Billigprodukte erreichen nicht die geforderte Mindestqualität. Spätestens dann läuft Ihr Sparfaibel auf ein Vabanquespiel mit Ihrer eigenen und der Sicherheit anderer hinaus. Was nutzen Ihnen beispielsweise billige Bremsscheiben aus undurchsichtigen Herkunftsquellen, die unrund laufen und teure Folgereparaturen initiieren oder – schlimmer noch – bei einer plötzlichen Vollbremsung stante pede »verglühen«?

Opel stimmt natürlich auch die Konsistenz der Reibbeläge auf die Motorleistung, das höchstzulässige Fahrzeuggewicht und die Materialbeschaffenheit der Bremsscheiben ab. Mit originalen Bremssegmenten können Sie davon ausgehen, dass sie sich anlässlich einer Vollbremsung nicht in Rauch auflösen. Die Codenummer(n) der Originalteile sind in der »Allgemeinen Betriebserlaubnis« (ABE) notiert. Falls nach einem Unfall ein Gutachter Ihr Auto begutachten muss und dabei Belege oder Scheiben ohne ABE-Prüfnummer entdeckt, kann Ihre Kfz-Versicherung Sie regresspflichtig machen. Schauen Sie also nicht unüberlegt nur auf den Preis – Ihre Sicherheit und auch die der ANDEREN sollte Ihnen das WERT sein.

Austauschteile – eine preiswerte Alternative

Secondhand lohnt sich bei einer Reihe von Ersatzteilen. Original-Opel-Austauschteile haben die gleiche Qualität wie ein Neuteil, sind deutlich billiger und unterliegen den gleichen Garantiebestimmungen. Auch der Zubehörhandel bietet zahlreiche Austauschteile an. Bosch beispielsweise vertreibt über autorisierte Werkstätten runderneuerte Elektrik-, Brems- und Gemischaufbereitungsaggregate.

Doch wenn Sie mit ganz spitzem Bleistift rechnen, sind in vielen Fällen solide Autoverwerter gleichfalls eine gute Adresse. Das gilt zum Beispiel für Karosseriebauteile wie Türen, Stoßfänger und Motorhauben oder Scheinwerfer und Rückleuchten. Der Kauf gebrauchter Verschleißteile lohnt allerdings nur dann, wenn sie die Qualität »Ihrer alten Teile« deutlich übertreffen.

Und denken Sie daran: Bei den meisten Verwertern müssen Sie das Ersatzteil häufig noch selbst demontieren. In dem Fall klären Sie, bevor Sie den ersten Finger krümmen, auf jeden Fall den Preis ab: Das gebrauchte Teil darf allerhöchstens halb so teuer sein wie ein entsprechendes Neuteil. Und für Verschleißteile »berappen« Sie niemals mehr als ein Viertel des ursprünglichen Neupreises.

Teileeinkauf

Original-/Fremdteile	Bremsscheiben / -trommeln
Anlasser	/ -servo
Bremsschläuche	Gelenkwellen
Farben / Lack	Bremsleitungen
Glühlampen	
Keilriemen	**Austauschteile**
Generator	Anlasser
Ölfilter	Antriebs- / Gelenkwellen
Radbremszylinder / -zangen	Getriebe
Scheinwerfer	Generator
Stoßdämpfer	Kupplungsmitnehmerscheibe
Motordichtungen	Kupplungsdruckplatte
Reparaturbleche	Kurbelwelle / -nlager
Kupplung	Motorblock mit Kurbeltrieb
Zündkerzenstecker	Scheibenbremssättel
Hauptbremszylinder	Schwungscheibe
Zündkerzen	Teilmotor ohne Zylinderkopf
Zündkabel	Zylinderkopf

Mit »spitzem« Bleistift rechnen – Teil- oder Austauschmotor?

Bei kapitalen Schäden an Kurbeltrieb, Kolben und Motorblock ist der Teilmotor eine wirtschaftliche Alternative zum AT-Motor. Schließlich können Sie zur Montage fast sämtliche Aggregate von Ihrem alten Motor übernehmen. Bei jüngeren und gut erhaltenen Autos machen Austauschmotoren dagegen Sinn. Fragen Sie in Ihrer Opel-Werkstatt nach. Mitunter »schlummert« bei Ihrem Händler sogar ein passendes »Schätzchen« aus einem neuwertigen Unfalltotalschaden. Außerdem gibt's eine Reihe spezialisierter Firmen, die Ihnen komplett- oder teilüberholte Motoren anbieten – häufig sogar mit Preisnachlass bei Rückgabe Ihres ausrangierten Motors. Solide Instandsetzer arbeiten selbstverständlich nach strengen Qualitätsrichtlinien und unterfüttern ihre solide Arbeit mit Garantieleistungen ähnlich der Hersteller-Austauschteilegarantie. Ein Anschriftenverzeichnis entsprechender Betriebe erhalten Sie beim Verband der Motoren-Instandsetzungsbetriebe e.V., Christinenstraße 3, 40880 Ratingen; Telefon: 02102/44 72 22. Oder Sie laden sich die Anschriftenverzeichnisse, nach Firmen und Postleitzahlen geordnet, gleich aus dem Internet (www.vmi-ev.de) auf Ihren Rechner.

Das Werkzeug

Es liegt zwar auf der Hand, doch wir sprechen es dennoch an: Gute Arbeitsergebnisse sind nur mit vollständigem und gepflegtem Werkzeug möglich. Überprüfen Sie Ihre Ausrüstung daher vor Arbeitsbeginn: Schlechtes Werkzeug, das schon vor der ersten verrosteten Schraube kapituliert oder sich kurzerhand verbiegt, schafft Probleme und verdirbt Ihnen die Lust an der Arbeit. Achten Sie beim Werkzeugkauf auf Qualität – gutes Werkzeug hat seinen Preis und verirrt sich höchst selten auf Baumarkt- oder Kaufhauswühltischen. Ganz sicher bedient Sie der Fachhandel mit Qualitätsware. Wenn Sie nur gelegentlich selbst Hand anlegen möchten, reicht die folgende Grundausstattung allemal:

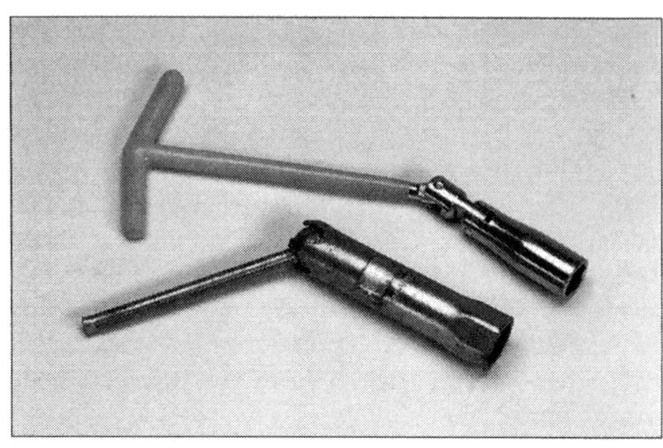

Zündkerzenschlüssel. Ein spezieller Steckschlüssel mit Gummieinsatz. Für »Vielschrauber« auch als Kerzennuss zu empfehlen.

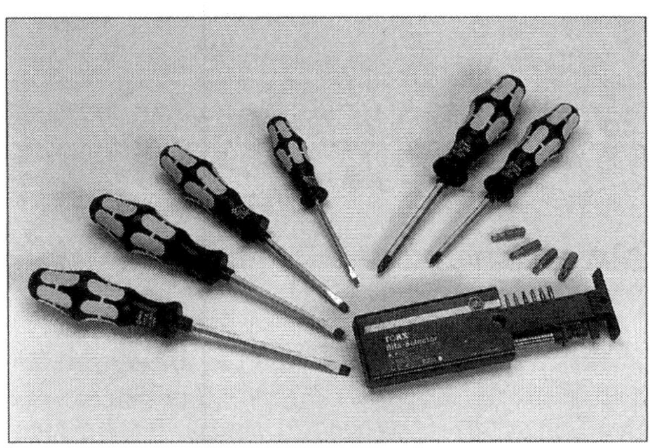

Ein Sortiment Schraubendreher mit stabilem, rutschfestem Griff für Schlitz-, Kreuzschlitz- und Torxschrauben.

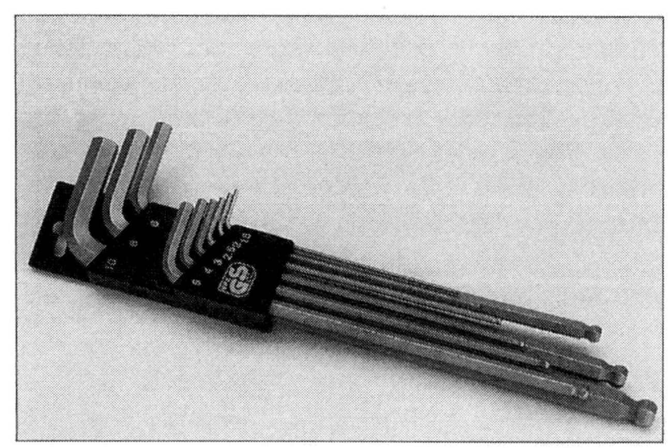

Innensechskantschlüssel (Inbusschlüssel) am Ring in den Größen 2 – 8 Millimeter.

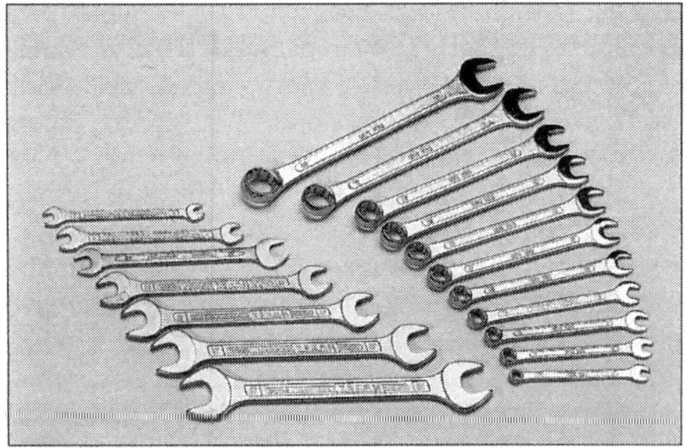

Ein Satz Gabel- und Ringschlüssel. Sinnvoll sind Doppelgabelschlüssel mit Maulweiten zwischen sechs und 19 Millimetern. Ring-/Gabelschlüssel mit den Schlüsselweiten 10, 13, 17 und 19 Millimeter sollten Sie für gekonterte Schraubverbindungen in doppelter Ausführung anschaffen.

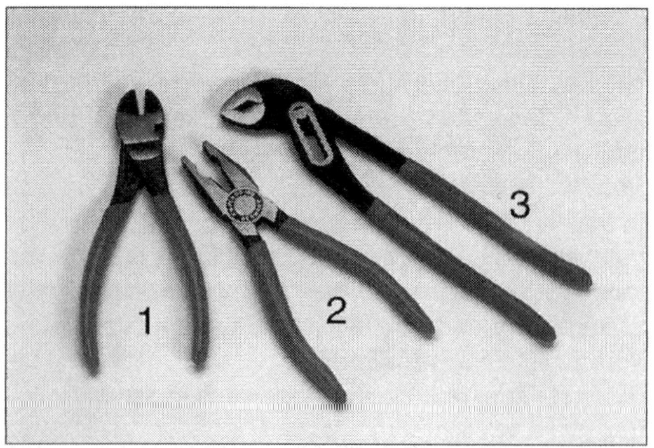

Seitenschneider 1, Kombizange 2 und Wasserpumpenzange 3 (Länge mindestens 240 mm). Damit biegen, fixieren, drehen und trennen Sie fast alle Materialien an Ihrem Auto.

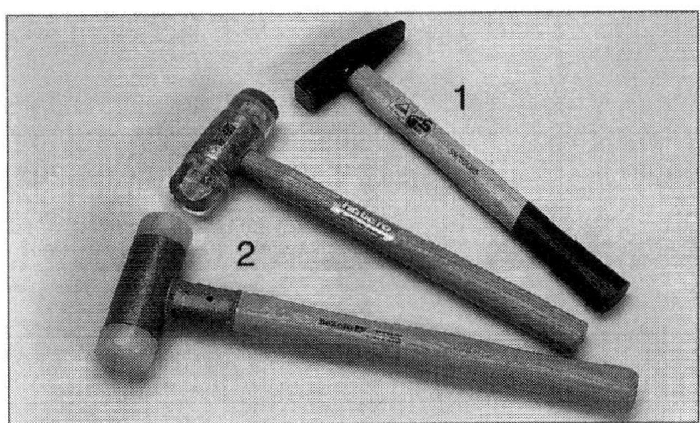

Schlosserhammer 1 (empfohlenes Gewicht ca. 300 g). Zusammen mit einem Durchschlag löst er beispielsweise festsitzende Bolzen. Empfindliche Bauteile wie Lager, gegossene oder gehärtete Teile werden mit einem Kunststoff- oder Gummihammer 2 bearbeitet.

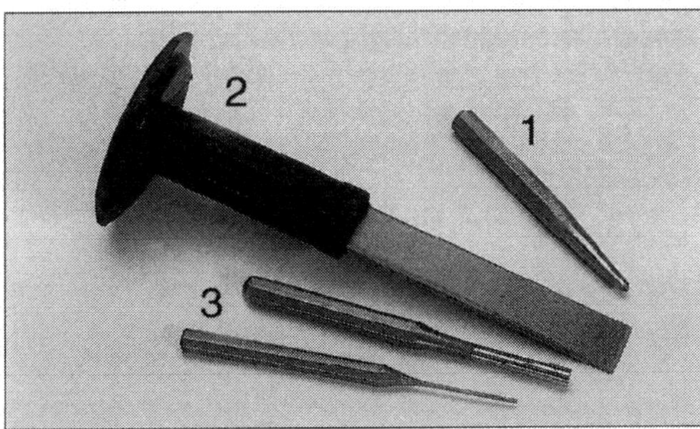

Mit einem Körner 1 schlagen Sie Bohrlöcher an. Mit einem Flachmeißel 2 (gehärtete Schneide) werden Sie zur Not auch mit deformierten oder festgerosteten Schraubverbindungen fertig. Durchschläge 3 (Durchmesser 3 und 6 mm) sind bei Montage- und Demonagearbeiten an Fahrwerk, Motor und Bremsen universell einsetzbar.

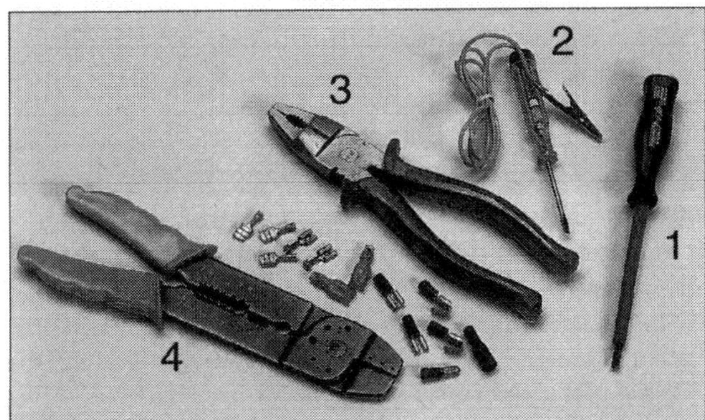

Arbeiten an Kabelbäumen oder der Elektrik setzen – als Grundausstattung – isolierte Kreuz-/Schlitzschraubendreher 1 (Größe 1, 2, 3), eine Phasenprüflampe 2 sowie eine isolierte Kombi- 3 und Quetschzange 4 voraus.

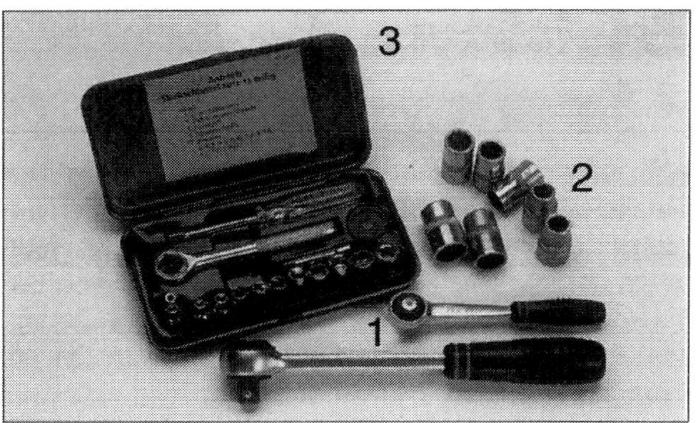

Arbeiten im Motorraum, unter dem Auto, am Fahrwerk sowie an den meisten Nebenaggregaten erledigen Sie am besten mit einer Umschaltknarre 1 (1/2-Zoll-Antrieb) und den entsprechenden Schlüsselaufsätzen (Nüsse 2). In der Regel kaufen Sie einen kompletten »Knarrenkasten« 3 (Aufsätze 10 –32 Millimeter, Gelenkstück, lange/kurze Verlängerung, Knebel) günstiger als einzelne Teile. Für Arbeiten im Innenraum ist ebenfalls ein »Knarrenkasten« sinnvoll. Hier reicht allerdings ein kleinerer 1/4-Zoll-Antrieb. Neben Kreuz-, Torx-, Schlitzschrauben und Kunststoffclips verbauen die Hersteller überwiegend Schrauben mit Schlüsselweiten (SW) 6 bis 13 Millimeter.

Praxistipp

Bordwerkzeug komplett?

Checken Sie das Bordwerkzeug Ihres Autos möglichst vor einer Havarie. Denn wenn Ihnen bei einer Panne irgendwo am Straßenrand die passenden Werkzeuge fehlen, ist die beste Grundausstattung in der Garage völlig für die Katz. Sind Bordwagenheber, Radkreuz 1, Kombizange 2, Ersatzkabel 3, Isolierband 4, Lampenset 5, Ersatzsicherungen 6, Abschleppseil 7, Starthilfekabel 8 und Taschenlampe 9 mit von der Partie? Falls nicht, sorgen Sie schnellstens dafür – im eigenen Interesse. »Auch dieses Reparaturhandbuch ist an Bord sinnvoller aufgehoben, als Zuhause im Bücherregal.«

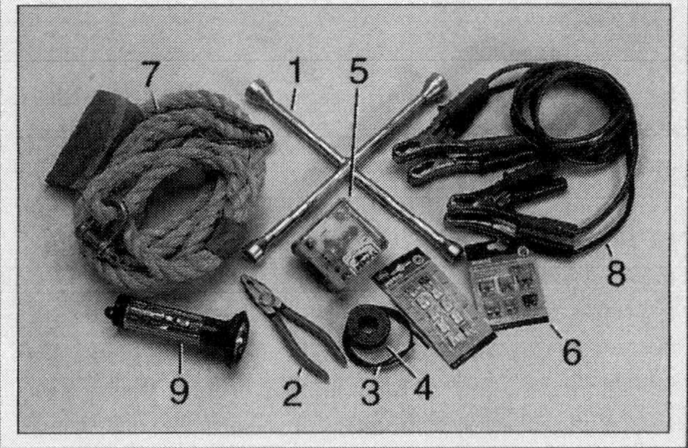

Erleichtern die Arbeit – Spezialwerkzeuge

Mit einer vernünftigen Grundausstattung erledigen Sie viele Wartungs- und Reparaturarbeiten selbst. Für einige Arbeiten brauchen Sie jedoch spezielles Werkzeug. Darüber hinaus bietet der Handel eine Reihe von Werkzeugen und Geräten an, mit denen Wartungs- und Reparaturarbeiten leichter von der Hand gehen. Was ist sinnvoll? Hier unser Vorschlag:

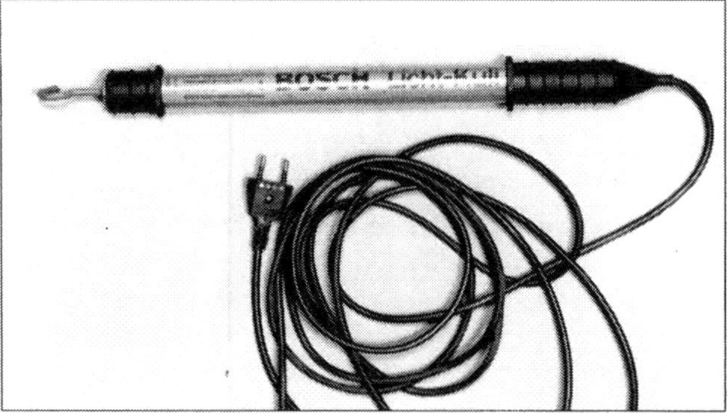

Es werde Licht: *Mit gutem Licht gehen die meisten Arbeiten schneller von der Hand. Doch längst nicht jede Lichtquelle ist gleichermaßen geeignet. Eine praktische Handstablampe – im ölresistenten und schlagsicheren Gehäuse – leistet erfahrungsgemäß die besten Dienste, erst recht, wenn Sie zu Überkopfarbeiten eine blendfreie Beleuchtung benötigen.*

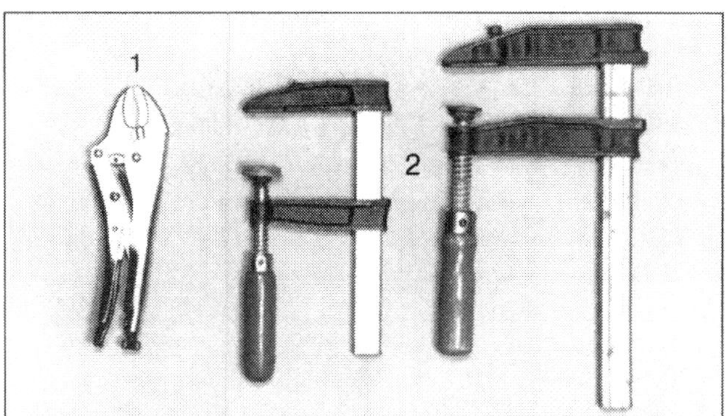

Ersetzen die »dritte Hand«: *Gripzange 1 und Schraubzwingen 2. Sobald Sie, beispielsweise zu Karosseriearbeiten, größere Bleche oder Formteile provisorisch fixieren müssen, sind besagte Klammerhilfen nahezu unentbehrlich. Schraubzwingen gibt's in allen erdenklichen Größen und Qualitäten. Gripzangen sind besonders hilfreich zum Ausrichten von kleineren Reparaturblechen, Seitenteilen oder Ersatzkotflügeln. Je nach Materialstärke können Sie die Maulweite per Spindel schnell und »passend« einstellen.*

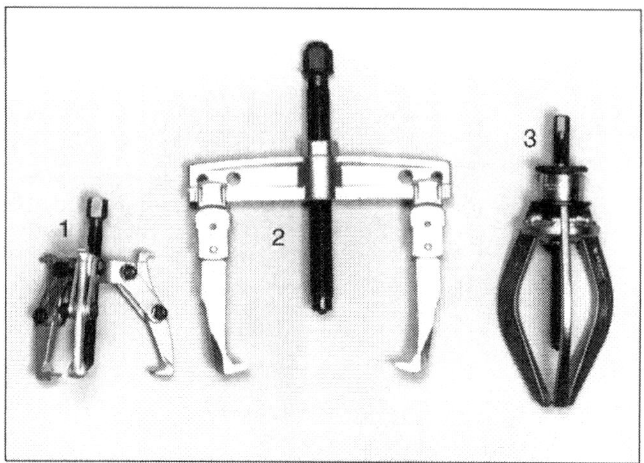

Da widerstehen weder Lager noch Naben: *Abzieher in diversen Formen und unterschiedlichen Funktionen. Wenn Sie Radlager, Achsnaben oder Spurstangenköpfe von ihrer »Umgebung« befreien müssen, kommen Sie, ohne größere Schäden an besagten Teilen anrichten zu wollen, an einem Satz Universalabzieher nicht vorbei. In ganz speziellen Fällen sind sogar Spezialabzieher die erste Wahl.*
1 Dreiklauenabzieher, 2 verstellbarer Zweiklauenabzieher, 3 Innenabzieher.

Mobillift: *Ein Rangierwagenheber bereichert die Grundausstattung einer jeden Hobbywerkstatt. Er realisiert unter anderem »kleine Rangiermanöver unter Last«. Um Schäden am Wagenboden oder anderen Hebepunkten zu vermeiden, unterfüttern Sie den Hebeausleger grundsätzlich mit einem lastverteilenden Hartholz 1. Achten Sie gleichfalls darauf, dass der Heber 2 möglichst waagerecht unter dem Anhebepunkt steht und Sie die »Liftstange« 3 nicht als »Montierhebel« oder »Presswerkzeug« missbrauchen.*

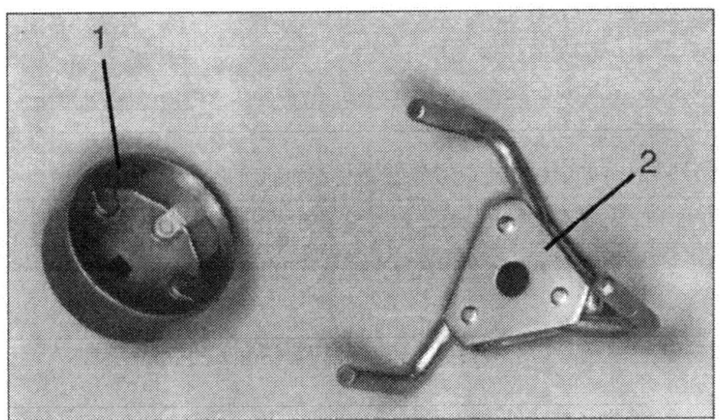

Nimmt Ölfiltergehäuse in die Zange: *Opel-Werkstätten arbeiten mit Spezialschlüsseln 1, die nur auf einen Filtertyp passen. Die drei Greifklauen des Universalschlüssels 2 »fesseln« dagegen unterschiedliche Filtergehäuse sobald Sie den Abzieher überstülpen und per Maul-, Steck- oder Inbusschlüssel losdrehen.*

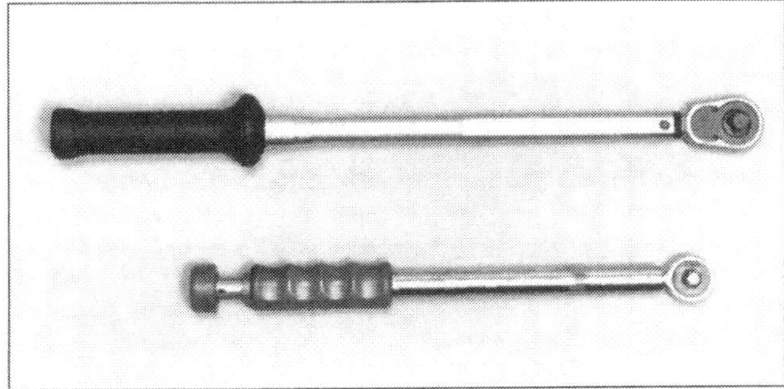

»Knackt oder verbiegt sich« programmgemäß: *Drehmomentschlüssel. Je nach Drehmomentbereichen gibt es unterschiedliche Ausführungen. Wir raten Ihnen zum Kauf eines Schlüssels mit integriertem Ratscheneinsatz und ½ Zoll Anschlussvierkant.*

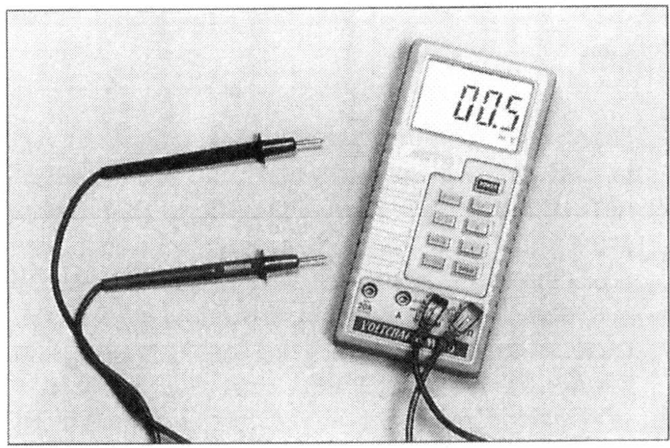

Für elektronische Bauteile unverzichtbar: *Multimeter. Ambitionierte Schrauber kommen nicht ohne Multimeter aus. Erst recht nicht, wenn sie elektronische Bauteile oder widerstandsgesteuerte Schalter inspizieren müssen.*

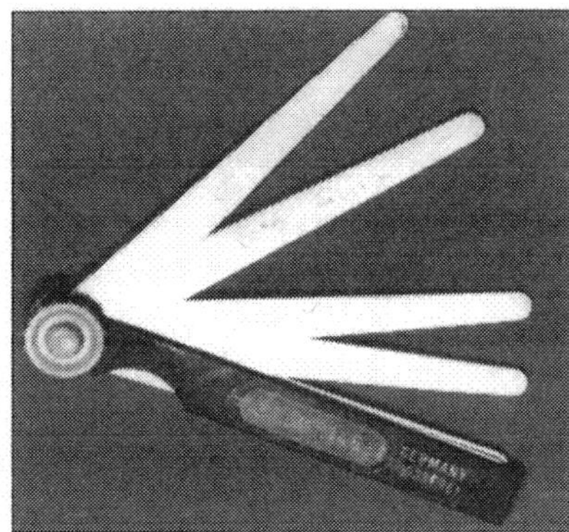

Vermisst Zwischenräume: *Fühlerblattlehre mit unterschiedlichen Messstreifen. Immer dann, wenn in diesem Band die Rede vom Spaltmaß ist, zum Beispiel beim Ventilspiel, bei ABS-Radsensoren oder kontaktlosen Geberelementen, können Sie mit einer Fühlerblattlehre das exakte Maß bestimmen. Der Messbereich guter Lehren reicht von 0,05 bis 1 mm.*

Macht müde Batterien munter: *Ein Batterieladegerät mit automatischer Ladestromregelung gehört in jede »ernsthafte« Do it yourself Werkstatt. Besonders in der kalten Jahreszeit und an vorübergehend stillgelegten Autos leistet es wertvolle Hilfe. Erst recht, wenn Sie Ihr Auto – mit diversen Bordverbrauchern – überwiegend im Kurzstreckenverkehr bewegen, kann der Generator die Batterie häufig nicht mehr bei Laune halten. Der Stromspeicher macht dann schlapp und der Anlasser bleibt stumm.*

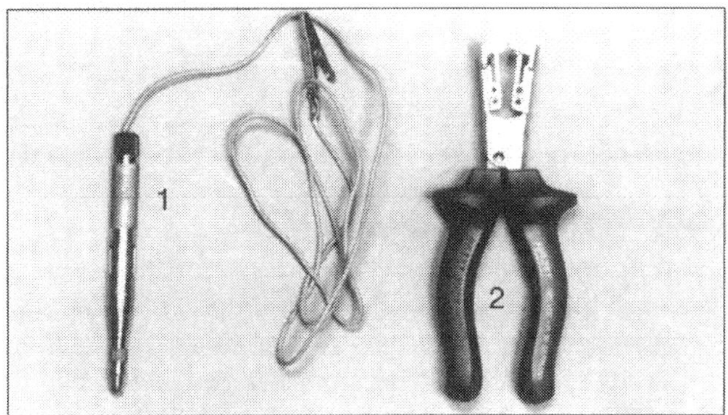

»Strippt« Kabelisolationen und signalisiert »Ströme«: *Prüflampe (Durchgangsprüfer) 1 und Abisolierzange 2. Ein »Muss« in herkömmlichen Bordnetzen und konventionellen Kabelbäumen. Für Arbeiten an diffizilen elektronischen Schaltungen weniger erforderlich.*

Erfahrungssache – Profitipps für Hobbyschrauber

So manchem Hobbyschrauber haben unlösbare oder abgerissene Schrauben das Erfolgserlebnis schon gründlich verdorben. Damit Sie nicht zu den Frustrierten gehören, geben wir ihnen an dieser Stelle ein paar Tipps und Kniffe der Profis.

Verrostete Schraubverbindungen lösen

Bevor Sie eine fest gerostete Mutter bzw. Schraube lösen, befreien Sie die überstehenden Gewindegänge von Schmutz und Rost. Andernfalls wird nämlich die Reibung auf den Gewindeflanken so groß, dass Sie die Mutter regelrecht abwürgen müssen oder Ihnen kurzerhand der Gewindebolzen abschert.

- Säubern Sie das überstehende Gewinde mit einer Drahtbürste und sprühen es anschließend mit Rostlöser ein.
- Bei Schnellrostlösern drehen Sie die Mutter sofort los, …
- … andere Rostlöser (Öl, Petroleum, Diesel, Cola, etc.) lassen Sie erst einige Zeit einwirken.

Praxistipp: Umgang mit selbstsichernden Muttern

Selbstsichernde Muttern klemmen satt auf dem Gewinde und vibrieren auch nicht los. Die Kunststoffeinlage oder eine leicht verschränkte Gewindepassage hindert sie daran. Sie sollten selbstsichernde Muttern grundsätzlich nur einmal verwenden, denn ihre Sperrwirkung lässt bei mehrfachem Gebrauch nach.

Beschädigte Muttern lösen

- Wenn Sie mit dem Gabelschlüssel eine Sechskantmutter rund gedreht haben oder die Anlageflächen bereits vom Rost zerfressen sind, ist Gewalt häufig das letzte Mittel.
- Bei kleineren Muttern hilft ab und an noch eine stabile Gripzange. Häufig »greifen« Sie damit noch den angefressenen Sechskant und lösen die Mutter dann per Zange.
- Hilft das nicht weiter, sprengen Sie die Mutter mit einem scharfen Meißel. Werkstätten »killen« widerspenstige Exemplare häufig mit einem Mutternsprenger.
- Gut zugängliche Muttern können Sie außerdem – entlang des Gewindes – mit einer Metallsäge aufsägen.

Innensechskant- und Innenvielzahnschrauben lösen

- Ehe Sie ein Werkzeug ansetzen, befreien Sie das Sackloch auf dem Schraubenkopf von jeglichem Schmutz.
- Zum Lösen solcher Schrauben eignen sich am besten Steckeinsätze mit langem Sechskant bzw. Vielzahn.
- Im Gegensatz zu gebräuchlichen Winkelschlüsseln (bei denen die Kraft immer schräg ansetzt) vertragen Steckeinsätze auf der Adapterseite auch einen Hammerschlag. Der Schlag – im Notfall sogar direkt auf den Schraubenkopf – lockert meistens die Schraube ein wenig und erleichtert das Lösen.

Praxistipp: Schraube fällt aus dem Werkzeug

Müssen Sie eine Schraube oder Mutter an einer schwer zugänglichen Stelle ansetzen, fixieren Sie vorher mit etwas Karosseriekitt, zähem Schmierfett oder einem Klebestreifen den Kopf im bzw. am Werkzeug. Dieser einfache Trick ist durchaus Nerven schonend.

Schlitz- und Kreuzschlitzschrauben lösen

- Schon nach relativ kurzer Zeit können Schrauben so fest sitzen, dass Sie einen normalen Schraubendreher damit schlichtweg überfordern. Bei Kreuzschlitzschrauben kommt erschwerend hinzu, dass der Schraubendreher auch bei starkem Gegendruck aus dem Kreuzschlitz »desertiert«. Folge: Schon nach wenigen Versuchen ist der Schraubenkopf vermurkst und die Schraube wird »Ihr Problem«.
- »Festgebackene« Schrauben versuchen Sie zunächst mit einem knackigen Hammerschlag auf den Schraubenkopf zu »bewegen«. Wenn Sie den Schraubenkopf nicht direkt mit dem Hammer erreichen, setzen Sie einen passenden Schraubendreher

mit stabilem Griff an und traktieren die Verbindung mit Schlägen auf den Griff.

- Häufig reicht das schon und die oft nur am Kopf korrodierte Schraube bricht los und lässt sich dann normal lösen.
- Bleiben Sie erfolglos, versuchen Sie Ihr Glück mit einem Schlagschrauber und dem passenden Einsatz. Schlagschrauber setzen jeden Hammerschlag an der Schraube in eine Drehbewegung um – dem widersteht praktisch keine Schraube.

Blechschrauben ausbohren

- Können Sie in einem »verhudelten« Schraubenkopf kein Werkzeug mehr ansetzen, bohren Sie die Schraube eben aus.
- Bohren Sie den Schraubenkopf zunächst mit einem entsprechend großen Bohrer ab. Großen Schraubenköpfen gehen Sie im ersten Gang mit einem kleineren Bohrer auf den »Nerv« und vollenden Ihr Werk erst dann mit einem passenden Bohrereinsatz.
- »Kopflose« Schrauben treiben Sie entweder mit einem Durchschlag aus dem Bohrloch oder drehen sie von der Rückseite mit einer Gripzange heraus.
- In besonders hartnäckigen Fällen müssen Sie freilich den gesamten Gewindebolzen mit einem Bohrer »ausschälen«. Wählen Sie den Bohrer möglichst klein, ansonsten zerstören Sie das Gewinde und das Schraubenloch wird zu groß.

Umgang mit Stehbolzen

- Stehbolzen (Gewindestange) bieten einem Schraubenschlüssel meist keine Anlagefläche. Sollten Sie keinen Stehbolzenausdreher haben, schaffen Sie auf dem Stehbolzen eine provisorische Schraubmöglichkeit.
- Schweißen Sie zum Lösen eine Mutter auf dem überstehenden Bolzengewinde fest oder Sie kontern zwei Muttern gegeneinander. Zum Lösen gekonterter Muttern setzen Sie den Schraubenschlüssel immer an der unteren Mutter an. Zum Festziehen nutzen Sie grundsätzlich die obere Mutter.

Abgerissene Schrauben ausbohren

Wichtig: Schonen Sie möglichst das Außengewinde.

- Geben Sie zunächst einen Körnerschlag exakt in die Mitte des Schraubenstumpfs und …
- … bohren ihn dann an: Bis Schraubengröße M 8 schafft das ein so genannter Kernlochbohrer. Als Kernloch wird der Durchmesser einer »rasierten« Schraube, also der Durchmesser ohne Gewindeflanken, bezeichnet. Bis zur Schraubengröße M 6 gilt die Faustregel: Gewindedurchmesser multipliziert mit 0,8. Beispiel: Verschraubung M 6 x 0,8 = Kernlochdurchmesser 4,8. Ab Schrauben > M 8 sollten Sie mit einem dünneren Bohrer vorbohren.
- Die in den Gewindegängen verbliebenen Metallreste können Sie bisweilen mit einer Reißnadel oder Stabmagneten entfernen. Falls nicht, schneiden Sie das Gewinde eben nach.

Gewinde schneiden

Leichtmetall hat eine geringere Festigkeit als etwa Stahl, dem zufolge Reißen Gewinde hier besonders leicht aus. Solange um das alte Gewinde herum noch genügend Materialsubstanz vorhanden ist, können Sie ein größeres Gewinde einschneiden. Andernfalls lassen Sie in der Fachwerkstatt eine Gewindebuchse (z. B. Heli-Coil) einsetzen. Neue Gewinde schneiden Sie in drei Stufen. Die entsprechenden Gewindeschneider heißen daher Vorschneider (ein Ring am Schaft), Mittelschneider (zwei Ringe am Schaft) und Fertigschneider (ohne bzw. drei Ringe am Schaft).

- Drehen Sie die Gewindeschneider unter ständigem Ölen nacheinander in das vorgebohrte Kernloch ein und aus.
- Um die Schneider nicht abzureißen, nehmen Sie immer nur kleine Vorwärtsdrehungen (max. 1/8 des Umfangs) vor. Drehen Sie danach den Schneider immer so weit zurück, bis die Schneidspäne abbrechen und der Schneider nicht mehr klemmt.

Schraubengröße und Drehmoment

Normalen Schrauben und Muttern reichen Standarddrehmomente. Versierte Hobbyschrauber haben bei einfachen Verschraubungen das Drehmoment im »Handgelenk«. Falls Sie jedoch Ihrem Handgelenk misstrauen, werkeln Sie mit einem Drehmomentschlüssel immer auf der sicheren Seite. Für die gebräuchlichsten Schraubverbindungen gelten folgende Drehmomente:

Gewindedurchmesser (mm)	6	8	10	12	14
Drehmoment (Nm)*	10	25	49	85	135

*Die genanntwen Drehmomente gelten nicht für Sonderschrauben und Schrauben in Leichtmetall.

Tipps für den Werkstattbesuch

Inspektion und Garantie

Praxistipp

- Anlässlich einer Inspektion checken Werkstätten in erster Linie den Zustand und die Funktion jener Baugruppen, die der Zuverlässigkeit und Sicherheit Ihres Autos dienlich sind. Falls nötig werden im Rahmen der Inspektion natürlich auch Verschleißteile ersetzt.
- Schon nach einer Laufzeit von rund 20.000 Kilometern kann unter widrigen Umständen an Bremsanlagen, Radaufhängungen, Reifen und Lenkung deutlicher Verschleiß auftreten. Mit regelmäßiger Wartung halten Sie Ihren Wagen also nicht nur fit, sondern steigern vor allem auch Ihre eigene Sicherheit.
- Opel »bittet« Ihren Wagen alle 30.000 Kilometer (Ottomotoren) bzw. alle 50.000 Kilometer (Diesel) zum Servicecheck mitsamt Ölwechsel in die Werkstatt. Die Intervalle sind jedoch grundsätzlich von der Serviceintervallanzeige abhängig und sollten spätestens nach 24 Monaten stattfinden.
- Falls Sie zu den Wenig- und überwiegend Kurzstreckenfahrern gehören, empfehlen wir Ihnen, unabhängig von allen Wartungs- und Schmiervorschriften, einen jährlichen Motorölwechsel.
- Sollten Sie einen noch relativ jungen Wagen fahren oder Ihren »Alten« gerade mit einem Austauschmotor »reanimiert« haben, halten Sie die vorgeschriebenen Wartungsintervalle unbedingt ein und verzichten aufs Do it yourself. Opel erfüllt berechtigte Garantieansprüche nämlich nur dann, wenn eine Vertragswerkstatt die anfallenden Wartungsarbeiten auch nachweisbar erledigt hat.

Anders gesagt, auch Ihr Wagen kommt an der Vertragswerkstatt nicht vorbei – zum Beispiel anlässlich der Wartungsintervalle. Auf jeden Fall jedoch so lange, wie die Neu- oder Gebrauchtwagengarantie noch greift. Im Neuzustand gilt für Ihr Auto eine Zweijahresgarantie ohne Kilometerbegrenzung. Gegen »verfaulte« Karosseriebleche übernimmt Opel eine zwölfjährige Garantie.

Nach Ablauf der Neuwagengarantie bieten Opel-Händler Ihnen eine »Exclusiv-Garantie«. Sie streckt, mit entsprechenden Verträgen, den Garantiezeitraum auf insgesamt fünf Jahre.

Die ersten 24 »Lebensmonate« Ihres Autos begleitet Opel täglich über 24 Stunden und in über 30 europäischen Ländern ohnehin mit einer kostenlosen Mobilitätsgarantie.

Das »sorglos Päckchen« umfasst Leistungen wie Pannenhilfe, Abschleppdienst, Mietwagenservice, Hotelübernachtung oder die Weiterreise per Bahn bzw. Flugzeug. Selbstverständlich können Sie den Service auch vertraglich auf sieben Jahre, respektive 120.000 Kilometer ausdehnen. Bedingung: Sie müssen hernach die Wartungstermine weiterhin exakt einhalten und Ihrem Opel-Händler übertragen.

Und wie sieht's mit der Mobilitätsgarantie bei einem Secondhand-Meriva aus? Kein Problem – Ihr Opel-Händler »versichert« auch ältere Autos.

Nicht vergessen – Werkstattauftrag präzise erteilen

Um vermeidbaren Ärger mit der Werkstatt aus dem Weg zu gehen oder wenn Ihnen einfach mal die Zeit fürs Do it yourself, die nötige Erfahrung oder teures Spezialwerkzeug fehlen, kommen Sie an der Werkstatt ohnehin nicht vorbei. In jenen Fällen haben Sie allerdings selbst großen Einfluss darauf, ob die professionelle Hilfe Ihren Vorstellungen entspricht und Sie zufrieden vom Hof fahren. Beachten Sie darum schon bei Ihrem nächsten Werkstattbesuch folgende Umgangsregeln und Tipps.

Wohin mit dem Auto – Vertrags- oder freie Werkstatt?

- Wo Sie Ihren Wagen instand setzen lassen, steht Ihnen grundsätzlich frei. Neben der Vertragswerkstatt können auch freie Werkstätten durchaus eine gute Adresse sein. Viele Reparaturen führen »Freie« mit vergleichbarer Kompetenz wie Vertragswerkstätten aus. Ölwechsel, neue Bremsbeläge, Bremsscheiben, Reifen und Stoßdämpfer sind dort häufig sogar günstiger. Achten Sie jedoch grundsätzlich darauf, dass die Werkstatt ein der Kfz-Innung angeschlossener Meisterbetrieb ist.
- Innerhalb der Garantiezeit ist Ihr Auto freilich grundsätzlich ein Fall für die Vertragswerkstatt. Das gilt für Inspektionen wie für die meisten Aggregatereparaturen. Einfache Blech- oder Lackschäden können Sie – trotzt Garantie – durchaus in Eigenregie beheben oder von einer freien Werkstatt erledigen lassen. Bei späteren Reparaturen könnte es mit der Werksgarantie allerdings kritisch werden, zumindest dann, wenn Ihre vorausgegangene Selbsthilfe die Arbeit behindern sollte.

Schriftlich formulieren – Reparaturauftrag

- Stellen Sie eine Liste der Symptome und Mängel zusammen, die Sie bemerkt haben. Gehen Sie die Liste Punkt für Punkt mit dem Werkstattmeister oder seinem Vertreter durch. Wenn Ihnen dabei etwas unklar bleibt, fragen Sie nach oder demonstrieren Sie die Mängel direkt am Fahrzeug.
- Formulieren Sie präzise Reparaturaufträge: Pauschalaufträge, wie »TÜV-fertig machen« oder »für den Urlaub herrichten«, programmieren späteren Ärger geradezu. Etwa dann, wenn Sie für Arbeiten zur Kasse gebeten werden sollen, die Ihrer Meinung nach unnötig waren.
- Erteilen Sie Reparaturaufträge stets schriftlich. Der Auftrag muss auszuführende Arbeiten möglichst genau umreißen. Lassen Sie sich von der Werkstatt immer eine Auftragsbestätigung aushändigen.

Damit Sie an der Kasse keine weichen Knie bekommen – klären Sie vorher die Reparaturkosten ab

- Bevor Sie einen Reparaturauftrag erteilen, lassen Sie sich die voraussichtlichen Lohn- und Materialkosten splitten. Legen Sie für eventuell erforderliche Zusatzarbeiten eine Preisgrenze fest. Ist vorab der Arbeitsumfang nur vage zu bestimmen, nennen Sie der Werkstatt Ihr eigenes Reparaturkostenlimit.
- Fragen Sie nach den voraussichtlichen Diagnosekosten. Denn wenn Ihr Auto zum Beispiel zu viel Kraftstoff verbraucht oder schlecht anspringt, wenn der Motor stottert oder die Räder merkwürdige Geräusche verursachen, ist die Diagnose häufig teurer als die eigentliche Reparatur. Begrenzen Sie demzufolge auch die Fehlersuche mit einem Preislimit.
- Damit Sie zu Rückfragen erreichbar sind, geben Sie der Werkstatt Ihre Telefonnummer. Ein Rückruf muss immer dann stattfinden, wenn die Reparatur wesentlich umfangreicher oder teurer als vorab vereinbart wird. Lassen Sie auch zusätzliche Absprachen schriftlich auf dem Werkstattauftrag festhalten.
- Bitten Sie bei umfangreichen Reparaturen die Werkstatt um einen schriftlichen Kostenvoranschlag. Solide Werkstätten berechnen in der Regel ihren Kostenvoranschlag nur dann, wenn Sie die erforderliche Reparatur nicht in Auftrag geben. Bei unvorhersehbaren Arbeiten darf die Rechnung den Kostenvoranschlag um maximal 15 – 20 Prozent überschreiten.

Bis zu 30 Prozent günstiger – spezielle Teile- und Serviceangebote

- Sobald Ihr Auto in die Jahre kommt, lohnt es sich, nach speziellen Teile- und Serviceangeboten zu fragen. Nicht nur Opel-Vertragswerkstätten bieten oft Servicepakete inklusive preisgünstiger Originalteile an – Sie können hier locker bis zu 30 Prozent sparen. Fragen Sie Ihren Opel-Händler einfach mal nach seinen aktuellen Serviceangeboten.
- Bei einem Aggregateaustausch müssen Neuteile nicht grundsätzlich Ihre erste Wahl sein: Erkundigen Sie sich nach aufbereiteten und geprüften Austauschteilen. Damit sparen Sie mitunter 'ne Menge Euro – natürlich bei vergleichbarer Qualität. Prädestinierte Austauschteile sind Motor, Kraftstoffeinspritzanlage, Getriebe, Kupplung, Lichtmaschine, Anlasser und die Wasserpumpe.
- Ein Ölwechsel in der Werkstatt, an der Tankstelle oder in Spezialwerkstätten geht ins Geld: Professionelle Schmiermaxen maximieren ihren Umsatz und spendieren Ihrem Auto folglich gern den teuersten Saft. Darauf müssen Sie nicht eingehen. Fragen Sie nach preisgünstigeren Ölsorten mit der gleichen Spezifikation – in der Regel läuft Ihr Opel damit nicht schlechter.

Mit dem Werkstattmeister checken – die Reparaturrechnung

- Checken Sie nach der Reparatur die Werkstattrechnung zusammen mit dem Meister oder Kundendienstberater. Lassen Sie sich unverständliche Abkürzungen und Fachbegriffe erklären.
- Auf der Rechnung sollten Posten wie Arbeitslohn, Material und Mehrwertsteuer separat aufgeschlüsselt sein. Binnen sechs Wochen nach Erhalt können Sie fehlerhafte Rechnungen noch reklamieren.

Rechtzeitig reklamieren – mangelhafte Reparaturen

- Mangelhafte Reparaturen sollten Sie umgehend monieren. Meisterbetriebe müssen für die Arbeit sechs Monate gerade stehen (Gewährleistung). Für Folgeschäden, hervorgerufen durch unsachgemäße

Reparaturen, haften autorisierte Werkstätten natürlich auch.

- Wenn Ihnen die ersten Mängel schon bei der Fahrzeugübernahme auffallen, kann Ihnen die Werkstatt trotzdem den vollen Reparaturumfang berechnen. Vermerken Sie in solchen Fällen auf der Rechnung, dass Ihre Zahlung ausschließlich unter Vorbehalt und nach Aufforderung erfolgte.
- Tragen Sie Ihre Reklamationen dem Werkstattmeister in einem sachlichen »Ton« vor. Sollten Sie mit der Werkstatt auf keinen gemeinsamen Nenner kommen, helfen Ihnen Schiedsstellen der Kfz-Innung kostenlos weiter – vorausgesetzt, Ihre Werkstatt ist Innungsmitglied. Adressen von Kfz-Schiedsstellen nennen Ihnen zum Beispiel die Zentrale für Verbraucherberatung, Ihr Automobilclub oder der ZDK e.V., Franz-Lohe-Str. 21, 53129 Bonn.

Safety first – oberstes Gebot für Do it yourselfer

Wir haben es bereits mehrfach erwähnt und wiederholen uns ganz bewusst: Räumen Sie der Sicherheit – erst recht beim Do it yourself am eigenen Auto – absolute Priorität ein. Muten Sie sich darum nur Arbeiten zu, die Sie wirklich beherrschen. Nehmen Sie handwerkliche Tätigkeiten, mit denen Sie in der Praxis bislang wenig oder gar keine Erfahrung hatten, niemals auf die leichte Schulter. Im öffentlichen Straßenverkehr rächen sich unsachgemäß ausgeführte Reparaturen – früher oder später. Übrigens nicht nur für Sie, sondern gleichermaßen auch für unbeteiligte Dritte.

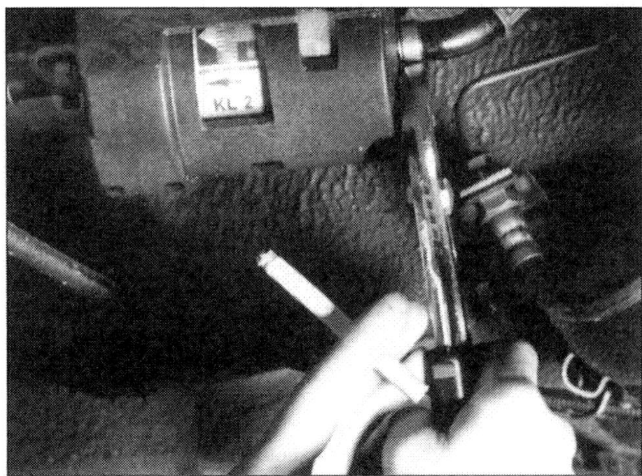

Zündende Verbindung: *Lassen Sie den Glimmstängel bei Wartungs- und Reparaturarbeiten an Ihrem Vectra besser in der Schachtel. Ansonsten gefährden Sie sich und »Ihre Werkstatt«. Erst recht, wenn Sie an der Kraftstoffanlage schaffen müssen.*

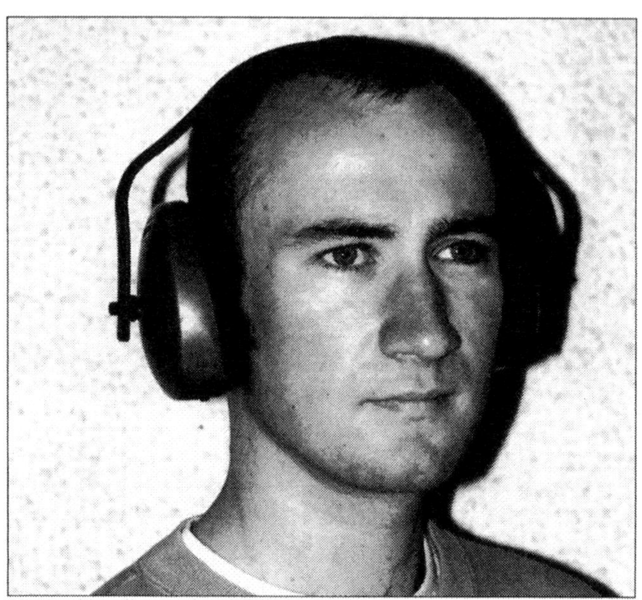

Im eigenen Interesse: *Zu Blecharbeiten mit Winkelschleifer und Co. schützen Sie Ihre Trommelfelle besser mit Ohrenschützern. Ansonsten »bekommen Sie auf die Ohren«.*

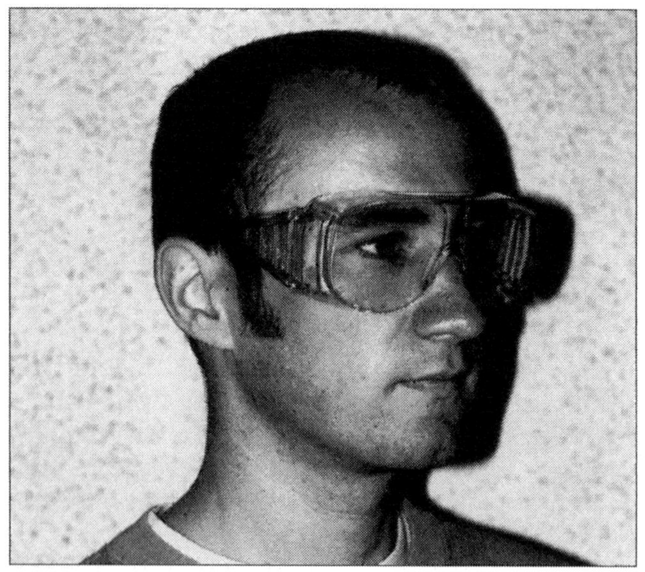

Immer tragen: *Schutzbrille zum Bohren, Schleifen und Meißeln. Der Augenschutz ist auch dann empfehlenswert, wenn Sie unter dem Fahrzeug an der Kraftstoffanlage arbeiten oder den Unterboden säubern. Bei Schweißarbeiten sollten Sie eine spezielle Schweißbrille aufsetzen.*

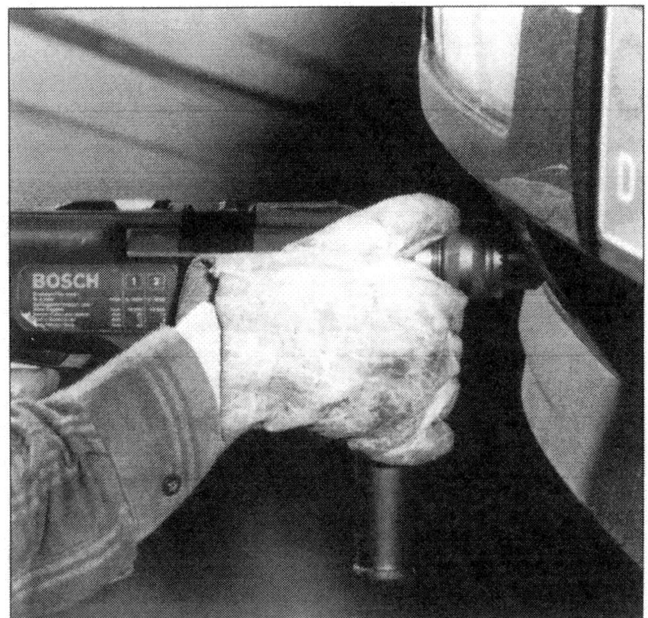

Alles zu seiner Zeit: *Auf das Für und Wider von Arbeitshandschuhen lassen wir uns nicht weiter ein – entscheiden Sie das von Fall zu Fall. Doch wenn Sie mit Bohrmaschinen oder anderen drehenden Elektrowerkzeugen hantieren, lassen Sie klobige Arbeitshandschuhe besser auf der Werkbank. Das Bohrfutter oder die Spindel könnte sich sonst darin verfangen und Ihnen schwere Verletzungen zufügen.*

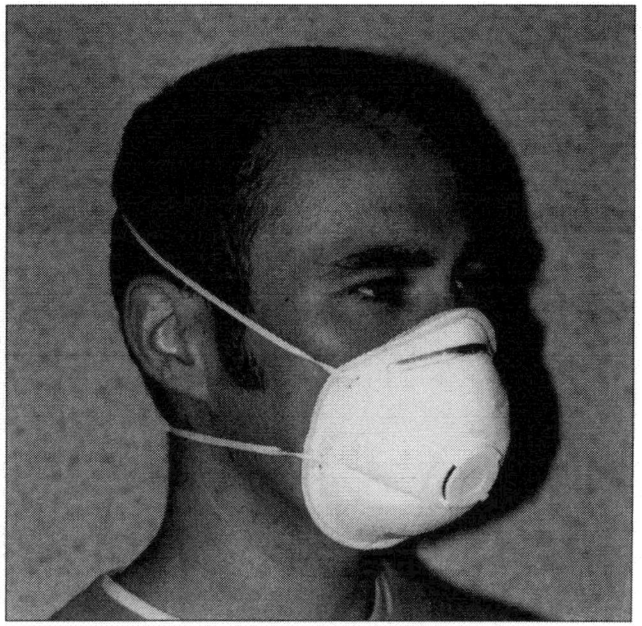

»Dreckbremse«: *Bei Arbeiten oder Tätigkeiten mit atemgängigen Stäuben (Bremse, Kupplung, Karosserie) tragen Sie generell eine Atemschutzmaske mit auswechselbaren Filterelementen. Für gelegentliche Anlässe reichen Wegwerfmasken völlig aus. Sobald die Filterelemente verfärbt oder verklebt sind, sorgen Sie für Ersatz. Verdreckte Filter sind übrigens Sondermüll.*

Frischluft Marsch: *Sobald Sie Ihrem Auto von einer Grube aus zu Leibe rücken, sorgen Sie für reichlich Frischluft in der Montagegrube und/oder Bastelstube. Ansonsten besteht akute Erstickungsgefahr. Die »schweren« Benzin- oder Auspuffdämpfe sammeln sich in der Grube und können am kleinsten Funken explosionsartig entzünden oder im Falle ungereinigter Auspuffgase zum Erstickungstod führen.*

Wie Sondermüll entsorgen: *Leere Sprühdosen, Altöl, Bremsflüssigkeit, Farbdosen, verschlissene Bremssegmente, Öl- oder alte Kraftstofffilter. Erkundigen Sie sich nach Abgabestellen in Ihrer Gemeinde.*

Mit neuen Sicherungen gehen Sie auf Nummer Sicher: *»Flicken« Sie niemals durchgebrannte Sicherungen mit Alufolie, Büroklammern oder etwa Schweißdraht. Es sei denn, Sie wollten schon immer einmal einen Kabelbrand löschen oder die der Sicherung folgenden Bauteile komplett ersetzen. Wenn der Stromkreis samt aller angeschlossenen Verbraucher o. k. ist, reicht allemal eine Sicherung gleicher Stärke (Ampere).*

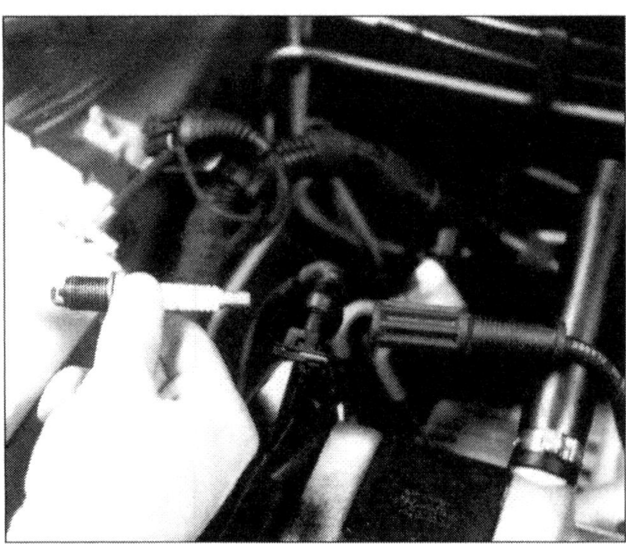

Finger weg von Hochspannung: *Lassen Sie bei laufendem Motor oder eingeschalteter Zündung Ihre »blanken« Finger von Zündkerzensteckern, Zündkabeln oder gar Zündkerzen. Wenn überhaupt, tragen Sie isolierte Schutzhandschuhe oder hantieren mit geschützten Greifzangen. Sie müssen ansonsten nicht unbedingt Träger eines Herzschrittmachers sein, um ernsthafte Gesundheitsschäden zu provozieren. Speziell im Umfeld bei elektronischer Zündanlagen vagabundieren Spannungsspitzen von mehr als 30.000 Volt.*

Praktisch zum Liften – der Wagenheber

Die meisten Autos haben serienmäßig einen Scherenwagenheber an Bord – Ihrer macht da keine Ausnahme. Wenn Sie Ihr Auto damit liften möchten, nutzen Sie ausschließlich die dafür vorbereiteten Stellen unter den Türschwellern. Die richtigen »Hebepunkte« sind vorne und hinten in die Schweller eingeprägt. Für die meisten kleineren Arbeiten reicht die Hubhöhe des Bordwagenhebers völlig aus, mit einer stabilen Unterlage zwischen Wagenheberfuß und Standfläche können Sie die Hubhöhe, falls erforderlich, auch geringfügig vergrößern. Ein kleines Brett sollten Sie übrigens grundsätzlich unterlegen. Der Wagenheberfuß steht dann stabiler, er drückt sich nicht in den Untergrund ein. Doch Vorsicht, ein Wagenheber ist – wie der Name schon sagt – ausschließlich dazu da, den Wagen kurzfristig anzuheben: Verwechseln Sie einen Bordwagenheber niemals mit einer stabilen und rüttelsicheren »Arbeitsbühne«.

Platz sparend verpackt: *Wagenheber und Bordwerkzeug in der Reserveradmulde unterhalb des Reserverads.*

Zur eigenen Sicherheit – stabile Unterstellböcke

Stützen Sie daher, auch in größter Eile, Ihren Wagen bei Arbeiten unter dem Auto niemals allein mit dem Wagenheber ab: Schlimmstenfalls »kostet« Ihr Mut Sie »Ihr« Leben. Auf Nummer sicher gehen Sie mit Unterstellböcken, die der Zubehörhandel in verschiedenen Größen und Ausführungen anbietet. Zwei Böcke reichen für die meisten Reparaturen völlig aus. Entscheiden Sie sich für praktische Dreibeinböcke mit einklappbaren Füßen, sie nehmen ungenutzt weniger Platz in Ihrer Werkstatt ein. Achten Sie zudem auf das GS-Prüfzeichen und auf eine für Ihren Wagen adäquate Traglast.

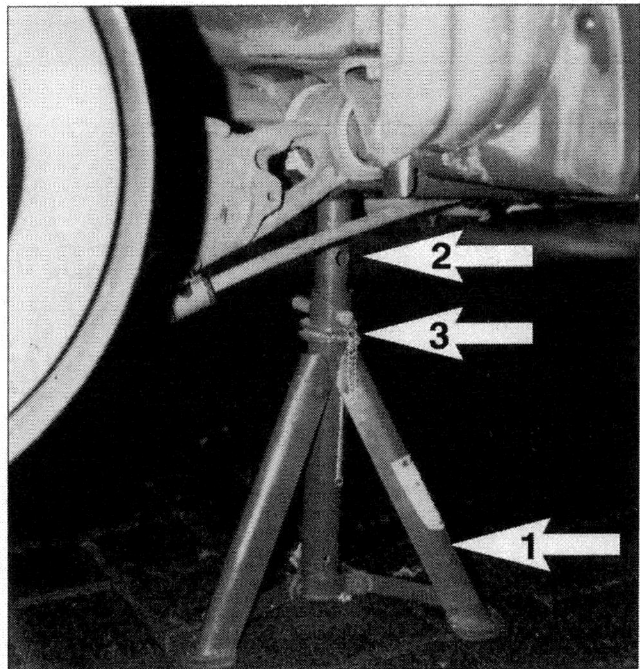

Auf die richtige Stellung kommt's an: *Platzieren Sie den Unterstellbock 1 an einer »tragfähigen« Stelle unter dem Wagenboden. Ziehen Sie dann das Distanzrohr 2 so weit wie möglich aus dem Stativ und arretieren es in der nächst erreichbaren Bohrung mit dem Sicherungsbolzen 3. Wenn Sie den Wagen auf den gesicherten Bock absenken, achten Sie darauf, dass die »Stativfüße« entspannt stehen und nicht verkanten.*

Ohne WENN und ABER – bocken Sie Ihr Auto SICHER auf

Arbeits-schritte  

1 Stellen Sie Ihr Auto grundsätzlich auf einem festen ebenen Untergrund ab und entfernen – vor Arbeitsbeginn – alle schweren Gegenstände aus dem Innen- und Kofferraum.

2 Ziehen Sie vor Arbeitsbeginn die Handbremse an und sichern mindestens ein ungebremstes Rad mit Bodenkontakt per Unterlegkeil. Haben Sie nicht? Notfalls reichen auch größere Steine aus. Doch allein eine angezogene Handbremse bietet keine ausreichende Sicherheit, bei manchen Arbeiten muss sie sogar gelöst bleiben.

3 Den Bordwagenheber finden Sie mitsamt Radmutternschlüssel unterhalb des Kofferraums in einer »Wanne«. Bevor Sie den Heber ansetzen, liften Sie seinen Ausleger so weit an, bis er fast das Schwellerniveau erreicht hat. Sie sollten generell darauf achten, dass der Heber immer möglichst senkrecht zur Karosserie steht. Wichtig: Setzen Sie den Bordwagenheber nur unterhalb der Aufnahmepunkte an. Wenn Sie einen Rangierwagenheber nutzen, können Sie ihn auch mittig unter den Türschweller oder einen anderen geeigneten Aufnahmepunkt (z. B. Traverse) ansetzen. Vergessen Sie dann allerdings niemals das lastverteilende Kantholz zwischen Hebearm und Hebepunkt.

4 Bringen Sie den Wagenheber auf die gewünschte Arbeitshöhe und stützen die Karosserie an geeigneter Stelle des Unterbodens mit einem Unterstellbock ab. Verwenden Sie auch die Unterstellböcke nur mit lastverteilender Zwischenauflage (z. B. Hartgummi, Kantholz).

5 Bevor Sie die Unterstellböcke ansetzen, inspizieren Sie die Abstützstelle genau: Sind evtl. Blechfalze, Kabelbäume, Kraftstoff- oder gar die Bremsleitungen im Weg?

6 Dreibein-Unterstellböcke stehen am sichersten, wenn eines der Austellbeine nach außen und die beiden anderen zur Wagenmitte hin zeigen. Achten Sie unbedingt auf die Stellung, besonders wenn Sie mehrere Böcke verwenden. Ansonsten kann es passieren, dass Ihnen der bereits angesetzte Unterstellbock beim Anheben seitlich wegkippt.

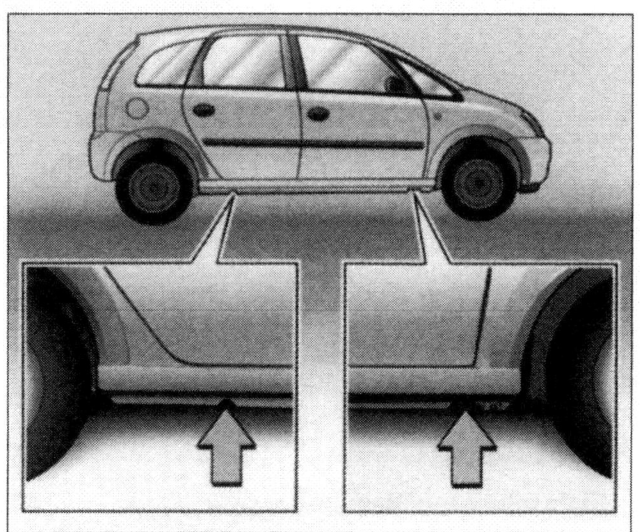

So steht Ihr Meriva rüttelsicher: *Die prädestinierten Anhebepunkte (Pfeile) sind vorne und hinten unter den Seitenschwellern »versteckt«. Hier können Sie den Wagen unbesorgt liften, bzw. standsicher aufbocken.*

DIE WAGENPFLEGE

Werterhaltend: Regelmäßige Wagenpflege – für einen »waschfesten« Do it yourselfer die allwöchentliche Kür. Spätestens beim Wiederverkauf »entlockt« das Putzen dem möglichen Gebrauchtwagenkäufer dann noch ein paar zusätzliche Euro. Unabhängig von dem Mehrerlös hebt ein gepflegtes Auto natürlich auch die eigene gleichwie die Stimmung der Mitfahrer ...

Wartung

Reparatur

In einem gepflegten Auto reisen Sie – mitsamt Ihren Bordgästen – entspannter als in einem schmuddeligen Vehikel. Beim Wiederverkauf polstert aufmerksame Pflege Ihr Bankkonto mit dem einen oder anderen spontanen Euro des Käufers auf – Kleider machen eben Leute ... Auch die Prüfer von TÜV- und DEKRA dekorieren propere Autos bereitwilliger mit einem neuen Prüfsiegel als schmuddelige Vehikel: Betrachten Sie daher jeden Waschgang als willkommene Kür, Ihr »heilix Blechle« auf Hochglanz zu bringen und seinen Zeitwert zu stabilisieren.
Doch vor der Kür kommt bekanntlich ja die Pflicht – und die beginnt im Innenraum. Bleiben Sie auch hinter den Fenstern regelmäßig am Ball. Ansonsten verschleiern Staubwölkchen aus Polstern und Fußmatten die behagliche Atmosphäre, klebrige Kunststoffausdünstungen oder Nikotinablagerungen tönen außerdem die Scheiben ein: Der »Schmierfilm« irritiert bei Nacht und trübt generell den Durchblick auf die Straße.

Spezielle Pflegemittel – erste Wahl gegen den »Gilb«

Zur Innenraumpflege verwenden Sie am besten spezielle Autopflegemittel – dann hat der Gilb über Jahre keine Chance in Ihrem Auto. Vergessen Sie also besser Seifenlauge und Haushaltsreiniger im Putzeimer, es geht nämlich um mehr als die Grundreinigung – es geht um Pflege: Scheiben, Polster sowie alle Kunststoffe sind tagtäglich extremen Belastungen ausgesetzt. Denn Sonne, Staub, Schmutz und Feuchtigkeit setzen ihnen unerbittlich zu. Da macht es einfach Sinn, professionell gemischte Pflegesubstanzen als Make-up herzunehmen. Pflegende Spezialmittel werden freilich nicht verramscht – über die Zeit sind gute Mixturen jedoch allemal ihr Geld wert.

Praxistipp

Pflegemittel für den Innenraum

Kunststoffreiniger: Reinigen Kunststoffflächen und frischen Farben auf. Solide Produkte sorgen nicht nur für neuen Glanz, sondern wirken zudem antistatisch: Die Oberflächen sind somit für längere Zeit gegen Schmutz- und Staubbefall geschützt.

Textilreiniger: Reinigen Polster, Teppiche, Tür- und Innenverkleidungen. Sie lösen zuverlässig Staub und Schmutz, verblasste Polsterfarben bekommen dadurch neue Frische. Gute Reiniger entfernen zudem auch hartnäckige Flecken.

Glasreiniger (auch als Schaumreiniger erhältlich): Reinigen alle Glasflächen und lösen selbst hartnäckige Verschmutzungen: so zum Beispiel Insektenreste, Nikotin, Kunststoffausdünstungen und Ölablagerungen (ungeeignet für lackierte Flächen).

Gummipflegemittel: Reinigen und pflegen Tür-, Fenster- und Kofferraumdichtungen sowie Fußmatten. Ihr hoher Silikonanteil hält das Gummi über Jahre geschmeidig – Silikon verhindert Festfrieren an der Karosserie und frischt Farben auf.

Antibeschlagspray: Konserviert, je nach Witterung, für einige Tage oder Wochen die Glasflächen im Innenraum. Auf die Scheibe gesprüht, bildet sich nach kurzer Zeit ein Schaumbelag, den Sie mit einem trockenen Küchenpapier abreiben können. Antibeschlagtücher oder Fensterschwämme sind dagegen nur ein Notbehelf.

Innenreinigung – so besiegen Sie den Dreck

Zur gründlichen Innenreinigung empfehlen wir Ihnen:

- Lappen (nicht flusend) zum feuchten und trockenen Ab- und Auswischen
- Kleider- oder Polsterbürste
- Staubsauger mit Polster- und Teppichdüse
- Handfeger und Kehrschaufel
- Schwamm
- Fensterleder

Arbeitsschritte   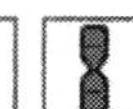

[1] Bevor Sie loslegen, befreien Sie den Innenraum von herumliegendem Krimskrams. Bei dieser Gelegenheit leeren Sie gleich den Ascher und waschen ihn mit einer Spülmittellösung aus.

[2] Die Fußmatten legen Sie nach innen zusammen, nehmen sie vorsichtig aus dem Wagen und klopfen Sie gegen eine Wand aus oder saugen sie ab.

[3] Bei Gummimatten reicht eine nasse Dusche und zum Trocknen außerhalb des Autos ein »Platz an der Sonne«. Lassen Sie den Dreckfängern ausreichend Zeit, denn im Auto forcieren feuchte Matten üble Gerüche, Schimmelpilze und Stockflecken im Textilbelag.

4 Grobschmutz im Innenraum entfernen Sie mit einem Staubsauger. An weichen Textilbelägen verwenden Sie starre Düsenaufsätze, harte Kunststoffoberflächen säubern Sie mit Borstendüsen. Glatter Gummibelag wird häufig schon mit einem feuchten Lappen wieder »clean«.

5 Sitzpolster bürsten Sie aus oder saugen Sie ab. Mit einem geeigneten Pinsel »vertreiben« Sie den Staub aus unzugänglichen Ecken und Falzen.

6 Bürsten Sie die Sicherheitsgurte trocken ab. Bei starker Verschmutzung wenden Sie eventuell eine milde Seifenlösung an. Lassen Sie das jedoch nicht zur Dauerlösung werden.

7 Normal verschmutzte Kunststoffflächen wischen Sie einfach mit einem feuchten Leder ab. Stärker verdreckte Partien reinigen Sie mit einem Kunststoffpflegemittel. Wenn Sie auf Kunststoffoberflächen hässliche Flecken vermeiden wollen, dann verwenden Sie niemals Benzin oder andere Lösungsmittel. Sie bleichen die Oberflächen aus und vertreiben zudem die Weichmacher aus dem Kunststoff.

8 Die behandelten Flächen neutralisieren Sie – nach der Einwirkzeit – mit klarem Wasser und trocknen sie mit einem weichen Tuch.

Immer sparsam dosieren: *Kunststoffpflegemittel. Sprühen Sie den Reiniger auf die Oberfläche auf und verteilen ihn dann mit einem leicht angefeuchteten Tuch in kreisenden Bewegungen.*

Immer großflächig reinigen – Dachhimmel

9 Reinigen Sie den Dachhimmel niemals nur punktuell. Gehen Sie davon aus: Je kleiner der Arbeitsplatz, um so größer die Gefahr, hässliche Flecken mit dunklen Rändern zu provozieren.

10 Wenn der Himmel »dunkel« ist, frischen Sie ihn besser großflächig mit einem handelsüblichen Textilreiniger oder einer satten Seifenlösung auf. Zum Nachwischen leisten Ihnen Schwamm und Frottierhandtuch gute Dienste. Auf stark »verschmutzten« Flächen müssen Sie die Behandlung eventuell wiederholen.

11 Behandeln Sie Sitzpolster und Textileinsätze in Seitenteilen wie Innenverkleidungen mit Polsterschaumreiniger. Die Polster saugen Sie – solange sie noch feucht sind – hernach gründlich ab, so löst sich der Schmutz am besten.

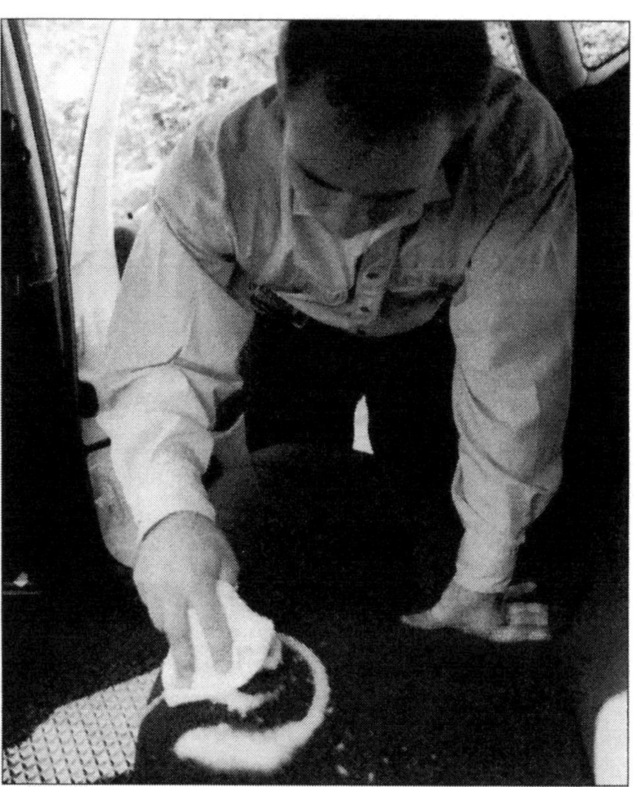

Sitz-Make-up: *Polsterreiniger beseitigt nicht nur Feinschmutz, Staub und frische Flecken, auf »versessene« Polsterstoffe wirkt er außerdem wie ein Make-up. Den Reinigungsschaum sprühen Sie einfach auf und verteilen ihn gleichmäßig mit einem feuchten Schwamm über die Fläche. Beachten Sie unbedingt die Gebrauchsanweisung auf der Dose. Es muss übrigens nicht immer »Polsterschaum« sein: In der Regel tut's ein preisgünstigerer Teppichschaum ebenso gut.*

Halten das Leder geschmeidig und die Nähte flexibel – spezielle Lederpflegemittel

12 Lederausstattungen pflegen Sie ausschließlich mit speziellen Mixturen (Lederspray, Lederfett). Zumindest hochwertige Pflegemittel halten das Leder geschmeidig und die Nähte über die Jahre hinweg flexibel. Außerdem frischen die meisten Produkte auch den Farbton auf.

13 Fensterinnenseiten reinigen Sie mit einem feuchten Fensterleder vor und sprühen hernach Glasreiniger auf. Mit trockenem Küchen- oder Zeitungspapier polieren Sie anschließend die Scheibe blitzblank.

14 Lackflächen in Raucherautos nerven nach dem »Hausputz« oft noch mit Schlieren und Graubelag. Polieren Sie die Flächen mit einer sanften Lackpolitur – lassen Sie das Mittelchen allerdings nicht auf unversiegelte Kunststoffoberflächen tropfen, eventuell handeln Sie sich damit hässliche und dauerhafte Flecken ein.

15 Wenn Ihnen festgefrorene Türen lästig sind, dann sprühen Sie jeweils zum Frühjahr und Winter die Türdichtungen mit silikonhaltigem Gummipflegemittel ein. Das macht den Gummi weitgehend immun gegen Wasser und hält ihn auch flexibel.

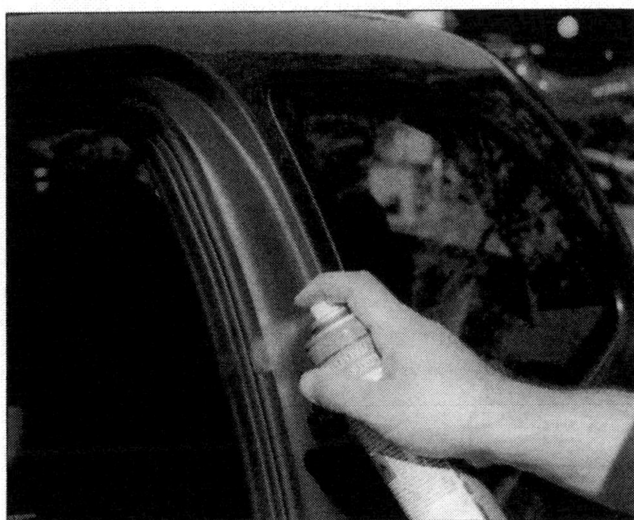

***Vorbeugen ist besser als »heilen«:** Spendieren Sie den Dichtgummis regelmäßig zum Frühjahr und Winter ein silikonhaltiges Gummipflegemittel. Das verlängert nicht nur die Lebensdauer der Dichtungen, sondern hindert die Gummis auch daran, bei Minustemperaturen an die Karosserie »zu frieren«. Das Gleiche gilt übrigens für die Türschließzylinder: In »Silikonschlössern« gleitet der Türschlüssel besser, und Kondenswasser bleibt dem Schlossmechanismus meistens auch »gestohlen«.*

Mitunter nicht erlaubt – Autowäsche vor der Haustür

Vielen Stadt- und Gemeindevätern ist die Autowäsche vor der Haustür geradezu ein Dorn im Auge – sie sprechen dagegen häufig sogar Verbote aus. Und das hat gute Gründe: Mit dem Schmutzwasser gelangen Ölrückstände und andere umweltschädigende Substanzen in die Kanalisation. Als umweltbewusster Do it yourselfer vertrauen Sie Ihren Wagen ohnehin einer automatischen Waschanlage an. In modernen Anlagen sind die Wassermengen durchaus großzügig bemessen – jeder Tropfen wird gleich mehrfach genutzt: Effiziente Wasseraufbereitungsanlagen entziehen dem Waschwasser nicht nur aufgelösten Straßendreck sondern auch fett- und ölhaltige Ballaststoffe. Das entlastet die Umwelt und schont Ressourcen. Neuere Waschanlagen arbeiten übrigens mit individuellen Reinigungs- und Pflegeprogrammen – ihr Spektrum reicht von »Katzenwäsche« über Vor-, Haupt- und Unterwäsche bis hin zum »Heißwachs Make-up« für matte Lackoberflächen.

Nach der Waschanlage nicht vergessen – Feinputz an Ecken und Kanten

Sollte Ihre Waschanlage zum »schnellen Vorputz« keinen Hochdruckreiniger parat haben, reinigen Sie Ihr Auto eben nach dem maschinellen Waschgang gründlich nach. Denn Waschbürsten behandeln Radhäuser, Radläufe und Türschweller immer gleich, egal ob sie vor angetrocknetem Dreck erstarren oder nur leicht eingestaubt sind. Auch an Türrahmen und Karosseriefalzen ist bisweilen nachträgliche Handarbeit mit Schwamm und Putztuch angesagt.
Im Winter, wenn »wasserhaltige Salzlösungen« dem Lack, den Innenseiten der Kotflügel und dem Unterboden übel zusetzen, sollten Sie öfter in der Waschanlage vorfahren. Ihr Auto ist zwar nach kurzer Zeit wieder schmutzig, der Rost hat jedoch weit weniger Chancen, sich an kritischen Stellen einzunisten.

Praxistipp

Bremsen trockenfahren – nach jeder Wagenwäsche

Machen Sie nach jeder Wagenwäsche eine kurze Bremsprobe. Dabei verdampft der Wasserfilm, der während der Wäsche auf die Bremsscheiben bzw. in die Bremstrommeln gelangt ist. Auch nach längeren Regenfahrten oder über winterliche Streusalzstraßen, sollten Sie, bevor Sie Ihr Auto über längere Zeit abstellen, immer erst die Bremsen trocken fahren. Dazu reicht es völlig aus, kurz vor dem Ziel das Bremspedal piano zu treten und die Bremssegmente kurzzeitig »schleifen« zu lassen. Mit dieser »Übung« halten Sie die Bremsen fit. Denn der feuchte Schmutzschleier, der sich ansonsten auf den Bremsscheiben und in den Bremstrommeln einnistet würde, ist »verdampft«. Im Ernstfall reagieren Ihre Bremsen jetzt auch schneller.

Alternativangebot – Waschplatz oder Selbstwaschanlage

Sollten Ihnen – trotzt aller Vorteile – Waschanlagen nicht geheuer oder zu oberflächlich sein, fragen Sie Ihren Tankwart nach einem Handwaschplatz. Professionell betriebene Selbstwaschplätze sind eine gute Alternative zu rotierenden Bürsten: Serviceorientierte Anlagenbetreiber bieten Ihnen sogar vom Hochdruckreiniger bis hin zum Staubsauger alle Hilfsmittel, die Ihnen die Arbeit erleichtern. Kontrollieren Sie jedoch generell die Waschbürsten, bevor Sie mit dem Make-up beginnen. Denn möglicherweise hat Ihr Vorgänger per Waschbürste gerade den Unterboden oder die Radläufe gereinigt und überlässt Ihnen jetzt die »schmirgelnden« Rückstände zwischen den Borsten – ärgerliche Lackkratzer wären die Folge.

Generell vermeiden – Wagenwäsche in praller Sonne

Waschen Sie Ihr Auto niemals im prallen Sonnenlicht. Die kleinen Wassertropfen wirken nämlich wie Brenngläser – darunter gehen Staubteilchen und Kalk eine »innige Verbindung« mit der Lackoberfläche ein.

Vorsichtig hantieren – mit Hochdruckreinigern

- Vorsicht: Hochdruckreiniger »fluten« Ihnen mitunter die Motorelektronik oder den Luftfilter. Hernach könnte die Elektronik streiken und – schlimmer noch – pudelnasse Luftfilter provozieren mechanische Motorschäden. Gehen Sie also mit Augenmaß an die Arbeit und ...
- ... vermeiden in Heißwasserhochdruckreinigern grundsätzlich auch Wassertemperaturen oberhalb 60 °C. Heißes Wasser greift alle Gummis und den Unterbodenschutz an.
- Stellen Sie den Druckregler auf maximal 30 bar ein und halten die Drucklanze zum Auto wenigstens auf 60 bis 80 Zentimeter Distanz. Falls Sie den Tipp missachten, kann in Ecken und Falzen der Lack Ihres Auto »hochgehen«.
- Reinigen Sie Reifen niemals mit der Rundstrahldüse. Selbst bei relativ großem Spritzabstand und kurzer Einwirkzeit können schon Schäden auftreten – Schäden, die auf den ersten Blick nicht erkennbar sind.

Immer auf Distanz halten: *Hochdruckreinigungsstrahl. Mindestens 60 cm zwischen Lackfläche und Spritzdüse.*

Do it yourself Wäsche – so werden Sie zum perfekten »Saubermann«

- Sollten Sie mit Wasser geizen, zahlen Sie am Ende drauf – Sie ruinieren nämlich die Lackoberfläche. Grund: In »trockenen« Waschschwämmen wirken feine Staub- und Sandkörnchen wie Schmirgelpapier das mikroskopisch kleine, spinnwebartige Kratzer hinterlässt.
- Nutzen Sie einen Gartenschlauch, möglichst mit Sprühdosierdüse. Ohne fließendes Wasser kalkulieren Sie mindestens zwei Wassereimer zur Grundreinigung.
- Am schonendsten Waschen Sie mit einer Schlauchbürste, die den Schmutz mit fließendem Wasser von der Lackoberfläche wegschwemmt.
- Es geht natürlich auch mit einem Waschhandschuh oder Schwamm. Halten Sie die Sprühdosierdüse möglichst nah an die Waschfläche, Schmutzpartikel haben dann erst gar keine Zeit sich »festzukrallen«. Falls Sie mit Eimer waschen, spülen Sie den Waschhandschuh oder Schwamm grundsätzlich nach jedem zweiten oder dritten Waschstrich im Eimer aus.
- Für Felgen und Radkästen eignet sich besonders eine langstielige Waschbürste, ein großporiger Viskoseschwamm ist ideal für große Flächen.
- Insektenrückstände beseitigen Sie »zielsicher« mit einem Fliegenschwamm.
- Die Scheiben- und Lackoberflache trocknen Sie schlierenfrei mit einem Fensterleder.
- Wassereimer – praktisch zur Shampoowäsche sowie zur Reinigung von Schwamm, Waschhandschuh und Fensterleder.

Make-up aus der Flasche – das pflegt den Body

Technik-lexikon

Autoshampoo: Reinigt den Lack und entfernt ölige Rückstände.

Waschwachs: Ähnlich wie Autoshampoo – trägt in einem Arbeitsgang eine dünne Waschschicht auf den Lack auf. Waschwachs kann den Zeitraum bis zur nächsten Politur verlängern.

Felgenreiniger: Lösen auf chemischer Basis festgebackenen Bremsstaub und Straßenschmutz.

Kunststoffpflegemittel: Enthalten außer Pflegesubstanzen auch Farbstoffe. Frischen beispielsweise verblasste Kunststoffstoßfänger wieder auf.

Geduldig oder mit Hochdruck: *Filigrane Leichtmetallfelgen cleanen Sie am schnellsten mit einem Hochdruckreiniger. An Stahlfelgen samt Radkappen reicht ein alter Schwamm durchtränkt mit Kaltreiniger, Kunststoffradabdeckungen erstrahlen meistens schon nach einer Shampoowäsche.*

Außenwäsche

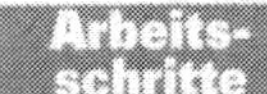

1 Schließen Sie alle Türen und Fenster. Ansonsten sitzen Sie die nächsten Tage auf quietschnassen Polstern und »genießen« ein subtropisches Klima.

2 Säubern Sie zuerst die Radhäuser, Felgen und Türschweller. Vorteil: Danach können Sie die Karosserie in »einem Rutsch« abspülen.

3 Im Winter sollten Sie mit jeder zweiten Wagenwäsche auch den Bauch Ihres Auto mit einem Hochdruckreiniger oder »scharfen« Wasserstrahl reinigen. Ansonsten gehen Sie bedarfsgerecht vor und checken gleichzeitig den Zustand des Unterbodenschutzes. Lassen Sie dazu Ihr Auto ein- oder zweimal jährlich auf einer Hebebühne liften und inspizieren den Bauch, besonders jedoch die Ecken und Kanten mit »offenen« Augen und einem kleinen Spachtel.

4 An der Vorderachse entsteht bei jedem Bremsvorgang mehr Belagstaub als an der Hinterhand. Folge: Die vorderen Felgen verschmutzen wesentlich schneller. Berücksichtigen Sie die Tatsache in Ihrem Pflegeplan und cleanen die Vorderräder einfach häufiger mit Felgenreiniger. Doch achten Sie beim Kauf des »Sauberwassers« unbedingt auf umweltverträgliche Produkte. »Studieren« Sie, bevor Sie loslegen, unbedingt die Gebrauchsanweisung und spülen nach der Wäsche die Räder gründlich mit sauberem Wasser nach.

5 Filigrane Leichtmetallfelgen »putzen« Sie sinnvollerweise mit einem Hochdruckreiniger. Gehen Sie vorsichtig mit chemischen Felgenreinigern um: Auf aggressive Produkte reagieren Leichtmetallfelgen, mitunter bis in die Materialstruktur, sehr empfindlich.

6 Falls Sie keinen Hochdruckreiniger nutzen, säubern Sie Ecken und Falzen mit einer Zahnbürste. Um das Putzergebnis hernach länger genießen zu können, versiegeln Sie die Oberfläche mit klarem Sprühwachs. Bremsenabrieb und Straßenschmutz lagern dann auf der Wachsschicht und eben nicht direkt auf der Felgenoberfläche ab. Vorsicht: Halten Sie das Sprühwachs von den Bremsscheiben oder -belägen fern.

Gut einweichen – Straßenschmutz

7 »Weichen« Sie den Straßenschmutz gut mit einem weichen Wasserstrahl ein. In Selbstwaschanlagen mit Hochdruckreiniger arbeiten Sie im Programm »Spülen«.

8 Waschen Sie per »Hand« immer nur ganze Flächen. Erst nachdem Sie die Radhäuser, Felgen und Türschweller »vorgewaschen« haben, »putzen« Sie sich vom Dach nach unten vor.

9 Verteilen Sie den Reinigungsschaum unter geringem Druck mit kreisenden Bewegungen und lassen ihn kurz einwirken.

10 Die Schmutzbrühe spülen Sie mit einem Wasserschlauch ab. In der Selbstwaschanlage wählen Sie das Programm »Spülen«.

11 Im letzten Waschgang reinigen Sie die Räder mit Waschbürste und Schlauch.

Immer im Kreis herum: *Kreisen Sie immer mit einem triefend nassen Waschschwamm über die Lackoberfläche und dosieren das Pflegemittel anhand der Gebrauchsanweisung.*

Besonders pflegefreundlich: *Wagenwäschen mit Waschbürstenaufsatz. »Saubere« Waschbürsten erhalten Sie auch in gut ausstaffierten Waschcentern.*

12 Nach der Wäsche ledern Sie den Wagen sofort ab. An der Luft getrocknete Wassertropfen hinterlassen ansonsten einen grauen Kalkbelag, der dem Lack schaden kann.

13 Spülen Sie das Fensterleder vor Gebrauch gut in sauberem Wasser und wringen es danach aus. Legen Sie den »Fetzen« dann möglichst großflächig auf die Karosserie und ziehen ihn langsam zu sich heran.

14 Spülen Sie das Leder vor dem Auswringen immer durch. Schonen Sie Ihr gutes Leder, Schmutzrückstände würden es schnell ruinieren. Darum schlecht zugängliche Ecken (etwa am Radkasten) mit Baumwolllappen oder altem Trockenleder pflegen.

»Killt« Wassertropfen schnell und schonend: *Fensterleder. Gut gewässerte und saubere Leder hinterlassen keine Kratzspuren auf der Lackoberfläche.*

Keine Frage – auf den Durchblick kommt's an

15 Zum Schluss »knöpfen« Sie sich die Autoscheiben vor. Verfahren Sie wie bei der Innenreinigung. Kontrollieren Sie dabei die Frontscheibe auf Steinschläge, Kratzer und Risse.

16 Wischerblätter reinigen Sie mit einem Schwamm oder Trockenleder. Prüfen Sie die Gummilippen auf Beschädigungen und Elastizität – verhärtete Gummis erneuern Sie besser. Das ist preisgünstiger als eine zerkratzte Scheibe.

17 Nach der Wäsche checken Sie den Lack, die Scheinwerfergläser und den Frontstoßfänger auf hartnäckigen Schmutz: Insektenreste, Vogelkot, Blütenpollenrückstände und Teerspritzer wirken aggressiv und sollten daher mit Spezialreiniger oder Essig entfernt werden.

18 Verwenden Sie Teerentferner nicht auf frischen oder frisch ausgebesserten Lacken – darin enthaltene Lösungsmittel können die Lackoberfläche angreifen.

Praxistipp

Gutes Licht – nur mit sauberen Scheinwerfern möglich

Waschen Sie, besonders in der schmuddeligen Jahreszeit, die Scheinwerfer häufiger als die Karosserie. Denn Schmutzpartikel auf den Abdeckgläsern »fressen« die Lichtstrahlen oder leiten sie in die Irre. Folge: Geringere Sichtweite, unkontrolliertes Streulicht, starke Blendung – vornehmlich bei Nebel. Schon nach einer etwa halbstündigen Fahrt auf feuchter Straße können die Scheinwerfer Ihres Auto zu über 60 Prozent verschmutzt sein. Entsprechend »funzelig« ist dann die Lichtausbeute – ein Gefahrenpotenzial für Sie und andere Verkehrsteilnehmer.

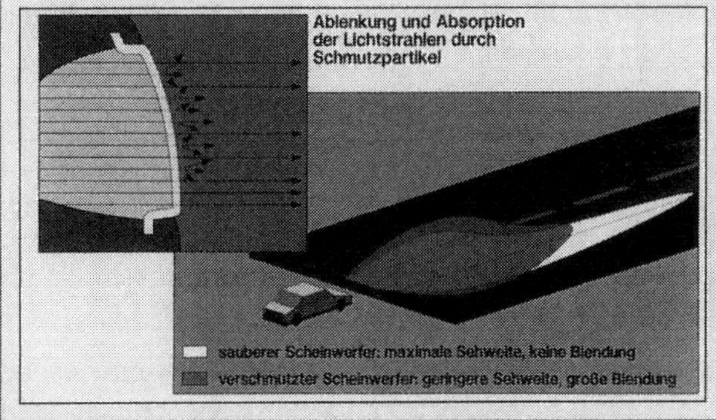

Motorwäsche

Mit der Zeit verunstalten Öl, Staub und Insekten den Motorraum Ihres Autos mit einem schmierigen Film. Er überzieht ungefragt nicht nur den Motor und andere Aggregate, sondern hindert auf Dauer auch den Fahrtwind daran, genügend schnell den Kühler zu durchströmen. Ganz nebenbei: Ein durchfahrener Winter mit reichlich Streusalz und Straßendreck geht auch nicht spurlos am Motorraum und seinen Innereien vorüber. Machen Sie es sich darum zur Gewohnheit und starten den Frühjahrsputz mit einer gründlichen Motorwäsche. Eine Motorwäsche dürfen Sie allerdings nur dort vornehmen, wo ein Ölabscheider das Abwasser klärt. Entweder Sie machen sich in einer Selbstwaschanlage ans Werk oder vergeben die Arbeit an Ihre Fachwerkstatt bzw. an Ihren Tankwart. Danach sind übrigens nicht nur ästhetische Probleme beseitigt, sondern auch technischen Wehwehchen vorgebeugt: Denn ein verdrecktes Kühlernetz ist häufig der Grund für kapitale Motorschäden – es bringt die Kühlflüssigkeit zum »Kochen« und schlimmstenfalls sogar die Zylinderkopfdichtung in den »Himmel«.

Beschleunigen Rostfraß – Salzkrusten

Streusalz bekämpft nicht nur erfolgreich Eis und Schnee, sondern gleichfalls auch die Motorrauminnereien Ihres Autos. Durch Ritzen und Schächte dringt es tief ins »Allerheiligste« und lagert sich an Kühler, Karosseriefalzen und Kanten sowie an Kabelbäumen, Elektroantrieben und Steckverbindern ab. Salzkrusten haben übrigens die Unart Feuchtigkeit zu binden und somit die Korrosion auf metallenen Oberflächen zu fördern.

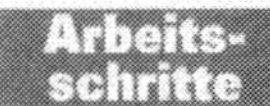

  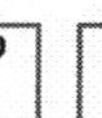

1 Stellen Sie den Motor ab und schalten die Zündung aus.

2 Der Motor sollte möglichst kalt sein – sonst verdampft die Reinigungslösung, bevor sie überhaupt einwirken kann.

3 Empfindliche Bauteile wie Zündanlage, Lichtmaschine und Kraftstoffsystem schützen Sie sinnvollerweise mit Plastiktüten oder Putzlappen vor Spritzwasser. Ansonsten programmieren Sie Störungen an Zündung und Bordelektrik geradezu vor.

4 Stärker verschmutzte Bereiche sprühen Sie mit einem Kaltreiniger ein und lassen das Mittelchen etwa fünf Minuten einwirken. Hernach spülen Sie den gelösten Dreck mit einem scharfen Wasserstrahl ab.

5 Jetzt nehmen Sie sich die Innenseite der Motorhaube vor. Weichen Sie die Oberfläche mit viel Wasser ein und reinigen sie hernach mit einem Schwamm und Shampoo. Vergessen Sie auch nicht die Kanten an den Doppelprofilen, Schmutznester sind dort immer vorhanden. Die saubere Haube spritzen Sie dann mit Wasser ab.

6 Das Kühlernetz spülen Sie mit reichlich Wasser aus Richtung Motorraum nach außen durch. Vorher weichen Sie Insektenreste mit einem eiweiß- und kalklösenden Mittel (z. B. Geschirrspülmittel, Haushaltsessig) ein. Vorsicht: Behandeln Sie die Lamellen nicht mit harten Bürsten – deformierte Netze vermindern die Kühlleistung.

7 Duschen Sie den Motorraum an allen Falzen, Trägern und ungeschützten Stellen ab.

8 Anschließend trocknen Sie Motorraum, Motor und sämtliche Nebenaggregate vorsichtig mit Druckluft. An Selbstwaschanlagen oder autorisierten Waschplätzen sind meistens Druckluftnetze vorhanden. Auch die Druckluftpistolen bekommen Sie vor Ort.

9 Nach der Motorwäsche müssen Sie unbedingt sicherstellen, dass kein bewegliches Teil unter der Motorhaube (Gas-, Kupplungszug, Stellmotoren, Umlenkhebel, etc.) trocken läuft. Helfen Sie überall dort, wo Sie den Schmierfilm an beweglichen Teilen »weggeputzt« haben, mit einem Ölkännchen, etwas Schmierfett oder Silikonspray maßvoll nach.

Praxistipp

Versiegelt die Oberfläche – Motorschutzlack

Denken Sie schon nach der Wäsche an die nächste Motorwäsche und versiegeln darum den Motor – nebst Technikperipherie – mit hitzefestem Motorschutzlack. Der nächste Schmutzfilm haftet dann mit Sicherheit weniger intensiv als der gerade entfernte. In Motorräumen, die ein »Kunststoffsarkophag« dominiert, reicht dem sichtbaren Beiwerk ein ordinäres Konservierungsspray oder Konservierungswachs völlig aus.

Make-up unter der Motorhaube: *Hält die Oberflächen fit.*

Damit alles in Bewegung bleibt – Schmierdienst

Wer gut schmiert, der gut fährt – ein Tröpfchen Öl, eine wohl dosierte Prise Fett oder ein Spritzer Silikon wirken manchmal Wunder: Leichtgängig bleibt, was sonst quietscht, klemmt, reißt oder rostet. Folgende Faustregel sollten Sie beherzigen: Überall dort, so zum Beispiel an stramm gepassten Scharnieren und Gelenken, wo kein Fett eindringen kann, ist Kriechöl oder Schmierspray die erste Wahl. Gegeneinander reibende Flächen fetten Sie dagegen besser mit einer Schmierpaste oder Silikongleitmittel.

- Die Scharniere an **Türen**, **Motorhaube** und **Heckklappe** können ab und an einen Spritzer Öl vertragen.
- Die **Türfeststeller** bleiben mit etwas Mehrzweckfett geräuschlos in Form.
- **Schlossfallen an Türen**, **Motorhaube** und **Heckklappe** behandeln Sie zweckmäßigerweise mit Sprühfett oder Gleitpaste. Dort, wo Seilzüge sichtbar sind, zum Beispiel an der Schlossplatte der Motorhaube, etwas Fett auftragen und durch mehrmalige Hebelbewegung in die Zugumhüllung ziehen.
- **Schließzylinder** inklusive der **Schlüsselschächte** sollten Sie spätestens zu Beginn der kalten Jahreszeit mit Silikonspray auf den Winter vorbereiten: Silikon schmiert, verdrängt Feuchtigkeit und schützt vor Rost. Der Frost hat somit keine Chance das Schloss zu blockieren.
- **Arretierbügel** der Motorhaube am unteren Lagerbolzen mit Öl schmieren.
- **Motorhaubenscharniere** einölen oder mit Schmierspray benetzen.

Werterhaltend – Lackpflege

Die regelmäßige Lackpflege ist eine lohnende Arbeit. Denn stumpfe, verwitterte Lackoberflächen lassen Ihr Auto schmuddelig dastehen: Spätestens beim Wiederverkauf »rächt« sich ein ungepflegter Lack schnell mit ein paar Euro weniger in der Tasche. Neue Lacke sind zunächst pflegeleicht, regelmäßiges Waschen und die prompte Beseitigung von Steinschlägen, Teerflecken und Insektenresten reichen völlig aus. Doch spätestens, wenn Wassertropfen nur noch mit unscharfen Rändern auf dem frisch gewaschenen Auto abperlen, wird es Zeit zur Lackpflege. Sonne, Regen, Streusalz, Schmutz und andere Umweltgifte haben dann der Lackoberfläche »zugesetzt«.

Wirkt häufig Wunder – Lackreiniger

Welches Lackpflegemittel für Ihren Opel das Richtige ist, hängt von seinem äußeren Zustand ab: Was für neue Lacke eher »pures« Gift ist, sorgt an alten und verwitterten Lacken für glänzende Ergebnisse – scharfe Lackreiniger und anschließender Wachsauftrag.

Einen neuwertigen, noch gut erhaltenen Lack pflegen Sie besser mit einer milden Politur. Moderne Politurwässerchen sind mit Wachskomponenten aufbereitet, die das Blechkleid in einem Arbeitsgang glätten und konservieren.

Immer einen Versuch wert – gründliche Lackpflege

Die Wirkweise eines Lackreinigers unterscheidet sich nur unwesentlich von der einer Politur. Seine Mixtur enthält jedoch »schärfere« Schleif- und Lösungsmittel, die auf der Lackoberfläche mit verwitterten Berg- und Kraterlandschaften kurzen Prozess machen: Chemische Ablagerungen werden angelöst und mechanische Vertiefungen geglättet.
Bevor Sie Ihrem verwitterten Auto also freiwillig eine Neulackierung spendieren, sollten Sie es zunächst mit einem guten Lackreiniger versuchen: Zur Lackpflege ist es nie zu spät. Konservierende Komponenten enthalten Lackreiniger in der Regel allerdings keine. Sie sollten den aufbereiteten Lack daher in einem zweiten Arbeitsgang mit Hart- oder Heißwachs versiegeln.

»Gift« für den Lack – pralles Sonnenlicht

Bei neuen und aufbereiteten Lacken empfiehlt es sich übrigens, die Konservierung erst nach rund einem Jahr zu erneuern. Verwitterte oder ältere Lackoberflächen »versiegeln« Sie dagegen ruhig zwei- oder dreimal jährlich. Das erhält den Glanz, optimiert den Langzeitschutz und hält den Lack »jung«. Meiden Sie allerdings pralles Sonnenlicht, die meisten Polituren und Lackreiniger wirken unter Sonneneinstrahlung ziemlich aggressiv. »Werkeln« Sie lieber im Schatten oder unter einem Garagendach, dort haben die chemischen Politursubstanzen keine Chance, die »Autohaut« über Gebühr anzugreifen. Sobald Sie Ihrem Auto in geschlossenen Räumen pfleglich auf den »Leib« rücken, sorgen Sie für eine gute Be- und Entlüftung – die Ausdünstungen des Pflegemittels sind gesundheitsschädlich.

Lackpflege

Arbeitsschritte  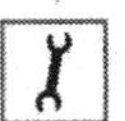 

1 Bevor Sie loslegen, waschen und trocknen Sie Ihr Auto gründlich.

2 Prüfen Sie zuerst an einer relativ unauffälligen Stelle, ob der Lack auch das Politurmittel »verträgt«. Vorsicht bei Lackreinigern: Tragen Sie immer nur dünne Schichten kreisförmig auf – zu viel Lackreiniger »schleift« mehr Decklack ab als nötig. Reinigen Sie Ihren Auto lieber in mehreren Durchgängen.

3 Politur oder Lackreiniger tragen Sie unter sanftem Druck mit handballengroßen »Fetzen« Polierwatte oder einem weichen Tuch (kein Kunstfaserlappen) in kreisförmigen Bewegungen auf. Behandeln Sie immer nur überschaubare Flächen.

4 Schon nach kurzer Einwirkzeit bildet sich ein trockener weißer Belag, den Sie mit einem sauberen Wattebausch in kreisenden Bewegungen auspolieren. Bei stark verwittertem Lack ist Vorsicht an Kanten geboten: Bearbeiten Sie die gleiche Stelle nicht zu lange, Sie könnten sonst den Lack bis auf die Grundierung abtragen.

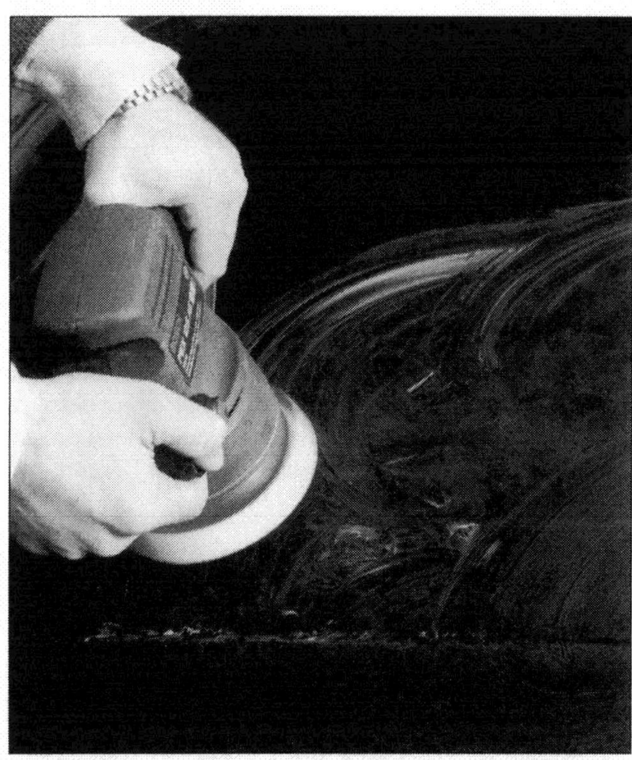

***Strategisch vorgehen**: Stark verwitterte Lackoberflächen »schleifen« Sie vor der eigentlichen Politur mit einem Lackreiniger an. Gut ausstaffierte Do it yourselfer erledigen den Job mit einem Exzenterschleifer inklusive angefeuchteter Schaumstoffscheibe. Lassen Sie die Scheibe nur mit »gebremster« Energie über die Lackoberfläche rotieren – mit voller Power könnte Ihnen sonst der Lack verschmoren. Teilen Sie sich zudem immer nur überschaubare Karosserieflächen ein.*

5 Wenden oder erneuern Sie den Watteballen regelmäßig – seine Oberfläche setzt sich nach geraumer Zeit mit Wachs- und Pflegemittelpartikeln zu.

6 Um Poliermittel- und Watteflusenresten den Garaus zu machen, reiben Sie abschießend die polierte Lackoberfläche mit einem sauberen Baumwolllappen ab.

Immer großflächig auspolieren: *Am schnellsten klappt's mit einer Poliermaschine. Vor ihrer sauberen und trockenen Lammfellhaube »kapituliert« der abgetrocknete Politurschleier im Nu. Vergessen Sie bitte nicht, die Politurscheibe oder den Wattebausch regelmäßig auszuklopfen. Ansonsten gibt's Schlieren auf der geglätteten Fläche.*

Basis für brillanten Tiefenglanz – Lackkonservierer

7 Den Konservierer tragen Sie unter sanftem Druck mit handballengroßen »Fetzen« Polierwatte oder einem weichen Tuch (kein Kunstfaserlappen) in kreisförmigen Bewegungen auf. Behandeln Sie immer nur überschaubare Flächen, das steigert den Tiefenglanz.

8 Die Watte muss mit wenig Widerstand leicht über den Lack gleiten. Deshalb wenden Sie den »Fetzen« häufig und nehmen rechtzeitig einen neuen Wattebausch in die Hand.

Schlierenfreier Hochglanz: *Brillanz kommt auf den aufgefrischten Lack, wenn Sie im letzten Arbeitsgang die Lackoberfläche noch einmal mit einem großen Wattebausch oder blitzsauberer Lammfellhaube »streicheln«, um auch die hartnäckigsten Politurreste zu entfernen.*

9 Erkennen Sie danach noch Streifen oder Wolken auf dem Lack, liegt das meist an verschmierten Farbpartikeln – »Hinterlassenschaften« einer vorhergehenden Politur. Wiederholen Sie den Vorgang an den schlierigen Stellen.

Muss eine Verbindung eingehen: Lackkonservierer auf der Lackoberfläche. *Sollte der Konservierer auf dem Lack »abperlen« ist entweder die Lackoberflächenspannung noch zu groß oder der Politur war bereits ein Konservierer untergemischt. Warten Sie in diesem Fall bis zur nächsten Wagenwäsche und konservieren dann erneut.*

Wertmindernd – hässliche Lackschäden

Während der Fahrt unterliegt Ihr Auto einem »Dauerbeschuss« diverser Fremdkörper: Kleine aufwirbelnde Steinchen, selbst winzige Sandkörner, werden bei hohen Tempi zu Geschossen, die wie Meteoriten auf dem Lack einschlagen. Auf winterlichen Straßen sind vor allem Frontpartien und Motorhauben stark gefährdet – feste Streumittelbestandteile prasseln dann hörbar gegen die Karosserie. Steinschlagschäden sind jedoch kein Drama. Auch ein leichter Parkrempler mit Kratzern und Schrammen bietet keinen Anlass zur Panik. Solche Stellen lassen sich, ebenso wie »gegnerischer« Fremdlack, meistens einfach mit Lackreiniger oder einer speziellen Schleifpolitur auspolieren.

Praktisch nach Steinschlägen – Lack-Reparaturset

Die meisten Hersteller bieten »gegen kleine« Steinschlagschäden praktische Reparatursets an. Sie lassen sich ähnlich leicht handhaben wie Nagellack. Eine gebräuchliche Alternative ist Tupflack, mit dem Sie Steinschlagkrater in mehreren Lackschichten auffüllen können. Bei normalen Lacken und kleinen Beschädigungen helfen übrigens auch Wachsstifte in Wagenfarbe. Das Reparaturwachs hält freilich nur einige Wagenwäschen lang und muss danach wieder erneuert werden. Sollten Sie die Lackbezeichnung und den Code der Wagenfarbe vergessen haben, kein Problem: Ihr Vertragshändler entschlüsselt anhand des Nummerncodes die Angaben im Kfz-Schein.

Umgehend beseitigen – frische Lackblessuren

Ignorieren Sie auch winzige Macken im Lack nicht: Rost leistet in kurzer Zeit ganze Arbeit – bei ungünstigen Bedingungen (Nässe, Wärme oder unter Salzeinfluss) sogar schon in wenigen Tagen – auch an verzinkten Karosserieblechen. Lassen Sie dem Rost gar über Monate oder Jahre ungehinderten Freiraum, sind große Krater das traurige Resultat. In diesem Fall helfen nur noch aufwändige Restaurierungsarbeiten.
Die können wir Ihnen in diesem Umfeld freilich ebenso wenig vorstellen, wie die Reparatur eines Unfall- oder Blechschadens. Dazu empfehlen wir Ihnen Ihre Vertragswerkstatt oder den Band 175 aus der Reihe »Jetzt helfe ich mir selbst«. Fachleute bringen Ihnen darin diverse »Geheimnisse« rund ums »heilix Blechle« näher.

Damit klappt's – das richtige Material

- Abklebeband (verwenden Sie nur Profiqualitäten)
- Zeitungen oder Folie zum Abkleben
- Für flächiges Schleifen einen Schleifklotz aus Holz oder Kork
- Nass- und Trockenschleifpapier in verschiedenen Körnungen
- Spachtel, Spachtelmasse und Härter. Spritzspachtel zum Ausgleich kleinerer Unebenheiten
- Haftgrund, als Grundlage für den neuen Lackaufbau
- Decklack
- Lackreiniger, Konservierer, Politur

Steinschlagschäden ausbessern

Arbeitsschritte   

1 Beseitigen Sie abstehende Ränder rund um den Lackkrater vorsichtig mit einer feinen Nadel oder einem Uhrmacherschraubendreher.

2 »Rostschuppen« kratzen Sie mit einem spitzen Messerchen vorsichtig aus. Danach träufeln Sie einen Tropfen Rostumwandler auf die Stelle und lassen ihn etwa eine Stunde einwirken.

3 Jetzt waschen Sie die Schadstelle gründlich mit Lackverdünner aus und trocknen sie mit einem Haarfön.

4 Sprühen Sie etwas Haftgrund in den Sprühdosendeckel und tragen ihn dann mit einem Tupfpinsel oder Ihrer »sauberen« Fingerkuppe dünn auf die Schadstelle auf. Den Haftgrund lassen Sie gut austrocknen.

5 Drücken Sie, bündig zur umgebenden Lackfläche, mit Ihrer Fingerkuppe oder einem kleinen Kunststoffmesser ein wenig Spachtel in den Krater. Lassen Sie die Masse gut austrocknen. »Ungebetene« Spachtelflecken wischen Sie dagegen umgehend mit einem in Lackverdünnung getränkten Lappen ab.

6 Überflüssige Spachtelmasse schleifen Sie mit feinem Schleifpapier vorsichtig aus. Umwickeln Sie dazu ein Bleistiftende mit einem schmalen Streifen, den Bleistift drehen Sie zum Schleifen zwischen den Handflächen.

7 Sprühen Sie Decklack in den Dosendeckel und lassen ihn circa eine Minute ablüften. Tragen Sie dann den verdickten Lack mit Ihrer Fingerkuppe oder einem spitzen Pinsel dünn auf.

8 Um das Ergebnis zu toppen, polieren Sie die Übergänge des vollständig ausgetrockneten Lacks (im Sommer nach etwa zwei, im Winter nach rund fünf Tagen) mit Politur bzw. Lackreiniger großflächig bei.

Großflächig auspolieren – kleine Kratzer und Schrammen

Arbeitsschritte   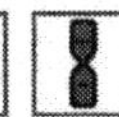

1 Reinigen Sie die Schadstelle gründlich mit Waschbenzin oder Verdünner und …

2 … polieren dann die Fremdfarbe (falls vorhanden) in mehreren Arbeitsgängen mit Polierwatte, Schleifpolitur oder Lackreiniger aus dem Decklack. Legen Sie die Polierfläche möglichst großzügig an.

[3] »Ausgerissene« Schrammenränder schleifen Sie zunächst mit einem kleinen Streifen Wasserschleifpapier (mindestens Körnung 800) behutsam glatt. Wässern Sie ständig das Schleifpapier in einem Wassereimer und spülen gleichfalls die Schleifstelle. Vorsicht: Durchschleifen Sie nicht die Decklackschicht.

[4] Polieren Sie die Schadstelle großflächig mit einer milden Politur nach. Sie »verteilen« dabei Farbpartikel aus der unmittelbaren Lackumgebung in die Schramme.

[5] Zuletzt versiegeln Sie die bearbeitete Stelle mit einem Lackkonservierer.

[6] Wenn Sie auf gleichmäßigen Glanz Wert legen, polieren Sie anschließend das ganze Auto auf.

Lackneuaufbau – so verschwinden größere Schrammen

Arbeitsschritte   

[1] Bei tiefen Schrammen an Stoßfänger, Kotflügel oder Tür, bauen Sie vor der Reparatur das Karosserieteil sinnvollerweise aus. Das Ergebnis wird dann besser, denn die Arbeit geht Ihnen leichter von der Hand.

[2] Schleifen Sie die Schadensfläche mit Schleifpapier (Körnung 80 oder 100) leicht an. Rost schleifen Sie bis aufs blanke Blech herunter und tragen dann Rostumwandler auf. Lassen Sie den »Wandler« ca. eine Stunde einwirken.

[3] Die Stelle reinigen Sie zunächst mit Lackverdünner, entfetten sie und lassen sie gut ablüften.

[4] Jetzt vermischen Sie den Spachtel mit dem Härter. Die Spachtelmasse gleicht Höhenunterschiede zu den angrenzenden Flächen aus. Vorsicht: Zweikomponentenspachtel bleibt, je nach Temperatur, nur einige Minuten verarbeitungsfähig. Deshalb mischen Sie stets nur kleine Mengen an. Bei geringen Unebenheiten ist Spritzspachtel aus der Sprühdose die bessere Wahl.

[5] Tragen Sie die Spachtelmasse gleichmäßig und zügig in mehreren dünnen Schichten auf. Nach etwa einer Stunde ist der Spachtel ausgehärtet.

[6] Unebenheiten egalisieren Sie mit Trockenschleifpapier (Körnung 180). Den Feinschliff erledigen Sie mit Nassschleifpapier (Körnung 400). Schleifen Sie die Fläche mit viel Wasser und verhaltenem Druck plan.

[7] Verbliebene Riefen gleichen Sie nun erneut mit Spritzspachtel aus. Sobald sie ausgehärtet sind, schleifen Sie die Stellen mit Nassschleifpapier (Körnung 600) an.

[8] Spülen Sie vor dem Lackieren den Schleifstaub sorgfältig mit Wasser ab.

Lackieren wie die Profis – Übung macht den Meister

[9] Die gründlich vorbereitete Schadstelle müssen Sie nun mit wasserfestem Abklebeband (Profiqualität) und/oder einer Folie bzw. alten Zeitungen abkleben. »Missachten« Sie unbedingt billiges Klebeband, es weicht schnell auf und löst sich dann vom Untergrund. Vorsicht: Lüften Sie immer Ihren Arbeitsplatz gut durch – beim Lackieren entstehen giftige Dämpfe.

[10] Als Grundlage für den Decklack spritzen Sie Haftgrund (Füller) auf die gespachtelte Fläche. Arbeiten Sie sauber – Unebenheiten und Lacknasen verschwinden nicht mit zunehmendem Lackauftrag, sondern vergrößern sich. Den Haftgrund lassen Sie trocknen und schleifen dann die Fläche mit Nassschleifpapier (Körnung 600) plan. Die Schleifrückstände spülen Sie mit Wasser ab.

[11] Tragen Sie den Decklack aus der Sprühdose gleichmäßig und zügig in mehreren Schichten auf. Der Abstand vom Sprühkopf zur Lackierfläche sollte etwa 20 bis 30 Zentimeter betragen. Erwärmen Sie die Sprühdose vor dem Lackieren kurz in heißem Wasser oder auf einem Heizkörper. Die Farbpartikel entweichen dann unter höherem Druck. Vorteil: Die Oberfläche wird glatter und der Lackverlauf gleichmäßiger.

[12] Bevor Sie die Schadstelle »nachsprühen«, lösen Sie um die Reparaturstelle herum vorsichtig die Klebebandränder und knicken sie um. Der Übergang zum Originallack wird dann unscharf und lässt sich leichter beipolieren.

[13] Sobald der Reparaturlack vollständig ausgetrocknet ist (im Sommer nach etwa zwei, im Winter nach fünf Tagen), die ausgebesserte Stelle mit Politur und die Übergänge mit Lackreiniger bearbeiten. Die besten Ergebnisse erzielen Sie, wenn anschließend das gesamte Fahrzeug aufpoliert wird.

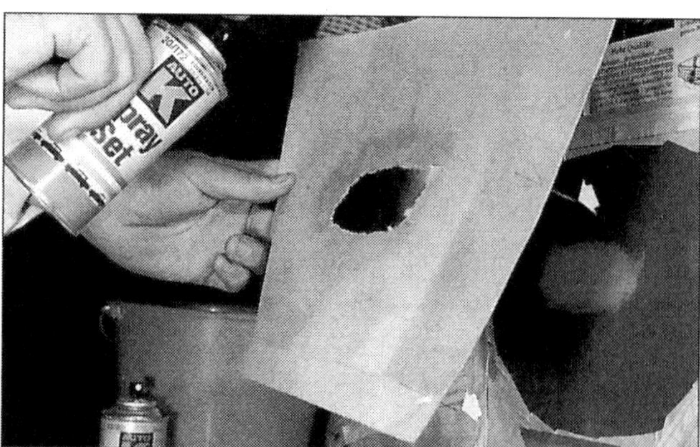

Sprühstrahl begrenzen: *Wenn Sie einen lokalen Lackschaden ausbessern, begrenzen Sie den Sprühstrahl mit einer perforierten Pappe (Pfeil). Halten Sie die Pappe etwa 10 cm vor die abgedeckte Karosseriefläche (Pfeil) und bessern dann durch die Öffnung die Schadstelle aus. Auf diese Weise schaffen Sie »weiche« Übergänge zum alten Lack.*

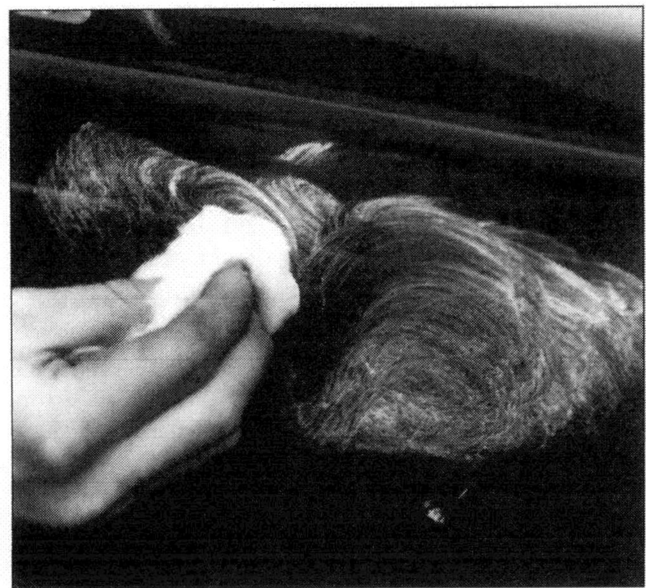

Oberflächen Make-up: *Leichte Kratzer, Schrammen oder Farbnebel beseitigen Sie mit einer speziellen Schleifpaste oder Lackreiniger. Tragen Sie das Mittel auf einem weichen Baumwolllappen auf und bringen es kreisförmig auf die Schadstelle. Vergessen Sie nicht, den Lack danach mit Flüssigwachs zu versiegeln.*

Üben übt: *Bevor Sie das erste Mal »Knitterfalten« ausgleichen, trainieren Sie den Umgang mit Spachtelmasse und Spachtelklinge fernab der Karosserie. Verarbeiten Sie nur geschmeidige Spachtelmasse und ziehen die Oberfläche möglichst glatt. Was Sie von vornherein mit dem Spachtel »passend schlichten«, müssen Sie hernach nicht mühsam wieder abschleifen.*

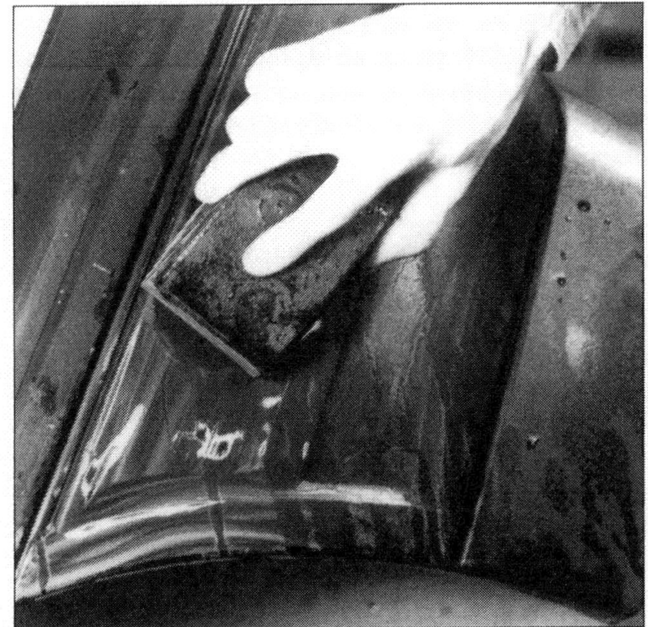

Mit Schleifklotz und Wasserschleifpapier: *Bevor Sie den neuen Lack auftragen, schleifen Sie die »Arbeitsstelle« mit viel Wasser an. Lassen Sie den Schleifklotz möglichst wenig kreisen, sondern verschieben ihn in Parallelbewegungen. Spülen Sie die Schleifstelle regelmäßig mit Wasser ab. Den Schleifklotz samt Papier »baden« Sie in einem Wassereimer.*

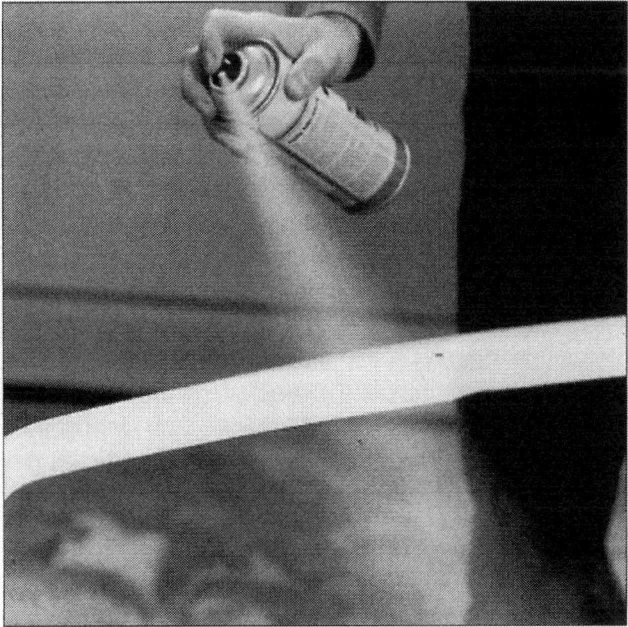

Schichtarbeit: *Tragen Sie den neuen Lack mehrschichtig im Nass- in Nassverfahren auf. Lassen Sie dem frischen Lack immer ein paar Minuten Zeit sich mit dem Untergrund zu verbinden. Führen Sie den Sprühkopf zudem mit ruhiger Hand und vermeiden kreisende Bewegungen. Stattdessen tragen Sie den Lack in Parallelschwüngen gleichmäßig auf.*

Praxistipp

Sondermüll – Farbreste, leere Spraydosen, verdreckte Putzlappen, alte Pinsel

Farb- und Lösungsmittelreste gehören nicht in den Haus- sondern in den Sondermüll. Das gilt auch für verschmutzte Lappen, Pinsel und Spraydosen. In vielen Städten und Gemeinden gibt's heute mobile Annahmestellen. Fragen Sie bei Ihrem Umweltamt nach den Abholterminen oder den Öffnungszeiten der Deponie.

Die Scheibenwaschanlage

Ohne »Durchblick« keine Sicherheit: Eine gute Rundumsicht ist die Grundvoraussetzung für jeden motorisierten Verkehrsteilnehmer. Damit Ihnen in Ihrem Opel auch bei Regen, Matsch- und Schnee der »Durchblick« nicht abhanden kommt, hat der Wagen, je nach Ausstattung, »gegen Blindflug« ab Werk einen Scheibenwischer inklusive Regensensor und beheizbarer Doppeldüsen für die Scheibenwaschanlage bekommen.

Die Frontscheibe säubert der Scheibenwischer grundsätzlich mit zwei Geschwindigkeiten. Bei schwachem Nieselregen oder Nebel erweist sich der »Einmaltippkontakt« sowie eine variable Wischintervalleinrichtung als sehr angenehm. Optional gibt es im Auto sogar einen Regensensor. Der »Spion« erkennt für Sie die Wassermenge auf der Frontscheibe und steuert dementsprechend die Wischgeschwindigkeit der beiden »Gummilippen«.

Bevor Sie dem Wischer jedoch grünes Licht geben, sind stark verschmierte Scheiben grundsätzlich ein Fall für die Scheibenwaschanlage: Den schnellsten Durchblick bekommen Sie, wenn die Spritzdüsen das Waschwasser im oberen Drittel des Wischfelds zerstäuben.

Für Profis selbstverständlich – neue Wischergummis im Frühjahr und Herbst

Die Lebensdauer von Wischergummis ist begrenzt: Bei jeder Wischbewegung malträtieren »öliger« Straßenschmutz, verhärtete Insektenreste sowie Salzrückstände die Gummilippen. Ozon und UV-Strahlen härten die Wischergummis zusätzlich aus.

Solange die Wischer mit korrektem Anpressdruck auf der Scheibe anliegen und der Gummi noch genügend Elastizität hat, ist das »Putzergebnis« o.k. Lästige Schlieren oder unangenehme Kratzgeräusche sind spätestens der sicht- und hörbare Beweis für verschlissene Wischerlippen. Das trübt nicht nur Ihren Durchblick, sondern zerkratzt auf Dauer auch die Scheibenoberfläche. Sollten Sie das ignorieren, sparen Sie an der falschen Stelle, zumal Wischergummis völlig unproblematisch zu wechseln sind.

Profis »runderneuern« ihre Wischerblätter vorbeugend im Frühjahr und Herbst. Falls Sie jedoch den Aufwand scheuen, erneuern Sie eben die kompletten Wischerblätter in ein paar Minuten.

Sollte Ihnen freilich Ihr Euro nicht Schnuppe sein, montieren Sie nur neue Wischergummis: Der gut sortierte Zubehörhandel hält sie in bester Markenqualität auf Lager. Meistens jedoch unter dem Tresen versteckt – die Gewinnmargen an kompletten Blättern sind lukrativer.

Als gewiefter Do it yourselfer lassen Sie sich davon hoffentlich nicht beirren, schließlich geht's hier um eine Menge Euro – fragen Sie also nach Wischergummis. Bosch zum Beispiel liefert die »Putzer« in den meisten gängigen Größen und Profilen. Bevor Sie zur Tat schreiten, schauen Sie sich übrigens die alten Wischergummis genau an. Auf den ersten Blick sehen nämlich alle fast gleich aus, doch in der Praxis gibt es Unterschiede bei der Wischerlippe und in der Profilstärke des Gummis.

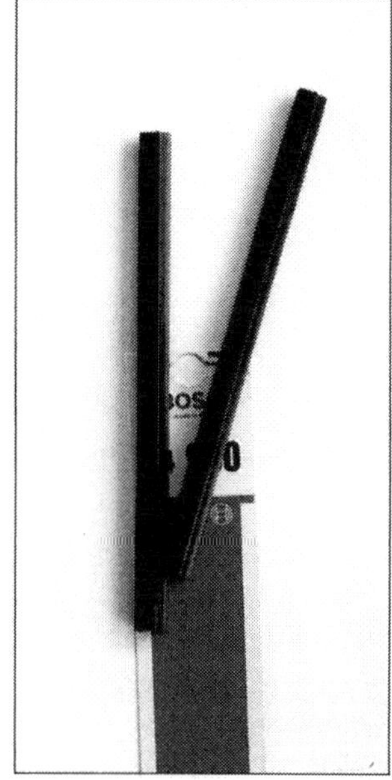

Schnell ein paar Euro gespart: *Wischergummis bietet der gut sortierte Fachhandel in unterschiedlichen Größen und Profilen an. Für Do it yourselfer eine willkommene Gelegenheit, auf komplette Wischerblätter zu verzichten und nur die spröden Gummis binnen weniger Minuten gegen neue zu tauschen.*

Übrigens, auch die meisten Arbeiten an der Scheibenwaschanlage können Sie in der Regel selbst erledigen. Schenken Sie zunächst den Sicherungen und Anschlusskabeln an den Wischermotoren einen prüfenden Blick. Sollten Ihnen dann schon Fehler auffallen, informieren Sie sich, vor der anstehenden Reparatur, bitte im Kapitel »Die Fahrzeugelektrik«.

Scheibenwischer und Waschanlage prüfen

Arbeitsschritte  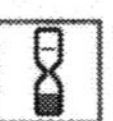 

1 Zündung einschalten, Wischermotor einschalten.

2 Läuft der Scheibenwischer in allen Geschwindigkeiten?

3 Funktioniert die Wischer-Intervallschaltung?

4 Arbeitet die Scheibenwaschanlage?

5 Sind die Spritzdüsen richtig eingestellt?

6 Funktionieren Heckwischer und -wascher?

7 Schwenken die Wischerarme – nach dem Ausschalten – automatisch in ihre Parkstellung zurück?

Scheibenwischerblatt wechseln

Arbeitsschritte   

1 Klappen Sie den Scheibenwischerarm von der Scheibe und …

2 … schwenken das betreffende Wischerblatt um die Drehachse (etwa 180°) nach oben. Die geschlossene Seite der U-förmigen Wischerblattaufnahme zeigt, zwischen Wischergummi und Halterahmen, jetzt nach vorne.

3 Fixieren Sie das Blatt und entsichern (drücken) die kleine Arretierzunge (Pfeil) an der offenen Seite der Wischerblattaufnahme.

4 Die gelöste Halterung drücken Sie mitsamt Blatt nach unten aus dem Wischerarm. Damit die Wischlippe den Arm nicht blockiert, verkanten Sie den Gummi gefühlvoll und …

5 … bugsieren das Blatt am Wischerarm vorbei (Pfeil) aus der Halterung.

6 Beenden Sie die Montage in umgekehrter Reihenfolge. Achten Sie bitte darauf, dass die Zunge hörbar in der Wischerblattaufnahme einrastet. Ansonsten »fliegt« Ihnen das Blatt beim nächsten Regen von der Scheibe.

7 Verfahren Sie mit dem anderen Blatt auf die gleiche Weise.

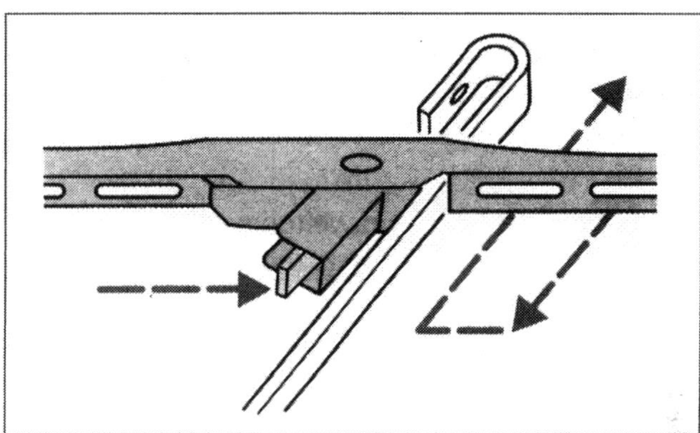

Auf die Reihenfolge kommt's an: *Wischerblattwechsel. Klappen Sie zunächst den Wischerarm von der Scheibe und entsichern hernach das Wischerblattgelenk an der kleinen Zunge (Pfeil links). Erst dann schieben Sie das Blatt aus dem »U« des Wischerarms.*

Scheibenwischergummi wechseln

Arbeitsschritte   

1 Das Wischerblatt demontieren Sie zunächst wie beschrieben.

2 Auf einer Seite ist der Wischergummi am »Gestell« mit zwei Halteklammern fixiert. Falls erforderlich lösen Sie die Klammern etwas (z. B. mit einem Seitenschneider), fassen dann den Gummi und …

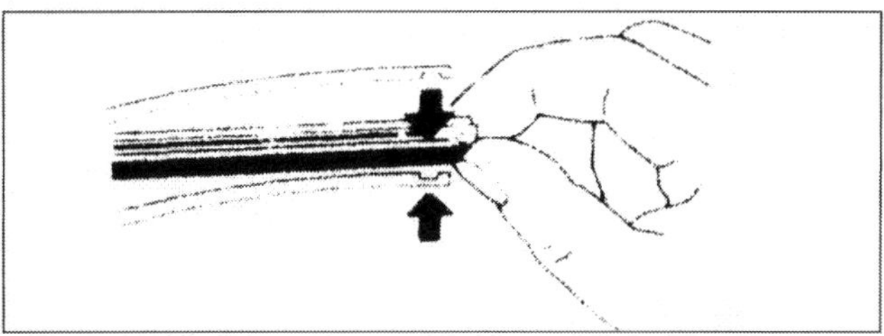

Mit zwei Halteklammern (Pfeile) fixiert: Wischergummi.

3 … ziehen ihn mitsamt der beiden Federstreifen aus den Haltenasen.

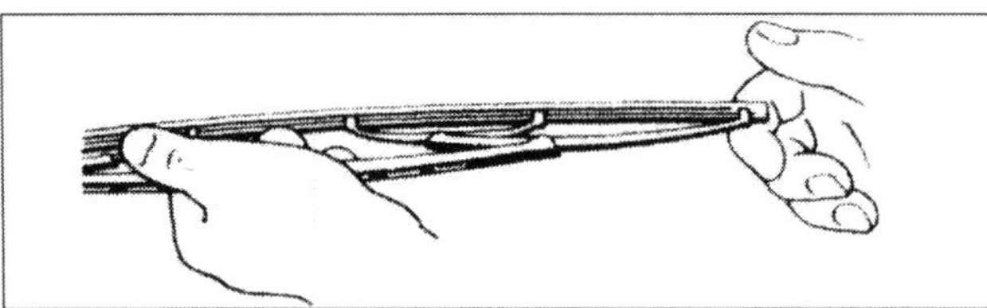

Festhalten – Wischerblattgestell.

4 Achten Sie derweil darauf, dass die Haltezungen nicht verbiegen.

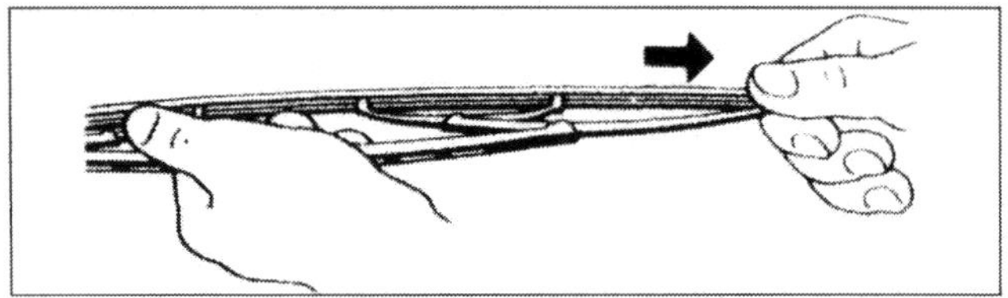

Aus den Halterungen bugsieren – Wischergummi.

5 »Fingern« Sie nun beide Federstreifen aus der Gummilippe.

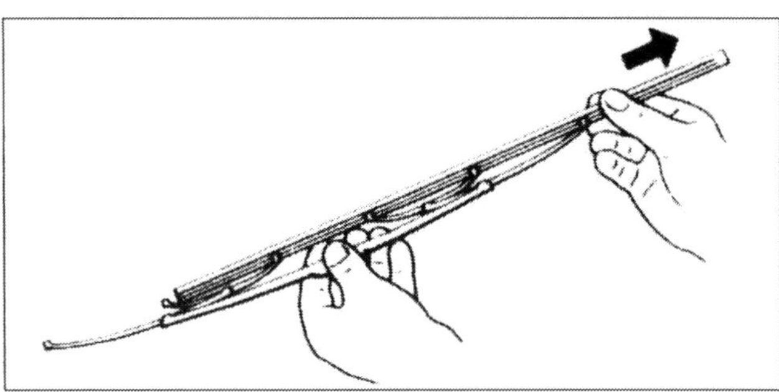

Aus der Führung ziehen – beide Federstreifen.

6 Um zur Montage die Vorspannung der Federstreifen etwas zu erhöhen, »fahren« Sie mit einem leichten Biegemoment die Federn jeweils zwischen Daumen und Zeigefinger ab. Doch vermeiden Sie es, die Federstreifen währenddessen »scharf zu knicken«.

7 Sobald beide Streifen gleichmäßig vorgespannt (gebogen) sind, setzen Sie die Federstreifen mit der Wölbung nach außen (Wischerlippe) in den Gummi ein. Vergessen Sie nicht, die Aussparungen in der Gumminut zu fixieren.

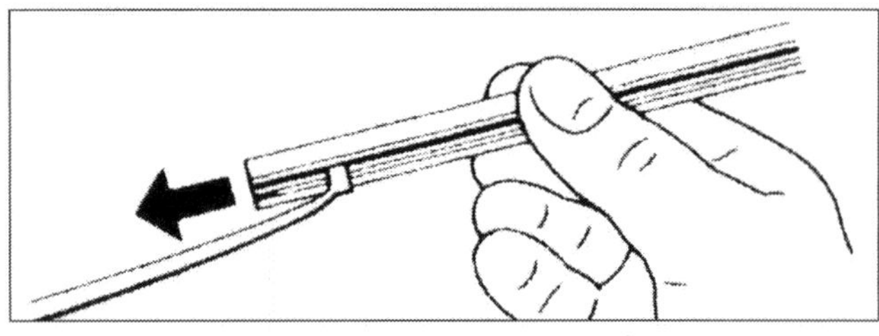

Mit der Wölbung nach außen in das Wischergummi einsetzen – Federstreifen.

8 Schieben Sie nun den neuen Gummi mit der gegenüberliegenden Seite Schritt für Schritt in die Halterungen ein. Achten Sie darauf, dass Sie immer in der gleichen Nut bleiben.

9 Den ganz eingeschobenen Wischergummi fixieren Sie in den Aussparungen am äußeren Ende. Sollten Sie die Haltenasen des alten Gummis zur Demontage leicht geweitet haben, korrigieren Sie das jetzt mit einer Kombizange.

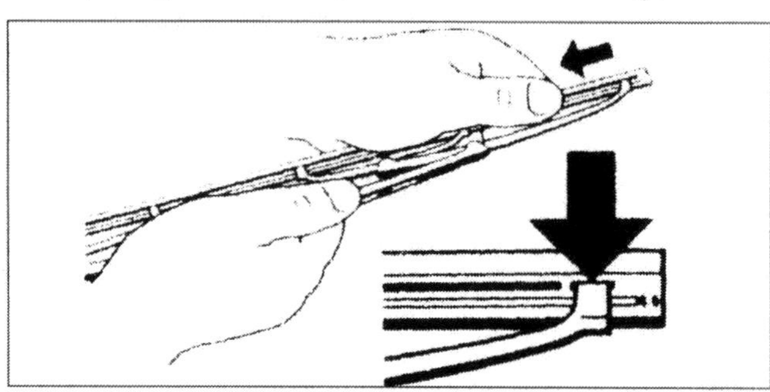

Schritt für Schritt einschieben und am äußeren Ende fixieren – Wischergummi.

10 Richtig eingelegte Federstreifen und unverbogene Halterungen geben dem neuen Wischergummi den »Bewegungsspielraum« den er braucht, um schlierenfrei zu wischen. Sobald sich die Gummilippe nach außen vom Rahmen abhebt, haben Sie gut gearbeitet.

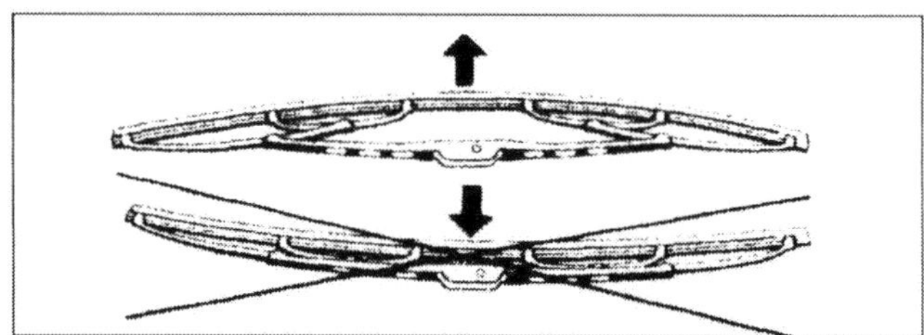

Muss sich nach außen wölben und nicht nach innen einziehen – Gummilippe.

11 Die runderneuerten Blätter montieren Sie wie beschrieben auf beide Wischerarme.

Scheibenwaschwasser auffüllen

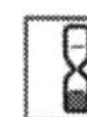

1 Im Sommer reicht es, den Waschwasservorrat mit klarem Wasser zu ergänzen. Ein paar Spritzer Spülmittel steigern die Waschwirkung erheblich. Im Winter mengen Sie der Waschlösung zusätzlich Gefrierschutz, zum Beispiel Brennspiritus, bei, oder Sie verwenden bereits vorgemischtes »Scheibenklar«.

2 Damit im Vorratsbehälter sofort eine homogene Mischung entsteht, zuerst das (die) Zusatzmittel einfüllen, erst dann ergänzen Sie die Lösung bis zur Einfüllöffnung mit Wasser.

3 Bei Minustemperaturen friert die Scheibenwaschanlage ein. Darum »präparieren« Sie ihren Vorratstank in der kalten Jahreszeit immer zu rund einem Drittel mit einem Gefrierschutzmittel (z. B. Brennspiritus) oder einer »fertigen« Reinigungslösung. Damit im Ernstfall auch die Zuleitungen und Spritzdüsen geschützt sind, lassen Sie die Waschanlage nach dem Füllvorgang so lange »pumpen«, bis Sie die Mischung auf den Scheiben erkennen und riechen.

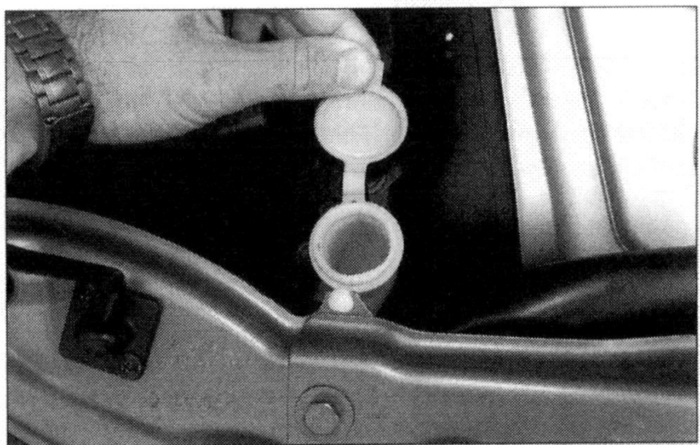

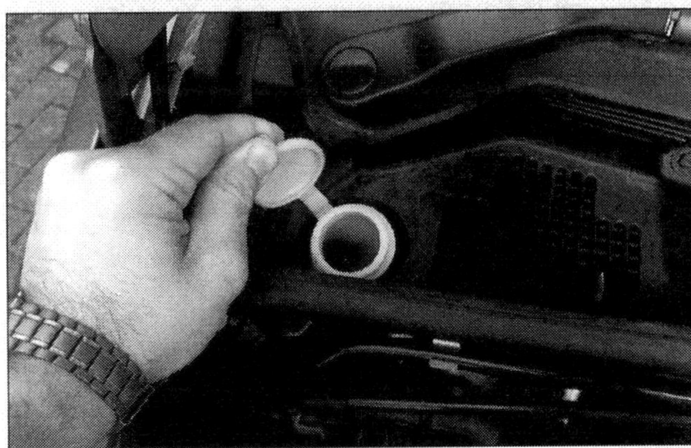

Leicht befüllbar: *Waschwasserbehälter für Scheiben- und Scheinwerferreinigungsanlage links im Motorraum hinter der Spritzwand und dem vorderen Stehblech.*

Waschwasserdüsen einstellen

Ihr Auto »flutet« die Frontscheibe mit zwei Waschwasserdüsen. Um deren Reinigungswirkung voll auszuschöpfen, stellen Sie die Düsen mit einer Nadel oder Büroklammer »punktgenau« auf das obere Scheibendrittel ein.

Arbeits-schritte   

1 Um den Waschwasserstrahl auf der Scheibe justieren zu können, verkanten Sie zunächst eine Nadel- oder Drahtspitze vorsichtig in der Düsenöffnung.

2 Damit Sie mit möglichst wenig Waschwasser eine gute Reinigungswirkung erzielen, richten Sie die Düsen etwa auf das obere Drittel des Wischfelds aus. Berücksichtigen Sie bei der Grundeinstellung im Stand auch den späteren Fahrtwind und lassen den Strahl daher etwas höher auftreffen.

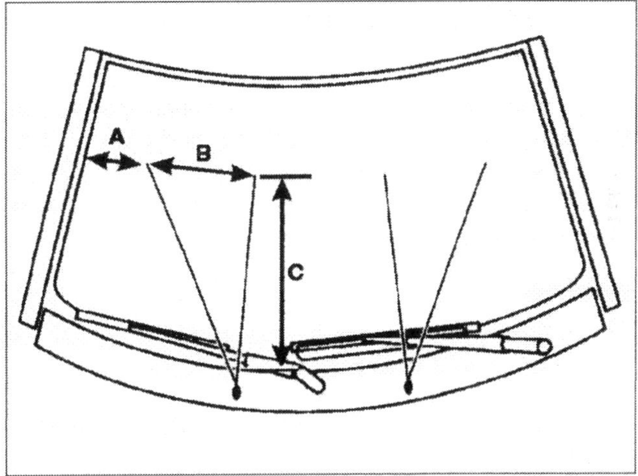

Punktgenau justieren: *Richtig eingestellte Spritzdüsen der Scheibenwaschanlage sollten an der Windschutzscheibe innerhalb der angegebenen Maße das Wasser auf die Scheibe spritzen.*
A = 140 – 240 mm B = 190 – 290 mm C = 270 – 370 mm

Scheibenwaschdüse aus- und einbauen

Verstopfte Scheibenwaschdüsen bauen Sie zweckmäßigerweise sofort aus und blasen Sie mit Druckluft in Richtung Schlauchanschluss durch. Hartnäckige Verstopfungen durchstoßen Sie mit einem dünnen Draht (Nähnadel, Stecknadel) – gleichfalls in Richtung Schlauchanschluss. Klappt das nicht, erneuern Sie die Düse(n) und setzen bei der Gelegenheit gleich einen handelsüblichen Kraftstofffilter in die Waschwasserdruckleitung ein. Das feinporige Filterelement hält künftig die Düsen sauber.

Arbeitsschritte 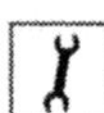 

vorne

1 Öffnen Sie die Motorhaube und ziehen, je nach Motorvariante, vorsichtig die Dämmmatte von der Haube ab.

2 Bevor Sie unterhalb der Motorhaube den Waschwasserschlauch von der Düse abziehen, erwärmen Sie das Schlauchende kurz mit einem Feuerzeug.

3 Passiert? Dann pressen Sie mit Ihren Fingern die Haltezungen an der Düse zusammen und ...

4 ... drücken gleichzeitig die Düse von unten aus der Motorhaube.

5 Zur Montage rasten Sie die Düse von oben wieder in die Motorhaube ein. Achten Sie unbedingt darauf, dass die Düse fest in der Motorhaube sitzt. Falls nicht, können Sie die Einstellung des Waschstrahls gleich vergessen: die Düse »wandert« eh beizeiten aus der Motorhaube.

hinten

1 Die Düse ist in die dritte Bremsleuchte 1 integriert. Sie müssen also zunächst die Leuchte demontieren und ...

2 ... die Waschdüse 2 dann aus dem Anschlussstecker 3 ziehen

3 Erwärmen Sie vorab das »freigelegte« Schlauchende 4 kurz mit einem Feuerzeug und ziehen es dann von der Düse.

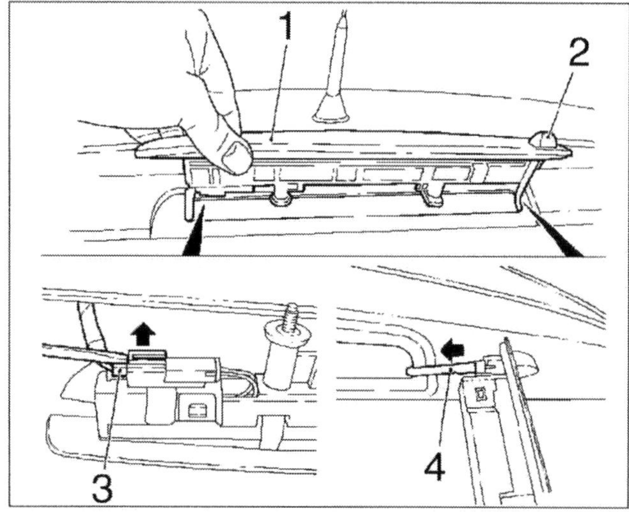

Der Reihe nach vorgehen – Bremsleuchte demontieren, Anschlussstecker oberhalb der Waschdüse abziehen, angewärmtes Schlauchende von der Düse ziehen.

4 Beenden Sie die Montage in umgekehrter Reihenfolge und stellen die Spritzrichtung neu ein.

Scheibenwischerarm aus- und einbauen

1 Markieren Sie die Wischerblätter in Ruhestellung mit Klebeband auf der Scheibe.

2 Jetzt liften Sie mit einem Schraubendreher die Abdeckkappen über den Wischerarmachsen und ...

3 ... lösen darunter mit einem Ringschlüssel die Haltemutter um ca. zwei Umdrehungen.

4 Klappen Sie dann die Wischerarme von der Scheibe und hebeln sie auf der Wischerachse gefühlvoll hin und her. Sobald die Arme gelöst sind, drehen Sie die Mutter ganz ab und ziehen die Arme von den Wischerachsen.

5 Sollte das nicht auf Anhieb klappen, knippen Sie den/die widerspenstigen Arm(e) vorsichtig mit zwei Schlitzschraubendrehern von der Wischerachse ab. Den Windlauf schützen Sie vorab mit einem Putzlappen vor Beschädigungen.

6 Zur Montage achten Sie darauf, dass die Wischerarme mit Ihrer Markierung auf der Scheibe korrespondieren. Ziehen Sie die Arme mit 14 Nm fest und checken dann, ob sie tatsächlich korrekt laufen und nicht ineinander verheddern oder über die Scheibenfläche hinauslaufen.

Wischerblatt

Störungs-beistand

Störung	Ursache	Abhilfe
A Wasser und Schmutz verteilen sich gleichmäßig über das Wischfeld.	**1** Scheibe mit Lackpflegemitteln, ölhaltigen Rückständen oder Insektenresten verschmutzt.	»Sidol« o. ä. Reinigungsmittel auf Scheibe auftragen, antrocknen lassen, mit einem sauberen Lappen abreiben.
	2 Wischergummi verschlissen.	Austauschen.
	3 Wischerarm am Anlenkpunkt des Wischerblattes verdreht und nicht parallel zur Scheibe.	Wischerarmende nachbiegen (in sich verdrehen).
B Im Wischfeld bleiben feine Wasserstreifen stehen.	Siehe A2.	Austauschen.
C Im Wischfeld bleiben feine Wassertropfen zurück.	Neigungswinkel des Wischergummis zu flach zur Scheibe.	Wischergummi austauschen.
D Im Wischfeld bleibt breiter Wasserfilm zurück.	Ungleicher Auflagedruck – verbogene oder defekte Anpressfeder im Wischergummi.	Wischerblatt austauschen.
E Im Wischfeld bleiben mehrere Wasserfelder zurück.	**1** Wischerarm-Anpressdruck zu gering.	Anpressdruck überprüfen. Feder leicht einölen, Wischerarm stärker vorspannen, ggf. erneuern.
	2 Scheibenwischerantrieb verschlissen.	Kontrollieren, defekte Komponenten ersetzen.
	3 Wischerarm lose auf der Achse.	Befestigen.
	4 Wischerarm verbogen.	Nachbiegen.
	5 Wischerblatt verbogen.	Austauschen.
F Im oberen Wischfeld bleiben Wasserschlieren zurück.	**1** Siehe E1.	
	2 Siehe D.	
G Wischerblatt rattert.	**1** Zuviel Spiel im Scheibenwischergestänge.	Verschleißteile auswechseln.
	2 Wischerarm lose.	Befestigen.
	3 Wischerarm in sich verdreht.	Wischerblatt demontieren und Wischerarm richten.

Scheibenwischer

Störungs-beistand

Störung	Ursache	Abhilfe
A Frontscheibenwischer ohne Funktion.	**1** Sicherung defekt.	Erneuern.
	2 Zentrales Steuergerät defekt.	Anschlüsse prüfen, zentrales Steuergerät austauschen.
	3 Wischerantriebskurbel lose.	Festziehen.
	4 Kabel zum Wischerschalter unterbrochen.	Steckverbindungen und Zuleitungen überprüfen.
	5 Kabel zum Wischermotor unterbrochen.	Steckverbindungen und Leitungen überprüfen.
	6 Wischermotor durchgebrannt bzw. Kohlen verschlissen.	Austauschen.
B Scheibenwischer in Stufe I ohne Funktion.	**1** Kontaktschwäche.	Anschlüsse auf Stromdurchgang prüfen.
	2 Spannungsaufnahme im Motor unterbrochen.	Motor austauschen.
	3 Spannungsdurchgang im Wischerschalter unterbrochen.	Schalter austauschen.
C Scheibenwischer in Stufe II ohne Funktion.	**1** Spannungsdurchgang am Wischerschalter unterbrochen.	Zuleitung überprüfen.
	2 Kontakte im Wischerschalter verschlissen.	Schalter austauschen.
	3 Spannungsaufnahme am Wischermotor defekt.	Motor austauschen.
D Wischer laufen nicht automatisch in Parkstellung zurück.	**1** Leitung zwischen Wischerschalter und Motor unterbrochen.	Zuleitung kontrollieren.
	2 Wischermotor defekt.	Motor instand setzen, bzw. erneuern.
E Scheibenwischerintervall ohne Funktion.	**1** Zentrales Steuergerät defekt.	Austauschen.
	2 Zuleitung zwischen Wischerschalter und Relais unterbrochen.	Zuleitung überprüfen.
	3 Kontakt im Wischerschalter defekt.	Schalter austauschen.
	4 Verbindung zwischen Sicherungskasten zum Intervallrelais bzw. zwischen Relais zum Wischermotor unterbrochen.	Sicherung prüfen, Zuleitung inkl. Steckverbindungen prüfen.
F Intervallbetrieb lässt sich nicht ausschalten.	**1** Siehe D1.	
	2 Siehe E1.	
	3 Kontakte im Wischerschalter verschlissen.	Schalter austauschen.
G Scheibenwischer bleiben nach dem Abschalten nicht oder nur kurz in Parkstellung stehen.	Verschmutzter bzw. verklebter Kontakt im Wischermotor.	Motorabdeckung abschrauben, Kontakte reinigen, ggf. Motor austauschen.

DIE MOTOREN

Unter Kunststoff »verborgen«: *Der 1,8-Liter ECOTEC des Meriva. Gut zu erkennen – der AC-Verdichter (Pfeil) links neben dem Dreiwege-Katalysator.*

Wartung

Die Meriva-Motoren stehen auf technisch hohem Niveau. Leichtmetall-Zylinderköpfe sind ebenso Standard wie elektronische Motormanagements. Bei den Ottomotoren inklusive kontaktloser 3-D-Kennfeldzündanlagen, sequenzieller Gemischaufbereitung, Dreiwege-Katalysatoren und Abgasrückführung. Auch die 1,7-Liter-Selbstzünder durch ein elektronisches Motormanagement getaktet. Sie bekommen ihr »Futter« allerdings direkt in die Brennräume injiziert. Einstempel-Verteilereinspritzpumpen (Y17 DT, Bosch VP 29; Z17 DTH, Denso HP 3) sowie Mehrlocheinspritzdüsen leisten den Job.

Unter den Meriva-Motorhauben passiert also NICHTS ohne Chips und Bits: Elektronische Heinzelmännchen realisieren in jedem Arbeitstakt einen zeitgemäßen Kompromiss zwischen Leistung, Drehmoment, Laufkultur, Verbrauch und Abgaskonzentration. Sämtliche Ottotreibsätze werden durch jeweils zwei Lambdasonden – eine vor und hinter dem Katalysator – sowie durch die der Frischluft beigemischten Abgase »entgiftet«. Die Selbstzünder »cleanen« ihre Abgase per Oxidationskatalysator, gleichfalls inklusive Abgasrückführung. Ein Rußfilter ist bei den derzeitigen Motoren noch nicht mit von der Partie.

Der »Trick« mit der Abgasrückführung – die angesaugte Frischluft bekommt einen geringen Teil Abgase untergemischt – hält unverbrannte Kohlenwasserstoffe (HC) schon an der »Quelle« im Zaum. Grund: Die Verbrennungstemperaturen sinken und damit auch besagte Kohlenwasserstoffe – einerlei ob beim Diesel- oder Ottomotor. Vor dem Gesetzgeber sind dann alle ECOTEC-Motoren gleich: Euro 4 ist angesagt. Lediglich der Y17 DT »reißt« die Messlatte, er wird gemäß Euro 3 besteuert.

Standard unter Meriva-Motorhauben – sequenzielle Kraftstoffeinspritzung

Obwohl die unterschiedlichen Motoren den Meriva in völlig verschiedenen Leistungsklassen ansiedeln, erkennen versierte Do it yourselfer sofort ihren »gemeinsamen Stammbaum«. So hält die Gemischaufbereitung, den Zündzeitpunkt, die Abgaswerte inklusive weiterer im Umfeld agierender »Lebensgeister« ein artverwandtes Motormanagement bei Laune. Mechanische Gaszüge? Bei allen Aggregaten Fehlanzeige – drive by wire (E-Gas) ist angesagt. Mehrloch-Einspritzventile zerstäuben Eurosuper für die »Ottos« und Dieselöl für die Selbstzünder. Bei den Ottomotoren noch vor die Einlassventile in den Ansaugtrakt und bei den Dieselmotoren bereits direkt in die Brennräume.

Aus Leichtmetall – die Zylinderköpfe

Den gemeinsamen »Stallgeruch« verdeutlichen auch die Werkstoffe: Die Zylinderköpfe sind aus Leichtmetall, die schwingungsarmen Motorblöcke aus Grauguss gefertigt. Jeweils zwei oben liegende Nockenwellen (Z16 SE eine Nockenwelle) steuern den Ladungswechsel der Vierventiler. In allen Motoren rotiert ein wartungsarmer Zahnriemen zwischen Kurbel- und Nockenwelle(n). Bei den Ottomotoren »schlagen« die Nockenwellen auf wartungsfreie Hydrostößel auf. Nicht so bei den Dieselmotoren – hier sind's mechanische Stößel mit Ausgleichscheiben. Neues Motoröl inklusive Ölfilter verlangen die Motoren spätestens nach 30.000 Kilometern (Otto) bzw. nach 50.000 Kilometern (Diesel), respektive nach 24 Monaten. Da der Meriva seine Wartungsintervalle mit einem einsatzabhängigen Servicesystem ermittelt, können zwar die Distanzen, nicht jedoch die Zeiträume variieren.

Z16 SE (1,6-Liter 8V) – vier Zylinder mit Vergangenheit

Seinen letzten Großserienauftritt erlebte der Z16 SE noch im Astra G – freilich in leicht modifizierter Version. Das muss Z16 SE-Interessenten beileibe nicht vom Kauf abschrecken, denn der »Altvordern« ist im Meriva längst kein schwerer »Eisenhaufen« mit relativ eingegrenztem Leistungsfenster mehr. Dennoch, technische Höchstleistungen sind seine Sache nicht, wenngleich sich um den bewährten Kern herum ein topaktuelles Motormanagement um gute Sitten und Verbräuche bemüht. Zunächst zu den Sitten: Bei 3.000 $min.^{-1}$ erreicht der Achtventiler mit 138 Nm sein höchstes Drehmoment, 2.400 $min.^{-1}$ später sind dann 64 kW

Bewährter Kern mit topaktuellem Motormanagement: *Der bekannte Z16 SE-Motor ist im Meriva »wieder« auf der Höhe der Zeit.*

mobil. Das reicht immerhin für maximal 171 km/h und für einen Sprint von Null auf 100 km/h in 14,5 Sekunden. Durchaus Werte, die noch in die heutige Zeit passen, zumal auch seine CO_2 Emission mit 187 Gramm/km locker im Bereich von Euro 4 liegt. Bleiben noch die Verbräuche: Auch hier gibt's keine Ausreißer – der Meriva lässt sich mit durchschnittlich 7,8 Liter Euro-Super pro 100 Kilometer füttern.

ECOTEC Z16 XE (1,6-Liter 16V) – die »gehobene« Mittelklasse

Nominell hat der Z16 XE mit 1.598 cm³ den gleichen Hubraum wie der Z16 SE. Und dennoch trennen die beiden »Einssechser« Welten. Der Neue hat eindeutig mehr im Kopf – zwei Nockenwellen und 16 Ventile sowie zentral angeordnete Zündkerzen für einen möglichst homogenen Verbrennungsablauf. Den Verbrennungsablauf kultivieren übrigens auch fein abgestimmte Ein- und Auslasskanäle sowie ein auf 10,5 : 1 festgelegtes Verdichtungsverhältnis. An der Schwungscheibe des Z16 XE kommen letztlich 74 kW (100 PS) bei 6.000 min.$^{-1}$ an. Übrigens keine nervösen Muskeln sondern eher von der standfesten Sorte Kilowatt, die bereits bei 3.600 min.$^{-1}$ einen Drehmomenthöchstwert von 150 Newtonmeter unterfüttern. Das reicht allemal, um den Mini-Van auch mit gebremstem Schaum zügig zu beschleunigen und aus dem Stand in 13,5 Sekunden auf 100 km/h zu treiben. Und das zu durchaus günstigeren Konditionen – im Drittelmix reichen dem ECOTEC-Ableger 7,5 Liter Eurosuper auf 100 Kilometer, bei einer Höchstgeschwindigkeit von 177 km/h ein durchaus akzeptabler Wert. So auch die CO_2 Emission von 179 Gramm/km, das Finanzamt stuft den Z16 XE nach EURO 4 ein.

Standfest und sparsam: *Der Z16 XE-ECOTEC mit 16 Ventilen und zwei oben liegenden Nockenwellen.*

ECOTEC Z18 XE (1,8-Liter 16V) – der Blitz-Meriva

Was die Kilowatt, respektive Pferdestärken angeht, ist der Z18 XE mit 92 kW/125 PS bei 6.000 min.$^{-1}$ der »lebendigste« Treibsatz unter der Meriva-Motorhaube. Doch schon beim Drehmoment findet das agile Leistungsbündel im Y17 DT seinen Meister. Beide liefern 165 Nm an der Schwungscheibe ab – der Selbstzünder zwischen 1.800 – 3.000 min.$^{-1}$ und der Otto exakt bei 4.600 min.$^{-1}$. Vom Dieseltemperament ist der Z18 XE also weit entfernt: Der Z18 XE spurtet hurtiger durch sein verfügbares Drehzahlband, ohne jedoch mit nervöser Leistungsabgabe zu nerven. Richtig losgelassen dauert's gerade mal 11,3 Sekunden von 0 auf 100 km/h, und mit 192 Km/h Höchstgeschwindigkeit kann sich der Blitz-Meriva auch durchaus erfolgreich mit Größeren anlegen. Übrigens ohne unverschämt zu saufen: Dem schnellsten Meriva reichen durchschnittlich 8,2 Liter Euro-Super auf 100 Kilometer. Aus dem Auspuff kommen 196 Gramm/km CO_2 allemal ausreichend für EURO 4.

Kultiviert und leistungsfreudig: *Der Z18 XE-ECOTEC spurtet locker bis auf 192 km/h.*

ECOTEC Y17 DT (1,7-Liter 16V) – das solide Zugpferd

Keine Frage, wer seinen Meriva nicht unbedingt als »Express-Van« fehl interpretiert, wer an den im Vergleich zum Ottomotor etwas knarzigeren Diesel-Lebenszeichen nicht verzagt und wer die etwas ausgeprägtere Untersteuerneigung seines »Ölbrenners« auf kurvigen Landstraßen nicht moniert, der findet mit dem Y17 DT einen soliden Partner. Mit einem Drittelmix von 5,4 Liter auf 100 Kilometer bleibt der Y17 DT »locker« unter sechs Liter/100 km. Seine 55 kW (75 PS bei 4.400 min.$^{-1}$) legen sich vom Stand weg relativ willig ins Zeug: 17 Sekunden dauert's von 0 auf 100 km/h, in der Stunde geht's maximal 161 Kilometer weiter. Die Kraft kommt relativ flexibel an die Vorderräder – zwischen 1.800 und 3.000 $min.^{-1}$ leistet der Y17 DT 165 Nm. Er emittiert 146 g/km CO_2 – EURO 3, mehr ist nicht drin.

ECOTEC Z17 DTH /1,7-Liter 16V) – der genügsame Ölprinz

Mit durchschnittlich 5,3 Liter Diesel auf 100 Kilometer ist der Meriva mit dem neuen Common-Rail-Diesel nicht unbedingt ein Freund der Ölscheichs. In Anbetracht der Mehrleistung (74 kW/100 PS/4400 $min.^{-1}$) lässt er auch seinen älteren Bruder mit Einstempel-Verteilereinspritzpunmpe schon ziemlich alt aussehen. Bereits bei 2.300 $min.^{-1}$ wuchtet der »Ölprinz« zwischen den Meriva-Vorderrädern 240 Nm an sein Schwungrad. Das reicht, um die Tachonadel auch im fünften Gang noch munter zu bewegen. Den Vortrieb stellt der Common-Rail-Diesel erst bei 178 km/h ein. Und wer relativ schnell schnell sein möchte, erreicht aus dem Stand nach 13,4 Sekunden 100 km/h. Die Umwelt belastet der Z17 DTH mit 143 g/km CO_2 – damit ist der Meriva ein EURO 4 Mitglied.

***Gleicher Hubraum, gleiches Verbrennungsverfahren:** Die Dieselzwillinge unterscheidet die Gemischaufbereitung – Einstempelverteilereinspritzpumpe für den Y17 DT (Motiv) und Common-Rail im Z17 DTH.*

Werkstatt oder Do it yourself?

Über die Jahre bleiben ECOTEC-Treibsätze natürlich nicht untadelig. Sobald dann die ersten »Wehwehchen« den Umfang überschaubarer Wartungsarbeiten sprengen und stattdessen in tief greifende Reparaturen und diffizile Einstellarbeiten münden, überlassen Sie das Schrauben besser Ihrer Werkstatt: Trainierte »Blaumänner« verfügen über das erforderliche Detail- und Fachwissen. Sie haben Erfahrung und, für die meisten Reparaturen, in der Regel auch das erforderliche Spezialwerkzeug.

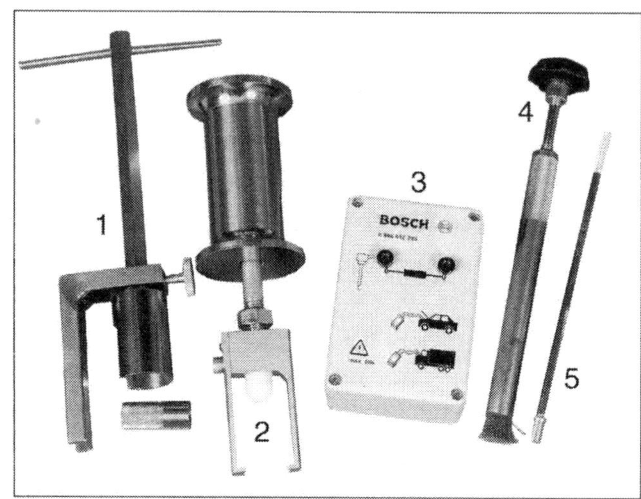

***Mit einfachem Do-it-yourself-Equipment nicht mehr beizukommen:** Common-Rail-Einspritzsystemen. 1 Drehvorrichtung, 2 »fliegender« Hammer mit montiertem Injektorauszieher, 3 Prüfspule für diverse Steuerspannungen, 4 Injektorschacht-Reinigungsbürste, 5 Abdichtbolzen.*

Gehen Sie also immer mit Augenmaß vor und stellen Ihre »Schrauberqualitäten« eher unter den eigenen Scheffel als darüber. Finanziell kommt Sie das allemal günstiger als unbändige »Schrauberlust«: Unsachgemäß ausgetauschte Steuerketten oder Zahnriemen beispielsweise provozieren schon während des ersten Startversuchs kapitale Motorschäden. Mit etwas Glück hat's dann »nur« die Kolben und Ventile getroffen – im Extremfall verschrotten Sie allerdings den Zylinderkopf und/oder den Motorblock gleich mit.

Mit normalem Talent und Werkzeugequipment lassen Sie besser auch die Finger von undichten Zylinderkopfdichtungen oder »verbrannten« Ventilen – von tief greifender Revisionsarbeiten am Kurbeltrieb ganz zu schweigen.

Anders gesagt: Immer dann, wenn Sie Ihren »zickenden« Motor nicht ohne Magengrummeln auf Vordermann bringen können, vergessen Sie Do it yourself. Unser Rat soll aus Ihnen beileibe keine gläubigen »Werkstattgänger« machen, wir appellieren lediglich an Ihr Selbstverständnis – im Interesse Ihres Geldbeutels. »Verheben« Sie sich besser nicht an allzu komplexen Reparaturen, denn unter dem Strich bleiben Ihnen genügend »Angriffspunkte« übrig: Denken Sie nur an die Vielzahl der Prüf- und Wartungsarbeiten.

Motor durchdrehen

Ein Großteil besagter Prüf- und Wartungsarbeiten setzt exakte Steuerzeiten voraus: der Kolben des ersten Zylinders (Meriva in Fahrtrichtung rechts) muss also genau im oberen »Totpunkt« (OT) stehen. Aus dieser Grundstellung beziehen die restlichen drei Töpfe genau definierte Positionen. Der vierte Zylinder steht dann präzise auf »Überschneiden«: sein(e) Auslassventil(e) schließt (schließen) gerade und das (die) Einlassventil(e) öffnet (öffnen).

OT-Stellung 1. Zylinder: Der Kolben des ersten Zylinders steht im oberen Totpunkt, wenn sich die Ventile des vierten Zylinders überschneiden. Die Ventile des ersten Zylinders sind dann geschlossen. Checken Sie das zusätzlich noch mit den Markierungen auf der Schwung- bzw. der vorderen Kurbelwellenriemenscheibe ab.

Arbeitsschritte  

1 Liften Sie, wie zum Radwechsel, ein Vorderrad und legen den fünften Gang ein. Wenn Sie jetzt das frei stehende Rad nach vorne drehen, rotiert die Kurbelwelle automatisch mit. Leichter geht's übrigens mit demontierten Zündkerzen. Sollten Sie Ihr Auto jedoch nicht »standfest« anheben können, legen Sie den 5.Gang ein und schieben den Wagen gefühlvoll bis zur OT-Stellung vor. Der Tipp gilt nur für »Schalter« nicht jedoch für »Automaten«.

2 Selbstverständlich können Sie den Motor auch mit einer Stecknuss durchdrehen. Schalten Sie dazu in den Leerlauf und setzen die Nuss an der Generatorriemenscheibe an. Ohne Zündkerzen dreht der Motor »williger«, erst recht, wenn Sie auch noch den Antriebsriemen etwas in den Riementrieb pressen. Achten Sie jedoch darauf, dass Sie den Motor immer nur im Uhrzeigersinn drehen.

Praxistipp: Zündkerzen überprüfen

Da Ottomotoren »fremd zünden«, muss der »zündende« Funke die Frischgase immer zur rechten Zeit »anfeuern«. In früheren Jahren waren Zündkerzen sensible und hoch verschleißfreudige Bauteile – spätestens nach 12.000 Kilometern wanderten sie aufs Altenteil. Mit modernen Werkstoffen, bleifreiem Benzin, vor allem auch im Zusammenspiel mit elektronischen Hochleistungszündanlagen hat sich das freilich grundlegend geändert: Zwar reagieren die »Blitzableiter« immer noch allergisch auf Feuchtigkeit, beispielsweise nach einer Motorwäsche, doch Laufleistungen jenseits 40.000 Kilometer sind weitgehend normal – Opel empfiehlt den Wechsel sogar erst nach 60.000 Kilometern. Dennoch behalten Sie die Zündkerzen im Auge und checken die »Stifte« etwa alle 50.000 Kilometer: Bei den ECOTEC-Motoren beträgt der Elektrodenabstand einen Millimeter. Der Fachmann erkennt übrigens schon am Kerzenbild den technischen Zustand eines Motors.

Mit diesen Kerzen läuft Ihr Auto

Motor	Leistung (kW/PS)	Zündkerzen Spezifikation
Z16 SE	64/87	Bosch FLR 8 LDCU
Z16 XE	74/100	
Z18 XE	92/125	
Y17 DT	55/75	Schnellglühkerzen
Z17 DTH	74/100	

Überdrehzahlen und Motorlebensdauer

Außer mit viel vermeidbarem Ärger konfrontiert Sie ein »gnadenloser Bleifuß« mit teuren Reparaturen: Hochdrehende Motoren verschleißen schneller, der Kurbel- oder Ventiltrieb kann Schaden nehmen. »Günstigstenfalls« bricht nur eine Ventilfeder, reißt ein Ventil ab oder kollidiert – infolge »flatternder« Ventilfedern – mit dem Kolben. Prekärer wird's, wenn ein Kolben im Zylinder frisst oder, der absolute »Gau«, ein Pleuel reißt ab bzw. die Kurbelwelle bricht. Abweichend von der Maximaldrehzahl traut Opel seinen Ottomotoren im Meriva Dauerdrehzahlen von rund 6.250 min.$^{-1}$ (16V) bzw. 5.850 min.$^{-1}$ (8V) zu. Der Y17 DT Dieselmotor bremst Ihren Gasfuß automatisch bei etwa 5.000 min.$^{-1}$ ein, der Z17 DTH schafft sogar 5. 250 min.$^{-1}$.

Der Kompressionsdruck

Sollten Sie im Laufe der Zeit den Eindruck bekommen, Ihr Auto sei weniger temperamentvoll als in den Anfangstagen, kann der Leistungsverlust durchaus mechanische Hintergründe haben. Die häufigsten Ursachen sind: zu großes Spiel zwischen Kolben und Zylindern, verschlissene Kolbenringe, undichte oder

verbrannte Ventile, eine beschädigte Zylinderkopfdichtung, verschlissene Einspritzventile oder Zündkerzen.
Untermauern Sie Ihre Beobachtungen mit einer Kompressionsdruckmessung. Gegen Ende des Verdichtungstakts entstehen nämlich in jedem Zylinder hohe Drücke, die während der Verbrennung des Kraftstoff-/Luftgemischs noch massiv ansteigen. Das bedeutet für Kolben und Kolbenringe, Zylinderwände, Ventile, Ventilsitze, Ventilschaftdichtungen sowie die Zylinderkopfdichtung eine hohe thermische und mechanische Belastung. Symptome, wie mangelhaftes Kaltstartverhalten oder unrunder Motorlauf, gestiegener Öl- und Kraftstoffverbrauch, weiße oder blaue »Auspufffahne«, erhöhte Wassertemperatur, schlechtere Abgaswerte sowie geringere Leistung sind in der Praxis die »heimlichen« Vorboten eines drohenden Motorschadens. Zum globalen Überblick sollten Sie darum etwa alle 60.000 Kilometer den Kompressionsdruck Ihres Motors prüfen lassen. Das gilt übrigens nicht nur für Otto- sondern gleichermaßen auch für Dieselmotoren.

Richtwerte für den Kompressionsdruck

Die Kompressionsdruckwerte Ihres Autos unterscheiden sich, abhängig vom Verdichtungsverhältnis, geringfügig voneinander. Unsere Richtwerte gelten für Motoren in einwandfreiem mechanischem Zustand. Allerdings kommt es bei der Interpretation des Kompressionsdrucks weniger auf den absoluten Spitzenwert denn auf gleichmäßige Werte in allen Zylindern an. Abweichungen bis maximal 2 bar sind noch vertretbar, darüber hinaus lassen Sie den Fehler besser von einem Fachmann »einkreisen«. Er wird Ihrem Motor mit einer Druckverlustmessung »auf den Zahn« fühlen und aus dem Ergebnis seine Diagnose ableiten.
Versierte Hobbymonteure messen den Kompressionsdruck natürlich in Eigenregie. Sie benötigen dazu allerdings einen Helfer, der den Motor per Anlasser durchdreht, und einen Kompressionsdruckmesser. Zunächst schrauben Sie alle Zündkerzen (Diesel – Injektoren) aus dem Zylinderkopf und stellen sicher, dass die Ventile richtig eingestellt sind. Sollten Sie einen Common-Rail-Diesel fahren, übertragen Sie den Job besser Ihrem Opel-Händler oder einem Bosch-Car-Service-Stützpunkt. Andernfalls tritt Ihr Helfer während der Prüfung das Kupplungspedal voll durch, Sie »drücken« derweil den Zylinder ab. Sinnvollerweise beginnen Sie mit dem ersten Zylinder und gehen dann der Reihe nach weiter vor. Zählen Sie die Kurbelwellenumdrehungen bis zum Aufbau des höchsten Drucks und nehmen den Wert als Maßstab für die anderen Zylinder: Je zügiger sich der Kompressionsdruck aufbaut, um so »gesunder« ist der Zylinder. Ein kerniger Motor baut den Maximaldruck nach etwa 6 bis 8 Kurbelwellenumdrehungen auf.

Soviel Druck baut Ihr Motor auf

Motor	Normal	Toleranzgrenze
Z16 SE	13 – 15	11
Z16 XE	14 – 16	12
Z18 XE	14 – 16	12
Y17 DT	26 – 30	22
Z17 DTH	26 – 30	22

Messgrundlage – durchzugsstarker Anlasser, volle Batterie

Es ist zwar eine Binsenweisheit, wir weisen dennoch ausdrücklich darauf hin: Die Basis für verlässliche Messwerte sind ein durchzugsstarker Anlasser und eine geladene Batterie. Denn wenn die Kurbelwelle nur »müde« rotiert, baut sich im Ansaugrohr auch die Gassäule nur widerwillig auf – die Messung macht dann wenig Sinn. Sollten Sie große Abweichungen entdecken, kreisen Sie den Fehler mit einem Druckverlusttest weiter ein. Die Vorgehensweise mit diesem Gerät setzt allerdings einige praktische Erfahrungen voraus – deshalb unser Rat: Betrauen Sie einen Fachmann damit.

Do it yourself – so kommen Sie Fehlern auf die Spur

- Bei zu geringem Kompressionsdruck träufeln Sie mit einer Spritzölkanne etwas Motoröl ins Zündkerzenloch und wiederholen die Messung. Das dichtet den Raum zwischen Kolben und Zylinderwand besser ab.
- Verändert sich danach der Kompressionsdruck nicht, gehen Sie davon aus, dass der Druck an Ventilen, Ventilsitzen, Ventilführungen, am Zylinderkopf oder der Zylinderkopfdichtung entweicht.
- Sind die Werte jedoch besser, gehen Sie von verschlissenen Kolbenringen oder Zylinderlaufflächen aus.

Kompressionsdruck messen

Arbeits-schritte  

[1] Fahren Sie den Motor vor der Messung warm (Betriebstemperatur). Alle beweglichen Teile haben dann ihr Einbauspiel.

Ottomotor

[2] Bauen Sie, wie beschrieben, das Zündmodul aus und demontieren alle Zündkerzen.

[3] Öffnen Sie den Relaiskasten vor der Batterie und …

[4] … ziehen das Kraftstoffpumpenrelais aus dem Sockel. Das schont den Katalysator, denn die Kraftstoffförderung ist jetzt unterbrochen.

Dieselmotor, Beispiel Y17 DT

[5] Demontieren Sie, wie beschrieben, die Glühkerzen und …

[6] … ziehen vom Einspritzpumpensteuergerät den Anschlussstecker 1 ab.

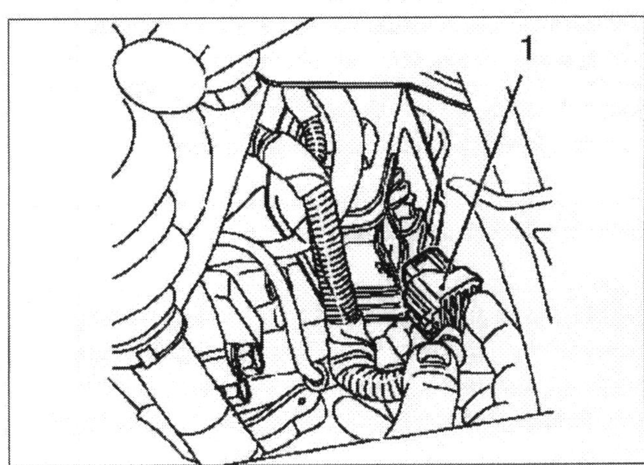

Beim Y17 DT abziehen – Anschlussstecker vom Einspritzpumpensteuergerät.

Otto- und Dieselmotor

[7] Ziehen Sie die Handbremse an, legen den Leerlauf ein und treten das Kupplungspedal voll durch.

[8] Pressen Sie den Gummikonus des Druckprüfers auf das Glüh-/Kerzenloch des ersten Zylinders – bei Bedarf arbeiten Sie mit einem passenden Adapter.

[9] Ihr Helfer dreht den Motor jetzt per Anlasser etwa 6- bis 8-mal durch. Wichtig bei Ottomotoren: Die beste Frischgasfüllung (äußere Gemischbildung) erreichen Sie bei voll getretenem Gaspedal – Ausnahme: Motoren mit elektronisch betätigtem Gaspedal (drive by wire).

[10] Lesen Sie den Messwert ab und notieren das Ergebnis. Bei einem Druckprüfer mit Messschreiber schalten Sie einfach auf den nächsten Zylinder.

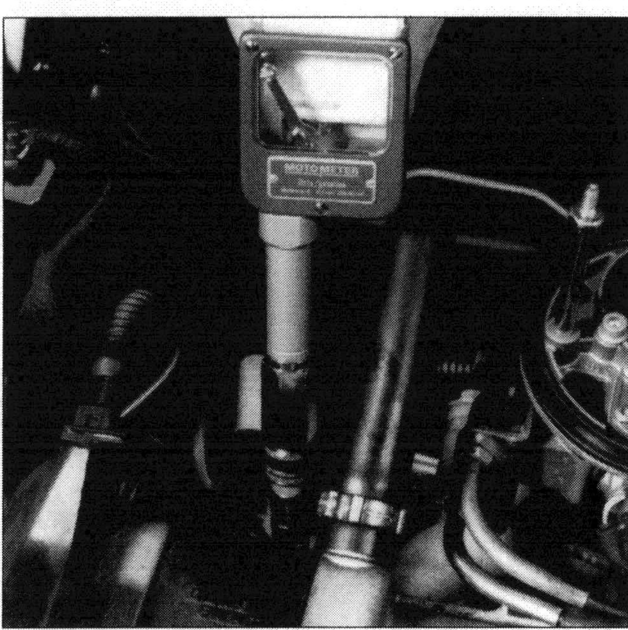

***Luftdicht verschließen:** Der Gummikonus des Kompressionsdruckprüfers muss das Kerzenloch abdichten. »Gesunden« Motoren reichen etwa 6 – 8 Kurbelwellenumdrehungen bis zum maximalen Kompressionsdruck. Checken Sie alle Zylinder der Reihe nach und zählen die Kurbelwellenumdrehungen. Große Differenzen sind verdeckte Schadensymptome.*

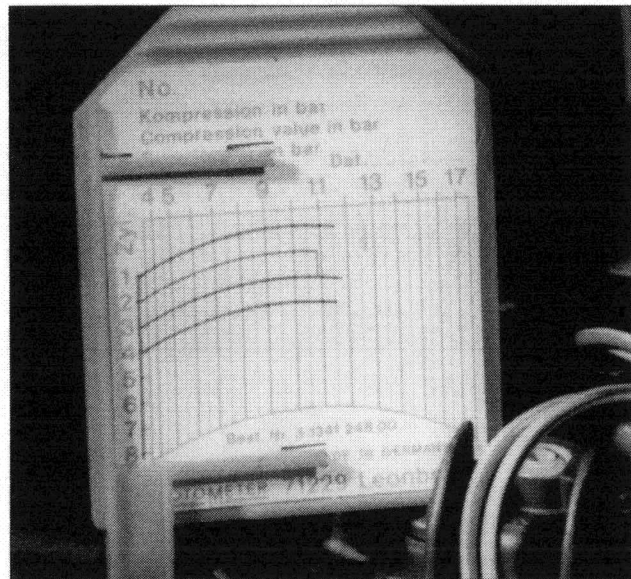

***»Gleichmäßigkeitsprüfung«:** Wichtiger als der absolute Spitzenwert sind gleichmäßige Druckverhältnisse in allen Zylindern. Sie sollten zudem mit etwa der gleichen Kurbelwellendrehzahl erreicht werden.*

Kompressionsdruck entweicht

Praxistipp

Wenn der Kompressionsdruck bereits (hör- oder sichtbar) entweicht, hat das erfahrungsgemäß folgende Ursachen:

- Rauschen im Ansaugkrümmer oder Ansauggeräuschdämpfer – undichtes Einlassventil.
- Blasenbildung im geöffneten Kühler oder Kühlmittelausgleichsbehälter – defekte Zylinderkopfdichtung oder Riss im Zylinderkopf.
- Rauschen aus dem geöffneten Öleinfüllstutzen oder der Ölpeilstaböffnung – verschlissene Zylinder, Kolben oder Kolbenringe.
- Rauschen aus dem Auspuffendrohr – undichtes Auslassventil.

Zylinderkopfdichtung

Störungsbeistand

Erkennungsmerkmal	Ursache/Besonderheiten
A Kühlflüssigkeitsstand wird regelmäßig ergänzt.	Kühlmittel gelangt in sehr geringer Menge in die Brennräume. Der Zustand kann sich ohne Merkmale über längere Zeit hinziehen.
B Beträchtlicher Kühlmittelverlust. Auch bei warmem Motor entweicht dem Auspuff ein weißer Abgasschleier.	Kühlmittel dringt in größerer Menge in einen Verbrennungsraum, verdampft dort und entweicht als »Wasserdampf« aus dem Auspuffendrohr.
C Aus dem geöffneten Ausgleichsbehälter steigen Luftblasen auf, beim Öffnen des Verschlussdeckels sprudelt Kühlmittel unter Druck aus dem Behälter oder Kühler.	Motor drückt Verbrennungsgase ins Kühlsystem. Aus der Einfüllöffnung riecht es nach Abgasen.
D Bunt schillernder Film schwimmt auf der Kühlflüssigkeit.	Motoröl gelangt ins Kühlsystem.
E Gräulich aussehende Emulsion setzt sich am Ölpeilstab ab, Motoröl ist von Wasserbläschen durchsetzt.	Kühlflüssigkeit gerät ins Motorröl. Zylinderkopfdichtung oder Zylinderkopf defekt. Schaden sofort diagnostizieren lassen. Wagen zur Reparatur in Fachwerkstatt abschleppen. Achtung: Wasser im Motoröl verursacht einen Lagerschaden.

DAS SCHMIER-SYSTEM

Wer gut schmiert – der gut fährt: *Obwohl ECOTEC-Motoren nicht der zweifelhafte Ruf vorauseilt, große »Ölfresser« zu sein, empfehlen wir Ihnen, spätestens nach jeder dritten Tankfüllung den Motorölstand zu prüfen. Solange der Ölpegel zwischen »MIN« und »MAX« am Ölpeilstab steht, haben Sie keinen Grund, Motoröl zu ergänzen. Die Differenzmenge zwischen den Markierungen beträgt etwa ein Liter. Füllen Sie niemals über »MAX« auf: Die Radialdichtringe an der Kurbelwelle und der Luftfilter könnten Ihnen das »verübeln«.*

Wartung

Ohne ausreichende Ölversorgung würde jeder Motor schon nach wenigen Minuten »fressen« – dann ging in seinem Innern nichts mehr wie »geschmiert«. Damit das nicht passiert, hindert – innerhalb des Motors – ein hauchdünner Schmierfilm alle beweglichen Teile vor »zerstörerischen Reibereien«: So zum Beispiel an Kolben und Kolbenbolzen, den Zylinderlaufbahnen, Pleuel- und Hauptlagern, der Kurbelwelle oder im gesamten Ventiltrieb.
Damit der Film nicht »reißt«, zirkuliert das Motoröl in einem filigranen Leitungs-, Kanal- und Bohrungslabyrinth. Den geregelten Transport organisiert eine **Ölpumpe**. In den meisten Motoren saugt sie das Motoröl direkt aus der Ölwanne und pumpt es innerhalb der beschriebenen »Kreisbahn« an die jeweils richtige Adresse. Weil der Saft möglichst »sauber« beim Adressaten ankommen muss, passiert er vorher den **Ölfilter**.

Bei jedem Ölwechsel erneuern – den Ölfilter

Der Ölfilter sitzt in allen Motoren, kurz nach der Ölpumpe, direkt im Hauptkanal des Ölkreislaufs. Das Filterelement reinigt den »Schmiersaft« von Rußpartikeln, Metallabrieb und sonstigen Fremdkörpern. Ölfilter funktionieren freilich nur so lange als Saubermänner, wie ihre mikroskopisch feinen Papierlamellen noch durchlässig und nicht verschlammt sind. Danach machen sie »dicht«, das Motoröl läuft dann in einem »Seitenkanal« ungereinigt am Filter vorbei. Als Fahrer bemerken sie die Verstopfung übrigens nicht.
Darum spendieren Sie Ihrem Auto bei jedem Motorölwechsel grundsätzlich auch ein neues Filterelement. Denn schmutziges Motoröl »verkleistert« den Motor in kürzester Zeit mit einer zähen Ölschlammschicht. Das schadet vornehmlich den Haupt- und Pleuellagern, dem Ventiltrieb sowie den Kolben und Zylinderlaufbahnen. Der Schlamm beeinträchtigt außerdem den Wärmeaustausch innerhalb des Motors – das Öl wird mitunter zu heiß und verliert seine Scherstabilität: der Schmierfilm »reißt«.

Drucksache – der Ölkreislauf

Damit besagter Schmierfilm auch Höchstbelastungen standhält, gelangt das Öl druckvoll an die meisten Schmierstellen. Doch ständig überhöhter Öldruck, beispielsweise bei kaltem und zähflüssigem Öl, bekommt dem Motor nicht, dem wirkt ein Überdruckventil (Bypass) im Ölfilteranschlussflansch entgegen. Der Bypass öffnet bei etwa 4,0 bar und leitet das Öl auf die Saugseite der Ölpumpe um. In technisch gesunden Triebwerken gelangt das Öl bei mittleren Motordrehzahlen mit etwa 3 bar (Öltemperatur ca. 80 °C; Mehrbereichsöl SAE 10W-30) an die Schmierstellen. Im Leerlauf sind, bei rund 80 °C Öltemperatur, schon 1,3 bar völlig ausreichend. Um den Öldruck exakt bestimmen zu können, müsste Ihr Auto einen Öldruckmesser an Bord haben. Fehlanzeige – wie bei den meisten Autos übrigens auch. Doch als Do it yourselfer sollten Sie davor nicht kapitulieren: Analoge Öldruckmesser sind relativ kostengünstig und einfach nachrüstbar.

Signalisiert nur den Mindestdruck – Öldruckwarnleuchte

Der serienmäßigen Öldruckwarnleuchte können Sie keine kontinuierlichen Messwerte abverlangen, sie flackert zwischen 0,3 – 0,5 bar lediglich auf. Anders gesagt, wenn die Öldruckwarnleuchte »brennt« steht der Motorkollaps kurz bevor: Denn schon bei 0,3 – 0,5 bar Betriebsdruck bekommen die Motorinnereien nicht mehr genügend Öl ab. Solange die Kontrollleuchte beim leichten Gasgeben allerdings wieder verlischt, ist das Öl wahrscheinlich »nur« zu heiß bzw. zu dünnflüssig geworden. Prüfen Sie schnellstens den Ölstand und lassen es fortan etwas beschaulicher angehen – ein »gesunder« Motor kühlt dann während der Fahrt wieder ab.

Erst, wenn die Öldruckwarnleuchte ständig brennt, ...

- ... halten Sie sofort an, stellen den Motor ab,
- ... kontrollieren den Ölstand und ...
- ... ergänzen Fehlmengen möglichst sofort. Ansonsten fahren Sie ganz behutsam die nächste Tankstelle an und füllen die Fehlmenge auf. Danach darf die Ölkontrolle nicht mehr leuchten!
- Falls doch, schleppen Sie den Wagen in die nächste Werkstatt und lassen die Ursache von einem Fachmann diagnostizieren. Unter Umständen verhindert »Ihr vorsichtiges Näschen« dann gerade noch einen schweren Motorschaden.

Ein »Saft« mit vielen Talenten – das Motoröl

Spätestens jetzt dürften keine Zweifel mehr aufkommen: Öl ist das Lebenselixier eines jeden Verbrennungsmotors. Öl minimiert die Reibung und den Verschleiß an Kolben und Zylindern sowie an allen Lagerstellen des Kurbel- und Ventiltriebs. Motoröl dichtet zudem die Kolben gegen die Zylinderwände ab. Vorteil: Die explosionsartig entstehenden Verbrennungsgase wirken, mit Hilfe der »Öldichtung«, nahezu verlustfrei auf die Kurbelwelle ein. Motoröl ist freilich noch viel talentierter: Es schmiert nämlich nicht nur, sondern kühlt zu einem Großteil auch die Motorinnereien. Außerdem hält es die während der Verbrennung entstehenden Schmutzpartikel in der Schwebe, bindet einen Großteil chemischer Verbrennungsrückstände und last but not least – es schützt gegen Rost.

Multitalente – die Mehrbereichsöle

Moderne Motoröle sind aus Erdöl raffinierte Schmierstoffe. Doch bevor sie ihre Karriere als Motoröl antreten dürfen, mischen ihnen die Ölhersteller noch spezielle Additive unter. Das macht am Schluss der Raffinationskette bis zu 20 Prozent des Motoröls aus. Additive schützen das Öl beispielsweise vor Oxidation und verhindern sein Aufschäumen bei hohen Drehzahlen. Eines der wichtigsten Additive sind die VI-Verbesserer (VI = Viskositätsindex). VI-Verbesserer sind lange Molekülketten, die unter Wärmeeinfluss »quellen« und beim Abkühlen wieder schrumpfen. Sie »stellen« somit das Motoröl in einem bestimmten Temperaturfenster automatisch auf die vorhandene Motortemperatur ein: Gekonnt gemischt, überspannen Additive gleich mehrere Viskositätsklassen.
VI-Verbesserer haben jedoch die negative Eigenschaft, bei hohen Temperaturen zu verschleißen und damit einen Großteil ihrer Wirkung zu verlieren. Außerdem setzen Wasser, Kraftstoff und Verbrennungsrückstände der Lebensdauer des Motoröls Grenzen. Ein dünnes Mineralöl hält den im Motor herrschenden Drücken und Temperaturen über einen längeren Zeitraum nur unzureichend stand. Regelmäßige Ölwechsel sind daher kein verzichtbarer Luxus, sondern schlichtweg eine technisch/chemische Notwendigkeit – zumindest dann, wenn Ihr Motor reibungslos funktionieren soll.

Hochpreisig – synthetische Leichtlauföle

Synthetiköle sind im Prinzip nicht »künstlicher« als herkömmliche Mineralöle, aber durchweg teurer. Grund: Bei Synthetikölen wird der Molekülaufbau des »natürlichen« Rohöls in einem aufwendigen Verfahren (Cracken) aufgelöst und mit speziellen Additiven in anderer Rezeptur neu vermischt. Als Äquivalent zum hohen Einstandspreis versprechen ihre Hersteller einen geringeren Öl- und Kraftstoffverbrauch, eine größere Beständigkeit und längere Standfestigkeit: Theoretisch resultieren daraus auch größere Ölwechselintervalle. Wenn Sie sich den Luxus dieses Spitzenöls leisten möchten, sollten Sie die ohnehin schon sehr gedehnten Opel-Wechselintervalle nicht überschreiten.

Begriffe und Normen rund ums Öl

Viskosität: Bezeichnet das Maß für die Fließfähigkeit des Schmieröls. Im Winter ist dünnflüssiges Motoröl, das nach dem Kaltstart sofort an alle Schmierstellen im Motor gelangt, erste Wahl. Im Sommer dagegen ist dick flüssiges Öl gefragt, das den Schmierfilm auch bei hohen Temperaturen nicht abreißen lässt.

SAE-Klasse (Society of Automotive Engineers): Bezeichnet die Viskositätsklasse, zum Beispiel SAE 5W-30. Je kleiner die erste Zahl, um so besser fließt das Öl bei Kälte (W = Winter). Ein Öl mit 0W schmiert noch bei minus 30 Grad, bei 5W steigt dieser Wert auf minus 25 Grad, bei 15W auf minus 15 Grad. Je höher die zweite Zahl, um so temperaturbeständiger ist das Öl bei hohen Temperaturen.

ACEA (Association des Constructeurs Européen d' Automobiles): Die 1996 eingeführte europäische Ölnorm löst die CCMC-Norm ab. Für Ottomotoren gibt's die Gruppen A1 (Kraftstoff sparendes Öl), A2 (gering belastetes Öl), A3 (Hochleistungsöl). Für Dieselmotoren gilt die Einteilung B1, B2 und B3.

CCMC (Comittée des Constructeurs d' Automobiles du Marché Commun): Die Spezifikation besteht aus den Buchstaben G (Benzine) und PD (Diesel) sowie einer Zahl. Je höher die Zahl, um so besser ist die Ölqualität.

API (American Petroleum Institute): Die Spezifikation besteht aus den Buchstaben S (Ottomotor) und C (Dieselmotor) sowie einem weiteren Buchstaben. Je höher dieser im Alphabet rangiert, um so besser ist die Ölqualität.

Ab Werk vorhanden – Motorölzustands-Überwachung (OLM)

Der Meriva hat ein **O**il-**L**ife-**M**onitoring-System (OLM) an Bord. Auf gut deutsch: Das OLM-System checkt, unabhängig von der Laufleistung, ständig den Zustand des Motoröls. Langstreckenfahrer begünstigt das mitunter und Kurzstreckler versäumen damit keinen sinnvollen Ölwechsel mehr. Im Normalbetrieb erinnert OLM bei den Ottomotoren nach etwa 30.000 Kilometer und bei den Diesel-Meriva nach rund 50.000 Kilometer an den fälligen Ölwechsel.
Wie das funktioniert? Im Motorraum ermitteln unterschiedliche Sensoren Ihren ganz persönlichen Fahrstil und Fahrbetrieb. Diese Infos analysiert das Motorsteuergerät, vergleicht es mit seinem »Festplattenwissen« und berechnet dann die verbleibende »Restlaufstrecke«.
Interessant? Dann schalten Sie an Ihrem Wagen einfach 'mal die Zündung aus und drücken hernach die Rückstelltaste des Tageskilometerzählers. Im Tachometerdisplay erscheint dann die verbleibende Restlaufstrecke bis zum nächsten Ölwechsel. OLM funktioniert übrigens auch dann noch zuverlässig, wenn die Batterie kurzzeitig abgeklemmt war.

***Immer exakt im Bilde:** Die OLM-Anzeige (**InSP**-Anzeige) gibt Auskunft über die verbleibende Restlaufstrecke bis zum nächsten Motorölwechsel.*

Motoröl – beachten Sie die Viskosität und das »Kleingedruckte« auf dem Gebinde

Flexible Motorölwechselintervalle setzen Long-Life-Motorölqualitäten voraus, die bisherige ACEA-Normen nicht mehr unbedingt erfüllen. Opel gibt für den Meriva daher nur Motoröle mit Opel-/GM-Spezifika frei. Die Ottomotoren velangen beispielsweise nach Long-Life-Schmierstoffen mit der Spezifikation GM-LL-A-025, mit Öl der Spezifikation GM-LL-B-025 sind die Selbstzünder gut bedient. Falls Sie ohnehin die Ölwechselintervalle »verkürzen« möchten oder besagte Schmiersäfte »auf Tour« nicht verfügbar sind, weichen Sie guten Gewissens auf einen passenden Saft der ACEA-Norm aus. Damit fahren Sie allerdings maximal 30.000 Kilometer oder höchstens 12 Monate bis zum nächsten Ölwechsel – flexible Intervalle sind dann perdu. Daher unser Rat: Lesen Sie das »Kleingedruckte« auf der Öldose peinlich genau und lassen sich nicht von bunten Werbeslogans blenden! Wenn Sie alle Unwägbarkeiten vermeiden möchten, linken Sie sich im Internet ein – unter (www.opel.de) finden Sie eine Liste aller von Opel freigegebenen Motorenöle. Oder Sie fahren Ihren Opel-Händler an: Der hat das richtige Öl bestimmt auf Lager und »fährt« mitunter sogar gerade eine Ölwechselaktion zu besonders verlockenden Konditionen.
Übrigens, sobald ein Schmiersaft den genannten Kriterien entspricht, können Sie Ölsorten verschiedener Hersteller durchaus mischen. Gehen Sie in dem Fall jedoch davon aus, dass spezielle Eigenschaften der ursprünglichen Rezeptoren nachlassen. Denn jedes Produkt basiert auf einer individuellen Additivrezeptur, deren Wirksamkeit im Mix mit anderen Ölen »ermüdet«. Das gilt übrigens auch für die Kombination von Mineral- und Synthetiköl – die Melange hat im Alltagsbetrieb ohnehin keinerlei Vorteile.

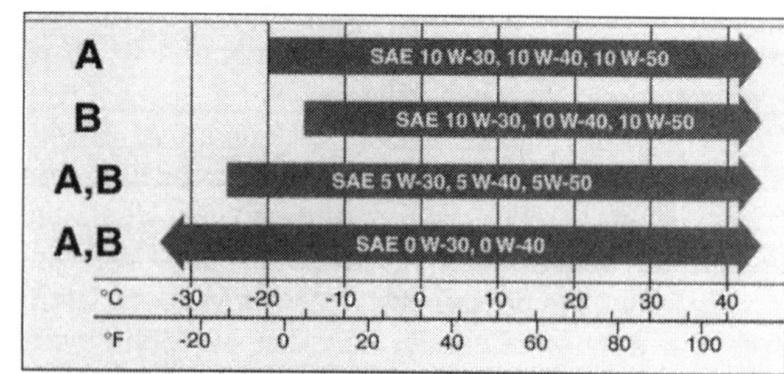

***Immer im grünen Bereich:** Die empfohlene Ölqualität ist abhängig von der durchschnittlichen Außentemperatur (**A** – SAE-Klassen für Ottomotoren; **B** – SAE-Klassen für Dieselmotoren). Auf teures Synthetiköl sind Opel ECOTEC-Motoren nicht unbedingt angewiesen. Die meisten Hersteller empfehlen in unseren Breitengraden handelsübliche Öle: Je nach Außentemperatur können Sie die Viskosität entsprechend variieren.*

Völlig normal – geringer Ölverbrauch

Ganz ohne Ölverbrauch geht's auch bei modernen Motoren nicht: Der Schmiersaft gelangt, nicht ganz ungewollt, auf natürlichem Weg (Kolben, Ventilführungen) in die Verbrennungsräume und wird dort, zusammen mit den Frischgasen, »verfeuert«. Ein undichter Motor, defekte Ventilschaftabdichtungen, verschlissene Ölabstreifringe, zu großes Laufspiel zwischen Kolben und Zylinderlaufbuchsen oder »ausgeleierte« Ventilführungen treiben den normalen Verbrauch freilich in die Höhe. Schauen Sie nach einem Lastwechsel auf der Autobahn einfach 'mal in den Rückspiegel – blaue Wölkchen aus dem Auspuffendrohr sind ein sicheres Indiz für überhöhten Ölverbrauch – auch bei modernen Dieselmotoren. Für den Fall, dass Sie dem Motor, innerhalb der vorgeschriebenen Ölwechselintervalle, regelmäßig neues Öl spendieren und ihn auch nicht überfordern, verfeuern technisch gesunde Aggregate nur geringe Ölmengen – etwa 0,25 Liter/1000 km.

»Null Ölverbrauch« – seien Sie misstrauisch

Vor allem im Winter und vornehmlich im Kurzstreckenverkehr steht der Ölpegel am Messstab wie eine Eins – der Motor erreicht dann selten seine Betriebstemperatur. Folglich »verbandeln« sich an den Zylinderwänden kondensierte Kraftstoffrückstände oder Wassermoleküle zu einer Verschleiß provozierenden Melange mit dem Motoröl. Im Extremfall steigt dann sogar der Ölpegel am Peilstab. Bei Motoren allerdings, die mit »Null Ölverbrauch« glänzen, seien Sie misstrauisch: Schließlich »sprudelt« im Ölsumpf insgeheim ja keine Ölquelle. Sollte Ihr Meriva also sein Öl »vermehren«, lassen Sie das Gebräu in kürzeren Intervallen ab – etwa schon nach 12.000 Kilometern oder halbjährlich. Setzen Sie sich in diesem ganz speziellen Fall auch über die Empfehlungen der OLM-Anzeige hinweg.

Nicht vergessen – regelmäßig den Motorölstand checken

Ihr Auto »verwöhnt« Sie zwar serienmäßig mit einer dynamischen Ölstandskontrolle, checken Sie, nach jedem dritten Tankstopp oder nach längeren Autobahnfahrten, dennoch den Motorölstand. Während der Einfahrzeit oder bei älteren Motoren mit erhöhtem Ölverbrauch ist es ratsam, den Ölstand mindestens alle 1000 Kilometer zu kontrollieren. Ergänzen Sie den Ölvorrat frühestens, wenn der Ölpegel etwa mittig zwischen beiden Markierungen des Ölstabs steht. Ihrem Auto fehlt dann etwa ein halber Liter.

Arbeitsschritte     **ständige Kontrolle**

1 Ihr Auto sollte auf einem waagrechten Untergrund stehen. Kontrollieren Sie den Ölstand möglichst bei betriebswarmem Motor und nach einer kurzen Ruhepause. Das umlaufende Öl braucht nämlich Zeit, um in die Ölwanne zurückzulaufen.

2 Ziehen Sie den Peilstab und wischen ihn mit einem sauberen, flusenfreien Lappen oder Papiertuch ab. Bugsieren Sie den Stab danach wieder bis zum Anschlag in die Ölwanne, warten kurz und ziehen ihn dann erneut heraus. Vorsicht bei betriebswarmem Motor: Der Peilstab kann dann sehr heiß sein.

3 Liegt der Ölstand im oberen Viertel zwischen Minimum und Maximum, reicht's allemal. Bei rund 50 % ergänzen Sie maximal einen halben Liter. Dümpelt der Pegel dagegen an der unteren Markierung oder gar darunter, ergänzen Sie sofort – Ihrem Motor fehlt dann rund ein Liter Motoröl.

4 Füllen Sie grundsätzlich nur so viel Öl nach, dass der Pegel niemals die obere Markierung übersteigt. Unsere Empfehlung: Halten Sie den Stand konstant im oberen Viertel. Das Öl wird dann auch im Sommer, bei hohen Außentemperaturen, nicht zu heiß.

5 Ein überhöhter Ölpegel schadet jedem Motor und seiner Peripherie: Das »Zuviel« sucht sich über Dichtflächen und Radialwellendichtringe einen Weg ins Freie (verölte Kupplung, Riemenscheibe) oder wird mitunter über die Kurbelgehäuseentlüftung angesaugt und verschmutzt den Luftfilter inklusive Ansaugtrakt.

6 Benutzen Sie zum Nachfüllen aus größeren Gebinden einen sauberen Trichter.

IMMER gemeinsam wechseln – Motoröl und Ölfilter

Mit freigegebenen Schmiersäften verlangt Ihr Meriva erst nach 24 Monaten oder ca. 30.000 bzw. 50.000 Kilometern einen Ölwechsel – andernfalls muss der Saft bereits nach 30.000 Kilometern bzw. 12 Monaten aus der Ölwanne. Halten Sie die Serviceintervalle auf jeden Fall auch dann ein, wenn Sie überwiegend lange

Strecken fahren sollten. In diesem Fall beanspruchen Sie das Öl zwar weniger, doch wir sind der Meinung, nach gut 40.000 Kilometern, bzw. 24 Monaten ist auch ein gutes Motoröl nicht mehr topfit. Und wenn Sie Ihre Kilometer ausschließlich in der Stadt oder auf Kurzstrecken sammeln, spendieren Sie dem Motor spätestens nach 15 000 Kilometern respektive neun Monaten frisches Öl.

Ölwechsel – nicht immer lohnt Do it yourself

Do it yourself lohnt dann, wenn Sie ein preiswertes Öl mit den **vorgeschriebenen Spezifikationen** aus dem Zubehörhandel, Warenhaus oder von der Tankstelle nutzen. Zu einem konventionellen Ölwechsel (Öl aus der Wanne ablassen, Filtereinsatz wechseln, Öl an Sammelstelle entsorgen) müssen Sie Ihren Meriva aufbocken. Schneller und sauberer erledigen Sie den Ölwechsel an einer Tankstellen-SB-Station – dort saugen Sie in der Regel den alten Saft mit einem Absauggerät aus der Ölwanne.

Die Methode ist zwar bequem, sie hat jedoch auch Nachteile: Ein Teil des Ölschlamms verbleibt nämlich in der Ölwanne – und wenn Sie dann noch »auf ganz bequem« machen wollen und den Ölfilter auch nicht mit wechseln, ist der Motorölwechsel dann erst recht »verschenkt«. Am einfachsten sind Ölwechsel immer noch in der Fachwerkstatt. Natürlich arbeitet der Fachmann nicht für »Gotteslohn«: Er verwendet in der Regel nur teure Ölsorten und berechnet Ihnen zudem die Entsorgung des Altöls und Ölfilters. Dennoch kann sich pekuniär der Gang zum Fachmann lohnen, zumal immer mehr Werkstätten saisonal befristete Ölwechselaktionen inklusive Motoröl und Ölfilter anbieten. Fragen Sie also Ihren Händler und kalkulieren im Vorfeld: Werkstätten erledigen die »Drecksarbeit« mitunter auch dann, wenn Sie Ihr Öl und den Filter selbst anliefern.

So viel Motoröl »schwimmt« in der Ölwanne

Motor	Motoröl mit Filter* (l)
Z16 SE	3,5
Z16 XE	3,5
Z18 XE	4,25
Y17 DT	4,5
Z17 DTH	4,7

**Der Ölfilter ist auf den Motor abgestimmt. Verwenden Sie darum nur Originalfilter und verzichten auf dubiose Wühltischangebote.*

Arbeitsschritte

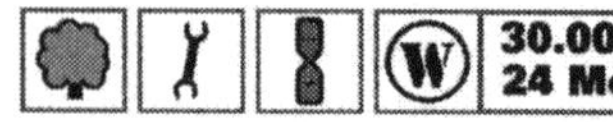

1 Damit die Schmutzpartikel nicht in der Ölwanne zurück bleiben, fahren Sie das Motoröl zunächst warm, …

2 … bocken Ihren Meriva dann auf einer ebenen Fläche auf und …

3 … stellen eine flache Wanne, eine Schüssel oder einen aufgeschnittenen Kunststoffölkanister unter die Ölwanne.

4 Lösen Sie die Ölablassschraube mit einer »Knarre« und lassen das alte Motoröl vorsichtig aus der Wanne ab. Wirklich vorsichtig, denn beim Herausdrehen der Ablassschraube schwappt heißes Öl aus der Ölwanne in den Auffangbehälter. Sie wären nicht der Erste, der sich kräftig verbrüht!

***Gegen Steinschlag geschützt:** Die Ölablassschraube an der Ölwannenrückseite. Lassen Sie immer nur warmes Motoröl ab, dann »fließt« auch der Ölschlamm aus der Wanne.*

5 Bevor Sie die Ablassschraube wieder montieren, tauschen Sie den alten gegen einen neuen Dichtring.

6 Entleeren Sie die Auffangwanne und platzieren sie im Bereich des Ölfilters erneut unter die Ölwanne.

Y17 DT, Z17 DTH

7 Lösen Sie mit einer Stecknuss das Ölfiltergehäuse 1 und ziehen den Filtereinsatz heraus.

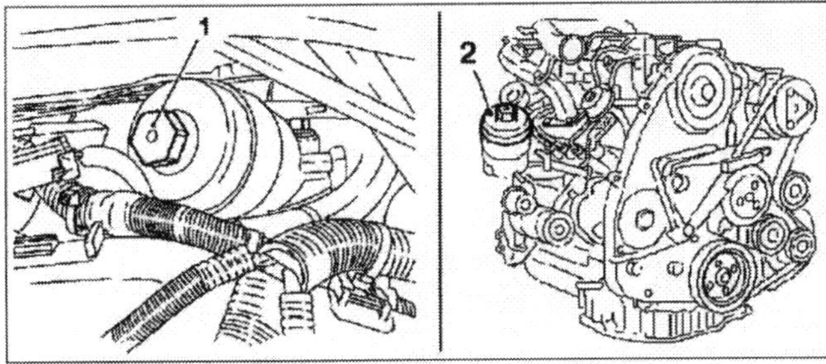

Problemlos zu erneuern – Ölfiltereinsatz im separaten Ölfiltergehäuse: 1 Y17 DT, 2 Z17 DTH.

[8] Bevor Sie den Filter montieren, erneuern Sie die drei Dichtringe oben im Filterflansch. Ölen Sie die Ringoberflächen vor der Montage leicht ein.

Z16 SE, Z16 XE und Z18 XE

[9] Bei den »Ottos« lösen Sie den alten Ölfilter mit einem Spannbandschlüssel. Nicht vorhanden? Dann »hämmern« Sie einen stabilen Schraubendreher quer durchs Filtergehäuse (Vorsicht: Verbrühungsgefahr – heißes Öl läuft aus) und nutzen ihn dann als Knebel.

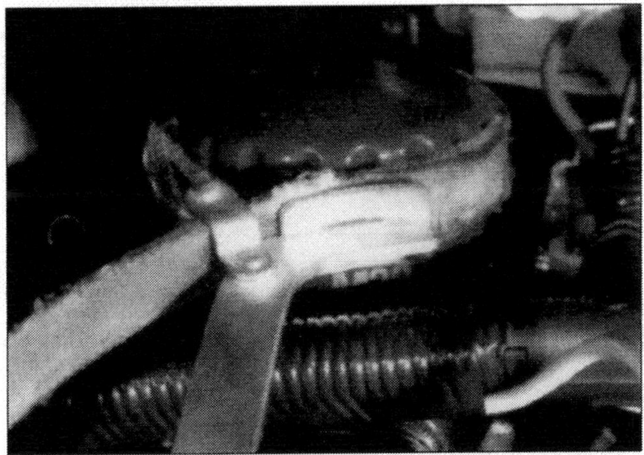

***Preiswerte Variante:** Ölfilter mit Spannbandschlüssel lösen. Bei Problemen stoßen Sie den Filter mit einem großen Schraubendreher durch und drehen ihn damit los.*

[10] Bevor Sie den neuen Filter handfest aufschrauben (einsetzen), ölen Sie den neuen Dichtring leicht ein.

alle Modelle

[11] Befüllen Sie den Motor mit der vorgegebenen Ölmenge (siehe Tabelle auf dieser Seite) und lassen ihn kurz im Stand anlaufen. Die Öldruckwarnleuchte erlischt erst, nachdem das Ölfiltergehäuse gefüllt ist.

[12] Checken Sie danach den Ölfilter und die Ablassschraube auf Dichtheit ...

[13] und stellen Ihren Meriva dann wieder auf die Räder.

Serviceintervall-Anzeige zurücksetzen

Nachdem Sie Ihrem Motor neues Öl spendiert haben, »Nullen« Sie selbstverständlich die Serviceintervall-Anzeige gleich mit.

Arbeitsschritte  

[1] Schalten Sie zunächst die Zündung aus und warten so lange, ...

[2] ... bis im Tacho-Display die Tageskilometer erscheinen.

[3] Dann drücken Sie die Rückstelltaste des Tageskilometerzählers und ...

[4] ... schalten zeitgleich die Zündung ein.

[5] Nach rund drei Sekunden springt jetzt die Serviceintervall-Anzeige auf »Null«. In der OLM-Anzeige erscheint die maximale Distanz bis zum nächsten Ölwechsel – 30.000 Kilometer beim Otto- bzw. 50.000 Kilometer beim Dieselmotor.

[6] Jetzt können Sie die Rückstelltaste des Tageskilometerzählers wieder loslassen. Die Serviceintervall-Anzeige ist »genullt«.

Praxistipp

Altöl verantwortungsvoll entsorgen

Das Altöl kippen Sie natürlich nicht einfach in die »Gosse«, sondern liefern es bei Ihrem Ölverkäufer ab. Sämtliche Verkaufsstellen müssen Altöl in der Menge des verkauften Frischöls entsorgen. Zudem können Sie Altöl, zusammen mit dem Ölfilter und ölverschmutzten Putzlappen, auch an einer Altölsammelstelle Ihrer Gemeinde oder Stadt entsorgen. Adressen erfahren Sie bei der Gemeindeverwaltung, bei Automobilklubs oder im Internet.

Kein Grund zur Sorge – Ölschwitzflecken am Motor

Überschaubare Ölschwitzflecken unter der Motorhaube müssen Sie nicht akribisch »bekämpfen«: Vornehmlich bei starken Temperaturschwankungen sucht Motoröl sich in geringsten Mengen einen Weg ins Freie – vorbei an Gehäusedichtflächen und durch Dichtungsporen. Anders sieht die Sache aus, wenn sich im Motorraum oder unter dem abgestellten Wagen starke Ölflecken oder gar Pfützen breit machen. Gehen Sie dem stante pede nach, denn größere Leckagen ziehen meist Folgeschäden nach sich. Am besten inspizieren Sie Ihren Motor nach einer Motorwäsche mit anschließender Probefahrt und legen die »Ölquelle« dann trocken.

Schmiersystem

Störungs-beistand

Störung	Ursache	Abhilfe
A Öldruckwarnleuchte bleibt bei eingeschalteter Zündung dunkel.	**1** Kontrollleuchte defekt.	Auswechseln.
	2 Steckverbindung korrodiert bzw. Kabelverbindung unterbrochen.	Überprüfen und reinigen, ggf. Kabel instand setzen.
	3 Öldruckschalter defekt.	Kontrollieren, ggf. auswechseln.
B Öldruckwarnleuchte glimmt bei warmem Motor im Leerlauf und erlischt bei höheren Drehzahlen.	Heißes und damit dünnflüssiges Öl.	Evtl. auf Öl mit höherer Viskosität umsteigen.
C Öldruckwarnleuchte geht nur bei höheren Drehzahlen aus.	Bypassventil in der Hauptstromleitung undicht.	Öldruck überprüfen lassen, ggf. Ventil auswechseln lassen.
D Öldruckwarnleuchte brennt nach Anspringen des Motors und geht auch beim Gasgeben nicht aus.	**1** Zu wenig Öl im Motor.	Ölstand prüfen, ggf. Öl nachfüllen.
	2 Ölansaugsieb der Ölpumpe zugesetzt bzw. Ölpumpe verschlissen.	Überprüfen bzw. erneuern lassen.
	3 Siehe A2 und 3.	Nur weiterfahren, wenn Ursache klar ist.

DAS KÜHLSYSTEM

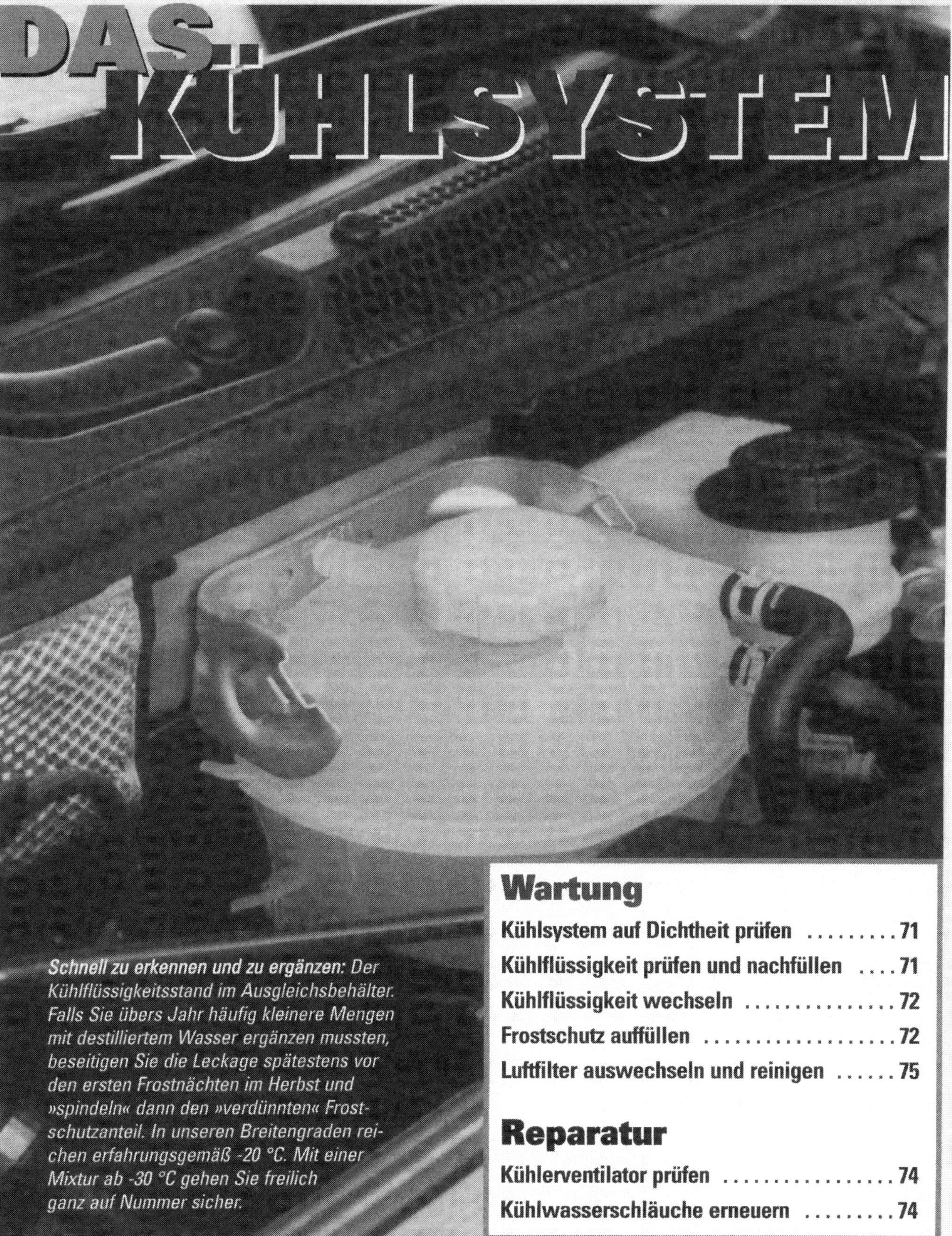

Schnell zu erkennen und zu ergänzen: Der Kühlflüssigkeitsstand im Ausgleichsbehälter. Falls Sie übers Jahr häufig kleinere Mengen mit destilliertem Wasser ergänzen mussten, beseitigen Sie die Leckage spätestens vor den ersten Frostnächten im Herbst und »spindeln« dann den »verdünnten« Frostschutzanteil. In unseren Breitengraden reichen erfahrungsgemäß -20 °C. Mit einer Mixtur ab -30 °C gehen Sie freilich ganz auf Nummer sicher.

Wartung

Reparatur

Ein technisch gesunder Motor arbeitet unter normalen Betriebsbedingungen stets im grünen Temperaturbereich. Um die im Kühlmittel »gesammelte« Überschusswärme definiert ableiten zu können, arbeitet die Hardware des Kühlsystems in einem »Aggregateverbund«, bestehend aus dem Wärmetauscher (Kühler), der Wasserpumpe, dem Kühlerventilator, dem Thermostat und dem Kühlflüssigkeitsausgleichsbehälter. Auf welch verschlungenen Wegen das Kühlmittel im Motor zirkuliert, hängt freilich von der Motortemperatur und den momentanen Einsatzbedingungen ab.

Bei kaltem Motor – kleiner Kühlmittelkreislauf

Nach jedem Kaltstart pulsiert das Kühlmittel zunächst im kleinen Kühlkreislauf – er beschränkt sich auf den »Wassermantel« und den Heizungskühler. In dieser Phase sperrt der Thermostat so lange den Kühlerdurchfluss, bis der Motor die normale Betriebstemperatur erreicht hat. Die »Sperre« hat einen triftigen technischen Hintergrund: Je zügiger der Motor auf Betriebstemperatur kommt, um so kürzer sind die verschleißträchtigen Kalt-/Warmlaufphasen. Zudem stoßen betriebswarme Motoren wesentlich weniger unverbrannte Kohlenwasserstoffe (HC) und Stickoxide (NO_X) aus.
Sobald die Kühlflüssigkeit rund 92 °C erreicht, öffnet der Thermostat, zunächst nur »verhalten«. In dieser Phase steigt die Motortemperatur noch weiter an: Ab etwa 96 °C gibt der Thermostat dann den vollen Durchflussquerschnitt frei – die Kühlflüssigkeit durchströmt jetzt »ungebremst« den Kühler von oben nach unten. Der kühlende Fahrtwind bekommt so ausreichend Gelegenheit, der Kühlflüssigkeit einen Großteil ihrer Wärme zu entziehen. Sollte das allein die Motortemperatur nicht stabilisieren, schaltet sich bei rund 110 °C zusätzlich noch ein elektrisch angetriebener Kühlerlüfter so lange in den Wärmetausch ein, bis die normale Betriebstemperatur wieder ansteht und vom Thermostat konstant gehalten wird.

Bei warmem Motor – großer Kühlmittelkreislauf

Konstruktionsbedingt pulsiert im Meriva die Kühlflüssigkeit aus dem in Fahrtrichtung rechten in den linken Kühlwasserkasten und von dort zur Wasserpumpe. Ab hier gelangt sie beschleunigt in den Motorblock und Zylinderkopf, um danach zu einem Großteil via Thermostat in den rechten Kühlwasserkasten zu strömen. Die Restmenge nimmt den »Umweg« über den Heizungswärmetauscher, sorgt bei Bedarf für »warme Socken« und wird dann dem Hauptkreislauf wieder beigemischt. Der Kreislauf ist somit geschlossen.

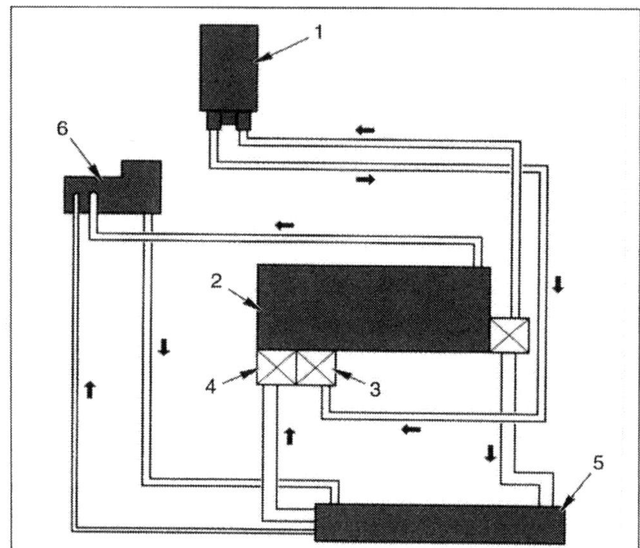

***»Kreislaufwirtschaft«:** Die Komponenten des Motorkühlsystems »kontakten« hydraulisch. 1 Heizungswärmetauscher, 2 Motor, 3 Thermostat, 4 Wasserpumpe, 5 Kühlerventilator, 6 Kühlflüssigkeitsausgleichsbehälter.*

Steht ständig unter Druck – das Kühlsystem

Sobald der Motor läuft, baut das Kühlsystem einen definierten Überdruck auf. Erst wenn im Kühlsystem der Druck 1,5 – 1,6 bar übersteigt, öffnet im Verschlussdeckel des Ausgleichsbehälters ein Überdruckventil und entlässt das »Zuviel« an die Atmosphäre in die »Freiheit«. Das ist durchaus gewollt, denn der Überdruck hindert den an die Wasserstoffmoleküle gebundenen Sauerstoff, schon bei rund 100 °C in die Atmosphäre zu entweichen. Mit diesem Trick wird nicht nur der Siedepunkt der Kühlflüssigkeit sondern auch die Motorbetriebstemperatur erhöht und der spezifische Kraftstoffverbrauch gesenkt. Das bei abgekühlter Flüssigkeit entstehende Vakuum gleicht ein zweites, so genanntes Vakuumventil, im Verschlussdeckel aus.

Das Kühlmittel

Kühlflüssigkeit (Kühlmittel) besteht überwiegend aus einer Melange von Frost- und Korrosionsschutzmitteln sowie destilliertem Wasser. Werksseitig stellen die Hersteller ihre Kühlflüssigkeit mit rund 50 % Kühlkonzentrat (Farbe: rot, silikatfrei, LLC) und 50 % Wasser ein. Das reicht allemal für einen zuverlässigen Schutz bis rund -30 °C, denn erst bei etwa -38 °C beginnt die Flüssigkeit tatsächlich zu gelieren (Stockpunkt) – mithin ein Wert, der hierzulande nur theoretische Bedeutung hat. Die Werksbefüllung mit silikatfreiem Kühlerfrostschutz ist eine Dauerfüllung und nicht mit jedem x-beliebigen Frostschutzmittel zu mixen. Füllen Sie grundsätzlich nur von Opel freigegebene Flüssigkeiten, auf jeden Fall jedoch »Mixturen« mit entsprechenden Spezifikationen nach.

Kühlsystem auf Dichtheit prüfen

- Um sicher zu stellen, dass Ihr Wagen auch tatsächlich den richtigen Vordruck im Kühler hat und hält, pumpen Sie das System zuerst per Druckpumpe auf exakt 1,6 bar auf. Der Druck muss am Manometer mindestens über fünf Minuten konstant bleiben, ansonsten misstrauen Sie allen Schlauchanschlüssen, dem Kühler samt Verschlüssen und in letzter Konsequenz auch der Zylinderkopfdichtung.
- Undichte Wasserschläuche erkennen Sie rund ums »Leck« an weißen Ablagerungen.

Drucksache: *Walken Sie die betriebswarmen Kühlflüssigkeitsschläuche kräftig durch. Nur so entdecken Sie eventuelle Risse oder andere Beschädigungen.*

- Checken Sie »alle« Wasserschläuche an Motor, Kühler und Heizungskühler von Zeit zu Zeit mit einem prüfenden Blick oder, besser noch, mit Knetbewegungen an den Schläuchen. Harte, spröde oder rissige Schläuche tauschen Sie besser sofort aus.
- Checken Sie, ob die Schlauchenden »satt« auf den Anschlussstutzen sitzen.
- Prüfen Sie, ob die Schlauchschellen fest sitzen: Gelockerte Schellen sind ein potenzieller Gefahrenpunkt. Die Schlauchenden können dann während der Fahrt und bei heißem Motor von den Anschlussstutzen rutschen. Wechseln Sie korrodierte Schlauchschellen umgehend aus.

Kühlflüssigkeit prüfen und nachfüllen

Arbeitsschritte     ständige Wartung

1 Checken Sie den Kühlflüssigkeitspegel im Ausgleichsbehälter nur bei kaltem Motor. Das Kühlsystem ist dann fast drucklos und die Kühlflüssigkeit hat ihr normales Volumen erreicht.

2 In diesem Fall muss der Pegel mindestens bis zur unteren Behältermarkierung reichen und sollte die obere Markierung nicht übersteigen. Kleinere Fehlmengen können Sie getrost bei warmem Motor ergänzen.

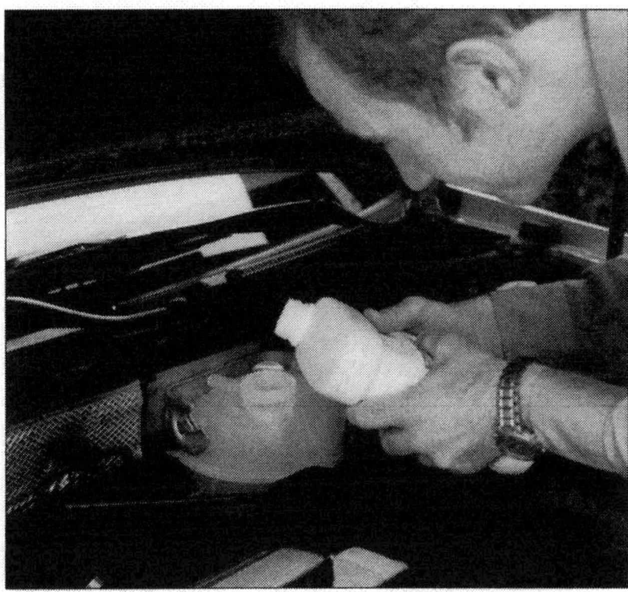

Nachschub: *Sollte der Flüssigkeitsstand im Ausgleichsbehälter die »MIN-Markierung« unterschreiten, ergänzen Sie das Reservoir mit vorgemischter Flüssigkeit. Achten Sie beim Öffnen des Behälters auf Blasenbildung und Ölschlamm – daran erkennen Sie eine defekte Zylinderkopfdichtung.*

[3] Den Verschlussdeckel öffnen Sie bitte mit großer Vorsicht: Bei heißem Motor steht der Behälter nämlich unter Druck. Sollten Sie den Deckel vorschnell öffnen, besteht Verbrühungsgefahr – die siedend heiße Kühlflüssigkeit sprudelt aus dem Behälter. Legen Sie darum vorher einen dicken Lappen über den Deckel.

Alterungsbeständig – die Originalkühlflüssigkeit

Opel schreibt beim Meriva keine Kühlflüssigkeitswechsel vor. Das gilt allerdings nur für die silikatfreie Originalflüssigkeit (Farbe: rot, orange). Übrigens: Gebrauchte Kühlflüssigkeiten greifen neue Aluminiumbauteile (z. B. Thermostatgehäuse) an. Sollten Sie Ihrem Motor also irgendwann ein Neuteil spendieren, das ständig Kontakt zur Kühlflüssigkeit hat, wechseln Sie – unabhängig vom Alter oder der Laufleistung – die Kühlflüssigkeit. Und so wird's gemacht:

Kühlflüssigkeit wechseln

[1] Schrauben Sie zunächst den Verschlussdeckel des Ausgleichsbehälters langsam los und lassen vorsichtig den Überdruck aus dem Kühlsystem entweichen. Legen Sie unbedingt Wert auf Vorsicht: Bei heißem Motor besteht **Verbrühungsgefahr**.

[2] Nachdem das System drucklos ist, schrauben Sie den Verschlussdeckel ganz ab.

[3] Dann stellen Sie ein Auffanggefäß unter den Kühler, öffnen die Ablassschraube (Pfeil) am unteren Kühlerkasten und …

Öffnen – Ablassschraube (Pfeil) am unteren Kühlerkasten.

[4] … lassen die Kühlflüssigkeit ganz ablaufen und …

[5] … ziehen hernach die Ablassschraube wieder fest.

[6] Befüllen Sie den Kühler über den Ausgleichsbehälter mit neuem Konzentrat. Ergänzen Sie die Restmenge so lange mit möglichst kalkarmem Leitungswasser (etwa zwei Millimeter unterhalb der oberen Markierung), bis keine Luftblasen mehr entweichen.

[7] Starten Sie den Motor und lassen ihn bei mittlerer Drehzahl so lange laufen, bis der Thermostat öffnet. Ergänzen Sie dann die evtl. Fehlmenge im Ausgleichsbehälter mit kalkarmem Leitungswasser. Das Kühlsystem ist erst dann befüllt, wenn bei betriebswarmem Motor der Flüssigkeitspegel im Ausgleichsbehälter konstant bleibt.

[8] Alles o. k.? Dann setzen Sie den Verschlussdeckel auf und fahren etwa 20 Kilometer zur »Probe«. Das Konzentrat vermischt sich jetzt homogen mit dem destillierten Wasser. Die »hartnäckigsten« Luftbläschen bekommen die Gelegenheit, restlos zu entweichen.

[9] Nach der Probefahrt öffnen Sie vorsichtig den Ausgleichsbehälter und lassen den Motor bei mittlerer Drehzahl laufen, der Kühlerventilator muss nach etwa zwei bis drei Minuten anlaufen.

[10] Falls erforderlich, ergänzen Sie den Kühlflüssigkeitsstand jetzt noch einmal mit kalkarmem Leitungswasser. Vergessen Sie nicht, den Deckel wieder fest zu verschrauben.

Damit trotzen Sie dem Winter – Frostschutz bis -30 °C

In unseren Breitengraden reicht allemal ein Frostschutz bis -30 °C. Das entspricht, auf Basis des Opel-Konzentrats, etwa einer 50%igen Mischung. Haben Sie ab und an jedoch den Flüssigkeitsstand mit destilliertem Wasser ergänzt, reicht für kältere Tage mitunter die Konzentration nicht mehr aus. Prüfen Sie darum die Mischung spätestens im Herbst mit einer Frostschutzspindel und lassen die Kühlflüssigkeit von Ihrer Werkstatt neu einstellen. Als Faustregel gilt: Etwa ¾ Liter Kühlkonzentrat erhöht den Kälteschutz um ca. 10 °C.

Vorsicht: Mischen Sie die Originalkühlflüssigkeit niemals mit »irgendwelchen« anonymen Produkten – der Korrosionsschutz und die Metallverträglichkeit könnten arg darunter leiden. Im Zweifelsfall programmiert der Mix sogar kapitale Reparaturen. Wenn Sie also ergänzen müssen und den Zusatz nicht genau identifizieren können, wechseln Sie die Kühlflüssigkeit besser gleich komplett. Erst recht bei Leichtmetallmotoren, ansonsten könnte Ihnen beizeiten der Motorblock wie eine trockene Semmel zerbröseln.

Gesamtfüllmenge – Mischungsverhältnis (bis -30° C)			
Motoren	Kühlkonzentrat (Liter)	Wasser (Liter)	Gesamtfüllmenge (Liter)
Z16 SE	ca. 3,4	3,4	6,8
Z16 XE	ca. 3,6	3,5	7,1
Z18 XE	ca. 3,3	3,2	6,5
Y17 DT	ca. 3,6	3,5	7,1
Z17 DTH	ca. 3,4	3,3	6,7

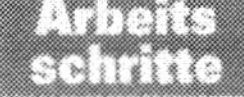

1 Beachten Sie zuerst unter »Kühlflüssigkeit wechseln« die Arbeitsschritte 1 bis 2 und …

2 … stellen dann ein Auffanggefäß unter den Kühler und öffnen die Ablassschraube am unteren Kühlerkasten.

3 Nachdem rund 1 – 2 Liter Kühlmittel abgelaufen sind, ziehen Sie die Ablassschraube wieder fest und …

4 … befüllen den Kühler/Ausgleichsbehälter mit der erforderlichen Konzentratmenge. Den Rest ergänzen Sie mit alter Kühlflüssigkeit.

Praxistipp

Motor verliert Kühlflüssigkeit

Sollte Ihr Motor während der Fahrt größere Mengen an Kühlflüssigkeit verlieren, ergänzen Sie den Flüssigkeitsstand auf keinen Fall mit kaltem Wasser: Der heiße Motor kann dann einen Kälteschock bekommen. Im Extremfall reißt sogar der Motorblock oder der Zylinderkopf verzieht sich. Im ersten Fall wandert der Motorblock vorzeitig auf den Schrott. Die zweite Möglichkeit endet mit einer undichten Zylinderkopfdichtung: Kühlmittel tritt sichtbar aus oder vermengt sich mit dem Motoröl zu einer verschleißfördernden Emulsion. Geben Sie Ihrem Opel also genügend Zeit und füllen erst dann Wasser nach, wenn der Motor gut abgekühlt ist. Auf jeden Fall jedoch lassen Sie einen Fachmann nach der Leckage suchen.

Kühlsystem

Störungs beistand

Störung	Ursache	Abhilfe
A Motortemperatur zu hoch.	**1** Antriebsriemen zu schwach gespannt oder gerissen (Diesel).	Riemenspannung kontrollieren oder Antriebsriemen ersetzen.
	2 Zu wenig Flüssigkeit im Kühlsystem.	Wasser auffüllen – notfalls aus der Scheibenwaschanlage.
	3 Anschlusskabel zum Anzeigeinstrument hat Masseschluss.	Kabel am Temperaturgeber abziehen, Zeiger muss fallen, sonst Masseschluss; Kabelverlauf kontrollieren.
	4 Thermostat bleibt geschlossen (Kühler kalt).	Thermostat ausbauen und ohne weiterfahren, Wassertemperatur laufend prüfen. Evtl. Wagen in Werkstatt abschleppen lassen.
	5 Kühlerventilator schaltet nicht ein.	Ventilatormotor defekt, erneuern. Temperaturfühler defekt. Strom führendes Kabel am Fühler abziehen und direkt an Klemme des vom Fühler kommenden Kabels anschließen.
	6 Überdruckventil im Verschlussdeckel des Ausgleichsbehälters defekt.	Ventil prüfen (lassen), Deckeldichtung kontrollieren, ggf. Verschlussdeckel erneuern.
	7 Masseschluss in Geber der Temperaturanzeige.	Austauschen.
	8 Kühler verstopft oder Lamellen zugesetzt.	Kühler gründlich reinigen. Evtl. Werkstatt oder Kühlerbauer damit beauftragen.
B Motor kommt nur langsam auf Temperatur. Schlechte Heizleistung.	Thermostat schließt nicht völlig, dadurch ständig großer Kreislauf in Betrieb.	Thermostat säubern, ggf. ersetzen.

Thermostat

Störungs beistand

Erkennungsmerkmal	Ursache/Auswirkungen
A Motorbetriebstemperatur wird nur langsam erreicht, Heizwirkung ungenügend.	Thermostat klemmt – Zufluss zum Kühler ist ständig geöffnet. Motor wird nicht richtig warm. Kurzfristig stellen sich keine Folgeschäden ein: Dennoch Thermostat baldmöglichst reinigen bzw. erneuern.
B Temperaturanzeige dauernd zu hoch. Kühlmittelstand o.k. Kühler und oberer Kühlerschlauch bleiben kalt.	Thermostat klemmt. Auf keinen Fall weiterfahren, sonst entstehen schwere Hitzeschäden am Motor. Thermostat erneuern.

Bringt den Motor zum »Kochen« – streikender Kühlerventilator

Das Kühlsystem Ihres Meriva verkraftet locker längere Leerlaufpassagen, Kolonnenverkehr mit häufigem Stop-and-go sowie stressige Passfahrten. Steigt die Temperatur dennoch auf den Siedepunkt, kann ein »streikender« Kühlerventilator die Ursache sein. Sie müssen deshalb nicht gleich eine »Seilschaft« mit einem hilfsbereiten »Zeitgenossen« eingehen. Geben sie dem »kochenden« Motor stattdessen ausreichend »Abkühlzeit« und fahren danach zügig die nächste Vertragswerkstatt an. Leerlauf und Schleichfahrt in hohen Gängen sollten Sie derweil tunlichst vermeiden. Ihre vermeintliche Vorsicht brächte den Motor nämlich nur ins Schwitzen – den Kühler passiert dann zu wenig Fahrtwind.

Vorsicht: Halten Sie bei gerade abgestelltem und heiß gefahrenem Motor niemals Ihre Hände in die Nähe des Kühlerlüfters! Der elektrische Ventilator kann auch bei ausgeschalteter Zündung unvermittelt anlaufen.

Kühlwasserschläuche auswechseln

Platzt unterwegs ein Kühlwasserschlauch und Sie haben keinen Ersatz dabei, »setzen Sie mutig auf Notreparatur« und dichten die Leckage provisorisch mit Klebeband ab. Damit Sie nicht von vornherein für die Katz' arbeiten, lösen Sie hernach den Verschlussdeckel des Ausgleichsbehälters bis zur ersten Raste. Das Kühlsystem bleibt dann drucklos und Ihre Flickstelle bekommt, bis zur endgültigen Reparatur, zumindest eine »faire Chance«. Halten Sie während der Fahrt stets die Motortemperatur im Auge. Gehen Sie keinerlei Risiken ein! Und noch ein Tipp: Verbauen Sie nur Originalschläuche – die passen garantiert und verhärten nicht schon nach kurzer Zeit. Inspizieren Sie gleichfalls die Schlauchschellen kritisch – korrodierte Schellen erneuern Sie grundsätzlich.

Passen garantiert und halten länger: Originalformschläuche. *Tauschen Sie darum verhärtete oder poröse Schläuche sinnvollerweise nur gegen Originale. Nicht so die Schlauchklemmschellen – hier sind Schraubschellen aus dem Zubehörhandel mitunter die bessere Wahl.*

Arbeits schritte   

1 Lassen Sie das Kühlmittel ab und fangen es in einem sauberen Gefäß auf.

2 Lösen Sie die Schlauchschellen und ziehen die Schläuche ab.

3 Festsitzende Schlauchenden lockern Sie mit einem Schraubendreher, den Sie vorsichtig zwischen Schlauch und Stutzen schieben. Sie »sprengen« damit die Oxidschicht zwischen Schlauch und Stutzen.

4 Die neuen Schläuche setzen Sie grundsätzlich mit Vaseline an und schieben sie »satt« auf die Stutzen auf. Nehmen Sie das bitte ernst, ansonsten könnten Ihnen während der Fahrt die Schläuche »abrutschen«. Um das verlässlich zu vermeiden, setzen Sie die Schlauchschelle direkt hinter dem »Stauchring« der Flansche an.

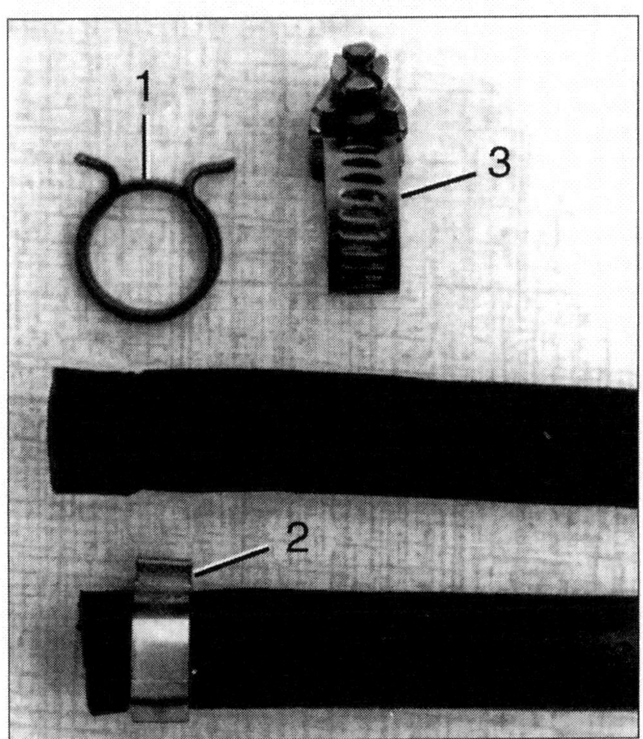

»Einschneidend«: *Klemmschellen 1 und 2 an Wasser- oder Kraftstoffschläuchen. Wenn Sie alte Kühler- oder Kraftstoffschläuche ersetzen oder die serienmäßigen Klemmschellen lösen mussten, verwenden Sie zur Montage gleich Schraubschellen 3. Schraubschellen »quetschen« die Schläuche auf einer größeren Fläche – zudem können Sie die Klemmwirkung von Schraubschellen wesentlich besser dosieren.*

Der Luftfilter

(Ansauggeräuschdämpfer)

Bevor die Ansaugluft eine zündende Verbindung mit dem Kraftstoff eingeht, passiert sie den Ansauggeräuschdämpfer. In seinem Inneren befreit ein Filterelement die Luft von Schmutz- und Staubpartikeln. Der Ansauggeräuschdämpfer sitzt im Meriva in Fahrtrichtung rechts vorne unterhalb der Motorhaube. Unter seiner »Haut disziplinieren« thermodynamisch ausgelegte Profile die Ansaugluft zu einer pulsierenden Gassäule und minimieren zudem die Ansauggeräusche.

Nach spätestens 60.000 Kilometern beim Otto- und 50.000 Kilometern beim Dieselmotor tauschen – den Luftfiltereinsatz

Unter normalen Fahrbedingungen »verschreibt« Opel dem Meriva alle 60.000 Kilometer (Diesel 50.000 km) ein neues Luftfilterelement. Sollten Sie Ihrem Auto überwiegend »verstaubte« Pisten zumuten müssen, wechseln bzw. reinigen Sie den Luftfilter frühzeitiger. Ein verschmutzter Filtereinsatz »schnürt« dem Motor nämlich die Ansaugluft ab. Folge: Das Kraftstoff-/Luftgemisch gerät aus dem Gleichgewicht, die Motorleistung sinkt und der Kraftstoffverbrauch steigt.
Im Kapitel »Der Innenraum« beschreiben wir Ihnen übrigens auch den Tausch des Innenraum-Pollenfilters. Wenn der Filter tatsächlich wirksam bleiben soll, erneuern Sie das Element im zweijährigen Rhythmus gegen ein Originalersatzteil. Nur dann sind Sie Sicher, dass der Filter auch atemgängige Pollen an sich bindet.

Luftfiltereinsatz reinigen und auswechseln

Unabhängig von Ihrer Fahrstrecke reinigen Sie das Filterelement mindestens einmal jährlich und wechseln es spätestens nach vier Jahren aus. Nach Fahrten auf überwiegend staubigen Straßen schauen Sie Ihrem Ansauggeräuschdämpfer besser häufiger unter den Deckel. Neue Filtereinsätze bekommen Sie beim Opel-Händler oder im Zubehörhandel. Es muss übrigens nicht generell ein Originalersatzteil sein – achten Sie jedoch unbedingt auf Qualitätsware. Auf »Wühltischen« des Zubehörhandels stapeln sich ab und an

Plagiate obskurer Produktpiraten. Im Moment sparen Sie mit den »Billigangeboten« vielleicht ein paar Cent, doch auf Dauer verübelt Ihnen der Motor den »Geiz« – er inhaliert ständig nur oberflächlich gereinigte Luft.

Arbeits schritte  

[1] Lösen Sie die Schrauben des Filtergehäusedeckels und ....

[2] ... liften den Deckel dann so weit, bis das Filterelement ohne anzuecken herauspasst. Sollten Sie den Deckel ganz demontieren wollen, lösen Sie zuvor die Ansaugschlauchschelle (Pfeil).

Je nach Baureihe mit Schrauben oder Klammern befestigt: *Luftfiltergehäusedeckel am Meriva.*

[3] Das Filtergehäuse reinigen Sie mit einem fusselfreien Lappen oder – besser noch – blasen Sie das Gehäuse mit Druckluft aus. Achten Sie darauf, dass der neue Filtereinsatz zur Montage plan auf den Pressflächen des Gehäuseunterteils aufliegt.

Filterelement reinigen

[1] Klopfen Sie das Filterelement, mit der verdreckten Seite nach unten, vorsichtig auf einer harten Unterlage aus. Größere Verschmutzungen und Insektenkadaver suchen dann bereits das »Weite«.

[2] Feine Staubpartikel blasen Sie mit Druckluft aus. Sie sollten ...

[3] ... das Filterelement nur von der sauberen zur verdreckten Seite hin anblasen. Anders herum würden Sie den Dreck noch tiefer in die Filterporen pressen.

[4] Falls Sie den Papierfiltereinsatz nicht mit Druckluft, sondern in Waschbenzin oder anderen Reinigungsflüssigkeiten cleanen möchten, entsorgen Sie ihn besser sofort als Sondermüll – Flüssigkeiten verstopfen die Filterporen hoffnungslos. Folge: Der Motor leidet anschließend unter »Atemnot«, die Abgaswerte verschlechtern sich dramatisch.

[5] Achten Sie zur Montage des Filterelements immer darauf, dass die Dichtflächen sauber gegen die Gehäuseteile abdichten.

Aktion Saubermann: *Blasen Sie das Filterelement immer von unten nach oben aus. Wenn Sie Beschädigungen an der Filterfolie erkennen, den Einsatz grundsätzlich erneuern.*

DAS MOTOR-MANAGEMENT

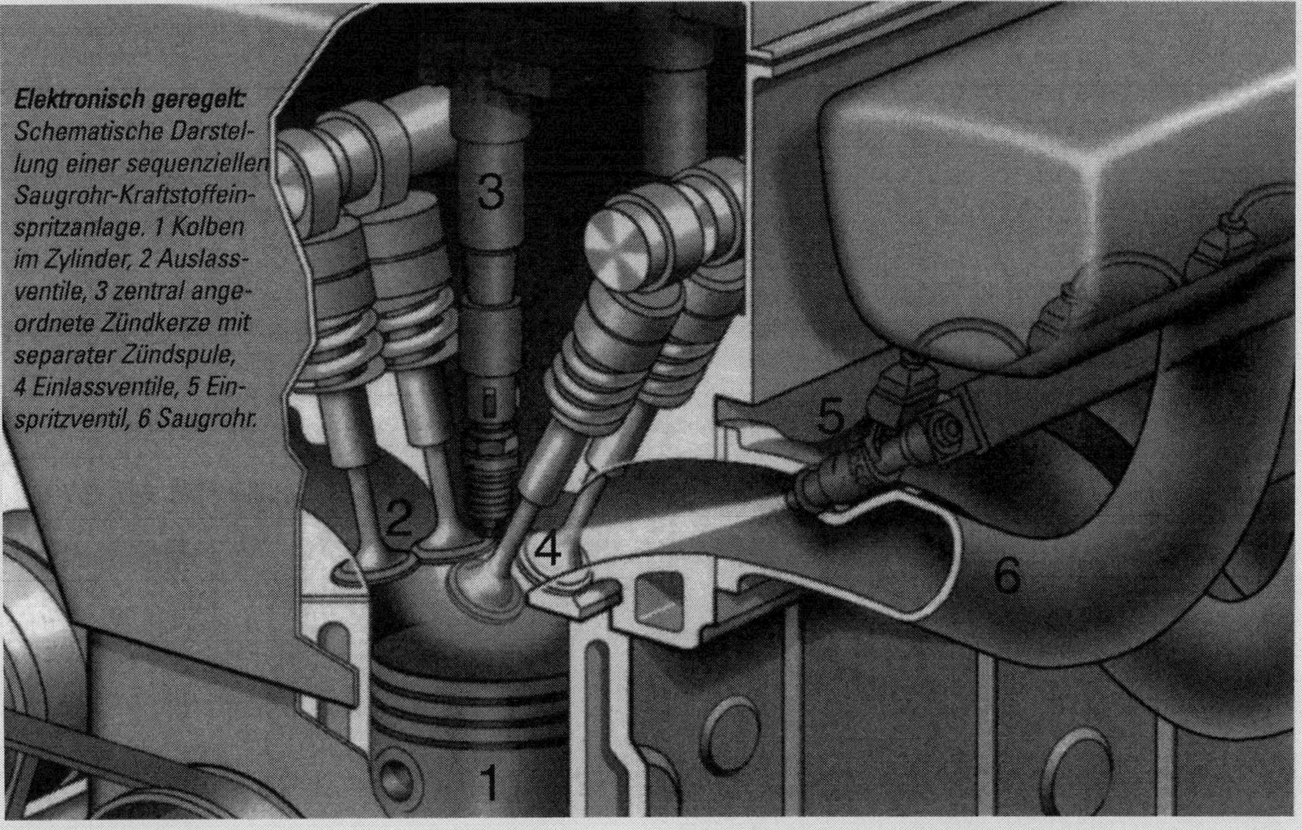

Elektronisch geregelt: Schematische Darstellung einer sequenziellen Saugrohr-Kraftstoffeinspritzanlage. 1 Kolben im Zylinder, 2 Auslassventile, 3 zentral angeordnete Zündkerze mit separater Zündspule, 4 Einlassventile, 5 Einspritzventil, 6 Saugrohr.

Wartung

Reparatur

Die Zeiten von Vergaser, Zündverteiler und Co. sind passé. Moderne Motoren werden durch elektronische Motormanagements zwischen Tank und Auspuffendrohr dominiert. In der Wolle gefärbte Hobbyschrauber »von altem Schrot und Korn« sind darüber weniger glücklich, denn fest ins Motormanagement integrierte Zünd- und Kraftstoffanlagen bieten Heimwerkern kaum noch »Angriffspunkte«.

Merke: Ohne umfangreiches Messequipment ist den Geheimnissen von Chips und Bits nur unzureichend oder gar nicht mehr auf die Spur zu kommen. Hobbyschrauber, die das ignorieren, bezahlen ihre »Ignoranz« irgendwann mit viel Lehrgeld – und sei es nur nach jedem Tankstopp oder anlässlich der fälligen AU.

Und nun die gute Nachricht: Motormanagements heutiger Triebwerke arbeiten weitgehend wartungsfrei – so auch im Meriva. Die drei »Ottos« bereiten ihr Futter unisono in Multipoint-Saugrohreinspritzsystemen auf. Verteilerlose Zündanlagen schicken Funken gemäß der Zündfolge 1 – 3 – 4 – 2 an die Zündkerzen. Die 3-D-Kennfeld-Funkenfabrik mit ruhender Hochspannungsverteilung steht, wie alle Akteure des Motormanagements, unter der Regie des Meriva-Bordrechners.

Das Diesel-Duo geht hinsichtlich seiner Gemischaufbereitung unterschiedliche Wege: Der leistungsschwächere Y17 DT Motor (55 kW/75 PS) zerstäubt sein Dieselöl mittels einer Einstempel-Verteilereinspritzpumpe und der Z17 DTH (74 kW/100 PS) injiziert seinen »Saft« via Common-Rail-Technik direkt in die Brennräume.

Damit Sie als Meriva-Eigner nicht schon beim kleinsten Muckser hilflos sind, ist es mitunter empfehlenswert und vorteilhaft, die theoretischen Grundzüge des Motormanagements grob einordnen zu können. Und sei's nur, um dem Werkstattprofi vorhandene Unregelmäßigkeiten beschreiben zu können: Mit Ihrem Wissen minimieren Sie dann teure Diagnosestunden.

Auf einen Blick – die Managements der Multec- und Simtec-Einspritzanlagen

Kraftstoffsystem

- Sequenzielle Kraftstoffeinspritzung
- Mehrlocheinspritzventile
- Tankentlüftungssystem

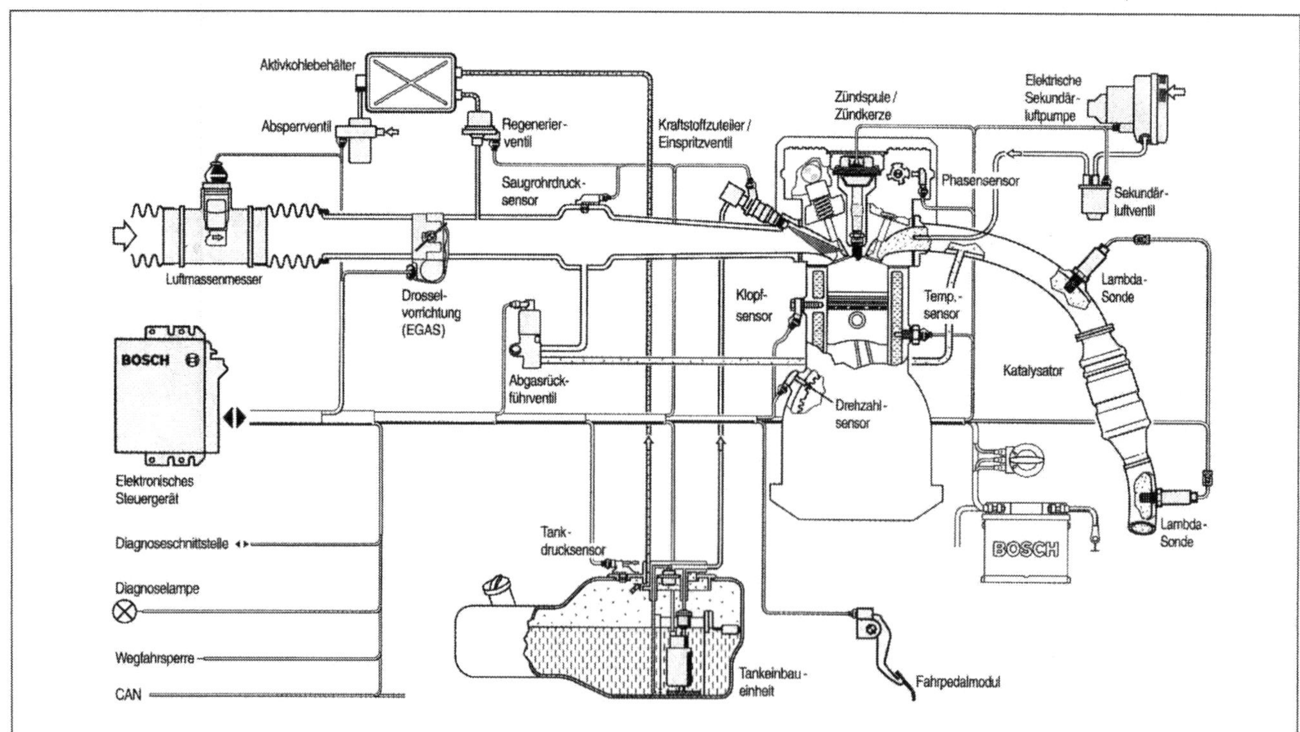

***»Ziehen alle an einem Strang«:** Die Module des elektronischen Motormanagements. Fällt in einem »sekundären Regelkreis« ein Modul oder ein Sensor aus, halten Notlaufprogramme den Motor weiter bei Laune. Doch Störungen in einem primären Regelkreis, beispielsweise »Motordrehzahl«, sind so entscheidend, dass der Motor sofort abstirbt oder erst gar nicht startet.*

Luftansaugsystem

- Luftmengenmesser arbeitet nach dem Hitzdrahtprinzip (Z18 XE)

Elektrisch beheizt: *Der Heißfilmluftmassenmesser hinter dem Luftfiltergehäuse des Z18 XE-Motors. Im Luftmassenmesser-Gehäuse reagiert ein hauchdünner Platindraht (Pfeil) thermisch auf die Qualität der angesaugten Luftmenge. Aus seinen Impulsen schließt das Motorsteuergerät auf den Sauerstoffanteil der Frischluft. Daraus ergibt sich dann zwangsläufig die auf die Zylinder zu »verteilende« Kraftstoffmenge.*

- Saugrohrdruck- und Temperaturfühler (Z16 SE, Z16 XE)
- Drosselklappenmodul

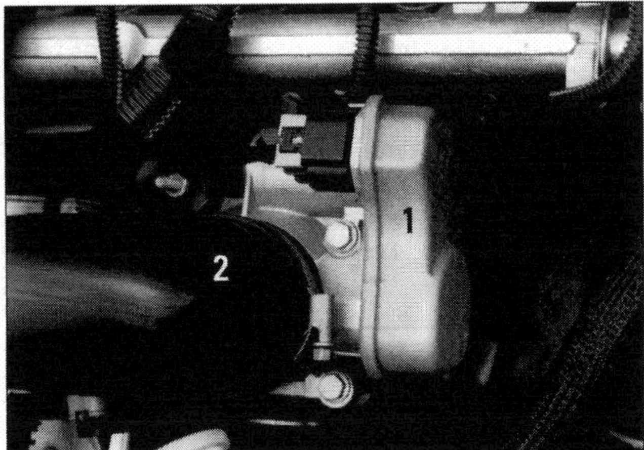

Verwandelt elektronische Signale des Motorsteuergeräts in eine mechanische Drehbewegung der Drosselklappe: das ***Drosselklappenmodul*** *1 unterhalb des Ansaugluftschlauchs 2.*

Zündsystem

- Digitales integriertes, elektronisches Zündsystem (DIS)
- Zündspannungsüberwachung

Sicherheitssystem

- Mechanischer Sicherheitsschalter. Er »kappt« bei einem Unfall oder plötzlichen Druckabfall in der Förderleitung er die Stromversorgung zur Kraftstoffpumpe.

Abgasregelung

- Mit dem Auspuffkrümmer verschweißter Dreiwege-Katalysator
- Zwei Lambdasonden – jeweils eine vor und nach dem Katalysator
- Abgasrückführungsventil
- Kraftstoffverdunstungssystem

Sensoren

- Nockenwellensensor
- Kurbelwellensensor
- Kühlmitteltemperatursensor
- Klopfsensor
- Fahrpedalpotenziometer
- Pedalschalter

Diagnosemöglichkeiten

- Unterhalb der Kunststoffverkleidung zentraler Diagnosestecker in Höhe des Handbremsgriffs

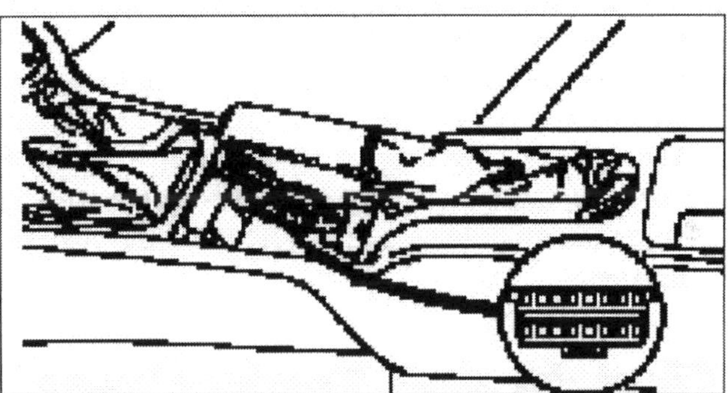

Elektronischer »Futternapf«: *Der Diagnosestecker liefert dem Opel-Tech-Systemtester relevante Serviceinformationen.*

Elektronisches Testequipment – Basis für reelle Analysen

Um Defekte im elektronischen Motormanagement einwandfrei analysieren zu können, führen Profis in einer ganz bestimmten Reihenfolge diverse Testprogramme aus. Do it yourselfer erkennen darin vielleicht nicht unbedingt die Logik mechanischer Funktionen, doch seien Sie sicher – elektronischen Bugs kommen Sie nur so auf die Spur.

Klingt frustrierend – oder? Völlig unbegründet, die Praxis beweist längst: Störungen an elektronischen Bauteilen treten selten auf – fachgerechte Bedienung vorausgesetzt …

Augen auf – Sichtprüfung unter der Motorhaube

Bei allem berechtigten Respekt, sehen Sie fortan das technische Umfeld moderner Kraftstoffeinspritzanlagen für sich nicht generell als »Parc-fermé« – überlegen Sie nur mit entsprechendem »Augenmaß«, was Sie sich zutrauen sollten. Stellen Sie zunächst die Sichtprüfung in den Vordergrund: Checken Sie zum Beispiel ab und an Schläuche und ihre Befestigungen auf korrekten Sitz und Ermüdungsrisse. Allen voran …

- … den Unterdruckschlauch zum Bremskraftverstärker, …
- … die Schläuche der Motorbe- und -entlüftung (sind sie verstopft, verschmutzt oder aufgequollen?), …
- … die Kraftstoffschläuche und Kraftstoffleitungen (erkennen Sie Scheuerstellen, Altersrisse oder »Schwitzspuren«?), …
- … die Druckregleranschlüsse (sind die Anschlüsse trocken?) und …
- … falls Sie irgendwann Kabelstecker unter der Motorhaube oder sonst wo trennen mussten, können Sie unbeabsichtigt schon den Grundstein für später auftretende »Kontaktschwächen« gelegt haben. Versuchen Sie die Stecker dann zunächst mit Kontaktspray wieder zu »motivieren« – biegen Sie die Kontaktzungen lediglich im »Notfall« mit viel Gefühl nach.

Täuscht den Bordrechner – Nebenluft im Ansaugsystem

Nebenluft im Ansaugsystem bringt den Bordrechner aus dem Takt. Denn undichte Anschlüsse, Leitungen oder Schläuche provozieren die Motormanagement-Peripherie, falsche Steuerimpulse zu verschicken. So zum Beispiel die Module der Gemischaufbereitung: Mitunter »speisen« die Einspritzdüsen den Motor dann mit zu wenig Kraftstoff ab. In dem Fall würde das Gemisch unkontrolliert abmagern und die Verbrennungstemperatur gleichzeitig ansteigen – ungünstigstenfalls sogar in Regionen, die Kolben und Ventile den Hitzetod bereiten. Fehlfunktionen im Einspritzsystem signalisiert Ihnen übrigens schon ein »sägender« Leerlauf. Bei voller Belastung neigen »abgemagerte« Motoren ohne Antiklopfregelung zu hörbarem »Klingeln«. Seien Sie also beim geringsten Anzeichen schon »hell wach« und kreisen den möglichen Fehler systematisch ein:

1 Prüfen Sie zunächst an der Einspritzanlage und am Ansaugkrümmer sämtliche Schläuche auf Risse und festen Sitz. (Saugrohrdrucksensor, Bremskraftverstärker, Kraftstoff-Verdunstungsanlage, etc.).

2 Fahren Sie den Wagen etwa 20 Kilometer warm und lassen den Motor anschließend im Leerlauf »brummen«. Öffnen Sie die Motorhaube und ziehen, mit hitzeresistenten Handschuhen, den Stecker der ersten Lambdasonde (unmittelbar am Abgaskrümmer) ab. Die Leerlaufdrehzahl muss sich daraufhin ändern.

3 Besprühen Sie auch nacheinander sämtliche Schlauchverbindungen und Flanschdichtungen der Einspritzanlage mit einem handelsüblichen Kaltstartspray: Achten Sie derweil aufmerksam darauf, an welchem Anschluss sich die Motordrehzahl ändert – exakt dort zieht der Motor Nebenluft.

Leerlaufdrehzahl prüfen

Die Leerlaufdrehzahl wird, je nach eingeschaltetem Verbraucher (z. B. Scheinwerfer, AC oder Servolenkung) durch das Steuergerät laufend über den Leerlaufstellmotor justiert. Ottomotoren drehen im Stand mit etwa 850 ±100 $min.^{-1}$, die Turbodiesel lassen ihre Kurbelwellen mit rund 850 $min.^{-1}$ rotieren. Zur Kontrolle benötigen Sie einen exakten Drehzahlmesser. Werkstätten nutzen einen stationären Motor- oder den Opel-Systemtester. Drehzahldifferenzen dürfen Sie nicht isoliert betrachten und justieren: Experten kreisen die Fehlfunktion systematisch im gesamten Motormanagement ein. Es sei denn, die Batterie war abgeklemmt: Dann beansprucht der Bordrechner ein paar Kilometer, um wieder an seine alte Form anknüpfen zu können. In seiner »Regenerationsphase« treten häufig auch erhöhte Leerlaufschwankungen auf.

Systematisch einkreisen – Leerlaufschwankungen

Falls Sie die Batterie abgeklemmt hatten, lassen Sie dem Bordrechner rund zehn Kilometer Zeit um das

»verstimmte« Motormanagement zu disziplinieren und mit »offiziellen« Basisdaten erneut auf Kurs zu bringen. Falls das der Bordrechner wider Erwarten nicht ohne fremde Hilfe schafft, gehen Sie zunächst folgendermaßen vor:

 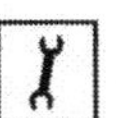 

[1] Checken Sie den Zustand aller Luftschläuche mitsamt ihrer Anschlüsse.

[2] Prüfen Sie, ob alle elektrischen Anschlüsse einwandfrei sitzen und nicht korrodiert sind. Für weitere Kontrollen verwendet die Werkstatt einen speziell auf das Steuergerät abgestimmten Motortester.

[3] Zu geringer Kraftstoffvordruck verursacht gleichfalls Leerlaufdrehzahlschwankungen. Lassen Sie Ihre Werkstatt dann einen Drucktest durchführen.

Drosselklappenmodul checken

  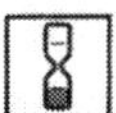

[1] Starten Sie den Motor und lassen ihn mit Leerlaufdrehzahl brummen.

[2] Schalten Sie möglichst viele Stromverbraucher ein und drehen auch das Lenkrad von Anschlag zu Anschlag.

[3] Die Leerlaufdrehzahl darf derweil kurzfristig absinken, ein intaktes Drosselklappenmodul regelt den Wert jedoch wieder »hoch«.

[4] Ziehen Sie Steckverbindung vom Drosselklappenmodul, der Motor muss jetzt sofort ausgehen.

[5] Falls nicht, lassen Sie das Drosselklappenmodul in einer Opel-Werkstatt genau überprüfen.

Einspritzventile checken

[1] Defekte Einspritzventile entlarven Sie unter Umständen schon durch bloßes »Hand auflegen«: Im Gegensatz zu funktionierenden »Düsen« vibrieren defekte Ventile nicht im Takt. Um »Brandblasen« an den Fingerkuppen möglichst zu vermeiden, machen Sie den Test besser nicht am »knisternden« Motor.

[2] Ziehen Sie zur Spannungskontrolle den Stecker eines Einspritzventils ab und legen dann einen LED-Spannungsprüfer (keine Prüflampe) an den Stecker an. Der Motor ist währenddessen aus.

[3] Starten Sie nun den Motor: Die Leuchtdioden im Spannungsprüfer müssen flackern, ansonsten fließen keine Steuerströme. Das muss nicht unbedingt an der Zuleitung liegen, eventuell hat das Steuergerät ja einen Defekt. In diesem Fall ist die Werkstatt Ihre erste Adresse.

[4] Zur Widerstandsmessung ziehen Sie den Versorgungsstecker des betreffenden Einspritzventils ab und verbinden beide Kontaktzungen am Ventil mit einem Multimeter. Bei 20 °C liegt der Messwert bei etwa 14,5 ±1 Ohm.

[5] Bei zu großen Differenzen ersetzen Sie besser das betreffende Ventil.

Einspritzventile aus- und einbauen

Wir beschreiben die Arbeit am Beispiel der populärsten Modelle. Im Falle der beiden Dieselmotoren empfehlen wir Ihnen einen Opel-Händler aufzusuchen. Er verfügt über das erforderliche Know-how, hat die erforderlichen Spezialwerkzeuge und eine entsprechend »große Werkbank«.

Z16 XE

[1] Bocken Sie den Vorderwagen rüttelsicher auf, klemmen das Batteriemassekabel ab, demontieren die Motorverkleidung und hernach ...

[2] ... das Luftfiltergehäuse 2.

[3] Dazu ziehen Sie den Mehrfachstecker vom Tankentlüftungsventil 1 sowie vom Ansauglufttemperatursensor 3 ab.

[4] Jetzt clipsen Sie das Tankentlüftungsventil vom Luftfiltergehäuse, ziehen den Motorentlüftungsschlauch 4 vom Ventildeckel ab und ...

[5] ... lösen zunächst die Schlauchschellen am Drosselklappenmodul. Erledigt? Dann ziehen Sie den Ansaugschlauch vom Flansch ab.

[6] Wenn Sie jetzt noch die Befestigungsschraube (Pfeil) lösen, können Sie das Luftfiltergehäuse aus dem Motorraum bugsieren.

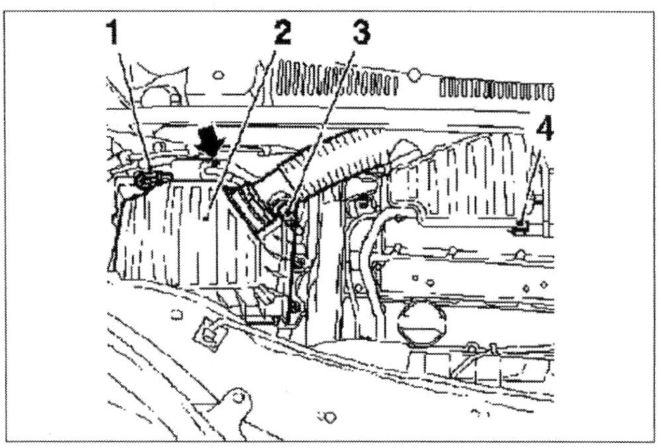

Vor der Einspritzventildemontage abrüsten – Zylinderkopf.

Z18 XE

[7] Bocken Sie den Vorderwagen rüttelsicher auf, klemmen das Batteriemassekabel ab, demontieren die Motorverkleidung und ...

[8] ... das Luftfiltergehäuse 1.

[9] Dazu ziehen Sie die Mehrfachstecker vom Tankentlüftungsventil 2 und Luftmassenmesser 5 ab.

[10] Jetzt clipsen Sie das Tankentlüftungsventil vom Luftfiltergehäuse, ziehen vom Ventildeckel den Motorentlüftungsschlauch 3 ab und ...

[11] ... lösen dann die Schlauchschellen am Drosselklappenmodul. Passiert? Dann ziehen Sie den Ansaugschlauch 4 vom Flansch ab.

[12] Wenn Sie jetzt noch die Befestigungsschraube (Pfeil) lösen, können Sie das Luftfiltergehäuse aus dem Motorraum bugsieren.

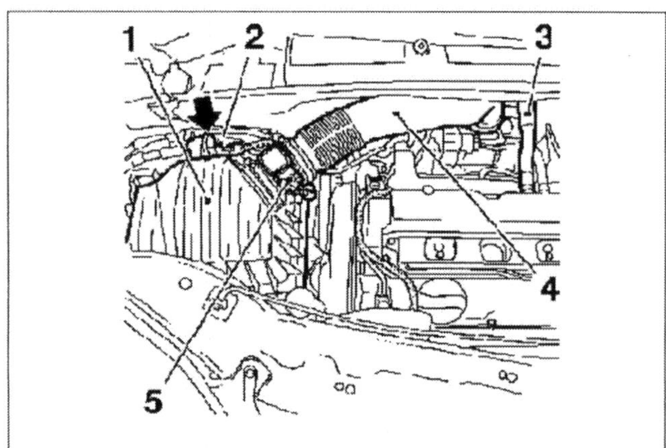

Schnell erledigt – Luftfiltergehäuse demontieren.

Z16 XE/Z18 XE

[13] Sie haben nun Platz geschaffen, um die Anschlusskabel an der Lambdasonde 1 und am Öldruckschalters 2 abzuziehen.

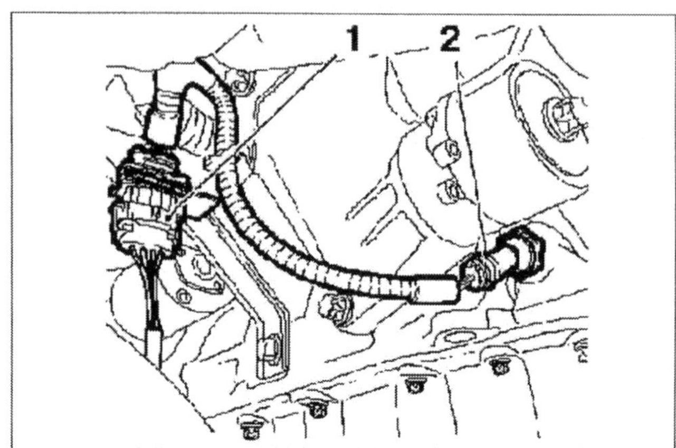

An der Lambdasonde und am Öldruckschalter abziehen – Kabelstecker.

Z16 XE

[14] Clipsen Sie den Vorwärmschlauch vom Drosselklappenmodul und ...

[15] ... lösen danach den oberen Kabelstrang der Motorelektronik.

[16] Dazu ziehen Sie die Stecker am Nockenwellensensor 1, am Drosselklappenmodul 2, am MAP-Sensor 3 sowie am Klopfsensor 4 und am AGR-Ventil 5 ab.

[17] Sobald Sie jetzt noch den Kabelstrang am Nockenwellensensor gelöst haben, können Sie »das Geweih« beiseite legen.

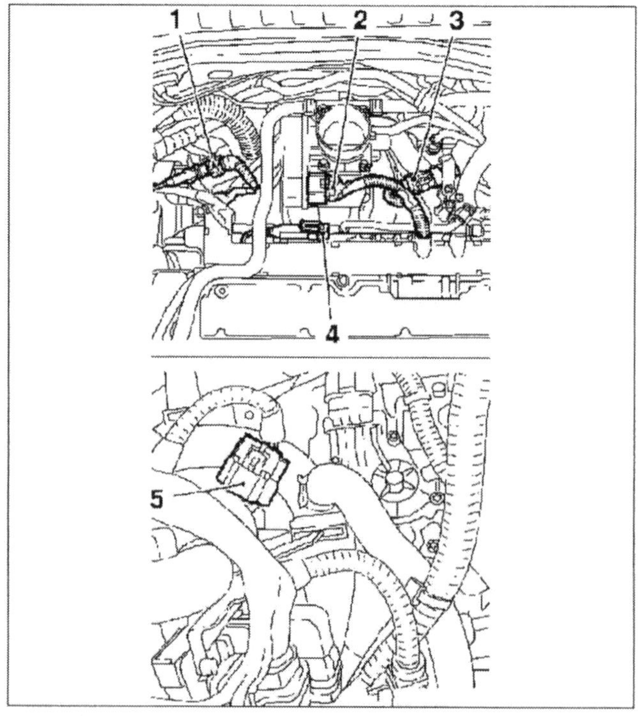

»Abschließen« und vorübergehend parken – Versorgungsleitungen der oberen Motorelektronik.

Z18 XE

18 Ziehen Sie die Stecker am Drosselklappenansteller 1, am Klopfsensor 2, am Motorsteuergerät 3 sowie am Nockenwellensensor 4 und am Kühlmitteltemperatursensor (Pfeil) ab.

19 Sobald Sie jetzt noch den Kabelstrang am Nockenwellensensor gelöst haben, können Sie »das Geweih« beiseite legen.

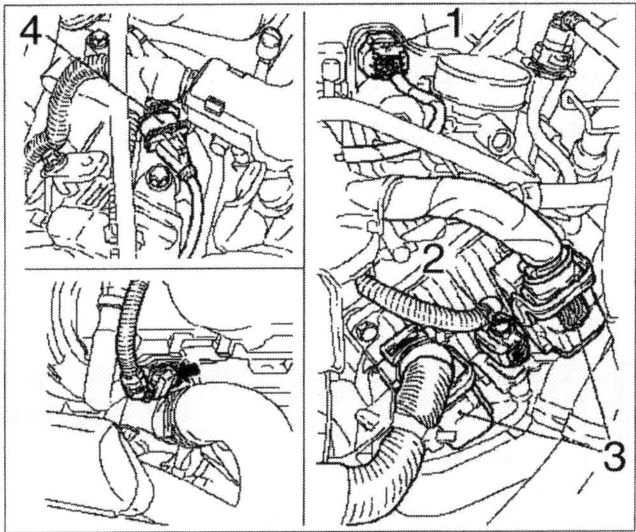

»Abschließen« und vorübergehend parken – Versorgungsleitungen der oberen Motorelektronik

Z16 XE/Z18 XE

20 Bevor Sie jetzt weiter schrauben, lassen Sie noch schnell den Vordruck aus dem Kraftstoffsystem entweichen. Opel-Monteure nutzen dazu ein Spezialwerkzeug. Als geschickter Do it yourselfer umwickeln Sie die Schraubanschlüsse 1 an den Kraftstoffleitungen 2 mit einem saugfähigen Lappen und lösen die Überwurfmuttern dann vorsichtig. Fangen Sie den herauslaufenden Kraftstoff in einem kleinen Behälter auf.

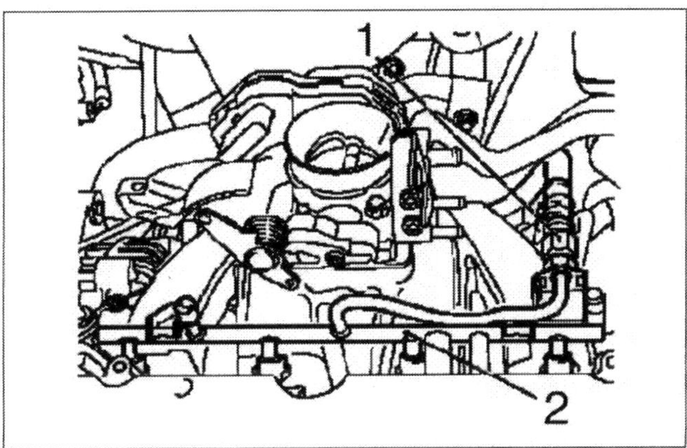

Mit saugfähigem Lappen umwickeln und dann vorsichtig öffnen – Kraftstoffleitungen an den Schraubanschlüssen.

21 Jetzt müssen Sie am Kraftstoffverteilerrohr noch beide Befestigungsschrauben (Pfeile) lösen. Gemacht? Dann hebeln Sie die »Pipeline« mitsamt Einspritzdüsen aus der Ansaugbrücke.

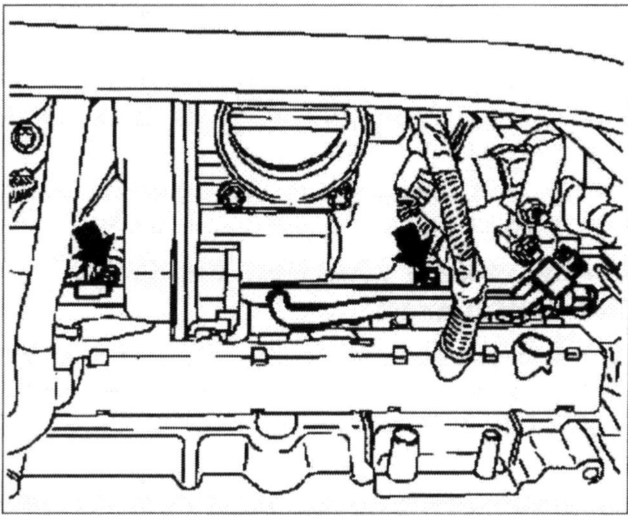
Vor der Einspritzventildemontage aus der Ansaugbrücke montieren – das komplette Kraftstoffverteilerrohr.

22 Um die Ventile einzeln zu checken, ziehen Sie zunächst die Sicherungsklammer 1 ab und erst dann das entsicherte Ventil 2 aus dem Kraftstoffverteilerrohr.

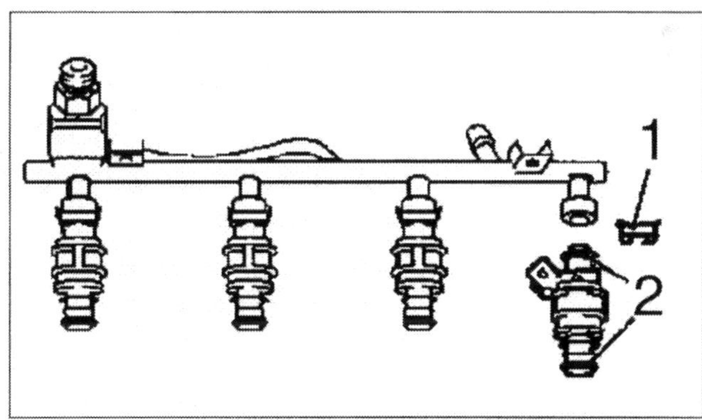

Erst die Sicherungsklammer 1 ziehen – dann das entsprechende Einspritzventil 2 aus dem Verteilerrohr hebeln.

23 Beenden Sie die Montage in umgekehrter Reihenfolge. Damit die Ventile leichter zurück ins »Loch flutschen«, benetzen Sie die O-Dichtringe vorab mit sauberem Motoröl oder Vaseline. Unser Rat: Setzen Sie die Einspritzventile auf jeden Fall mit neuen O-Ringen ein, ansonsten könnte den Rechner ungebetene Nebenluft täuschen. Vergessen Sie nicht, bei Fahrzeugen mit ESP den Lenkwinkelsensor neu zu kalibrieren.

Einspritzventile prüfen

1 Demontieren Sie, wie beschrieben, das Kraftstoffverteilerrohr mitsamt Einspritzventilen und …

2 … ziehen dann nur die elektrischen Anschlüsse von den Einspritzventilen ab. Die Kraftstoffleitungen bleiben derweil angeschlossen.

3 Damit die Kraftstoffpumpe den nötigen Systemdruck aufbaut, schalten Sie die Zündung mehrmals ein und aus.

Tropfprobe – checken Sie jedes Einspritzventil

4 Inspizieren Sie jedes Einspritzventil einzeln. Wenn nur ein Tropfen »nachläuft« ist das Ventil o. k., ansonsten tauschen Sie es ohne Wenn und Aber aus.

Spritzprobe – »gute« Ventile zerstäuben den Kraftstoff kegelförmig

5 Um den Spritzstrahl zu prüfen, demontieren Sie das gesamte Kraftstoffverteilerrohr. Die Kraftstoffleitungen bleiben bei allen Ventilen angeschlossen. Ziehen Sie – bis auf das jeweils zu prüfende Ventil – von allen Ventilen die Stecker ab und fangen den Kraftstoff in einem Behälter auf.

6 Schalten Sie dazu die Zündung ein und starten den Motor – »gute« Ventile spritzen den Kraftstoff kegelförmig ab.

7 Wiederholen Sie die Prüfung an jedem Ventil.

Kraftstoffeinspritzung

Störungsbeistand

Störung	Ursache	Abhilfe
A Kalter Motor springt nicht oder schlecht an.	**1** Versorgungsrelais defekt.	Überprüfen, ggf. austauschen lassen.
	2 Kraftstoffpumpe fördert nicht oder ungenügend.	Benzin im Tank? Pumpenanschlüsse überprüfen. Evtl. Pumpe aus Tank demontieren, Fördermenge messen lassen.
	3 Druckregler defekt.	Systemdruck messen lassen.
	4 Unterdrucksystem undicht.	Sämtliche Schlauchleitungen überprüfen.
	5 Kühlmitteltemperatursensor defekt.	Prüfen lassen.
	6 Drosselklappenpotentiometer defekt.	Prüfen lassen.
	7 Zündanlage defekt.	Zündsystem überprüfen lassen.
	8 Drehzahlsensoren defekt oder Kabelverbindung unterbrochen.	Überprüfen, ggf. auswechseln lassen.
	9 Steuergerät defekt.	Überprüfen lassen.
	10 Ansaugsystem undicht (zieht Nebenluft).	Sämtliche Schlauchleitungen überprüfen.
	11 Luftmassenmesser defekt.	Überprüfen lassen.
	12 Drosselklappenmodul defekt.	Überprüfen lassen.
B Warmer Motor springt nicht oder schlecht an.	**1** Siehe A1 – 12.	
	2 Absolutdruckgeber defekt.	Überprüfen lassen.
	3 Einspritzventile undicht.	Überprüfen lassen.
C Motor springt an, stirbt aber wieder ab.	**1** Drosselklappenmodul arbeitet nicht.	Überprüfen lassen.
	2 Lambdasonden defekt.	Funktion prüfen, ggf. ersetzen lassen.

Kraftstoffeinspritzung Fortsetzung

Störungs-beistand

Störung	Ursache	Abhilfe
D Kalter Motor schüttelt im Leerlauf.	**1** Siehe A5.	
	2 Siehe C1.	
E Warmer Motor schüttelt im Leerlauf.	Siehe C1.	
F Leerlauf fällt beim Einschalten starker Stromverbraucher bzw. beim vollen Einschlag der Servolenkung ab.	Siehe C1.	
G Motor hat Aussetzer.	**1** Kraftstofffilter verstopft.	Filter auswechseln.
	2 Siehe A2 und 7.	
	3 Siehe B2.	
	4 Siehe C2.	
H Schwankende Drehzahlen bei 2000–4000/min.	Siehe A6 und 10.	
I Motor stottert, setzt aus.	Siehe A3 und 7.	
J Motorleistung ungenügend.	**1** Siehe A2, 4 und 6.	
	2 Drosselklappe geht nicht in Vollgasstellung.	Fahrpedalmodul (E-Gas) prüfen lassen.
K Kraftstoffverbrauch zu hoch.	**1** Siehe A3 – 12.	
	2 Siehe C2.	
L Motor springt grundsätzlich nicht an.	**1** Siehe A1–12.	
	2 Siehe B1–3.	

Die Zündanlage

Bei modernen Ottomotoren ist der Variantenreichtum jedes einzelnen Zündfunkens nahezu unerschöpflich: Das Motormanagement steht für jeden einzelnen Zylinder vor »der Qual der Wahl«, aus rund 4000 abgelegten Zündwinkelkennfeldern das jeweils Richtige zu öffnen – das endgültige »Go« erfolgt je Kurbelwellenumdrehung im Millisekundenbereich. Im Vergleich zur Spulenzündung ein beeindruckendes Potenzial. Die beschriebenen Motoren »explodieren« allesamt in der Zündfolge 1 – 3 – 4 – 2.

Immer auf der Lauer – die Zündspannungsüberwachung (MIL)

Bei einem intakten Motormanagement bleibt jeder Zündfunke chancenlos, den die Motorsteuerung nicht vorher auf den »Kurbelwinkel genau« abgestimmt hat. Dazu wertet das Motormanagement Signale des Kurbelwellen- und Nockenwellensensors aus. Der Nockenwellensensor analysiert die Taktfolge eines jeden Zylinders und der Kurbelwellensensor checkt permanent die Drehgeschwindigkeit der Kurbelwelle. Richtig gelesen: die Drehgeschwindigkeit und nicht nur die »profane« Drehzahl.

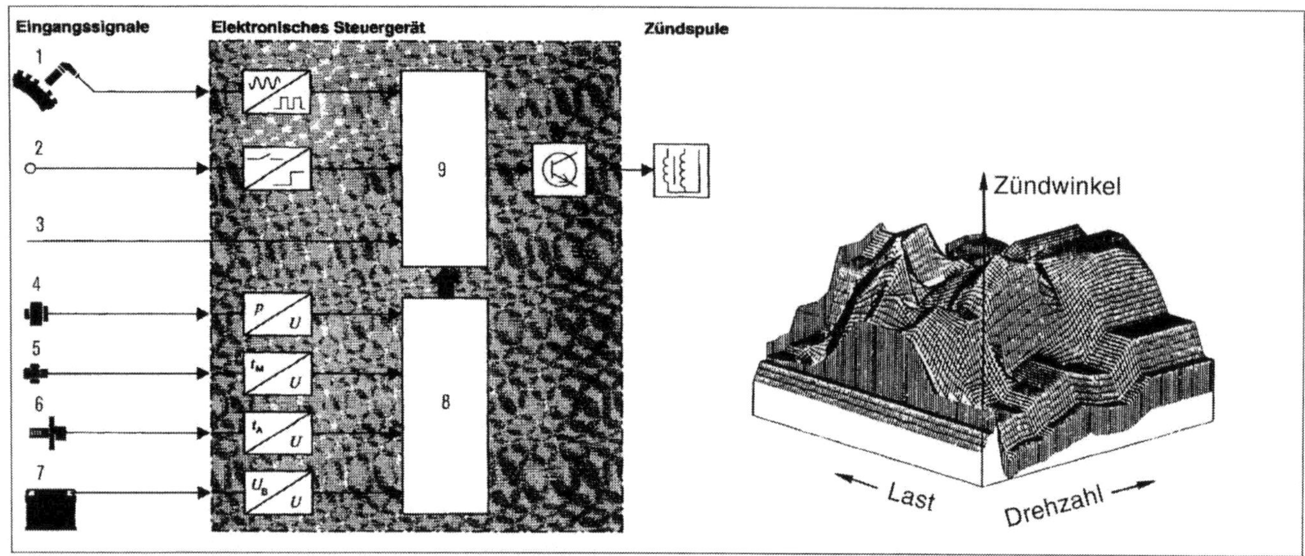

Modernste Technik: *Grundaufbau der elektronischen Zündanlage. Bevor der Zündfunke in modernen Motoren überspringt, hat das elektronische Motormanagement den »Blitz detailgerecht getunt«. Der Mikrocomputer 9 des Steuergeräts – in der oberen Darstellung – nutzt dazu unterschiedlichste Eingangssignale, so zum Beispiel die Motordrehzahl 1, diverse Schaltersignale 2, den Saugrohrdruck 4, die Motortemperatur 5, die Ansauglufttemperatur 6 oder die Batteriespannung 7. Damit der »Funkenrechner« die Datenflut nicht als »Datensalat« ignoriert, liefert ein Datenbus 3 den Großteil der analogen Sensorsignale einem Analog-/Digitalwandler 8 zur »Übersetzung« ab. Den »Dolmetscher« verlassen dann ausschließlich digitale Daten, die aus der Zündendstufe die Reise zur Zündspule antreten. Jeder Zündfunke wird hinsichtlich Kraftstoffverbrauch, Drehmoment, Abgas, Abstand zur Motorklopfgrenze, Motortemperatur, Fahrbarkeit, usw. im Vorfeld entsprechend modifiziert: Je nach Motorenbauer-Philosophie bekommt der eine oder andere »Gesichtspunkt« eine unterschiedliche Gewichtung. Das Prozedere läuft im Zündwinkelkennfeld (kleine Darstellung), einem dreidimensionalen »Berg- und Talgebilde« mit bis zu 4000 einzeln abrufbaren Zündwinkeln ab. Die Oberaufsicht über diese »Kraterlandschaft« hat das Motorsteuergerät.*

Warum der Aufwand? Etwaige Fehlzündungen quittiert die Kurbelwelle mit einem minimalen Drehzahlabfall – bis zum folgenden Arbeitstakt. Für den Kurbelwellensensor allemal ausreichend, um dem Bordrechner die Unpässlichkeit zu signalisieren. Er vergleicht sodann die »Kurbelwellenblitzinfo« mit vorhandenen Solldaten: Bei mehr als neun Prozent Abweichungen tritt dann die MIL (**M**isfire **I**gnition **L**amp – Fehlzündungs-Kontrollleuchte) im Armaturenbrett auf den Plan. Meistens passiert das sogar, bevor Sie irgendeine Fehlfunktion bemerken.

Soweit die Optik, doch das eigentliche MIL-Management findet hinter den Kulissen statt. Dort nämlich setzt es die Kraftstoffversorgung des »zickigen« Zylinders kurzerhand auf Nulldiät. Sehr zum Wohle der Umwelt und des Katalysators: Schädliche unverbrannte Kohlenwasserstoffe (HC), die bei Fehlzündungen entstehen, werden damit kurzerhand eliminiert. Der Katalysator überfettet nicht und zu heiß wird's ihm außerdem nicht. Das System arbeitet praxisbezogen, es ignoriert folgende Betriebszustände:

- die ersten fünf Sekunden nach dem Start
- Drehzahlen über 6000 min.$^{-1}$
- Kraftstoffvorrat weniger als 20 Prozent
- extrem schlechte Straßenbeläge
- Batteriespannung unter 9 Volt

Gleichbehandlung – eigenes Zündmodul für jeden Zylinder

In Ihrem Meriva mit ECOTEC-Motoren lassen einzelne Zündmodule den Funken an jeder Zündkerze überspringen. Konstruktionsbedingt sind die Module in einem »Block« oberhalb der Zündkerzen zusammengegossen. Sie stecken unter der Kunststoffverblendung auf den Zündkerzen. Diese Konfiguration macht herkömmliche Zündkabel und Kerzenstecker überflüssig: Die Zündspannung gelangt jeweils auf kürzestem »Dienstweg« an die Zündkerzenelektroden. Damit Kondens- und Schwitzwasser sowie etwaige Kriechströme den Motor nicht aus dem »Takt« bringen, ist das Innenleben der Module luft- und wasserdicht vergossen. Die anvulkanisierten »Stecker« stehen dem kaum nach, sie dichten ihre Kerzenöffnungen mit einer soliden Kunststofflippe ab.

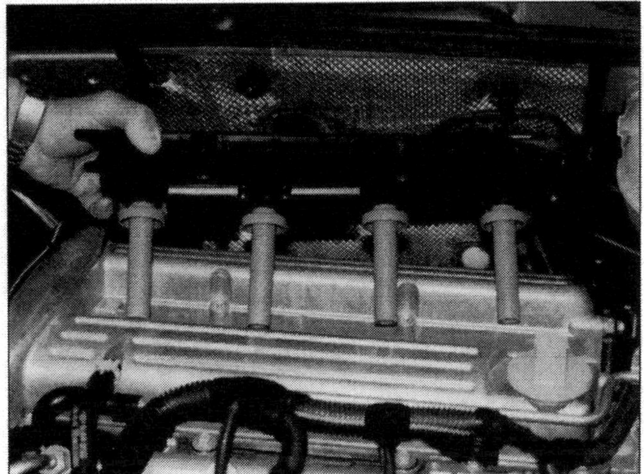

Damit's kräftig funkt: *Separate Zündmodule bei den ECO-TEC-Motoren liefern jedem einzelnen Zylinder die erforderliche Überschlagsspannung. Sie sind miteinander »vergossen« und sitzen unter einer Kunststoffabdeckung oberhalb der Zündkerzen.*

Belastungsabhängig – der optimale Zündzeitpunkt

Der Zündfunke kommt immer dann zeitgerecht, wenn er das Frischgas exakt im Moment der höchsten Verdichtung entflammt. Beim Viertaktmotor ist das präzise der Augenblick, in dem der Kolben von der Aufwärtsbewegung des Kompressionshubs in die Abwärtsbewegung des Arbeitstakts übergeht. Soweit die Theorie: In der Praxis verbrennt das Frischgas, je nach Belastungszustand (Leerlauf, Teillast, Volllast) und Ansaugluftqualität, in den Brennräumen unterschiedlich schnell. Um die Kraftstoffenergie dennoch bestmöglich zu nutzen, variiert das Motormanagement den Zündzeitpunkt für jeden Zylinder entsprechend dem Belastungszustand.

Soviel zum Grundaufbau einer modernen, elektronisch gesteuerten Zündanlage. Doch ohne viele unsichtbare »Dienstgeister« geht nicht viel zusammen – zumindest nicht im Detail. Das bemerken Sie spätestens dann, wenn infolge irgendeiner Unpässlichkeit das System auf »Notprogramm« (fail safe) schaltet. Ihr Meriva streckt dann nicht gleich »alle Viere« von sich, doch als Do it yourselfer bemerken Sie sofort: Irgendein »Störenfried« »torpediert« das geordnete Miteinander unter der Motorhaube.

Hochtemperatur beständig – die Zündkerzen

Mitunter sind es »nur« die Zündkerzen, die sich »weigern«, im Brennraum das Kraftstoff-/Luftgemisch zu entflammen. Immerhin entstehen dabei Temperaturen von rund 2.500 °C und Drücke bis zur 60 bar. Damit der Funke überhaupt eine faire Chance bekommt, umgibt den Kerzenanschlussbolzen ein keramischer Isolator. Mittelelektrode und Anschlussbolzen stecken außerdem in einer elektrisch leitenden Glasschmelze – der Schmelze obliegt gleichermaßen die Verankerung und Abdichtung gegenüber dem Brennraum. Sobald am Ende der Mittelelektrode die erforderliche Zündspannung ansteht, entlädt sie ihr Potenzial als Funken von der Mittel- zur Masseelektrode. Der kurze »Blitz« reicht aus, um die Frischgase zu zünden.

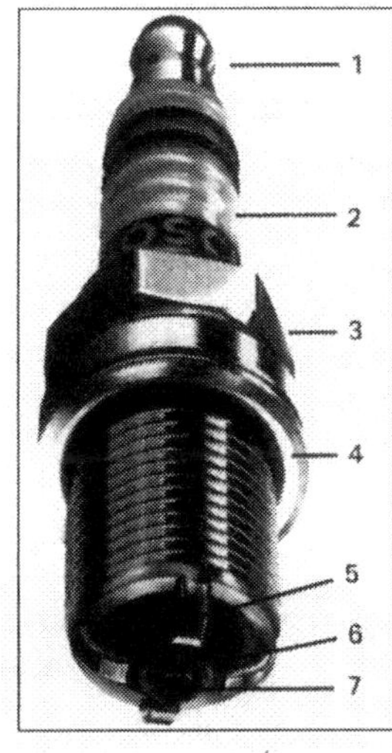

Optimal auf die Motoren abgestimmt: Gleitfunkenzündkerzen mit vier Masseelektroden. *Die Kerzen garantieren mit ihrer hochwärmeleitfähigen Kupferkernmittelelektrode und Luftgleitfunkentechnik ein sicheres Zündverhalten sowie lange Lebensdauer. 1 Zündkabelanschlussmutter, 2 Keramikisolator, 3 Zündkerzenkörper, 4 Dichtring, 5 Masseelektrode, 6 Isolatorfuß, 7 Mittelelektrode.*

Variabel – der Wärmewert

Um zuverlässig funktionieren zu können, müssen Zündkerzen ihre Selbstreinigungstemperatur von etwa 400 °C möglichst schnell erreichen. Falls nicht, »backen« sich früher oder später Verbrennungsrückstände am Isolatorfuß fest und der Funke bleibt »stecken«. Bei Volllast allerdings darf die Temperatur auch nicht ins Uferlose steigen – das würde die Kerzen bzw. den Motor zerstören. Die gesunde Arbeitstemperatur einer Zündkerze liegt bei rund 800 °C. Längst nicht alle Motoren bieten den Zündkerzen identische Arbeitsbedingungen: Somit entscheidet erst der Wärmewert (auf der Zündkerze eingeprägt), ob Funkenspender und Motor auch tatsächlich harmonieren.

Vergrößert sich automatisch – der Elektrodenabstand

Neben dem richtigen Wärmewert (siehe Tabelle »Diese Zündkerzen »funken« im Meriva«) müssen Zündkerzen auch den richtigen Elektrodenabstand aufweisen. Neue Kerzen haben etwa 1 Millimeter, mit zunehmender Laufzeit vergrößert sich der Abstand jedoch. Denn bei jedem Funken lösen sich kleine Metallpartikel von den Elektroden. Größere Elektrodenabstände erfordern eine höhere Zündspannung. Folge: Es kann zu Zündaussetzern kommen, eventuell springt der Motor dann nicht mehr zuverlässig an.

Achten Sie beim Kerzentausch unbedingt darauf, dass Ihren Motor nur Zündkerzen mit dem vorgeschriebenen Wärmewert, dem korrekten Elektrodenabstand und dem richtigen Kerzengewinde »befeuern«.

Diese Zündkerzen »funken« im Meriva

Motor	Leistung (kW/PS)	Zündkerzen-Spezifikation
Z16 SE	64/87	Bosch FLR 8 LDCU
Z16 XE	74/100	
Z18 XE	92/125	
Y17 DT	55/75	Schnellglühkerzen
Z17 DTH	74/100	

Arbeiten an der Zündanlage

Völlig zurecht stuft der Gesetzgeber elektronische Zündanlagen als gefährliche Bauteile ein. Beachten Sie darum vor und während aller Arbeiten an der Zündung besondere Sicherheitsvorkehrungen. Herzschrittmacher können im Kontakt mit elektronischen Zündanlagen zum Beispiel aus dem »Takt« geraten. Um sicher zu gehen, dass Sie sich keiner Gefahr aussetzen, überlassen Sie »ernsthaftere« Eingriffe darum besser Ihrer Opel-Werkstatt. Doch auch zu turnusmäßigen Wartungsarbeiten lassen Sie besondere Vorsicht walten.

- Um an elektronischen Zündanlagen den Hochspannungsimpuls auszulösen, genügt bei **eingeschalteter** Zündung schon eine kleine Erschütterung.
- Vermeiden Sie daher Kontakte zu spannungsführenden Bauteilen des Primär- und Sekundärstromkreises. Ansonsten schweben Sie in Lebensgefahr, zudem können auch elementare Bauteile der Zündanlage zerstören.
- Schalten Sie darum zu allen Servicearbeiten stets die Zündung aus. Das gilt gleichermaßen für den Zündkerzenwechsel wie für das An- bzw. Abklemmen elektrischer Leitungen oder den Anschluss von Prüfgeräten.
- Wenn Sie Schweißarbeiten (Schutzgas, E-Schweißen) an Ihrem Wagen erledigen möchten, klemmen Sie grundsätzlich vorher die Batterie ab.

Zündmodul aus- und einbauen

Z16 XE, Z18 XE

1. Entfernen Sie die Motorabdeckung. Dazu öffnen Sie den Öleinfüllstutzen und lösen die Verkleidung an zwei Schrauben.
2. Falls vorhanden clipsen Sie den Kühlmittelschlauch von der Motorabdeckung und ziehen das »gute Stück« jetzt einfach vom Ventildeckel ab.
3. Damit Ihnen kein Dreck in den Motor fällt, verschließen Sie den Öleinfüllstutzen wieder.
4. Hernach ziehen Sie seitlich vom Zündmodul 1 den Mehrfachstecker ab und ...
5. ... lösen oberhalb der Modulleiste die Befestigungsschrauben (Pfeile).
6. »Hebeln« Sie das Zündmodul dann vorsichtig von den Zündkerzen ab.

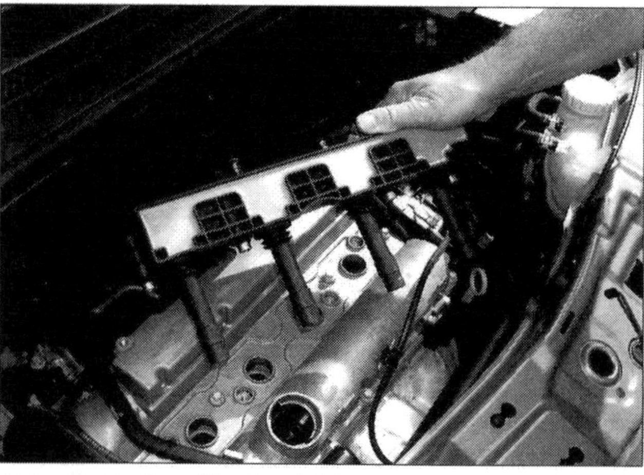

Schnell erledigt – Zündmodul demontieren.

[7] Das neue Modul drücken Sie mit gleichmäßigem Kraftaufwand auf die Zündkerzen. Die Schrauben ziehen Sie mit ca. 8 Nm an.

[8] Befestigen Sie die Abdeckung und ...

[9] ... vergessen auch nicht, den Anschlussstecker seitlich des Zylinderkopfs wieder anzuschließen.

[10] Beenden Sie die Montage und prüfen alle Anschlüsse auf festen Sitz.

Zündkerzen wechseln – im Meriva spätestens nach 60.000 Kilometern

Opel sieht im Wartungsplan nur noch alle 60.000 Kilometer (alle 4 Jahre) einen Zündkerzenwechsel vor. Moderne Zündkerzen können mittlerweile so lange funken: Die Betonung liegt auf »können« – müssen sie aber nicht. Denn es kann durchaus angehen, dass Ihr Wagen selbst mit weit frischeren Kerzen nur noch unwillig anspringt, oder nach dem Start, bzw. beim Beschleunigen, ruckelt. Häufig sind Zündkerzen dann die »Quertreiber« – zum Beispiel wegen verbrannter Elektroden oder – weit häufiger zu beobachten – wegen unsichtbarer Risse im Keramikisolator. Die Risse »laufen« bei Kaltstarts »gerne« mit kondensierendem Kraftstoff voll. Und da Zündfunken grundsätzlich den Weg des geringsten Widerstands gehen, führt der eben nicht mehr über die Kerzenelektroden sondern auf dem »kürzesten« Weg an Masse. Sollten Sie Grund haben, den Zündkerzen zu misstrauen, fackeln Sie nicht lange und spendieren Ihrem Meriva neue Kerzen. Wechseln Sie die Kerzen allerdings nur bei kaltem Motor und nur mit einem speziellen Zündkerzenschlüssel oder einer Kerzennuss.

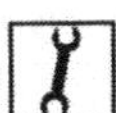

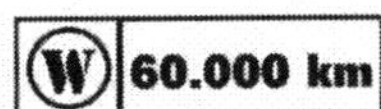

Z16 SE

[1] Ziehen Sie die Kerzenstecker von den Zündkerzen ab und legen das »Zündgeweih« beiseite. Ziehen Sie wirklich nur an den Kerzensteckern und nicht etwa an den Zündkabeln. Falls doch, provozieren Sie spätere Kontaktschwächen zwischen Stecker und Zündkabel.

Z16 XE, Z18 XE

[2] Demontieren Sie, wie beschrieben, das Zündmodul.

alle Ottomotoren

[3] Lösen Sie die Zündkerzen mit einer Zündkerzennuss zunächst nur um etwa drei Umdrehungen und reinigen dann die Kerzenschächte gründlich von Staub und Dreck. Falls Sie Druckluft zur Hand haben, blasen Sie Kerzenschächte sorgfältig aus. Falls nicht, »vermasseln« Sie z. B. Insektenkadavern mit einem langen Schraubendreher oder einer Handpumpe den Weg in die Brennräume.

[4] Sobald die Kerzenschächte »clean« sind, drehen Sie die Zündkerzen heraus und heben sie aus den Schächten. Mit speziellen Kerzennüssen oder Kerzenschlüsseln ist das kein Problem, die fixieren »das Schraubgut« in ihrem Schaft.

Immer nur mit Kerzennuss oder Zündkerzenschlüssel demontieren/montieren – Zündkerzen.

[5] Legen Sie die demontierten Kerzen außerhalb des Motorraums in der Zylinderreihenfolge ab. Prüfen Sie jedes einzelne »Kerzengesicht« und vergleichen sie untereinander. Anhand der Optik bekommen Sie nämlich schnell einen ersten Überblick über den »Gesundheitszustand« Ihres Motors. Falls die Kerzengesichter total unterschiedlich sind, gehen Sie der Ursache auf den Grund oder lassen einen Fachmann mit Messequipment an Ihr Auto.

[6] Achten Sie darauf, dass Sie die Kerzen zur Montage unbedingt »gerade« ansetzen und nicht im Gewinde verkanten. Reiben Sie vor der Montage die Kerzengewinde dünn mit hitzebeständiger Kupferfettpaste ein. Erst dann drehen Sie alle Kerzen handfest in die Kerzenlöcher und ziehen dann jede einzelne mit dem Zündkerzenschlüssel noch eine Vierteldrehung (90 Grad) weiter an. Dies entspricht dann etwa dem vorgeschriebenen Anzugsdrehmoment (25 Nm).

7 »Vertrauen« Sie gebrauchten Zündkerzen, reinigen Sie das Kerzengewinde vor der Montage gründlich mit einer Messingbürste und fetten es dann dünn mit hitzebeständiger Kupferfettpaste ein. Ansonsten verfahren Sie wie bei neuen Zündkerzen. Den Kerzenschlüssel drehen Sie allerdings nur um rund 15 Grad weiter (der Dichtring an gebrauchten Kerzen ist ja bereits gepresst).

8 Beenden Sie die Montage in umgekehrter Reihenfolge.

Zündkerze sitzt fest — Praxistipp

Wenden Sie bei »festgebackenen« Zündkerzen auf keinen Fall Gewalt an. Ihre »unbändige« Kraft könnte ansonsten dem Kerzengewinde im Zylinderkopf den Garaus bereiten. Fahren Sie dann besser den Motor warm und versuchen hernach, die Kerze auszudrehen. Vorsicht – der heiße Motor verbrennt Ihnen schnell die Finger. Nutzen Sie Arbeitshandschuhe und lassen den Motor bis zur Montage neuer Kerzen so lange auskühlen, bis Sie ohne »Fingerschutz« arbeiten können. Unser Rat hat auch einen technischen Hintergrund – die Materialien der Zündkerze und des Zylinderkopfs dehnen sich unterschiedlich aus: Kalte Zündkerzen in einen heißen Motor »eingepflanzt«, sitzen später »bombensicher bombenfest« …

Motor und Zündanlage* — Störungsbeistand

Störung	Ursache	Abhilfe
A Motor springt schlecht oder gar nicht an.	**1** Zündmodul oder Zündkerzen feucht bzw. verschmutzt, daher kein Zündfunken.	Trocknen bzw. reinigen, ggf. mit Zündspray behandeln.
	2 Steckverbindungen locker bzw. oxidiert.	Kontrollieren, ggf. erneuern (lassen).
	3 Zündkerzen nass (nach häufigen Startversuchen).	Ausbauen und trocknen.
	4 Drehzahl-/Positionssensor lose – zu großer Abstand zur Schwungscheibe.	Festziehen.
	5 Drehzahl-/Positionssensor defekt; Kabel hat Masse oder ist unterbrochen.	Erneuern lassen; Kabel kontrollieren bzw. erneuern.
	6 Zündmodul defekt.	Austauschen
	7 Leistungsmodul bzw. Steuergerät defekt.	Kontrollieren lassen und ggf. austauschen.
	8 Zündkerzenkabel defekt (nur Z16 SE).	Kontrollieren lassen und ggf. austauschen.
B Motor läuft unrund, hat Zündaussetzer.	**1** Zündkerze defekt.	Austauschen.
	2 Siehe A1–8.	
C Motor hat keine Leistung.	**1** Ansaugsystem zieht Nebenluft.	Überprüfen (lassen).
	2 Kühlmittel, Ansauglufttemperatursensor defekt oder Stecker sitzt nicht korrekt.	Steckverbindungen kontrollieren, Sensor ggf. ersetzen lassen.
	3 Siehe A4–8.	

* Der Störungsbeistand setzt mechanisch gesunde Motoren mit intakter Gemischaufbereitung voraus.

Zündmodul und Kabel – das sollten Sie im Auge halten

- Bevor Sie mit abgezogenen Zündsteckern den Motor per Anlasser durchdrehen lassen, ziehen Sie unbedingt den Mehrfachstecker 2 vom Zündmodul 1 ab. Falls Sie das ignorieren, könnte Ihnen das der »Zündrechner« arg verübeln.

Gut erreichbar: Mehrfachstecker am Zündmodul.

- Haben die Kabelanschlüsse und Mehrfachstecker festen Kontakt zur Zündspule und zum Steuergerät? Locker aufgesteckte Zündkabel »tanzen« in den Kontaktbuchsen, das führt zu Zündaussetzern (Stottern). Ein lose aufgestecktes Zündmodul leitet den Zündstrom in die Irre. Kriechströme und unkontrollierte Funkenüberschläge sind dann geradezu programmiert.
- Auf ihrem Weg ins »Nirgendwo« hinterlassen »vagabundierende« Zündfunken sichtbare Brandspuren. Meistens sind Haarrisse in den Kerzensteckern die Ursache – checken Sie das Zündmodul entsprechend penibel.
- Inspizieren Sie gleichsam die Anschlussklemmen. Haben sie satten Kontakt zu den Steckern – oder sind gar oxidiert?
- Befreien Sie die Anschlusskabel regelmäßig von Streusalz- oder Kalkablagerungen.

Diesel-Kraftstoffversorgung – der Grundaufbau

Im Gegensatz zu Ottomotoren arbeiten Diesel-Einspritzanlagen mit höheren Systemdrücken. Die Einspritzpumpen inklusive ihrer Regelperipherie unterscheiden sich darum auch grundsätzlich von den »Kollegen der Ottozunft«. Techniker differenzieren bei Dieselmotoren zwischen der Reiheneinspritzpumpe, der Einstempel-Hochdruckverteilereinspritzpumpe, dem Common-Rail- und dem Pumpe/Düse-System. Den leistungsschwächeren Diesel füttert im Meriva eine elektronisch gemanagte Einstempel-Hochdruckverteilereinspritzpumpe (Bosch VP 29), der stärkere Selbstzünder arbeitet nach dem Common-Rail-System (Denso HP 3). Die »Pumpenvariante« realisiert Einspritzdrücke von 1.800 bar, dem Common-Rail-Ableger reichen rund 1.450 bar in seinem Druckspeicher. Ohne präzise Regelelektronik machen die Selbstzünder keinen Mucks mehr – Opel nennt das Dieselmanagement EDC (Electronic Diesel Control). EDC arbeitet mittlerweile aufwändiger und effizienter als die Steuerelektronik moderner Ottomotoren.

Im Y17 DT gelangt der Kraftstoff in gleich langen Druckleitungen an die Einspritzdüsen. Die Düsen werden durch Klemmschrauben im Zylinderkopf fixiert. Dichtscheiben schützen ihre Spitzen vor direktem Kontakt zum Zylinderkopf. Erneuern Sie die Dichtscheiben generell nach jeder Düsendemontage. Die Einspritzdüsen sind übrigens »mehrstrahlig« ausgelegt, ihre Spritzrichtung »zielt« nahezu zentral in die speziell profilierten Kolbenmulden innerhalb der Zylinder. Im ersten Schritt »spendieren« die Düsen den Muldenkoben zunächst eine relativ kleine »Vorspeise« Dieselöl. Sobald der Aperitif (Pilotmenge) dann »in hellen Flammen steht« kommt der Hauptgang stante pede. Vorteil, die Haupteinspritzmenge entzündet sich relativ »weich« an der »großen« Flammfront – der Motor »nagelt« dezenter.

Anstatt den Einspritzdruck an jedem Injektor nur kurzfristig zu erzeugen, setzt Common-Rail auf eine permanente Hochdruckspeicher-Ringleitung, die den einzelnen Zylindern via elektromagnetisch geregelter Injektoren das Dieselöl zuteilt. Den Einspritzvorgang leitet jeweils ein elektrischer Impuls an genau dem Injektor ein, dessen Zylinder im Verdichtungstakt ist.

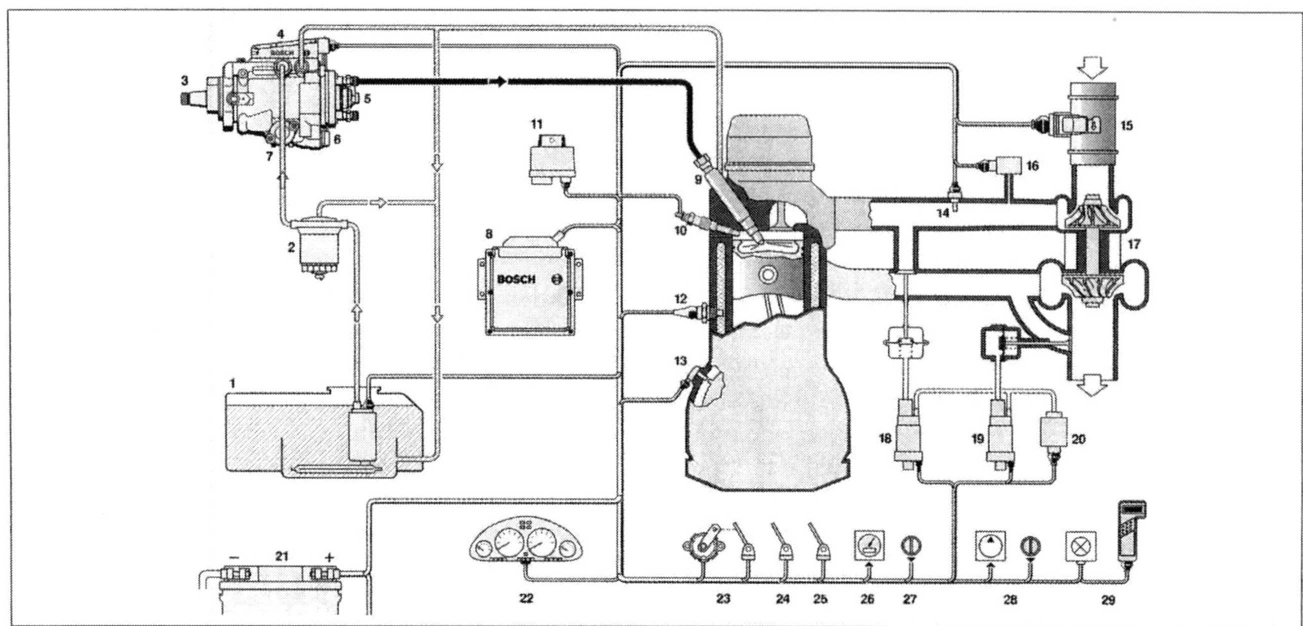

Keine »Spielwiese« für normal begabte Do it yourselfer: *Schon das elektronische Diesel-Management des Y17 DT arbeitet sensibler als die Motormanagements der Ottomotoren – vom Common-Rail-System des Z17 DTH ganz zu schweigen. Die Darstellung zeigt eine allgemeine Dieselelektronik wie sie heutzutage unter den meisten Motorhauben anzufinden ist.*
1 Tank, 2 Kraftstofffilter, 3 Einspritzpumpe, 4 Pumpensteuergerät, 5 Hochdruckmagnetventil, 6 Spritzversteller-Magnetventil, 7 Spritzversteller, 8 Motorsteuergerät, 9 Düsenhalter mit Geber für Nadelhub, 10 Glühstiftkerze, 11 Glühzeitsteuergerät, 12 Kühlmittel-Temperatursensor, 13 Kurbelwellen-Drehzahlsensor, 14 Ansaugluft-Temperatursensor, 15 Luftmassensensor, 16 Ladedrucksensor, 17 Turbolader, 18 Abgasrückführrücksteller, 19 Ladedrucksteller, 20 Unterdruckpumpe, 21 Batterie, 22 Kombiinstrument, 23 Fahrpedalsensor, 24 Kupplungsschalter, 25 Bremskontakte, 26 Fahrgeschwindigkeitssensor, 27 Temporegler, 28 Klimakompressor, 29 Diagnoseanzeige mit Anschluss für Diagnosegerät.

Selbstverständlich nutzt Common-Rail auch die Vorteile differenzierter Einspritzpunkte und -mengen. Common-Rail-Injektoren sind wesentlich diffiziler als herkömmliche Mehrlochdüsen. Bereits zur »einfachen« Demontage benötigen Sie Spezialwerkzeug: Wir raten Ihnen darum unverblümt von tieferen Eingriffen an der Gemischaufbereitung des Z17 DTH ab.

Läuft in den Tank zurück – überschüssiges Dieselöl

Bezogen auf die Volllastmenge kursiert im Dieseleinspritzsystem ständig mehr Kraftstoff als tatsächlich benötigt wird. Auch die Düsen spritzen nicht die gesamte Kraftstoffmenge in die Brennräume ein: Der überschüssige Kraftstoff dient unter anderem dazu, alle beweglichen Teile der Kraftstoffversorgung zu schmieren und zu kühlen.

Die EDC bewahrt Selbstzünder übrigens vor »staubtrockenen« Tanks: Sobald sich der Dieselvorrat dem Ende neigt, stellt EDC die Einspritz-/Förderpumpe auf Nullförderung. Vorteil: Konventionell müssen Sie den Dieselkreislauf lediglich nach tief greifenden Arbeiten am Leitungssystem oder dem Austausch der Einspritzpumpe »entlüften«, ansonsten regelt das »locker« der Anlasser für Sie.

Um den Kraftstoff bei laufendem Motor im System kursieren zu lassen, besitzen konventionelle Dieselmotoren jeweils eine Vor- und Rücklaufleitung. Auch die Einspritzdüsen sind darin integriert: Sie haben Rücklaufkanäle und stehen über eine Leckölleitung, die unter der Ventildeckelhaube liegt, miteinander in Kontakt. Leckölleitung und Rücklaufleitung »treffen« sich außerhalb des Zylinderkopfs. Durch die Rücklaufleitung fließt der Dieselkraftstoff zurück in den Tank.

Der Förderweg – so gelangt das Dieselöl zur Einspritzdüse

Zur Einstempel-Verteilereinspritzpumpe gelangt das Dieselöl aus dem Tank über den Kraftstofffilter. In herkömmlichen Verteilereinspritzpumpen übernimmt eine Flügelzellenpumpe den Job der Kraftstoffpumpe. Sie sitzt in einer runden Bohrung direkt im Pumpen-

gehäuse. Da die Pumpe als Saug- und Druckpumpe arbeitet, beschleunigt sie auch den Kraftstoff in den Pumpendruckbereich. Sobald der Motor läuft, kursiert das Dieselöl in einem abgeschlossenen Leitungssystem (Vor- und Rücklaufleitung).
Im Common-Rail-Diesel gelangt der Kraftstoff aus dem Tank über den Kraftstofffilter in die Hochdruckpumpe. Der Öltransfer endet abrupt im Kraftstoffverteilerrohr (Common-Rail) – und zwar so lange, bis eine der angeschlossenen »Brennstellen« betriebsbereit ist. In dem Fall öffnet der betreffende Injektor und zerstäubt das Dieselöl im Brennraum des Kolbens. Sobald der Motor läuft, kursiert das Dieselöl in einem abgeschlossenen Leitungssystem (Vor- und zwei Rücklaufleitungen).

Verteilen die Arbeit – Impulsgeberrad und Drehwinkelsensor

Damit jeder Zylinder in der richtigen Reihenfolge und zum richtigen Zeitpunkt »sein Portiönchen abbekommt«, fungieren ein Impulsgeberrad und ein Drehwinkelsensor gewissermaßen als Verteiler. Das Impulsgeberrad ist direkt mit der Pumpenantriebswelle und der Drehwinkelsensor fest mit dem Rollenring verbunden. Sobald das Magnetventil den Spritzversteller ansteuert, verdreht der Rollenring und damit der Drehwinkelsensor in Richtung »früh« oder »spät«. Das Impulsgeberrad trägt für jeden Zylinder eine »Zahnlücke«. Maßgebend für den Drehwinkelsensor – er »fahndet« nämlich fortlaufend nach »Zahnlücken« und informiert das Pumpensteuergerät mit seinen Erkenntnissen. Die Signale des Impulsgeberrads umschreiben gleichermaßen die Basis der momentanen Kurbelwellenposition, der aktuellen Einspritzpumpendrehzahl und der Spritzbeginnverstellung.

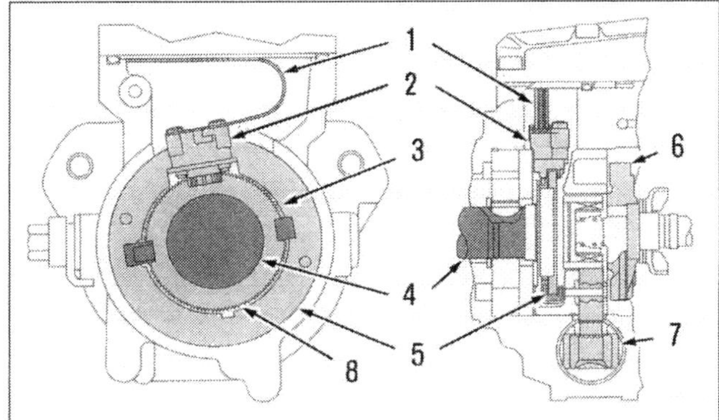

Impulsgeberrad und Drehwinkel-Sensor: *1 Leiterfolie, 2 Drehwinkelsensor, 3 Impulsgeberrad, 4 Antriebswelle, 5 drehbarer Lagerring, 6 Hubscheibe, 7 Spritzversteller, 8 Zahnlücke.*

Macht kalte Diesel munter – die Kaltstarteinrichtung

Die Kaltstarteinrichtung erfüllt beim Diesel den gleichen Zweck wie die Startautomatik an Ottomotoren: Beide Systeme helfen kalten Motoren auf die Sprünge. Damit sind freilich die Gemeinsamkeiten schon erschöpft. Zwar macht auch die Dieselkaltstarteinrichtung ihren Einsatz von den herrschenden Umgebungstemperaturen abhängig, doch sie verringert nicht etwa, wie bei einem Ottomotor, die Luftzufuhr in die Zylinder, sondern verstellt kurzerhand den Einspritzzeitpunkt in Richtung »früh«. Anders gesagt: Der Kraftstoffnebel hat jetzt mehr Zeit, sich an der komprimierten Luft und den Glühstiftkerzen zu entzünden – der Motor springt »williger und runder« an. Außerdem hebt die Kaltstarteinrichtung geringfügig die Leerlaufdrehzahl an und heizt – je nach Motortemperatur – die Brennräume für einen gewissen Zeitraum nach. Das verringert die Motorgeräusche, verbessert die Leerlaufqualität und verringert die Kohlenstoffemissionen in der Warmlaufphase.

Zerstäuben Dieselöl in die Brennräume – Einspritzdüsen

Die Einspritzdüsen sind schließlich die letzte Station der Diesel-Einspritzanlage. Sie zerstäuben den Kraftstoff unter hohem Druck in die Brennräume bzw. in spezielle Muldenkolben. Um die Verbrennungsgeräusche zu minimieren und den explosionsartigen Druckanstieg im Zylinder geringfügig zu »zähmen«, sind die Einspritzdüsen mit jeweils zwei Federn bestückt. Die Federrate der ersten Feder ist so ausgelegt, dass die Düsennadel bereits bei etwa 1050 bar leicht von ihrem Sitz abhebt. Dadurch gelangt eine geringe Kraftstoffmenge (Pilotmenge) in den Brennraum und entzündet sich.

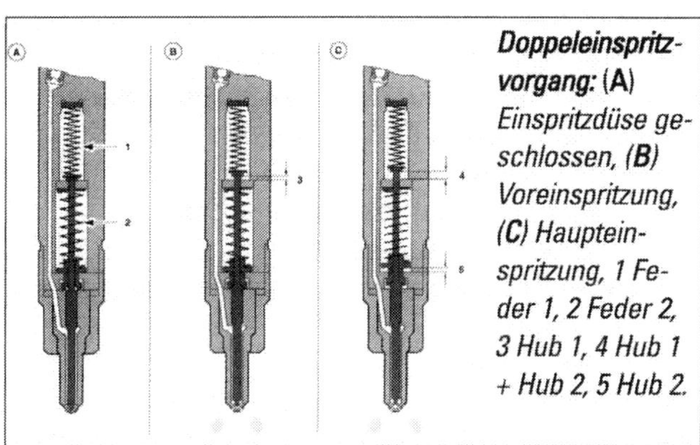

Doppeleinspritzvorgang: ***(A)*** *Einspritzdüse geschlossen,* ***(B)*** *Voreinspritzung,* ***(C)*** *Haupteinspritzung, 1 Feder 1, 2 Feder 2, 3 Hub 1, 4 Hub 1 + Hub 2, 5 Hub 2.*

Das »Vorfeuer« bewirkt einen sanften Anstieg des Verbrennungsdrucks, es dient der Haupteinspritzmenge gewissermaßen nur als »Lunte«. Zur Haupteinspritzung, bei ca. 1800 bar, hebt die Düsennadel ganz von ihrem Sitz und entlässt das Dieselöl aus ihren Düsenöffnungen in die Kolbenmulde. Der von der »Vorverbrennung« intensivierte Luftwirbel reißt die frischen Kraftstoffpartikel mit und bildet ein nahezu homogenes und leicht zündfähiges Diesel-/Luftgemisch. Die hohen, auf die Düsennadeln wirkenden Federkräfte verhindern, dass der Verbrennungsdruck in das Kraftstoffsystem zurückschlägt. Da nie die gesamte Kraftstoffmenge eingespritzt wird, fließt der überschüssige Kraftstoff – wie erwähnt – über eine Rücklaufleitung zurück in den Tank. Die Sollzeit zwischen Einspritzbeginn und Zündzeitpunkt beträgt ganze 0,002 Sekunden. Verständlich, dass bereits die geringste Fehlfunktion, etwa eine »fressende« Düsennadel, den physikalisch ausgewogenen Verbrennungsablauf aus dem Gleichgewicht bringt. Leistungsverluste, Schwarzrauch bzw. laute »Nagelgeräusche« (auch bei warmen Motoren) sind untrügliche und unüberhörbare Zeichen eines aus dem Gleichtritt geratenen Diesel-Meriva.

Ein Fall für den Experten – Reparaturen und Korrekturen an der Diesel-Einspritzanlage

Einer einzelnen, defekten Einspritzdüse kommen versierte Do it yourselfer durchaus in Eigenregie auf die Schliche. Sie lassen dann den Motor im Leerlauf »brummen« und lösen bei allen Düsen der Reihe nach kurzzeitig die Überwurfmutter der Einspritzleitung. Am Z17 DTH sollten Sie hernach auch noch den Kabelstecker oberhalb des Injektors abziehen. Bleibt bei einer Düse, trotzt gelöster Leitung, die Drehzahl konstant, ist die Düse oder der betreffende Zylinder defekt. Gleiches gilt für den Kabelanschluss am Z17 DTH. Schadhafte Einspritzdüsen erkennen Sie unter anderem noch an folgenden Symptomen:

- regelmäßig defekte Glühkerzen,
- Fehlzündungen,
- ständiger Schwarzrauch aus dem Auspuff,
- unmotiviert überhitzter Motor,
- harte Verbrennungsgeräusche (lautes Dieselnageln),
- Leistungsabfall,
- Mehrverbrauch.

Sollten Sie Ihrem Wagen die genannten Symptome attestieren, suchen Sie eine Fachwerkstatt auf und schildern dem Experten vor Ort das Problem. Ihre präzise Beschreibung erspart dem »Schrauber« aufwendige Diagnosen, stattdessen wird er sofort geeignete Gegenmaßnahmen einleiten.

Einspritzdüsen zerlegen?

Ohne speziellen Düsenprüfer lässt sich die Funktion einer Dieseleinspritzdüse nur oberflächlich beurteilen. Sie können allenfalls äußere Beschädigungen oder starke Verschmutzungen lokalisieren. Der eigentliche Verschleiß findet freilich im Düseninnern, an der Düsennadel, dem Düsengehäuse und den Druckfedern statt. Dort haben Sie als Do it yourselfer nur beschränkte Korrekturmöglichkeiten, es sei denn, Sie verfügen über einen Düsenprüfer, mit dem Sie die Düse »abdrücken«, das »Strahlbild« erkennen und den Abspritzdruck korrigieren können. In der Mehrzahl aller Fälle ist es besser, die Düsen komplett auszutauschen. Common-Rail-Injektoren gehören **generell** auf eine Profiwerkbank.
Sollten Sie dennoch eine Düse zerlegen, lassen Sie ihre Innereien nicht über einen längeren Zeitraum »offen« auf der Werkbank liegen: Die mit hoher Präzision bearbeiteten Oberflächen der Düsennadel und des Düsengehäuses reagieren äußerst sensibel auf Staub oder Flugrost. Setzen Sie neue oder gebrauchte Einspritzdüsen generell nur mit neuen Dichtringen in den Zylinderkopf ein.

Sichtprüfung an der Diesel-Einspritzanlage

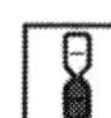

1. Einspritzleitungen auf Dichtheit prüfen.
2. Rücklaufleitungsanschluss am Zylinderkopf auf Dichtheit prüfen.
3. Deckeldichtung des Pumpenverteilergehäuses auf Dichtheit prüfen.
4. Kraftstofffilter auf Verunreinigungen prüfen (regelmäßig zu den vorgeschriebenen Wartungsintervallen erneuern).
5. Verschlusskappe an der ersten Einspritzdüse auf Dichtheit prüfen.
6. Kraftstoffzu-/-rücklaufleitung auf Dichtheit prüfen.
7. Kabelstecker an Pumpensteuereinheit auf festen Sitz und Kontaktfähigkeit prüfen.

Luftfiltereinsatz erneuern

Die Aufgabe und Funktion des Luftfilters haben wir bereits beschrieben – was dem Ottomotor recht, ist selbstverständlich auch dem Dieselmotor billig. Das Luftfiltergehäuse sitzt, in Fahrtrichtung gesehen, rechts neben dem Motor.

Dieselfilter entwässern

Für jeden Dieselmotor und deren Kraftstoffsystem ist Wasser ein echtes Problem. Einmal eingedrungen, führt es im Pumpeninneren und den Düsen längerfristig zu Korrosion und somit zu einer stark verringerten Lebenserwartung. Abhilfe schafft der Dieselfilter. Er trennt Wasser vom Dieselöl und sammelt es im unteren Bereich des Filtergehäuses. »Entsorgen« Sie es einmal im Jahr bei stehendem Motor an der Ablassschraube. Lassen Sie das Ballastwasser so lange ablaufen, bis »sauberer« Dieselkraftstoff aus der Ablassschraube läuft.

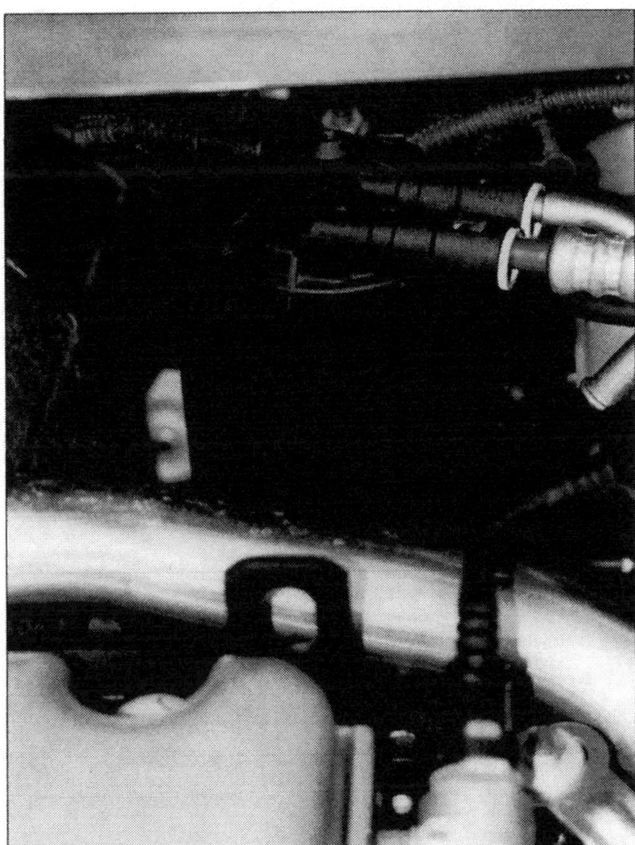

Einfach zu wechseln und zu entwässern: *Dieselfilter (Pfeil) an der Spritzwand montiert.*

Arbeitsschritte   

1 Positionieren Sie unter das Filtergehäuse einen passenden Behälter und ...

2 ... lösen am Filterdeckel die mittlere Schraube 1 um etwa zwei Umdrehungen.

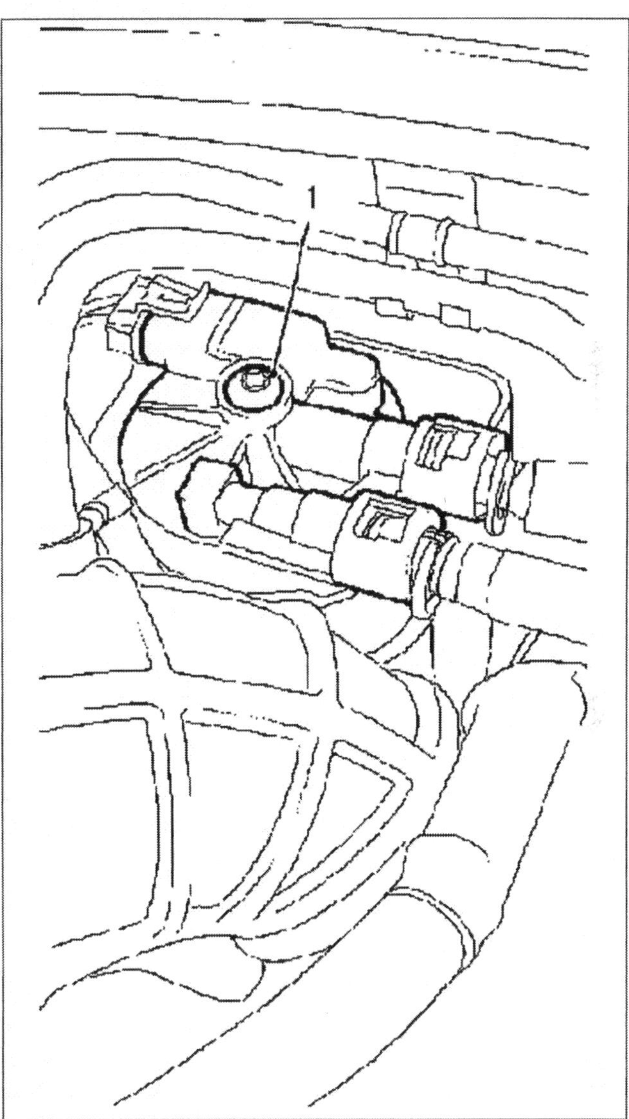

Um etwa zwei Umdrehungen lösen – mittlere Schraube 1 am Filterdeckel.

3 Anschließend öffnen Sie die Ablassschraube unterhalb des Filtergehäuses um etwa eine Umdrehung. Die Wasser-, Diesel-, Dreckmelange fangen Sie auf jeden Fall so lange auf, bis wirklich klares Dieselöl austritt.

4 Hernach schließen Sie die Schraube und beenden die Montage in umgekehrter Reihenfolge.

Diesel-Kraftstoffeinspritzung

Störungs-beistand

Störung	Ursache	Abhilfe
A Motor springt schlecht oder gar nicht an.	**1** Tank leer.	Auftanken.
	2 Tankbelüftung verstopft.	Tankverschluss langsam öffnen (auf Zischgeräusche achten). Verschluss und Belüftung reinigen.
	3 Temperaturschalter der Kaltstart-einrichtung defekt.	Temperaturschalter überprüfen, evtl. erneuern.
	4 Glühanlage defekt.	Spannung prüfen. Glühkerzen auf Funktion überprüfen. Schadhafte Teile erneuern.
	5 Luft im Krafftstoffsystem.	System über Anlasser so lange entlüften, bis Kraftstoff an Düse 1 gefördert wird.
	6 Kraftstoffversorgung ausgefallen. Prüfung: Einspritzleitungen an den Düsen öffnen und überprüfen, ob geringe Kraftstoffmengen austreten.	Überprüfen, ob Kraftstoffleitungen geknickt, verstopft oder undicht sind. Kraftstofffilter reinigen, bzw. erneuern. Im Winter evtl. versulzten Kraftstofffilter erneuern und Winterdiesel nachtanken.
	7 Einspritzdüse(n) defekt.	Prüfen und instand setzen, bzw. erneuern lassen.
	8 Förderbeginn der E.-pumpe verstellt.	E.-pumpe einstellen lassen; Förderbeginn prüfen lassen.
	9 Einspritzpumpe defekt.	Austauschpumpe montieren lassen.
	10 Kompressionsdruck zu gering.	Kompressionsdruck prüfen lassen.
	11 Hochdruckpumpe defekt.	Prüfen lassen.
B Warmer Motor hat schlechten, »sägenden« Leerlauf.	**1** Leerlaufdrehzahl falsch eingestellt.	Prüfen und einstellen lassen.
	2 Kraftstoffschlauch zwischen Filter und Einspritzpumpe lose.	Anschlüsse festziehen, evtl. Dichtungen erneuern.
	3 Unterdruckschläuche an EGR-Einrichtung defekt.	Überprüfen, ggf. austauschen.
	4 Hintere E.-pumpenbefestigung lose oder gebrochen.	Befestigen oder erneuern.
	5 Siehe A2, 7 – 9.	
C Falsche Leerlaufdrehzahl bei Betriebstemperatur.	**1** Siehe A7, 10, 11.	
	2 Siehe B1.	
D Starker Schwarz-, Weiß- oder Blaurauch aus dem Auspuff.	**1** Motor nicht auf Betriebstemperatur.	Warm fahren.
	2 Extrem untertourige Fahrweise.	Gänge höher ausdrehen; zeitiger herunter schalten.
	3 Luftfilter verdreckt.	Element ausblasen bzw. erneuern.
	4 Kraftstofffilter verschmutzt.	Auswechseln.
	5 Höchstdrehzal falsch eingestellt.	Korrigieren lassen.
	6 Filter im EGR-Regelventil verstopft.	Reinigen bzw. auswechseln lassen.
	7 Einspritzdüsen tropfen.	Prüfen bzw. erneuern lassen.

Diesel-Kraftstoffeinspritzung (Fortsetzung)

Störungs-beistand

Störung	Ursache	Abhilfe
D Starker Schwarz-, Weiß- oder Blaurauch aus dem Auspuff.	**8** Düsennadel hängt oder gebrochen.	Prüfen bzw. erneuern lassen.
	9 Einspritzdruck zu gering.	Prüfen bzw. regulieren lassen.
	10 Falsche Düsen eingebaut.	Wechseln lassen.
	11 Siehe A10.	
E Schlechte Leistung, zu geringe Höchstgeschwindigkeit.	**1** Fahrpedalpotentiometer (drive by wire) gibt falsche Impulse.	System einstellen.
	2 Höchstdrehzahl wird nicht erreicht.	Drehzahlregler prüfen bzw. einstellen lassen.
	3 Einspritzleitungen an den Anschlüssen verkröpft.	Leitungen demontieren und prüfen. Leitungen nacharbeiten bzw. erneuern.
	4 Falsche Einspritzleitungen montiert.	Leitungen prüfen lassen (müssen mit Einspritzpumpe korrespondieren).
	5 Einspritzdüsen falsch eingestellt.	Abspritzdruck einstellen lassen.
	6 Siehe A7, 8, 10, 11.	
	7 Siehe D3, 4, 6 – 10.	
F Kraftstoffverbrauch zu hoch.	**1** Motor noch nicht eingelaufen.	Einfahrhinweise beachten und danach erneut messen.
	2 Kraftstoffanlage undicht.	Ab Tank Sichtprüfung aller Versorgungsleitungen; unter der Motorhaube sämtliche Schläuche, Schlauchanschlüsse, Kraftstofffilter und Einspritzpumpe auf Dichtheit prüfen bzw. abdichten.
	3 Rücklaufleitung (Leckölleitung) verstopft.	Leitung vom Tank aus in Richtung Einspritzdüsen Schritt für Schritt mit Druckluft ausblasen.
	4 Leerlauf- bzw. Höchstdrehzahl zu hoch.	Prüfen bzw. einstellen lassen.
	5 Siehe D4, 6 – 10.	
G Motor hat während der Fahrt Aussetzer (»Fehlzündungen«).	**1** Einspritzdüsen gelockert bzw. defekt.	Prüfen (lassen), ob Einspritzdüsen »gasdicht« im Zylinderkopf verschraubt sind.
	2 Zylinderkopfdichtung durchgebrannt (prüfen, ob Motoröl im Kühlwasser oder bei laufendem Motor Gasblasen in der Kühlflüssigkeit aufsteigen).	Prüfen und erneuern lassen.
	3 Ventil durchgebrannt.	Kompressionsdruckmessung bzw. Druckverlusttest durchführen lassen. Ventilspiel prüfen, evtl. Ventil erneuern und andere einschleifen lassen.
H Motor kann nicht abgestellt werden.	PCU-Einheit defekt, Kontakte korridiert.	Einheit bzw. Kontakte prüfen (lassen).

Heizt kalten Dieselmotoren ein – die Vorglühanlage

Dieselmotoren kommen beim Kaltstart erfahrungsgemäß nur schwer aus den »Pantoffeln«. Direkteinspritzer springen in unseren Breitengraden zwar auch im Winter noch »höflich« an, doch ohne Vorglühanlage würden sie bei grimmiger Kälte ihre ersten Lebenszeichen kaum taktvoll auf die Schwungscheibe »schütteln«.
Darum bringen in der Kaltstartphase leistungsfähige Glühkerzen die Brennräume auf Temperatur. Das beschleunigt den Zündvorgang und erleichtert den Start. Die Glühkerzen befinden sich seitlich im Zylinderkopf. Sie stehen, genau wie die Vorglühkontrollleuchte, unter direkter Aufsicht des elektronischen Dieselmotormanagements. Um die Vorglühphase zeitlich zu begrenzen, verwertet der Rechner Signale des Temperatursensors: je niedriger die Temperatur, um so intensiver die Vorwärmphase. Die maximale Vorwärmdauer beträgt rund acht Sekunden, vorausgesetzt es herrschen mindestens -20 °C. An Motoren oberhalb 80 °C fällt die Vorwärmphase gänzlich aus.
Sobald der kalte Motor die ersten Lebenszeichen von sich gibt, beginnt die Nachglühphase. Das stabilisiert den Leerlauf und minimiert die Kohlenwasserstoffemission in der Kaltlaufphase. Bei Außentemperaturen unterhalb -20 °C beträgt die maximale Nachglühdauer etwa 30 Sekunden – Motortemperaturen oberhalb 50 °C sind machen die Nachwärmphase überflüssig. Sobald der kalte Selbstzünder mit Drehzahlen jenseits von 2500 min.$^{-1}$ – konfrontiert wird, entzieht das elektronische Dieselmotormanagement den Glühkerzen automatisch den »Strom« – die Vorkehrung verlängert die Lebensdauer der Glühkerzen.

Vorglühanlage prüfen

Sollten Sie einen Defekt an der Vorglühanlage vermuten, gehen Sie wie folgt vor:

[1] Sicherungen der Motorelektrik prüfen.

[2] Sind die Hauptsicherungen des Motormanagements o. k.?

[3] Wenn ja, checken Sie die Spannung per Voltmeter (Multimeter) an den Schnellglühkerzen.

[4] Messen Sie dort mindestens 11,5 Volt, testen Sie die Glühkerzen.

[5] Ziehen Sie dazu das Anschlusskabel an einer der Glühkerzen ab und ...

[6] ... schließen eine Prüflampe zwischen Masse und dem abgezogenen Anschlusskabel an.

[7] Ziehen Sie dann den Stecker des Kühlmitteltemperaturgebers ab und legen ihn beiseite. Der »geparkte« Stecker darf nicht an Masse kommen.

[8] Drehen Sie den Zündschlüssel auf Stellung »Vorglühen«.

[9] Leuchtet unmittelbar danach die Prüflampe für etwa 20 Sekunden auf, sind die Spannung an den Glühkerzen und die vom Steuergerät vorgegebene Vorglühzeit o. k.

[10] Bleibt die Prüflampe jedoch dunkel, prüfen Sie die Hauptsicherung oder das Vorglührelais.

[11] Sollte Ihre Prüflampe generell dunkel bleiben, misstrauen Sie dem Steuergerät.

Glühkerzen wechseln

Y17 DT

[1] Bocken Sie den Vorderwagen rüttelsicher auf, klemmen das Batteriemassekabel ab und demontieren dann das Luftfiltergehäuse 1.

[2] Entriegeln Sie hernach vom Luftmassenmesser 3 den Mehrfachstecker in Pfeilrichtung und ziehen ihn ab.

[3] Ziehen Sie jetzt den Ansaugschlauch 4 vom Flansch. Nicht jedoch, ohne vorher die Schlauchschelle 5 gelöst zu haben.

[4] Nachdem Sie auch die Befestigungsschraube 2 gelöst haben, bugsieren Sie das Luftfiltergehäuse aus dem Motorraum.

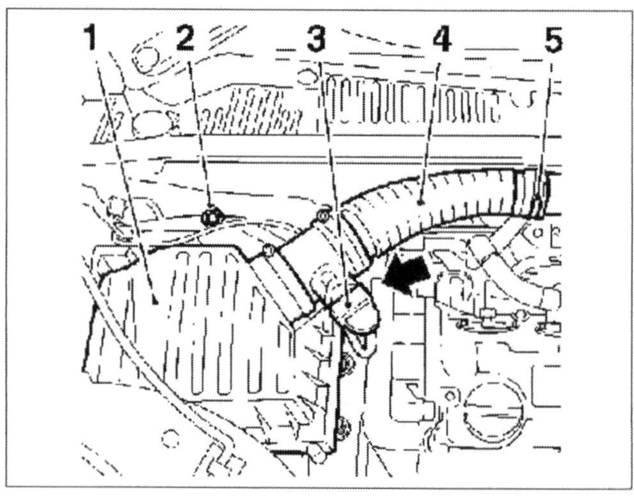

Schnell erledigt – Luftfiltergehäuse demontieren.

[5] Lösen Sie jetzt am Lader die Schlauchschelle des Luftansaugrohrs und ziehen das Rohr vom Flansch.

[6] Erledigt? Dann »klemmen« Sie das Steuergerät ab. Dazu entriegeln Sie die Anschlussstecker in Pfeilrichtung und »hebeln« sie von der »Blackbox«.

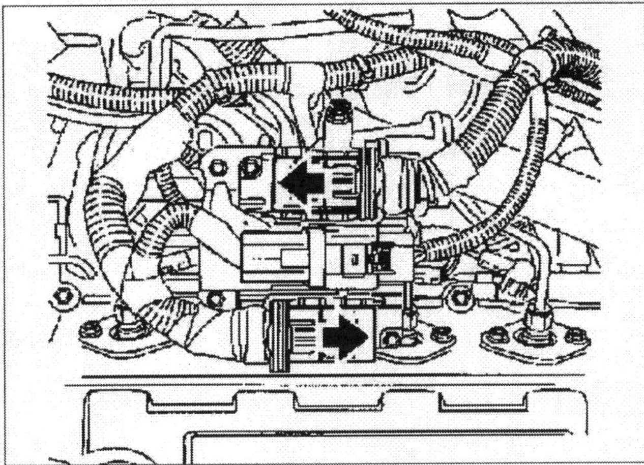

»Abschließen« – Blackboxanschlüsse.

[7] Jetzt steht das Luftansaugrohr zur Demontage an. Ziehen Sie vom Ventildeckel den Entlüftungsschlauch 1 ab, trennen den Stecker (Pfeil) von seinen Anschlüssen und lösen dann noch beide Befestigungsschrauben.

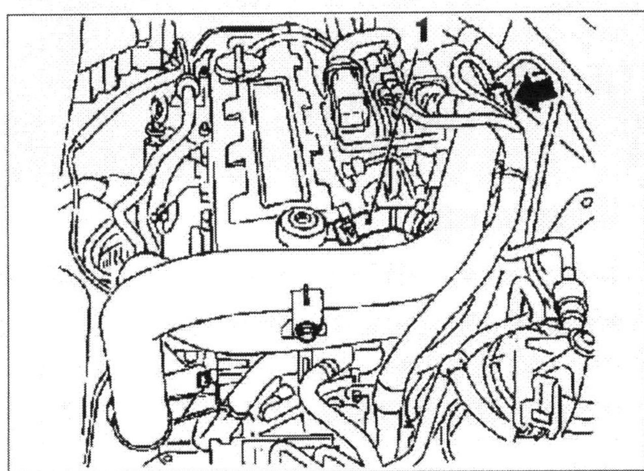

Vom Ventildeckel demontieren – Luftansaugrohr.

[8] Im nächsten Schritt demontieren Sie das Motorsteuergerät inklusive Halter. Dazu lösen Sie den Kabelhalter 1, die Schrauben 2 und die Muttern 3 vom Steuergerät.

[9] Erledigt? Dann kommt die »Halteplatte« der Blackbox an die Reihe. Dazu clipsen Sie den Kabelstrang (Pfeile) ab, lösen anschließend beide Schrauben 4 und die Mutter 5. Den demontierten Halter legen Sie beiseite.

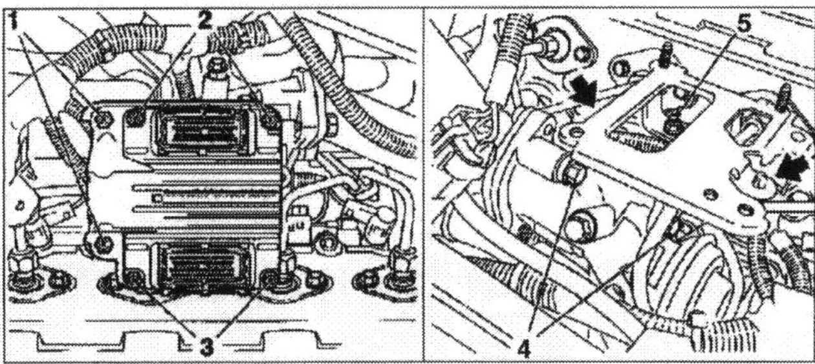

Platz schaffen – Motorsteuergerät inklusive Halter demontieren.

[10] Ziehen Sie die Anschlusskabel an den Glühkerzen mit einer Kombizange ab und schrauben die Kerzen aus dem Zylinderkopf.

[11] Beenden Sie die Montage in umgekehrter Reihenfolge. Ziehen Sie die neuen Glühstifte mit rund 18 Nm im Zylinderkopf fest. Bei Fahrzeugen mit ESP vergessen Sie nicht, den Lenkwinkelsensor neu zu kalibrieren.

Glühkerzen prüfen

[1] Legen Sie die Glühkerzen auf einer feuerfesten Unterlage ab und ...

[2] ... klemmen Sie mit einem Fremdstartkabel nacheinander direkt an eine voll geladene Batterie an. Arbeiten Sie unbedingt **»NUR«** mit dicken Lederhandschuhen – die Kerzen werden glühend heiß (max. 1.050 °C)!

[3] Binnen 10 Sekunden müssen die Kerzen hellrot glühen. Ansonsten erneuern Sie die »träge(n)« Kerze(n) – besser Sie erneuern gleich den ganzen Kerzensatz.

Praxistipp

Vorglühanlage defekt

Eine streikende Vorglühanlage bemerken Sie wahrscheinlich erst bei klirrendem Frost (unter -15 °C). Dann nämlich nimmt Ihr Diesel seinen Job nur widerwillig ohne fremde Heizenergie auf. Mit »offenen« Augen und einem feinen »Näschen« erkennen Sie mögliche Fehler allerdings schon eher: Achten Sie beim Kaltstart auf die Dieselwolke. Wenn »stechende«, blaue Rauchfahnen Ihre Nase verprellen und die Umwelt einnebeln, lassen Sie prophylaktisch schon mal den Fehlerspeicher in Ihrer Werkstatt auslesen – Blaurauch mit einhergehender »scharfer« Duftnote signalisiert eine »kalte, unvollständige« Verbrennung. Kleinere »Wölkchen« hinter Ihrem Auto müssen Sie freilich nicht beunruhigen.

DIE KRAFTSTOFF-VERSORGUNG

Keine maßlosen »Schluckspechte«: *Die Meriva-Motoren. 53 Liter Euro-Super reichen den 92 kW des »Einsachters« rund 645 Kilometer, mit Easytronic®-Schaltung sind rund 30 Kilometer »mehr« im Tank. Dem 1,6-Liter mit 74 kW genügt die gleiche Menge für gut 700 Kilometer (Easytronic® 736 km). Die 64 kW-Variante kommt mit einer Tankfüllung ca. 680 Kilometer weiter. Allesamt keine unbedingten »Knauserwerte«, doch akzeptabel sind die Verbräuche allemal. Noch effizienter sind naturgemäß die Selbstzünder: Dem 55 kW-Motor reicht der Vorrat für rund 980 Kilometer und der 74 kW-Diesel streckt 53 Liter Dieselöl über rund 1000 Kilometer.*

Wartung

Reparatur

Der Kraftstofftank, ein tief gezogener Kunststoffbehälter mit 53 Liter Inhalt, »hängt« im hinteren Bereich der Bodengruppe, unterhalb des Bodenblechs. Die Ottomotoren befördern ihr Futter via elektrischer Intank-Kraftstoffpumpen unter die Motorhaube. Im Gegensatz dazu zapfen beide Dieselversionen ihren Saft mit externen Förderpumpen aus dem »Ölsumpf«. Einerlei ob Diesel- oder Ottomotor – der Tank hat keine Ablassschraube: Sollten Sie den Behälter also irgendwann demontieren oder in seine Innereien »eingreifen« müssen, entleeren Sie das Reservoir vorab über den Einfüllstutzen.

Die generellen Bauteile der Kraftstoffversorgung

Kraftstoffpumpe: Eine im Tank montierte, elektrisch angetriebene Kraftstoffförderpumpe (Dieselmodelle mit Kraftstoffförderpumpe in der Einspritzpumpe (Y17 DT), bzw. mit Hochdruckpumpe im Common-Rail (Z17 DTH). Die Intank-Kraftstoffpumpe arbeitet als Strömungspumpe mit einer Förderleistung von ca. 90 l/h und einem Förderdruck von rund 3,8 bar. Die Pumpe fördert, sobald über das Zündschloss (Klemme 15) Spannung am Pumpenrotor anliegt. Pumpe und Tankgeber »sitzen« mit dem Förderdruckregler in einem Gehäuse. Sobald der Systemdruck 3,8 bar übersteigt, öffnet ein Überdruckventil und leitet den »überschüssigen« Kraftstoff mitsamt der »Begleitgase« in den Tank zurück. Bei abgestelltem Motor hält das gleiche Ventil den Systemdruck stabil.

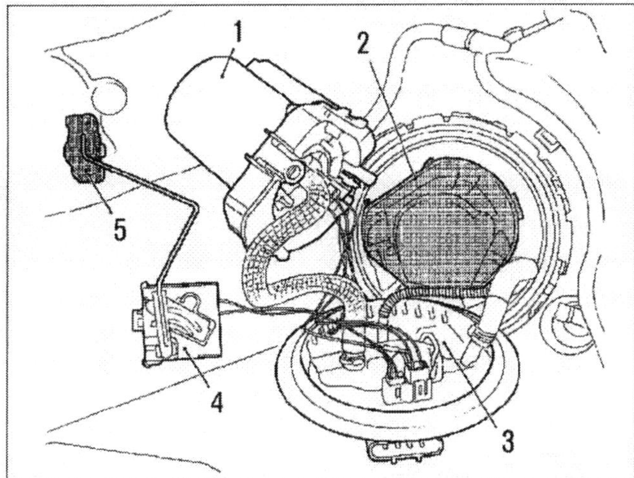

»Sitzen« in einem Gehäuse: Intankkraftstoffpumpe und Tankgeber. *1 Kraftstoffpumpe, 2 Wartungsöffnung, 3 Verschlussdeckel mit Kraftstoffdruckregler, 4 Tankanzeige, 5 Tankanzeigenschwimmer.*

Kraftstofffilter: In Nähe des rechten Hinterrads an einem Halter unterhalb des Bodenblechs montiert. Der Filter besteht aus einem Stahlgehäuse mit leporelloartig gefaltetem Papiereinsatz. Er bindet feste Schmutzpartikel.

Aktivkohlefilter: Im vorderen rechten Radkasten montiert. »Bindet« bei abgestelltem Motor verdunstende Kraftstoffdämpfe aus dem Tank. Bei laufendem Motor öffnet ein Magnetventil – die nur vorübergehend »geparkten« Dämpfe gelangen aus dem Aktivkohlefilter ins Ansaugsystem und »hängen« sich an die Frischgase an.

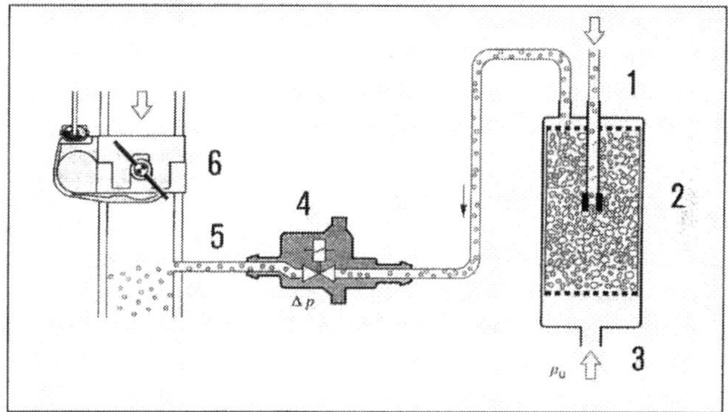

Grundsätzliches Anschluss- und Funktionsschema eines Aktivkohlefilters. *1 Kraftstofftankentlüftungsleitung, 2 Aktivkohlefilter, 3 Frischluft, 4 Tankentlüftungsventil, 5 Saugrohranschlussleitung, 6 Drosselklappengehäuse.*

Der Kraftstoff

Die Ottomotoren des Meriva sind auf Euro Super (ROZ 95) ausgelegt. In Ausnahmefällen »verdauen« sie kurzfristig auch Normalbenzin. Sie sollten dem Motor dann freilich nicht die volle Leistung – zum Beispiel im Gespannbetrieb – abverlangen. Super Plus (ROZ 98) verkraften die Motoren dagegen bedenkenlos, mitunter sinkt der Kraftstoffverbrauch sogar geringfügig. Doch wenn's ums Sparen geht, dann hat Ihr »eigener« Gasfuß und der richtige Umgang mit dem Getriebeschalthebel unvergleichlich mehr Einfluss auf den Appetit ihres Autos als hochoktaniger Superplus-Saft.

Mit wenig Gas »dahin rollen« – das senkt die Spritkosten

Beschleunigen Sie daher stets zügig (Gaspedal schnell etwa 2/3 durchtreten) und schalten möglichst früh in den nächsthöheren Gang. Sobald Sie »Ihre« Wunschgeschwindigkeit erreicht haben, lassen Sie Ihren Wagen möglichst im größten Gang und mit wenig »Gas« dahin rollen. Drehen Sie den Motor lediglich beim Überholen oder Einspuren in den fließenden Verkehr höher aus. Außerdem sollten Sie ihn auch während kurzer Stopps, beispielsweise vor Eisenbahnschranken, Baustellenampeln oder im Stau, abstellen: Das »rechnet« sich bereits nach 5 bis 7 Sekunden – und die Umwelt profitiert auch davon.

Kraftstoff - Begriffe und Normen

Normal-/Superbenzin: Fast identische Reinheitsgrade, Verdampfungsverhalten (wichtig für Entzündbarkeit) und Energiebilanzen (Heizwert je Kilogramm Kraftstoff). Entscheidender Unterschied: Super hat eine höhere Klopffestigkeit als Normalbenzin.

Diesel: Ein Kraftstoff, der die physikalischen Eigenschaften des »Selbstzünders« perfekt bedient. Durch die hohe Zündwilligkeit des Dieselkraftstoffs und dem extrem hohen Verdichtungsverhältnis in Dieselmotoren läuft die Verbrennung kontrolliert in Sekundenbruchteilen ab. Für Ottomotoren wäre Dieselöl freilich »pures Gift« – es würde die Zündkerzen binnen kürzester Zeit verrußen.

Sommer-/Winterdiesel: Sommerdiesel nach DIN EN 590 kommt zwischen Frühjahr und Herbst ohne Fließverbesserer an die Zapfsäule. Sommerdiesel paraffiniert schon bei geringen Minustemperaturen und würde die Kraftstoffleitungen samt Filter versulzen. Deshalb kommt hierzulande bereits in der Übergangszeit Dieselkraftstoff mit einem geringen Anteil an Fließverbesserern auf den Markt. Er bleibt bis etwa -10 °C filtergängig. Winterdiesel behält seine Fließfähigkeit laut Norm bis -12 °C, in der Praxis können Sie Winterdiesel jedoch Minustemperaturen bis etwa 22 °C zutrauen.

Biodiesel (RME): RME (Raps-Methylester oder Rapsölfettsäure-Methylester) nach E DIN 51606 ist eine umweltfreundliche Alternative zu herkömmlichem Dieselöl. Die Grundlage zu RME sind keine fossilen, sondern nachwachsende Rohstoffe (Sonnenblumen, Raps, etc.) Das Raffinat besteht hauptsächlich aus Methanol mit veresterten Fettsäuren. Im Gegensatz zu herkömmlichen Kraftstoffen ist Biodiesel lediglich als schwach Wasser gefährdend eingestuft. Allerdings sollte nicht jeder »Dieselkapitän« an der Biodieselsäule RME bunkern. Holen Sie sich vorab besser die »Freigabe« Ihres Herstellers ein. Bei Opel zwecklos – Meriva-Eigner sollten darum den »Umweltsaft« meiden: Dichtungen und Kraftstoffleitungen des Einspritzsystems sind nicht auf den Dauerbetrieb mit RME ausgelegt.

Klopffestigkeit: Je höher der Kompressionsdruck um so besser der thermische Motorwirkungsgrad. Doch wenn der Kraftstoff in Ottomotoren zur Selbstentzündung neigt, kommt es zu unkontrollierten Verbrennungen – der Motor »klingelt«. Superkraftstoff widersteht höheren Verbrennungsdrücken als Normalbenzin und neigt daher weniger zur Selbstentzündung. »Mussten« Sie Ihr Auto, beispielsweise im Ausland, mit Normalbenzin füttern, wird es, wenn Sie aus niedrigen Drehzahlen heraus voll beschleunigen, vernehmlich klingeln. Um ernsthafte Schäden möglichst zu vermeiden, sind ECOTEC-Motoren allerdings mit einem Klopfsensor bestückt. Er passt den Zündzeitpunkt dem schlechteren Kraftstoff dann sukzessive an. Gehen Sie fortan etwas sensibler mit dem Gaspedal um und verlangen dem Motor, speziell im Anhängerbetrieb und bei heißen Außentemperaturen, möglichst nur mittlere Drehzahlen ab.

Oktanzahl: Steht für die Klopffestigkeit des Kraftstoffs. An der Zapfsäule finden Sie in der Regel die Bezeichnung »ROZ« (Research-Oktanzahl), seltener die Spezifikation »MOZ« (Motoroktanzahl). Die Oktanzahlwerte für die Mindestanforderungen an bleifreien Kraftstoff wurden in Deutschland früher vom deutschen Institut für Normung (DIN) nach DIN 51 607 fest geschrieben. Heute gilt die Euro-Norm EN 228.

Cetanzahl: Eine reine, im Labor ermittelte Verhältniszahl. Steht für die Zündwilligkeit eines Kraftstoffs. Dem sehr zündwilligen Cetan wird die Zahl 100 zugeordnet, dem extrem zündunwilligen Vergleichskraftstoff Methylnaphtalin dagegen eine 0. Die Cetanzahl gibt an, wie viel Volumenprozent Cetan ein Gemisch mit Methylnaphtalin enthalten müsste, um die gleiche Zündwilligkeit wie der zu messende Kraftstoff zu haben. Beim Diesel soll sie 45 betragen.

Umgang mit Kraftstoff

Im Umgang mit Kraftstoffen ist Vorsicht das höchste Gebot. Nehmen Sie Wartungsarbeiten und Reparaturen an der Kraftstoffanlage niemals auf die leichte Schulter. Gehen Sie vor allem beim Entleeren des Kraftstoffbehälters umsichtig zu Werke und treffen folgende Sicherheitsvorkehrungen:

- Klemmen Sie zunächst den Batterieminuspol ab.
- Entleeren Sie Kraftstoffbehälter nur im Freien oder in exzellent durchlüfteten Räumen. Dazu benötigen Sie

eine kraftstoffresistente Handpumpe (z. B. Balgen-Schlauchpumpe). Versuchen sie auf keinen Fall den Kraftstoff aus der oberen Tanköffnung auszugießen oder mit einem Schlauch per Mund abzusaugen – Vergiftungsgefahr durch Kraftstoffzusätze!

- Halten Sie generell einen CO_2-Pulver- oder Schaumlöscher der Brandklasse B griffbereit.
- Entleeren Sie Kraftstoffbehälter niemals über einer Grube: Die entweichenden Gase sind schwerer als Luft und könnten in der Grube über mehrere Stunden ein hochexplosives Gemisch bilden. Außerdem greifen die giftigen Gase Ihre Atmungsorgane an.
- Stellen Sie sicher, dass während der Arbeit mit Kraftstoff keine eingeschalteten elektrischen Geräte, offenen Flammen, Wärme- und Funkenquellen im Raum sind.
- Füllen Sie Kraftstoff nur in verschließbare, klar beschriftete und resistente Gefäße um. Dazu gibt's spezielle Behälter mit Flammschutz und Druckausgleichsverschluss.
- Leere Kraftstofftanks sind über längere Zeit wie »explosive Gasometer«. Halten Sie sich in ihrer Nähe also mit offenen Flammen, brennenden Zigaretten oder schmauchenden Pfeifen zurück – es besteht latente Explosionsgefahr.

Tankbe- und -entlüftung prüfen

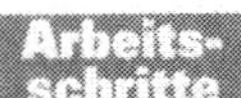

1. Fahren Sie den Motor warm (Betriebstemperatur) und lassen ihn im Leerlauf weiter laufen.
2. Ziehen Sie am Magnetventil 1 und den vom Aktivkohlefilter kommenden Unterdruckschlauch 3 ab.
3. Prüfen Sie am Ventilanschluss, ob Unterdruck anliegt. Legen Sie dazu Ihre Fingerkuppe auf den »offenen« Anschluss, falls Ihr Finger nicht »angesaugt« wird, checken Sie das Ventil.
4. Klemmen Sie dann den Stecker 2 am Magnetventil ab, …
5. … entfernen den Schlauch 4 und ziehen hernach das komplette Ventil vom Luftfilterkasten ab.
6. Sollten Sie das Ventil durchblasen können, tauschen Sie es aus.

Bei warmem Motor prüfen: *Tankentlüftungsventil.*

Kraftstofffilter austauschen

Bevor Sie den ersten Finger krümmen, denken Sie daran: Kraftstoff ist ein hochexplosiver »Saft«. Also während der Arbeit die Finger weg von offenen Flammen, brennenden Zigaretten oder schmauchenden Pfeifen. Wie eingangs schon erwähnt, das Kraftstoffsystem Ihres Autos steht ständig unter Druck. Sobald Sie es also irgendwo »öffnen«, kommt Ihnen stante pede der Kraftstoff entgegen gespritzt. Wenn Sie das vermeiden möchten, bandagieren Sie vorher den »Arbeitsplatz« mit einem Putzlappen, Ihre Augen schützen Sie besser noch mit einer Schutzbrille. Halten Sie zudem einen Feuerlöscher griffbereit. Dermaßen ausstaffiert wechseln Sie den Filter in Ottomotoren spätestens nach 60.000 Kilometern, Dieselmotoren »spendieren« Sie bereits nach 50.000 Kilometern ein neues Element und entwässern es zudem einmal im Jahr.

Ottomotoren

1. Ziehen Sie das Kraftstoffpumpenrelais aus dem Anschlusssockel im Motorraum-Relaiskasten.
2. Hernach starten Sie den Motor und lassen ihn so lange laufen, bis ihm der »Saft« ausgeht.
3. Seien Sie skeptisch und drehen ihn danach noch etwa fünf Sekunden per Anlasser durch. Jetzt müsste der Systemdruck tatsächlich abgebaut sein, …
4. … so dass Sie die Kraftstoffpumpensicherung wieder eindrücken können.

5 Als nächstes bocken Sie die Hinterachse Ihres Autos standfest auf und ...

6 ... stellen einen Auffangbehälter unter den Kraftstofffilter (rechts neben dem Tank).

7 »Befreien« Sie das Filtergehäuse von den Kraftstoffleitungen 1 – Opel-Schrauber nutzen das Spezialwerkzeug KM-792.

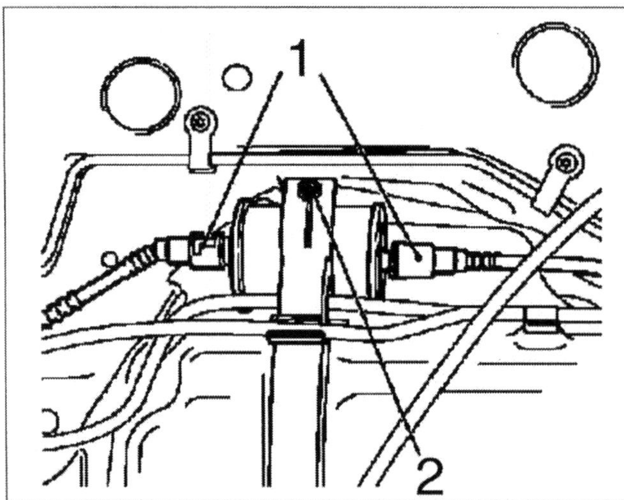

Kraftstoffleitungen 1 vom Filter lösen. 2 Klemmschelle.

8 Öffnen Sie hernach die Klemmschelle 2 und...

9 ... ziehen den Filter heraus.

10 Den neuen Filter montieren Sie in umgekehrter Reihenfolge. Achten Sie auf die richtige Durchflussrichtung (Richtungspfeil am Gehäuse).

11 Alles o. k.? Dann starten Sie den Motor, lassen ihn kurz durchlaufen und checken derweil sämtliche Schlauchschellen auf Dichtheit.

12 Sobald das alte Filtergehäuse trocken ist, entsorgen Sie es als Sondermüll.

Dieselmotoren

Der Dieselkraftstofffilter sitzt, leicht erreichbar, neben der Batterie im Motorraum.

1 Lösen Sie oberhalb des Filters den Kabelstecker 2 der Kraftstoffvorwärmung, ...

2 ... schrauben am Filtergehäusedeckel die Kraftstoffleitungen 1 und 3 ab, ...

3 ... verschließen die Öffnungen mit passenden Stopfen und ziehen das Filtergehäuse in Pfeilrichtung nach oben aus der Crashbox.

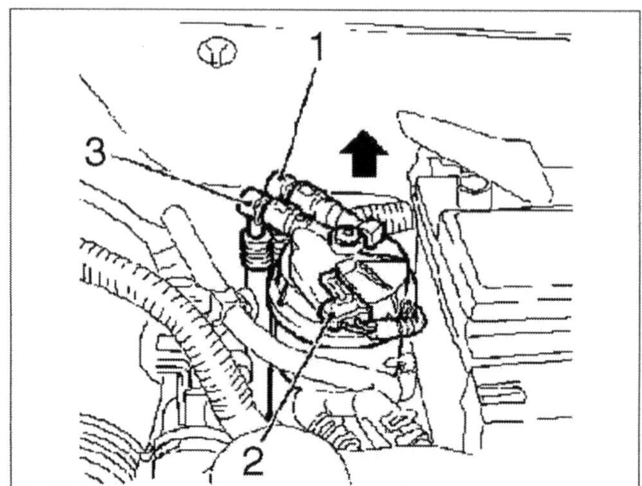

Servicefreundlich neben der Batterie – der Kraftstofffilter im Opel Meriva.

4 Um den Gehäusedeckel 3 mitsamt Deckelschraube 1 zu demontieren, spannen Sie das Filtergehäuse 7 vorsichtig in einen Schraubstock.

5 Das Filterelement 5 ziehen Sie nach oben aus dem Gehäuse, lassen es abtropfen und entsorgen es dann als Sondermüll. Schütten Sie dann das im Gehäuse verbliebene Dieselöl aus und reinigen das Gehäuse mit einem sauberen, fusselfreien Tuch.

6 Den frischen Einsatz setzen Sie dann ins saubere Gehäuse ein und füllen das Gehäuse randvoll mit sauberem Dieselöl auf.

7 Ziehen Sie die Deckelschraube mit sechs Nm fest. Vergessen Sie nicht die Dichtungen unter der Deckelschraube 2 und in der Nut des Filterdeckels 4 zu erneuern.

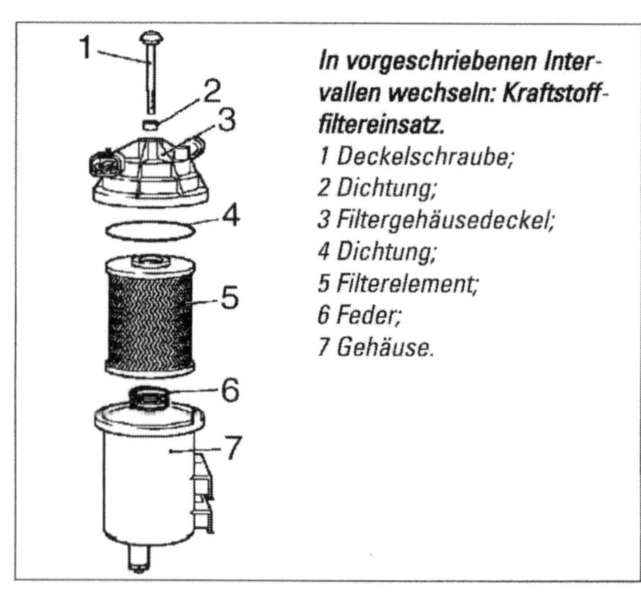

In vorgeschriebenen Intervallen wechseln: Kraftstofffiltereinsatz.
1 Deckelschraube;
2 Dichtung;
3 Filtergehäusedeckel;
4 Dichtung;
5 Filterelement;
6 Feder;
7 Gehäuse.

[8] Das komplette Filtergehäuse schieben Sie jetzt von oben in die Crashbox ein und schließen den Stecker der Kraftstoffvorwärmung sowie die Kraftstoffleitungen wieder an. Achten Sie darauf, dass die Schnellverschlüsse richtig einrasten. Ansonsten könnten Ihnen die Schläuche während der Fahrt abspringen und den Motorraum mit Dieselöl »fluten«.

[9] Beenden Sie die Arbeit in umgekehrter Reihenfolge und starten den Motor. Er könnte sich zunächst kräftig schütteln – kein Problem, sobald die »Restluft« aus dem System gewichen ist »nagelt« er wieder ruhig vor sich hin.

[10] Derweil checken Sie alle Anschlüsse auf Dichtheit und versuchen zur Sicherheit die Schläuche per Hand von den Anschlüssen zu ziehen. Bei solider Arbeit haben Sie jetzt keine Chance ...

Darauf sollten Sie achten – Dieselkraftstoff und Kondenswasser

Dieselöl hat die unangenehme Eigenart, Kondenswasser zu binden und flockige Schmutzpartikel zu führen. Deshalb sollten Sie die vorgeschriebenen Wechselintervalle des Dieselfilters unbedingt einhalten und nach ausgedehnten Fahrten ins ost- oder außereuropäische Ausland mitunter sogar vorziehen.

Kraftstoffleitungen und Schläuche aus- und einbauen (allgemein)

Vorsicht: Das Kraftstoffsystem steht bei Einspritzanlagen auch dann noch unter Betriebsdruck, wenn der Zündschlüssel bereits längere Zeit »gezogen« ist (siehe Druckventil). »Bandagieren« Sie die Montagestellen deshalb grundsätzlich mit einem Putzlappen und tragen eine Schutzbrille.

[1] Lösen Sie die Schnellkupplungen bzw. Schraubanschlüsse.

[2] Bei Quetschklemmen »fahren« Sie mit einem feinen Schraubendreher unter die Schelle und lockern sie, indem Sie den Schraubendreher seitlich hin- und herhebeln.

[3] Ziehen Sie mit Drehbewegungen den Schlauch ab. Gelingt Ihnen das nicht, setzen Sie hinter das Schlauchende einen kleinen Gabelschlüssel an und pressen den Schlauch mit dem »Schlüsselmaul« ab.

[4] Montieren Sie die Schläuche nicht mit Quetsch- sondern mit Schraubschellen. Schraubflansche dichten Sie grundsätzlich mit neuen Kupferdichtungen ab.

[5] Bei der Montage von Schnellkupplungen müssen Sie den Clip 2 vom Stecker 1 abziehen und ...

[6] ... ihn in die Buchse 3 einsetzen. Achten Sie darauf, dass die Haltenasen fest einrasteten.

[7] Anschließend drücken Sie den Stecker fest in die Buchse. Auch er rastet hörbar ein.

[8] Derweil checken Sie alle Anschlüsse auf Dichtheit und versuchen zur Sicherheit die Schläuche per Hand von den Anschlüssen zu ziehen. Bei solider Arbeit haben Sie jetzt keine Chance ...

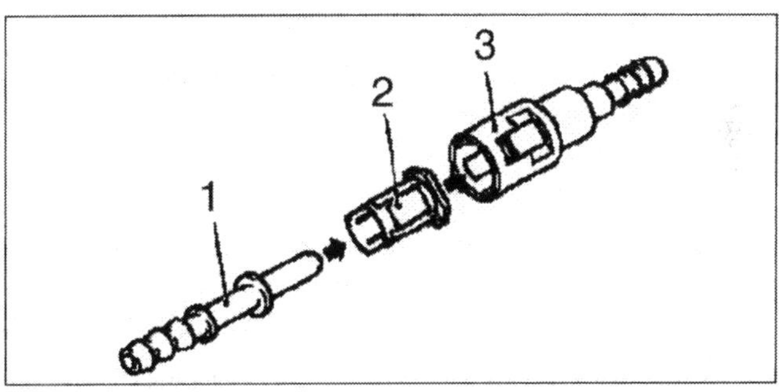

Die Schnellkupplung im Detail: *1 Stecker; 2 Clip; 3 Buchse.*

Fehlersuche an der elektrischen Kraftstoffpumpe

Die elektrischen Kraftstoffpumpen werden von einem Arbeitsstromrelais mit »Energie beliefert«. Die Pumpe fördert, ab der Startphase, frischen Kraftstoff in die Einspritzdüsen. Ein zweites Relais tritt nur dann in Aktion, wenn der Motor mit eingeschalteter Zündung stillsteht (Steuergerät empfängt keine Drehzahlimpulse mehr) oder der Betriebsdruck plötzlich zusammenbricht. In dem Fall kappt Relais II den Stromfluss im Motorsteuergerät (Sicherheitsschaltung). So kann zum Beispiel nach einem Unfall kein Benzin auslaufen. Die Prüfung der elektrischen Kraftstoffpumpe ist eher eine Arbeit für die Werkstatt. Beschränken Sie sich auf folgende Punkte.

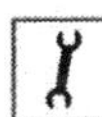

[1] Lösen Sie die Kraftstoffdruckleitung am Kraftstoffverteilerrohr. Umherspritzendes Benzin »fangen« Sie mit einer Lappenbandage ein.

2 Geringe Kraftstoffmengen treten übrigens auch bei stehendem Motor aus, das Kraftstoffsystem steht ja ständig unter Druck.

3 Bleibt der Anschluss trocken, schalten Sie kurz die Zündung ein (nicht den Anlasser betätigen!).

4 Bleibt die Pumpe untätig, dann checken Sie die Sicherung im Sicherungskasten bzw. das Sicherheitsrelais im Kofferraum.

5 »Sprudelt« hernach weiterhin kein Benzin, überprüfen Sie das Pumpenrelais im Kofferraum.

6 Sollten Sie dort fündig werden, muss die Kraftstoffpumpe jetzt anlaufen.

7 Ansonsten bauen Sie die Abdeckung unter der Rücksitzbank aus und »traktieren« das Pumpengehäuse vorsichtig mit einem kleinen Hammer – mitunter hilft das.

8 Bei der Gelegenheit prüfen Sie selbstverständlich auch die Pumpenanschlusskabel. Mitunter sind sie oxidiert oder haben sich gar losgerappelt.

9 Lässt auch das die Pumpe »kalt«, prüfen Sie mit einem Dioden-Spannungsprüfer (eine normale Prüflampe könnte dem Steuergerät schaden) ob überhaupt Spannung anliegt. Vergessen Sie allerdings nicht, vorher die Zündung einzuschalten.

10 Spannung o. k., dann dürfte die Pumpe defekt oder ein Anschlusskabel unterbrochen sein. Ihre eigenen Reparaturchancen sind ab sofort eher gering. Nachdem Sie die Kabel geprüft haben, montieren Sie besser freiwillig eine neue Pumpe.

11 Läuft die Pumpe, an der Druckleitung kommt jedoch kein Kraftstoff an, checken Sie den Kraftstofffilter und blasen die Kraftstoffleitung durch. Eventuell ist der Filter verstopft oder die Leitung unterwegs »nur« irgendwo geknickt.

Das Abgassystem

Ab Werk dämpft und reinigt unter dem Meriva ein rostresistentes, mehrteiliges Auspuffsystem die Abgase. Bei den Ottomotoren besteht die Anlage aus zwei Lambdasonden, einem Dreiwege-Katalysator (Diesel mit Oxidationskatalysator) und einem flexiblen Zwischenstück. Daran anschließend passieren die Abgase einen einflutigen Reflexions- und Hauptschalldämpfer. Die geregelten Katalysatoren sind direkt mit den Auspuffkrümmern verschweißt. Vorteil: Die heißen Abgase heizen den »Filter« unverzüglich auf, so dass seine Innereien schnell »reaktionsfähig« werden. Das minimiert die Schadstoffmenge – vornehmlich im Kurzstreckenverkehr mit vielen Kaltstarts.

Den Ersatzbedarf deckt Opel mit Serviceanlagen ab: Zur Montage des Serviceparts »teilen« Sie jeweils die Produktionsanlage an den entsprechenden Flanschen und setzen die Serviceanlage mit neuen Dichtungen dazwischen. Außer einer festen Halterung fixieren den Auspuff an exponierten Stellen mehrere Weichgummihalterungen. Sie halten die Anlage nahezu vibrations- und spannungsfrei in der Waage und – last but not least auf erforderliche Distanz zum Unterboden.

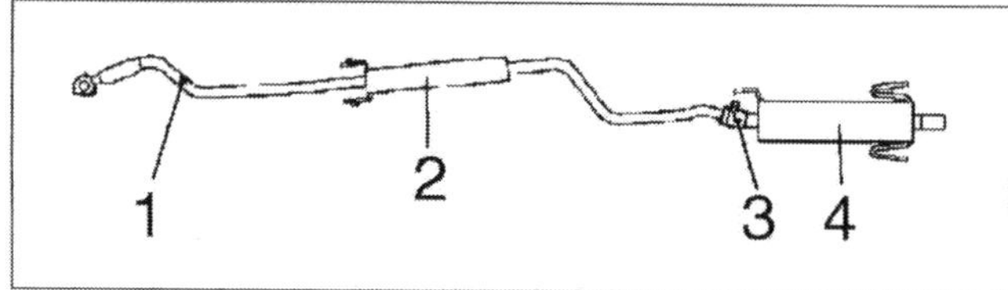

Z16 SE-Auspuffsystem: *1 vorderes Abgasrohr mit Flexrohr und Katalysator, 2 Vorschalldämpfer mit mittlerem Abgasrohr, 3 Rohrtrennstellen, 4 Endschalldämpfer mit hinterem Abgasrohr.*

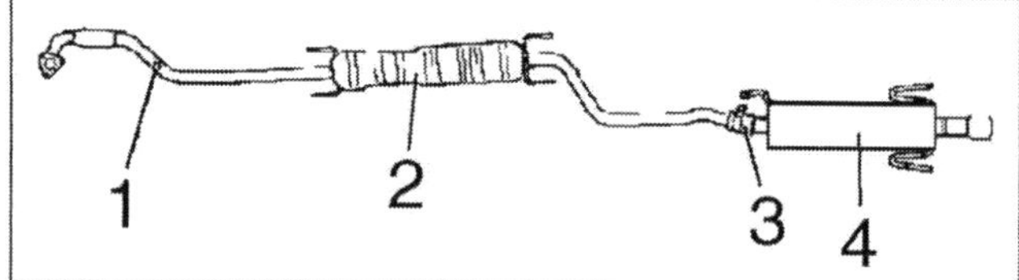

Z16 XE / Z18 XE-Auspuffsystem: *1 vorderes Abgasrohr mit Flexrohr und Katalysator, 2 Vorschalldämpfer mit mittlerem Abgasrohr, 3 Rohrtrennstellen, 4 Endschalldämpfer mit hinterem Abgasrohr.*

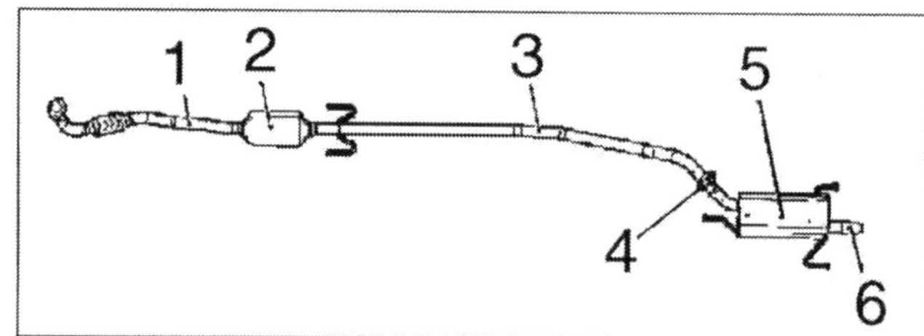

Y17 DT-Auspuffsystem: *1 vorderes Abgasrohr mit Flexrohr, 2 Katalysator, 3 mittleres Abgasrohr, 4 Rohrtrennstellen, 5 Nachschalldämpfer, 6 hinteres Abgasrohr.*

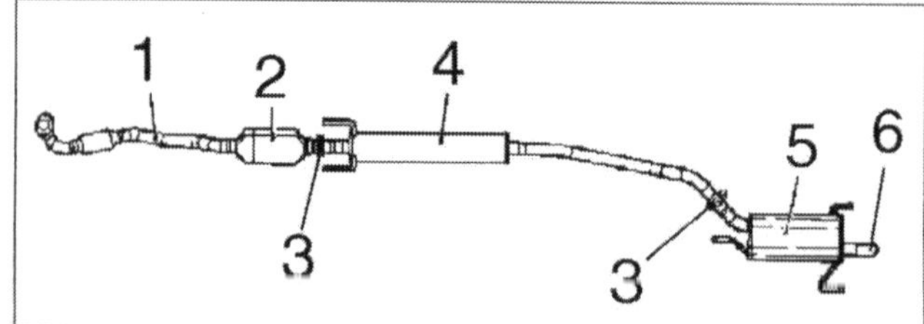

Z17 DTH-Auspuffsystem: *1 vorderes Abgasrohr mit Flexrohr, 2 Katalysator, 3 Rohrtrennstellen, 4 mittleres Abgasrohr mit Schalldämpfer, 5 Nachschalldämpfer, 6 hinteres Abgasrohr.*

Hält »locker« 80 000 Kilometer – das Abgassystem

Natürlich hängt die Lebensdauer des Abgassystems stark von den Einsatzbedingungen Ihres Wagens ab: Sind Sie überwiegend im Stadtverkehr oder auf kurzen Strecken unterwegs, setzen sich in seinem Innern wesentlich mehr »ätzendes« Kondensat, Ruß und aggressive Säuren ab. Auf Langstrecken haben die Schadstoffe dagegen wesentlich weniger Chancen Schalldämpfer und Rohre zu »perforieren« – die Auspuffanlage ist dann ständig gut durchgewärmt. Doch erfahrungsgemäß »überlebt« ein originaler Auspuff locker 80 000 Kilometer – auch unter widrigeren Einsatzbedingungen.
Sobald bei Regenfahrten ständig kaltes Spritzwasser den heißen Auspuff »duscht«, sind große Temperaturschwankungen programmiert: Speziell für den vorderen Teil der Abgasanlage ist das extrem belastend. Der allgegenwärtige Temperaturschock kann dann mitunter glatte »Rohrbrüche« oder feine Haarrisse provozieren – trotzt des flexiblen Zwischenstücks nach dem Auspuffkrümmer.
Ansonsten beschleunigen Spritz- und Salzwasser den Rostfraß von außen nach innen – speziell im hinteren Anlagenbereich. Steinschläge oder andere äußere Einflüsse, etwa wenn Sie mit dem Auspuff aufsetzen, verkürzen zusätzlich die Lebenserwartung. Gleichermaßen machen dem Auspuff auch schädliche Schwingungsfrequenzen, die beispielsweise ein sprödes oder gerissenes Aufhängungsgummi initiiert, auf Dauer den Garaus.

Erfahrungssache – so »bearbeiten« Profis den Auspuff

Stark oxidierte Bleche lassen sich nicht mehr dauerhaft schweißen. Der Reparaturerfolg an einer »Salz vergoldeten« Abgasanlage ist daher meist nur von kurzer Dauer. Zwar halten Auspuffkitt und Bandagen den »Rost etwas länger beieinander«, aber direkt neben der Reparaturstelle frisst er weiter an der Substanz. Abgasanlagen mit mehr als einem Schalldämpfer haben die unangenehme Eigenschaft, dass, nur wenige Monate nach dem Austausch des ersten, auch der zweite Schalldämpfer perforiert ist. Werkstätten wechseln Abgasanlagen deshalb »gerne« von vornherein komplett.

Unser Tipp: Bevor Sie »Hand anlegen«, nehmen Sie den Auspuff genau in Augenschein und entscheiden erst dann, ob eine Teilreparatur noch lohnt oder eine komplette Anlage her muss.

Arbeitsschritte  

1 Bocken Sie Ihren Wagen rüttelsicher auf.

2 Sollten Sie festgerostete Verschraubungen nicht mehr lösen können, versuchen Sie's »anders herum« – meistens reißen »überdrehte« Schrauben dann einfach ab. Zur Montage verwenden Sie grundsätzlich neue Schrauben, Federringe, Muttern und Dichtungen.

3 Erneuern Sie gleichfalls alle Haltegummis. Der neue Auspuff hängt dann rüttelsicher in der Waage und verspannt nicht so leicht.

4 Haben Sie den Auspuff bereits früher teilweise erneuert, trennen Sie die Steckverbindungen der Rohrenden am besten in erhitztem Zustand. Werkstätten nutzen dazu einen Schweißbrenner – ein guter Propangasbrenner tut's in der Regel auch. Schützen Sie Ihre Hände, die Augen und das Umfeld der »Brandstelle« allerdings mit Arbeitshandschuhen, einer Arbeitsbrille bzw. einer feuerfesten Zwischenlage – halten Sie einen Feuerlöscher griffbereit. Praxistipp: Bevor Sie den Brenner »anfeuern«, versuchen Sie's zunächst mit Rostlösemitteln.

5 Trennen Sie Rohre und Flanschen mit kräftigen Drehbewegungen. Eventuell erleichtern Ihnen leichte Hammerschläge auf das Außenrohr die Arbeit.

6 Bleiben Sie damit erfolglos, flexen oder sägen Sie Steckverbindungen knapp 10 Zentimeter hinter der Verbindungsstelle ab. Den Rest des Rohrs »schlitzen« Sie dann bis zur Trennstelle in Längsrichtung auf und »schälen« es hernach mit einem kräftigen Schraubendreher ab.

7 Auspuffschrauben lassen sich später leichter lösen, wenn Sie vor der Montage den Gewinden eine dünne Schicht hitzefestes Kupferfett »gönnen«. Gleiches gilt erst recht für Steckverbindungen.

Trauen Sie keiner alten Aufhängungsschlaufe – Augen auf beim Auspuffcheck

Motorseitig ist das Auspuffsystem an einem Dreipunktflansch fest mit dem Auspuffkrümmer verschraubt. Unter dem Fahrzeugboden hängt es allerdings frei schwingend in Gummistegschlaufen und der Endschalldämpfer kontaktet zum vorderen Teil über einen Zweilochflansch mit flexiblem Dichtzwischenring. Wenn Ihr Auspuff erst »dröhnt oder knallt« oder gar an den Unterboden anschlägt, trauen Sie keiner Schweißnaht, keinem Schalldämpfer und erst recht keiner Aufhängungsschlaufe mehr. Inspizieren Sie den »rostigen Rest« penibel, schrecken Sie dabei auch nicht vor Hammerschlägen zurück.

Arbeitsschritte  

1 Checken Sie alte Gummistegschlaufen auf Brüchigkeit, Einrisse oder sonstige Beschädigungen. Zur Kontrolle »rütteln« Sie am Endrohr den Auspuff kräftig hin- und her.

2 Am Krümmerflansch checken Sie sämtliche Verschraubungen auf festen Sitz.

3 Starten Sie den Motor und verstopfen das Auspuffendrohr mit einem Lappen. Schon nach kurzer Zeit muss der Motor absterben. Hören Sie unter dem Bodenblech allerdings zischelnde Geräusche oder läuft der Motor unbeeindruckt weiter, ist die Anlage undicht.

4 Laute Verbrennungsgeräusche und helles »Petschen« im Schiebebetrieb verraten untrüglich einen defekten Auspuff.

5 Klopfen Sie mit Hammerschlägen gründlich alle Schalldämpfer und Rohre ab. Vergessen Sie auch die Schalldämpferstirnseiten nicht. Hämmern Sie übrigens nicht zu zaghaft, ein »gesunder« Auspuff verträgt das. Auf gesundem Blech klingen Ihre Schläge »trocken und hell«, morsches Blech erkennen Sie an dumpfen Klopfgeräuschen.

Preisfrage – Auspuffkomplett- oder -teilreparatur

Wir beschreiben Ihnen die Demontage der kompletten Abgasanlage am Beispiel des Z18 XE-Motors. Die Arbeit an den übrigen Vierzylindern – auch an den Selbstzündern – ist ähnlich. Falls Sie die Anlage nur teilweise erneuern möchten, berücksichtigen Sie eben nur den entsprechenden Reparaturabschnitt. Denken Sie übrigens beim Ersatzteilkauf daran, dass Sie generell alle Schrauben, Muttern, eingebrannte Dichtungen, Dichtringe und spröde Haltegummis erneuern.

Arbeitsschritte  

1 Klemmen Sie das Batteriemassekabel ab und …

2 … bocken Ihren Meriva rüttelsicher auf oder liften ihn per Hebebühne.

3 »Fesseln« Sie jetzt das Flexrohr mit passend zurechtgeschnittenen Kanthölzern oder Dachlatten. Verteilen Sie mindestens zwei Hölzer an dem Rohr und fixieren sie mit Spannbändern. Sollten Sie nämlich bei der Montage das Netz allzu sehr verbiegen oder überdehnen, reißt es – der vordere Auspuff ist dann Schrott.

4 Nachdem die Hölzer »sitzen«, lösen Sie den vorderen Auspuff am Befestigungsflansch 1. Vergessen Sie auch nicht den Mehrfachstecker 2 von der Lambdasonde (Abgaskontrolle) abzuziehen.

5 Jetzt hängen Sie alle Aufhängungsgummis (Pfeile) aus und …

6 … senken den Auspuff vorsichtig ab.

7 Um den Nachschalldämpfer zu erneuern, öffnen Sie die Klemmschellen 3 und »drehen« den Schalldämpfer einfach vom Abgasrohr.

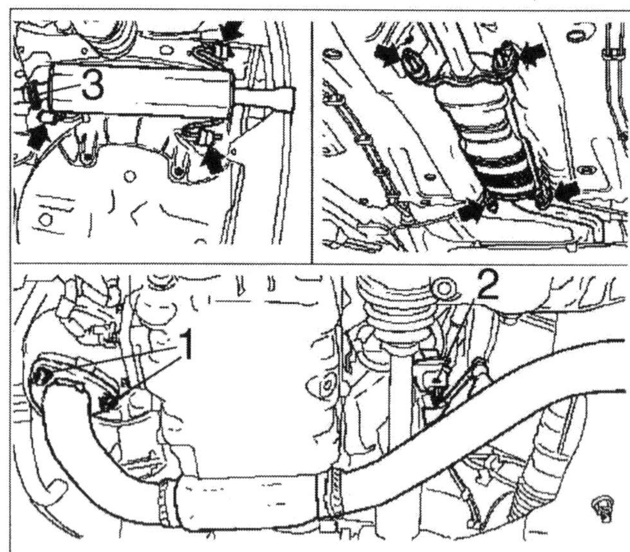

Mit Hebebühne problemlos – Auspuffanlage komplett oder teilweise erneuern.

8 Beenden Sie die Montage in umgekehrter Reihenfolge.

9 Vor der Montage reinigen Sie zunächst freilich alle Dichtflächen und …

10 … bestreichen die Schiebestücke und neuen Dichtungen beidseitig mit zähem Fett. Die »gefettete« Krümmerflansch-

dichtung »pappen« Sie einfach an den Flansch und hängen dann den neuen Auspuff mit zwei Schrauben locker davor.

[11] Achten Sie darauf, dass die »angepappte« Dichtung exakt vor den Schraublöchern sitzt.

[12] Jetzt komplettieren Sie den Auspuff »Schritt für Schritt« nach hinten und hängen die Rohre mit neuen Gummischlaufen auf. Vergessen Sie nicht, die Schlaufen vorher einzufetten.

[13] Hängt alles im Lot? Dann richten Sie die Anlage unter dem Wagenboden aus. Dazu ...

[14] ... rütteln Sie den Auspuff am Endrohr kräftig hin und her. Falls er nicht am Bodenblech kollidiert, ziehen Sie den vorderen Schraubflansch mit 2 Nm und die Rohrschellen mit 45 Nm fest.

[15] Schließen Sie die Lambdasonde an (Kabelstecker) und ...

[16] ... starten den Motor. Halten Sie das Auspuffendrohr zu und warten, bis der Motor »abstirbt«. Falls er keine Anstalten dazu macht, ist die Anlage irgendwo undicht. In dem Fall ziehen Sie sämtliche Schraubverbindungen nach und checken die Dichtflächen – danach geben Sie dem Motor und Ihrer Arbeit eine »zweite Chance«. Vergessen Sie nicht, den Lenkwinkelsensor bei Fahrzeugen mit ESP neu zu kalibrieren.

Auspuffkrümmer aus- und einbauen – nicht grundsätzlich ein Fall für Do it yourselfer

Immer wenn »Turbo oder Diesel mit im Spiel sind«, lassen Sie den Auspuffkrümmer besser in Ihrer Opel-Werkstatt wechseln. Opel-Blaumänner haben das erforderliche Spezialwerkzeug und – warum sollten wir es Ihnen verschweigen – wahrscheinlich auch die »geschmeidige-ren« Finger.

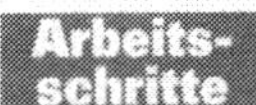

[1] Demontieren Sie das vordere Auspuffrohr und die obere Motorraumverkleidung, wie beschrieben.

Z16 XE, Z18 XE

[2] Hernach lösen Sie die Befestigungsschraube (Pfeil) der Luftführung 1 vom Frontblech und ...

[3] ... »fädeln« das Kunststoffteil aus dem Motorraum.

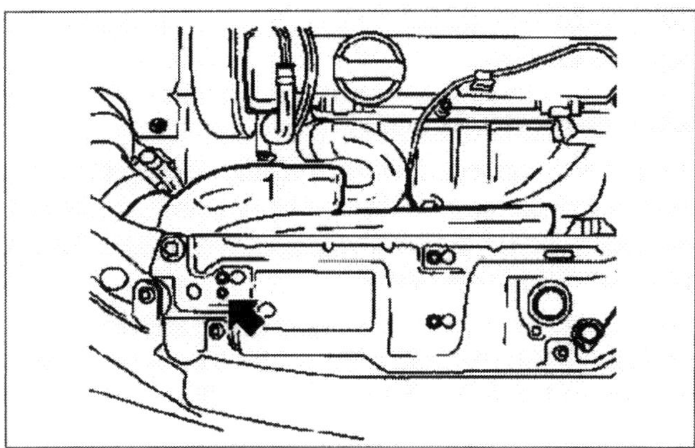

Vom Frontblech demontieren – Ansaugluftführung.

alle Ottomotoren

[4] Ziehen Sie den Mehrfachstecker von der Lambdasonde ab.

[5] Damit Sie das Kabelende nicht weiter stört, »wickeln« Sie es vorsichtig um den Auspuffkrümmer.

Z16 SE

[6] Lösen Sie das Hitzeschutzblech an fünf Schrauben und nehmen es vom Krümmer ab.

[7] Erledigt? Prima, jetzt demontieren Sie den Auspuffkrümmer an acht Muttern und jonglieren ihn aus dem Motorraum.

Z16 XE, Z18 XE

[8] Lösen Sie das Hitzeschutzblech an drei Schrauben (Pfeile) und nehmen es vom Krümmer ab.

[9] Im Anschluss öffnen Sie die Spannschelle am Thermostatgehäuse und ziehen den Kühlwasserschlauch 1 ab. Auslaufendes Kühlmittel fangen Sie in einer sauberen Wanne auf.

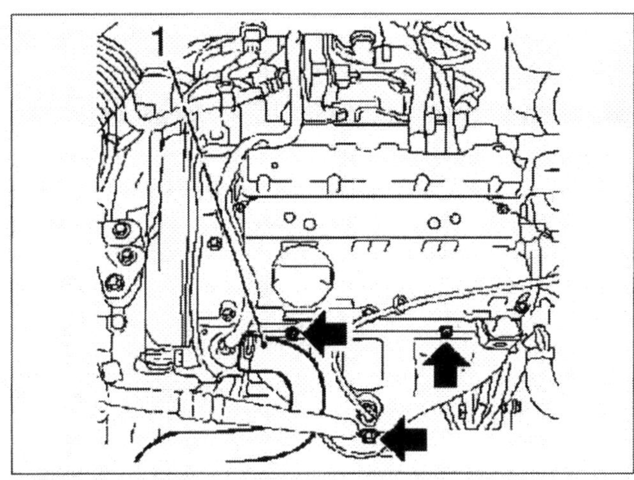

Schritt für Schritt vorgehen – Auspuffkrümmer »entblättern«.

10 Nun lösen Sie den Auspuffkrümmer an zehn Muttern und legen ihn beiseite.

alle Ottomotoren

11 Vor der Montage reinigen Sie alle Dichtflächen und bestreichen die neue Dichtung beidseitig mit zähem Fett. Hernach »fixieren« Sie die Dichtung an den Zylinderkopf und schieben den Krümmer davor.

12 Setzen Sie neue Muttern an und ziehen Sie schrittweise mit 12 Nm (Z16 SE mit 22 Nm) fest. Achten Sie währenddessen auf die vorgeschriebene Reihenfolge (1 – 10).

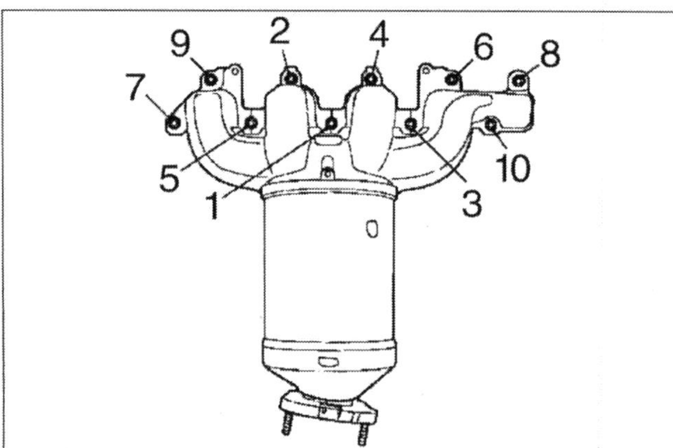

Von innen nach außen festziehen – Auspuffkrümmer am Beispiel des Z18 XE-Motors.

13 Lassen Sie der »Dichtung einige Minuten Zeit« und checken jetzt noch einmal das Anzugsmoment des Krümmers – erfahrungsgemäß gibt die neue Dichtung etwas nach.

14 Beenden Sie die Montage in umgekehrter Reihenfolge. Vergessen Sie nicht, den Lenkwinkelsensor bei Fahrzeugen mit ESP neu zu kalibrieren.

So wird der Auspuff dicht

Praxistipp

Verwenden Sie zu jeder Auspuffreparatur generell neue Dichtungen und Schrauben: Unbenutzte Dichtungen sind noch »weich« und passen sich daher den Flanschen besser an. Neue Schrauben sind einfach schneller zu »bewegen«. Vergessen Sie auch nicht vor der Montage sämtliche Dichtflächen mit Schmirgelleinen zu planen und die Schraubengewinde mit hitzefester Kupfergleitpaste einzustreichen. Die Chancen, dass Ihr Auspuff dann auf Anhieb dicht wird, sind so wesentlich größer. Undichte Anlagen »klingen« übrigens nicht nur nach »Hinterhof«, sondern sie haben zudem negativen Einfluss auf die Motorleistung und das Abgasverhalten.

Kleines Abgas-Abc

An die pflichtgemäße Abgasuntersuchung (AU) haben wir uns längstens gewöhnt – PKW mit mehr als 30 Jahren auf dem Blechbuckel, sind von der AU befreit. An Neuwagen ist die AU-Plakette drei Jahre gültig, danach sind zweijährige Kontrollen Pflicht. Die AU führen Reparaturwerkstätten mit entsprechender Ausrüstung sowie DEKRA und TÜV aus. Zur Messung muss die Abgasanlage »dicht« und das Ansaugsystem völlig intakt sein. Lassen Sie Ihr Auto regelmäßig bei einem »freundlichen Opel-Händler« checken, erledigt er das automatisch für Sie.

Das kommt aus dem Auspuff

Technik-lexikon

Kohlenmonoxid (CO): Wird bei der Abgasuntersuchung gemessen. Die Grundvoraussetzungen für »zeitgemäße« Abgase sind eine präzise gesteuerte Kraftstoffeinspritzmenge, eine homogene Gemischverwirbelung und der richtige Zündzeitpunkt. Messen Sie Kohlenmonoxid (CO) niemals in geschlossenen Räumen – Sie könnten an den Gasen ersticken! Nicht so in gut belüfteten Räumen oder unter freiem Himmel, hier vermischt sich Kohlenmonoxid mit Sauerstoff zum ungefährlicheren Kohlendioxid (CO_2). CO_2 hat wesentlichen Anteil am Treibhauseffekt.

Kohlenwasserstoffe (HC): Verbrennen in »zerklüfteten« Brennräumen mit »kalten« Zonen nur unvollkommen. Abhängig von der Motorkonstruktion ist der HC-Anteil bei gesunden Motoren eine unveränderliche Größe. Falsch eingestellte Triebwerke variieren in den Abgasen dagegen ihren HC-Anteil. Kohlenwasserstoffe sind, zusammen mit Stickoxiden (NO_x), zu einem Großteil für die Smogbildung (schwer auflösbare Abgaskonzentrationen) in der Atmosphäre verantwortlich.

Stickoxide (NO_x): Ihr Anteil steigt bei hohen Verbrennungstemperaturen. Beispielsweise in Motoren, die für geringen CO- und HC-Ausstoß (reduziert Kraftstoffverbrauch) ausgelegt sind (Magergemischmotoren). Bei starker Konzentration kann NO_x die Atmungsorgane reizen. In Verbindung mit Wasser bildet sich Salpetersäure (saurer Regen).

Schwefeldioxid (SO_2): Entsteht – aufgrund des Schwefelgehalts im Kraftstoff – überwiegend bei der Verbrennung von Diesel. Unter Einwirkung von Licht mutiert Schwefeldioxid zu schwefeliger Säure (H_2SO_3) oder gar zu Schwefelsäure (H_2SO_4). Beide Verbindungen begünstigen den sauren Regen. Das derzeitige Verkehrsaufkommen beeinflusst das Entstehen schwefeliger Säuren mit rund 3 Prozent.

Typische Dieselabgasgifte: Funktionsbedingt emittieren Dieselmotoren nur geringe Mengen an CO und HC. Trotz höherer Verdichtung belasten sie die Atmosphäre mit weniger Stickoxiden als Ottomotoren. Vom Image eines »Saubermanns« ist der Diesel dennoch weit entfernt: Er »stinkt« nämlich mit anderen, problematischen Verbrennungsrückständen, so zum Beispiel mit Ruß, einem typischen Bestandteil der Dieselabgase. Ruß ist das »ungesunde« Ergebnis aus unverbrannten Kohlenstoffen und Asche. Die Partikel sind atemgängig und stehen im Ruf Krebs erregend zu sein. Gleichfalls entsteht bei der Verbrennung von Dieselkraftstoff Schwefeldioxid – und zwar in höheren Konzentrationen als beim Ottomotor (siehe Schwefeldioxid). Umweltbewusste Dieselfahrer haben hierzulande bereits jetzt die Möglichkeit, ihren Selbstzünder mit schwefelarmem Saft aus modernen Raffinerien zu füttern.

Rußpartikelfilter: Die ersten Selbstzünder, zum Beispiel jene aus dem PSA-Konzern, »cleanen« ihre Abgase mit einem zusätzlichen Rußpartikelfilter. Der Filter sammelt Feststoffe aus den Dieselabgasen und verbrennt sie etwa alle 500 Kilometer nahezu rückstandslos in seinen Waben. Um die interne Verbrennung zu realisieren, wird dem Dieselkraftstoff in »homöopathischen« Dosen ein Additiv beigemischt. Der mitgeführte Vorrat reicht für etwa 100.000 Kilometer – danach wird eine neue Füllung fällig. Auf diese relativ einfache Art werden rund 90 Prozent der krebsfördernden Reststoffe während der Verbrennung eliminiert.

Die Abgasentgiftung

Kraftstoff besteht im Wesentlichen aus den Elementen Kohlenstoff und Wasserstoff. Bei der Verbrennung im Motor verbindet sich Kohlenstoff mit Sauerstoff aus der Luft zu Kohlendioxid (CO_2), der Wasserstoff (H) geht mit Sauerstoff (O_2) eine Verbindung zu Wasser (H_2O) ein. Aus einem Liter Kraftstoff entsteht rund 0,9 Liter Wasser. Es entweicht als »unsichtbarer« Wasserdampf aus dem Auspuff. Im Winter können Sie nach dem Kaltstart jedoch oft weiße Auspuffwolken beobachten – ein Indiz für kondensiertes Wasser.

»Ottos« mit geregeltem Katalysator – Diesel mit Oxidationskatalysator – alle mit Abgasrückführung (AGR)

Die Ottomotoren haben zwei Lambdasonden und einen geregelten Katalysator inklusive Abgasrückführung an Bord, den Dieselvarianten reichen Oxidationskatalysatoren und Abgasrückführung. Der geregelte Katalysator verringert im Betrieb den Kohlenmonoxidanteil um etwa 85 Prozent, den der Kohlenwasserstoffe um 80 und die Stickoxidanteile um rund 70 Prozent. Oxidationskatalysatoren lassen Stickoxide unbehelligt passieren.

Die Bezeichnung »geregelt« weist darauf hin, dass die Abgasemissionen, nicht so beim Oxi-Kat, während des Betriebs aktiv gemessen (Lambdasonde) und im Bereich des gesetzlich vorgegebenen Minimums justiert werden. Mit zunehmender Laufleistung verliert jeder Katalysator an Wirkung, doch bei intaktem Motormanagement sollte er schon für rund 160.000 Kilometer gut sein.

Misst den Restsauerstoffgehalt im Abgas – Lambdasonde

Um die Reaktionszeit der »Giftschnüffler« zu verkürzen, sitzen die Lambdasonden direkt im Abgaskrümmer und hinter dem Katalysator. Während die erste Sonde »lediglich« die Zusammensetzung des Kraftstoff-/Luftgemischs analysiert, checkt die zweite Sonde gleichermaßen den vorderen Katalysator und ihre vorgeschaltete »Kollegin«.

Dieses »Monitorsystem« ist Bestandteil der Opel On-Board-Diagnose (OBD), die im übrigen alle emissionsrelevanten Baugruppen und Funktionen überwacht und eventuell auftretende Systemfehler per Kontrollleuchte ins Cockpit »funkt«. Die »Zustandsberichte« der Lambdasonden wertet das elektronische Motormanagement als Basis für alle Betriebszustände aus: Abhängig von den Messwerten mixt der Bordrechner daraus die Zusammensetzung des Luft-/Kraftstoffgemischs. Das geschieht in rasch wechselnder Folge immer nach dem gleichen Schema: Luftüberschuss zur Verbrennung überflüssiger Kohlenwasserstoffe – Luftmangel zur Verringerung der Stickoxide. Die »geregelten« Abgase passieren den Katalysator und werden in seinem Innern zu Kohlendioxid, Wasserdampf und Stickstoff gewandelt.

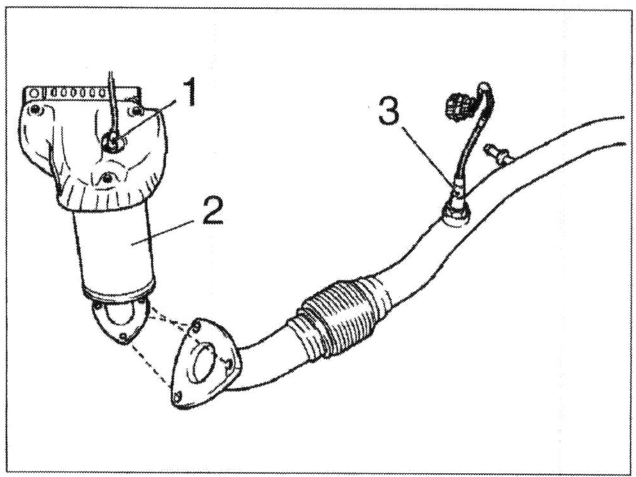

Immer im Doppelpack – Lambdasonden bei den Ottomotoren. *1 Lambdasonde Gemischregelung, 2 Katalysator, 3 Lambdasonde Katalysatorüberwachung.*

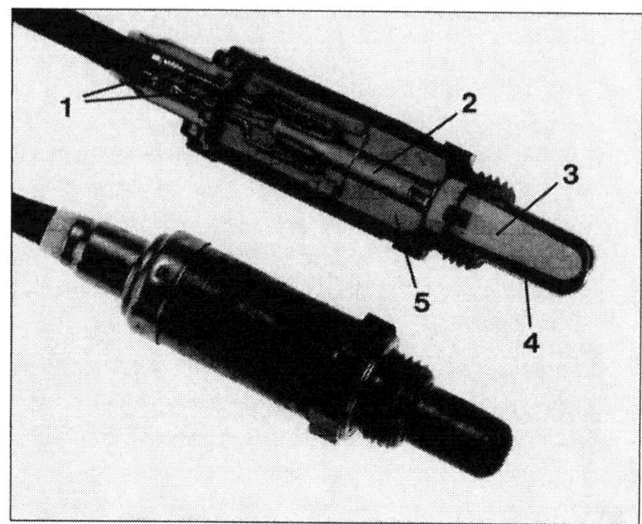

Steht in der Warmlaufphase unter Strom – beheizbare Lambda-Sonde. *1 Sondenanschlüsse, 2 Heizelement, 3 Keramikkörper, 4 Ummantelung, 5 keramischer Stützisolator.*

Säubern die Abgase – AGR und AIR

Ergänzt wird das System durch eine ebenfalls elektronisch geregelte lineare Abgasrückführung (AGR). Das AGR-System mischt, je nach Betriebszustand, bis zu 15 Prozent der Abgase in den Arbeitstakt ein. Dadurch sinken die Verbrennungstemperaturen und die Stickoxide.

Das AIR-System (**A**ir **I**njection **R**eactor) hat die Aufgabe, die Auslassventile während des Kaltstarts mit Frischluft zu »duschen«. Den Job übernimmt eigens ein Elektrolüfter. Das System »killt« einen Teil der Kohlenwasserstoffe (HC) und steigert die Abgastemperatur. Dadurch verkürzt sich auch die Reaktionszeit des Katalysators.

Arbeitstemperaturen des Katalysators

Katalysator und Lambdasonden müssen zunächst auf Betriebstemperatur kommen (ca. 300 °C) – vorher funktioniert das »Putzgeschwader« im Auspuff nicht. Die Lambdasonden heizen sich mit elektrischer Energie selber ein, den Kat bringen heiße Abgase in rund 25 – 80 Sekunden auf Temperatur. Auf allzu hohe Temperaturen reagieren die »Saubermänner« jedoch sehr empfindlich. Zum Beispiel dann, wenn sich unverbrannte Gemischrückstände im heißen Katalysator entzünden (Fehlzündungen). Dauertemperaturen um 1200 °C lassen Katalysatoren vorzeitig altern, oberhalb 1400 °C schmilzt der Keramikkörper und der Lambdasonde wird's auch zu heiß.

Mit »guten Ohren« entlarven Sie verschmolzene Katalysatoren leicht an zischelnden Auspuffgeräuschen – bedingt von einem überhöhten Abgasgegendruck – und am plötzlichen Leistungsverlust Ihres Wagens. Analysieren Sie gründlich den Hitzetod, ansonsten ist dem neuen Katalysator auch nur ein kurzes Leben beschieden und die Auslassventile Ihres Motors »verbrennen« gleichfalls binnen kurzer Zeit.

Achten Sie bei Ihrem Auto besonders beim Herunterschalten oder im Schiebebetrieb (längere Bergabfahrten) auf Fehlzündungen. Wenn's da im Auspuff knallt, »erschüttert« das den Katalysator bedrohlich – ergründen Sie die Ursache.

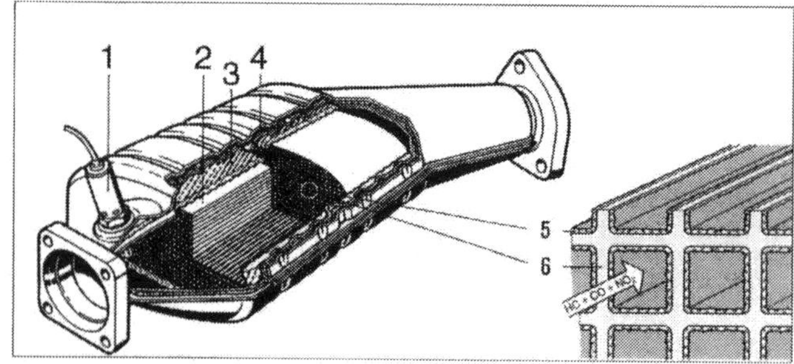

Säubert auf chemischem Weg bis zu 90 Prozent der Abgase: Geregelter Katalysator. *Aus 2 CO + O_2 wird 2 CO_2; aus 2 C_2H_6 + 7 O_2 wird 4 CO_2 + 6 H_2O; aus 2 NO + 2 CO wird N_2 + 2 CO_2. 1 Lambda-Sonde, 2 keramischer Monolith, 3 elastisches Metallgeflecht, 4 wärmegedämmte Doppelschale, 5 Platin-Rhodiumbeschichtung, 6 keramischer oder metallischer Trägerkörper.*

Dieselmotoren – Oxidationskatalysator und Abgasrückführung

Hinsichtlich Abgasentgiftung gehen beide Dieselmotoren andere Wege als ihre Kollegen aus dem Otto-Lager: Im Gegensatz zu denen »putzen« sie ihren Auspuff mit Oxidationskatalysatoren und »schieben« der Frischluft im Ansaugtakt jeweils einen exakt definierten Teil ihrer eigenen Abgase unter. Grund: Dieselmotoren arbeiten generell, also in jedem Lastbereich, mit Luftüberschuss ($\lambda > 1$). Und da Dreiwege-Katalysatoren erst ab einem Luft-/Kraftstoffverhältnis von 14,7 : 1 ($\lambda 1$) wirken, wär' der Filter an Dieselmotoren für die Katz'.
Dennoch, moderne Diesel sind keine »Giftspritzen«: Oxidationskatalysatoren wandeln das im Abgas befindliche Kohlenmonoxid (CO) und Kohlenwasserstoffverbindungen (HC) in Kohlendioxid (CO_2) und Wasser (H_2O) um. Was bleibt, sind unbehandelte Stickoxide (NO_x), die ein Oxidationskatalysator unbeachtet in die Atmosphäre entweichen lässt. Opel »killt« jene Stickoxide mit einem Abgasrückführungssystem. Die zugeführten Abgase senken die Verbrennungstemperaturen und »kurieren« somit ganz trickreich ein Selbstzünderproblem an der Wurzel: Je magerer das Kraftstoff-/Luftgemisch (Frischluftüberschuss) um so heißer die Verbrennung, und je heißer die Verbrennung um so mehr Stickoxide. Und da Abgase nun alles andere als »Sauerstofflieferanten« sind, verschlechtern sie mit ihren »Ballaststoffen« die Frischluft und senken somit künstlich die Verbrennungstemperatur.
Natürlich muss die Regelung sehr sensibel über die Bühne gehen – ansonsten würde der Diesel an seinem eigenen »Mief« ersticken. Damit das nicht passiert und das Mischungsverhältnis immer konstant bleibt, reagieren Abgasrückführungsventile gezielt auf das Vakuum im Ansaugtrakt.

Umgang mit dem Katalysator

- Wenn Ihr Auto wegen einer leeren Batterie nicht anspringt, verzichten Sie aufs Anrollen lassen, Anschieben oder Anschleppen. Dabei könnte unverbrannter Kraftstoff den Katalysator »fluten«, auf Dauer würde ihm das nicht bekommen.
- Zündaussetzer oder Fehlzündungen »verraten« Unregelmäßigkeiten an der Zündanlage. Gehen Sie schnellstens den Symptomen nach bzw. beordern einen Fachmann mit Messequipment an Ihren Wagen.
- Bevor Sie frischen Unterbodenschutz auftragen, »packen« Sie vorab den Katalysator gut ein, ansonsten könnte es unter dem Bauch nach getaner Arbeit zündeln.
- Kontrollieren Sie gelegentlich auch über dem Katalysator den Hitzeschutz auf Beschädigungen.
- Ein undichter Auspuff (verbrannte Dichtung, Hitzerisse, Rostschäden, etc.) vor der Lambdasonde verfälschen die Messwerte (erhöhter Sauerstoffanteil). Folglich reichert das elektronische Motormanagement das Gemisch an. Sie »sponsern« den Irrtum der Elektronik mit überhöhtem Kraftstoffverbrauch und vorzeitig alterndem Katalysator.

DIE KRAFT-ÜBERTRAGUNG

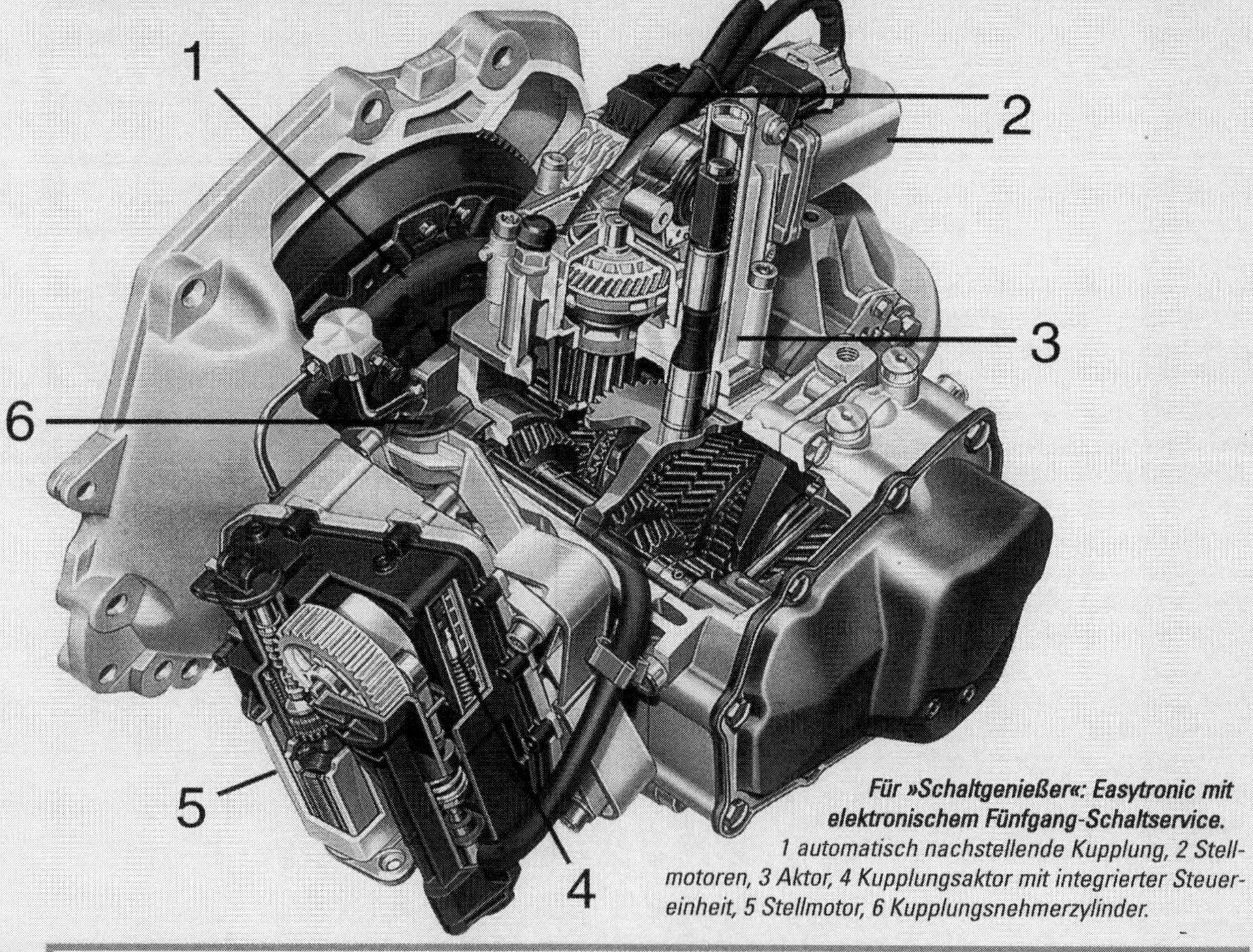

Für »Schaltgenießer«: Easytronic mit elektronischem Fünfgang-Schaltservice.
1 automatisch nachstellende Kupplung, 2 Stellmotoren, 3 Aktor, 4 Kupplungsaktor mit integrierter Steuereinheit, 5 Stellmotor, 6 Kupplungsnehmerzylinder.

Wartung

Reparatur

Wie viele Kilowatt ein Motor tatsächlich an die Antriebsräder schickt, hängt von Ihrem »Gasfuß« ab. Sobald allerdings das theoretische Leistungsangebot nicht mehr mit der Motordrehzahl bzw. der Momentangeschwindigkeit harmoniert, liegen »all die schönen Kilowatt« wie gelähmt an der Kette – in dem Moment sieht Ihr Gasfuß richtig »alt« aus. Grund: Jeder Verbrennungsmotor kann nur in einem ganz begrenzten Drehzahlfenster seinen Leistung abgeben. Den Zusammenhang zwischen Drehzahl und Leistung erhellen wir ihnen im Kapitel »Die Motoren«: Ab Seite 11 finden Sie die Leistungsdiagramme der Meriva-Motoren. Um zu erkennen, in welchem Drehzahlfenster die Antriebe Ihr größtes Durchzugsvermögen haben, vergleichen Sie den Verlauf der Drehmomentkurve mit dem der Motordrehzahl.

Theorie und Praxis – sparen mit Hintergrund

Theoretische Erkenntnisse allein bringen Ihren Wagen freilich nicht in Schwung: Sie müssen Ihr Wissen schon beherzt in die Praxis umsetzen. Sobald Sie Motordrehzahl und Geschwindigkeit mit dem richtigen Gang koordinieren, rollt Ihr Auto weder »lustlos« dahin, noch hängt es »nervös« am Gaspedal. Übrigens begreifen Sie Ihren womöglich neuen Fahrstil fortan nicht als nervendes Korsett, sondern als »Sprit sparende Herausforderung«, Ihren Wagen zügig mit der geringsten Motordrehzahl in einem möglichst hohen Drehmomentbereich zu fahren.
Sollten Sie unserer Empfehlung folgen, belohnen Sie sich automatisch mit »kleineren« Tankrechnungen: Bis zu 20 Prozent Minderverbräuche sind keine Seltenheit – und zwar ohne zu »trödeln«, bei Überholvorgängen zu »verhungern« oder »die Tachonadel in den Keller zu schicken«.
Und so klappt's garantiert:
Beschleunigen Sie zügig (Gaspedal etwa 2/3 durchtreten) und versuchen »Ihr Tempo« immer mit dem Gang zu koordinieren, der die Motordrehzahl möglichst nah an das maximale Drehmoment heranführt. Damit Sie Drehmoment und Geschwindigkeit effizient »unter einen Hut« bringen, haben Sie ab Werk die Qual der Wahl. Neben der manuellen Fünfgang-Schaltung verkuppelt Opel die beiden ECOTEC Ottomotoren auch mit einem automatisierten Fünfgang-Schaltgetriebe (Easytronic®).

Übersetzungen für die Zugkraft

Damit Ihr Wagen aus dem Stand »leichtfüßig« beschleunigt, sind die Antriebsräder auf ein möglichst großes Drehmoment angewiesen. Wie allerdings die Leistungskurven der Benziner belegen, unterhalb zwölfhundert Umdrehungen ist es damit noch nicht so ganz weit her. Darum erleichtert der erste Gang, mit einer »Übersetzung ins Langsame«, den Ottomotoren relativ schnell Drehzahl anzunehmen. Bei eingelegtem fünften Gang verhält es sich genau umgekehrt: Hier wird eine »Übersetzung ins Schnelle« wirksam. In Kombination mit Dieselmotoren und beim Easytronic® Getriebe senkt bereits der vierte Gang die Motordrehzahl, denn im Vergleich zur Drehzahl an den Antriebsrädern dreht der Motor jetzt gemächlicher hoch. Anders ausgedrückt: Das Getriebe variiert die Motordrehzahl immer zur gewünschten Drehzahl an den Antriebsrädern.

Trennt Motor und Getriebe vor jedem Gangwechsel – die Kupplung

In Autos mit manuellem Schaltgetriebe unterbricht die Kupplung während jedes Anfahr- oder Schaltvorgangs den Kraftfluss zwischen Motor und Getriebe. Ihre Existenz ermöglicht weiche Anfahrvorgänge und ruckfreie Gangwechsel.

»Letzte Instanz« vor den Antriebsrädern – der Achsantrieb

Als »letzte Instanz« auf dem Weg zu den Antriebsrädern passiert das Motordrehmoment den Achsantrieb. Die vom Getriebe »angelieferten Drehzahlen« übersetzt der Achsantrieb ins »Langsamere«, er steigert damit das Drehmoment und verteilt die Kraft möglichst gleichmäßig an die Antriebsräder.

Die Kupplung

Im Meriva arbeitet eine Einscheiben-Trockenkupplung – eine gleichermaßen einfache und zweckmäßige Konstruktion. Für Do it yourselfer hat die Trockenkupplung freilich den Nachteil, dass ihre Verschleißteile, Mitnehmerscheibe, Kupplungsdruckplatte gleichwie das Ausrücklager, nicht ohne weiteres zugänglich sind. Um eine Kupplung komplett in die »Finger« zu bekommen, müssen Hobbyschrauber zunächst das Getriebe vom Motor trennen: Eine Arbeit, die solides Know-how und Spezialwerkzeuge erfordert. Falls Sie da für sich und auf Ihrer Werkbank Defizite erkennen sollten, überlassen Sie den Job besser einer Fachwerkstatt.

Die wichtigsten Kupplungskomponenten

Motorschwungscheibe: Drehfest mit der Kurbelwelle verschraubt.
Kupplungsscheibe (Mitnehmerscheibe): Sitzt axial verschiebbar und verdrehfest auf der Getriebeeingangswelle. Auf beiden Seiten einer »Stahlscheibe« sind Reibbeläge aufgenietet. Die Außendurchmesser der Kupplungsscheibe sind, abhängig von der Motorisierung, unterschiedlich dimensioniert.
Kupplungsdruckplatte (Kupplungsautomat): Drehfest mit der Motorschwungscheibe verschraubt. Presst die schwimmend gelagerte Kupplungsscheibe über eine Tellerfeder gegen die Schwungscheibe. Beim Easytronic® Getriebe kommen Kupplungsdruckplatten mit verschleißnachstellender Tellerfederung (SAC) zur Anwendung. Opel konstatiert ihnen, über den gesamten Verschleißbereich, konstante Ausrückkräfte.

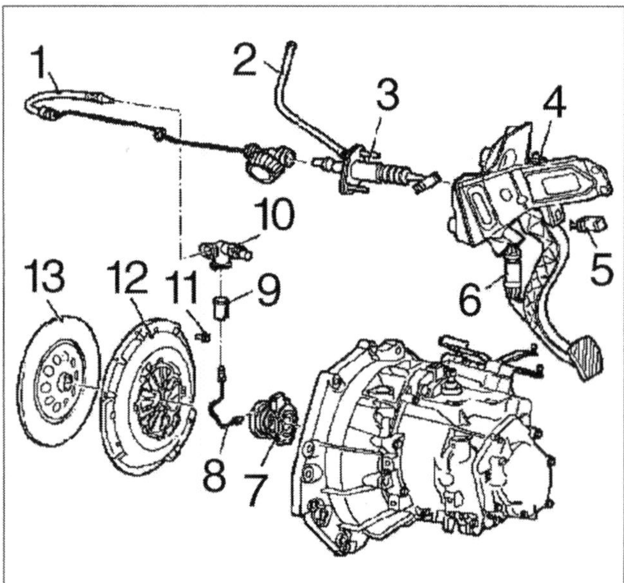

Die Meriva-Kupplung im Detail: *1 Druckleitung, 2 Zulaufschlauch, 3 Kupplungsgeberzylinder, 4 Kupplungspedal, 5 Kupplungskontrollschalter, 6 Feder, 7 Zentralausrückung, 8 Kupplungsnehmerzylinder-Druckleitung, 9 Befestigungshülse, 10 Druckleitungsanschlussstück, 11 Schrauben, 12 Druckplatte, 13 Kupplungsscheibe.*

Ausrücklager: Sitzt axial verschiebbar auf der Ausrückwelle und überträgt die vom Kupplungspedal erzeugte Druckkraft hydraulisch auf die Tellerfeder der Kupplungsdruckplatte. Das entlastet die Druckplatte, so dass die Mitnehmerscheibe »frei« zwischen Kupplungsdruckplatte und Motorschwungscheibe dreht. Bei allen Meriva-Modellen ist das Ausrücklager direkt in den zentralen Kupplungsnehmerzylinder integriert.
Nachstellautomatik. Im Meriva regelt das Kupplungspedalspiel – bis zur Verschleißgrenze – eine hydraulische Nachstellautomatik. Folglich können Sie, sobald die Kupplung rutscht, getrost von normalem Verschleiß ausgehen. Nur in Ausnahmefällen klemmt das Vordruckventil der Kupplungshydraulik oder einer der beiden Radialwellendichtringe (Kurbelwelle, Getriebeeingangswelle) ist undicht und »schmiert« die Kupplung Tröpfchen für Tröpfchen mit Getriebe- oder Motoröl ab. Um die Leckage zu beseitigen, müssen Sie das Getriebe demontieren, die Schwungscheibe samt Druckplatte zumindest entfetten (Waschbenzin, Bremsenreiniger) und die Kupplungsscheibe erneuern.

Schnell erledigt – Kupplung checken

Eine verschlissene (schleifende) Kupplung erkennen Sie untrüglich, wenn Sie Ihren Meriva im höchsten Gang beschleunigen oder im Gebirge unterwegs sind. Der Motor dreht dann nämlich hoch, ohne dass Sie auch nur einen Deut schneller unterwegs wären. Um rechtzeitig davor gewarnt zu sein, testen Sie die Kupplung besser schon zu Hause vor Ihrem »Werkstatttor«. Allerdings nur bei berechtigten Verdachtsmomenten, denn der Kupplung wird's bei dem Test mächtig heiß. Bevor Sie »loslegen«, halten Sie gebührenden Abstand vom Garagentor oder sonstigen Hindernissen.

1 Ziehen Sie die Handbremse an und starten den Motor. Treten Sie hernach die Kupplung, legen den 3. Gang ein und versuchen mit »normalem Gas« anzufahren.

2 Eine einwandfrei funktionierende Kupplung »würgt« den Motor bereits im ersten Viertel des zurückkommenden Kupplungspedals ab.

3 Falls nicht und der Motor brummt »unbeeindruckt« weiter, ist die Kupplung verschlissen.

Gut zu wissen – trennt die Kupplung vollständig?

Wenn beim Heraufschalten »Kratzgeräusche« hörbar werden, trennt häufig die Kupplung nicht vollständig. Verschaffen Sie sich mit der Rückwärtsgangprobe Gewissheit, der Check »entlarvt« übrigens auch mögliche Getriebeschäden.

Arbeitsschritte  

1 Lassen Sie den Motor mit Standgas laufen, ...

2 ... treten das Kupplungspedal für etwa drei Sekunden voll durch und legen dann gefühlvoll den Rückwärtsgang ein. Wenn Sie dabei besagte Kratzgeräusche wahrnehmen, trennt die Kupplung unsauber, evtl. klebt die Mitnehmerscheibe zwischen Kupplungsautomat und Schwungscheibe.

3 Bevor Sie freilich an Getriebedemontage und Kupplungsreparatur denken, lassen Sie die Nachstellautomatik noch einmal in einer Fachwerkstatt checken.

Praxistipp: Schalten ohne zu kuppeln

Mit etwas Geduld und feinfühligem Umgang mit Schalthebel und Gaspedal schalten Sie das Getriebe Ihres Autos auch, ohne zu kuppeln. Wichtig zu wissen – zum Beispiel für den Fall, dass unterwegs die Kupplungshydraulik »leckt« (Kupplungsgeber-/Nehmerzylinder undicht, Schlauch geplatzt, Luft im Hydrauliksystem). Um Ihren Wagen dann nicht unfreiwillig am Straßenrand parken zu müssen, beherzigen Sie unsere Tipps, Sie erreichen dann »locker« auch ohne Kupplung ein nahes Ziel oder die nächste Werkstatt.

Anfahren, ohne zu kuppeln: Motor aus. 1. Gang einlegen, Anlasser betätigen. Ihr Auto »ruckelt« los. Erst sobald der Motor läuft, geben Sie etwas Gas. Wenn Sie während der Fahrt partout nicht schalten möchten, dann legen Sie zum Anfahren in der Ebene sofort den 2. Gang ein.

Hochschalten, ohne zu kuppeln: 1. Gang nur knapp über Leerlaufdrehzahl hinausdrehen (ca. 1.200 min.$^{-1}$). Gas etwas zurücknehmen, Schalthebel sachte über Leerlaufstellung »vor« den 2. Gang ziehen. Wenn der Gang klemmt, geben Sie dem Motor einen gefühlvollen Gasstoß und ziehen gleichzeitig den Schalthebel vorsichtig in den 2. Gang. Bei synchroner Drehzahl von Motor und Getriebe rutscht der Gang dann fast von selbst hinein. Sollten Sie mit dem Schalten zu lange gewartet haben, geben Sie etwas Gas, der Gang »spurt« dann ohne knirschende Zahnräder ein. War das erfolglos, halten Sie nochmals an und versuchen Ihr »Glück« erneut. Alle weiteren Gänge schalten Sie auf die gleiche Weise hoch. Bei niedrigen Geschwindigkeiten »flutscht« der Schalthebel am schnellsten von einem Gang in den anderen: In den 3. Gang wechseln Sie bei etwa 30 km/h, in den 4. bei rund 40 km/h und in den 5. schon bei 50 km/h.

Herunterschalten, ohne zu kuppeln: Klappt am besten bei geringen Motordrehzahlen und Geschwindigkeiten. Zuerst Fuß vom Gas und fast synchron den Gang herausnehmen und im Leerlauf verweilen. Jetzt geben Sie behutsam Gas und drücken den Schalthebel gleichzeitig »vor« den kleineren Gang. Halten Sie den Druck aufrecht, bei richtiger Motordrehzahl spuren die Zahnräder lautlos ein. Verfahren Sie in allen Gängen nach dem gleichen Schema.

Praxistipp: Die »Kupplungsmörder«

Der zweifelhafte Ruf des Kupplungsmörders eilt jenen Automobilisten voraus, die ihr Gefährt ganz gemächlich mit »heulendem Motor« und schleifender Kupplung in Fahrt bringen: Kupplungsmörder inszenieren mit ihrem »schweren« Kupplungsfuß regelmäßig »heiße« Dramen zwischen den Reibbelägen der Kupplungsscheibe, der Druckplatte und der Schwungscheibe. Denn im Umfeld einer schleifenden Kupplung entstehen Temperaturen, die der Kupplungsscheibe und der Druckplatte schnell den Garaus bereiten. Fahrer die ihren Kupplungsfuß während der Fahrt ständig auf dem Kupplungspedal »parken«, bezahlen ihre Bequemlichkeit gleichermaßen mit erhöhtem Verschleiß. Eine weitere Unsitte von Kupplungsmördern: Anstatt den Leerlauf einzulegen und die Handbremse (Feststellbremse) anzuziehen, halten Sie ihr Auto vor roten Ampeln oder an Steigungen mit eingelegtem ersten Gang, Kupplungs- und Gaspedal in der »Waage«. Da »bedankt« sich nicht nur die Kupplung, sondern auf Dauer auch das Ausrücklager sowie das Passlager der Kurbelwelle. Wenn Sie nicht mit Kupplungsmördern sympathisieren, kuppeln Sie vor roten Ampeln generell aus und legen den ersten Gang erst dann ein, wenn die Ampel auf Gelb schaltet. Und während der Fahrt parken Sie Ihren Kupplungsfuß – zwischen den Gangwechseln – neben und nicht auf dem Kupplungspedal.

Kupplung

Störungsbeistand

Störung	Ursache	Abhilfe
A Kupplung rutscht.	**1** Nachstellautomatik defekt; Systemvordruck zu hoch (Vordruckventil klemmt).	Ggf. zentralen Kupplungsnehmerzylinder mit Ausrücklager ersetzen; Vordruckventil erneuern.
	2 Kupplungsbeläge verschlissen.	Mitnehmerscheibe erneuern lassen.
	3 Anpressdruck der Kupplung zu gering.	Kupplungsdruckplatte erneuern lassen. Mitnehmerscheibe gleich mit erneuern lassen.
	4 Kupplungsbelag verölt.	Radialwellendichtring an Kurbel- oder Getriebeeingangswelle undicht. Verschlissenen Dichtring erneuern lassen.
	5 Kupplung überhitzt.	Motorschwungscheibe prüfen, ggf. planschleifen, Kupplung komplett erneuern.
B Kupplung trennt nicht.	**1** Siehe A1.	
	2 Kupplungsgeber- oder Kupplungsnehmerzylinder defekt.	Defekten Zylinder auswechseln lassen.
	3 Luft im Hydrauliksystem.	Flüssigkeit ergänzen; Kupplung entlüften lassen.
	4 Mitnehmerscheibe klemmt auf Getriebewelle.	Kerbverzahnung gründlich reinigen und leicht einfetten.
	5 Mitnehmerscheibe hat Schlag.	Mitnehmerscheibe ersetzen lassen.
	6 Mitnehmerscheibe verzogen oder Belag gebrochen.	Mitnehmerscheibe ersetzen lassen.
	7 Belag nach langer Standzeit an Schwungscheibe festgerostet.	Anfahren, wie unter »Fahren ohne zu kuppeln« beschrieben. Kupplungspedal dauernd durchgetreten halten. Gaspedal ruckartig durchtreten und loslassen, um die Kupplung loszubrechen. Andernfalls schadhafte Teile wechseln lassen.
C Kupplung trennt nicht und rutscht gleichzeitig durch.	Kupplungsautomat defekt.	Auswechseln lassen.
D Kupplung rupft.	**1** Siehe A3.	
	2 Motor- oder Getriebeaufhängung locker oder defekt.	Motor- oder Getriebeaufhängung festziehen bzw. ersetzen.
	3 Unebenheiten auf Schwungscheibe oder Druckplatte.	Defektes Teil ersetzen lassen.
	4 Falsche Beläge. Torsionsdämpfer verschlissen.	Mitnehmerscheibe erneuern lassen.
E Kupplungsgeräusche.	**1** Unwucht der Kupplungsdruckplatte bzw. Mitnehmerscheibe.	Defektes Teil ersetzen lassen.
	2 Torsionsdämpferfeder defekt.	Mitnehmerscheibe ersetzen lassen.
	3 Ausrücklager defekt.	Zentralen Nehmerzylinder mit integriertem Ausrücklager ersetzen lassen.
	4 Verbindungselemente im Kupplungsautomaten verschlissen.	Kupplungsautomat erneuern.

Das Fünfgang-Schaltgetriebe

Meriva-Modelle mit manueller Schaltung, gleichwie die »Easytronic®-Ableger«, besitzen ein mechanisches Fünfganggetriebe: Opel nennt die Getriebe kurz und knapp »F13«, »F17« und »F23«. Die Vorwärtsgänge des Getriebe-Trios sind synchronisiert. Nur in Kombination mit dem 74 kW/100 PS starken Selbstzünder (1,7 CDTI) ist das »Schaltgestänge« im Meriva ein Seilzug und somit »akustisch« vom Antriebsstrang entkoppelt. Vorteil: Das Getriebe lässt sich präziser schalten und verursacht weniger Geräusche und Schwingungen.

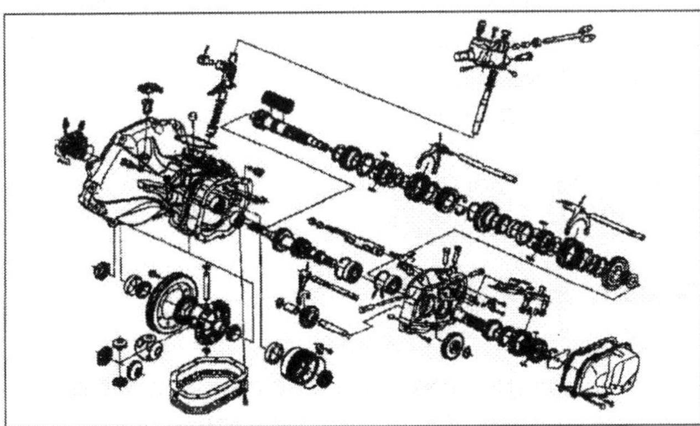

»Schräubchenkunde«: Das F17-Getriebe im Detail.

Kombiniert den Komfort von Getriebeautomaten mit dem Wirkungsgrad mechanischer Schaltgetriebe – die Easytronic®

Die Easytronic® verquickt »fast« den Bedienkomfort einer modernen Automatik mit dem Wirkungsgrad eines mechanischen Schaltgetriebes. Drei elektrische Stellmotoren legen sich dafür ins Zeug: Motor 1 bedient die Kupplung, die Motoren 2 und 3 »verkuppeln« die einzelnen Gangräder miteinander. Im Team schaffen die Drei das in durchschnittlich 300 Millisekunden – in Höchstform gelingt dem Trio sogar in 240 Millisekunden ein Gangwechsel.
Da die Easytronic® Ihnen lediglich im Automatikmodus den regelmäßigen Griff zum Schalthebel erspart, ansonsten jedoch wie ein mechanisches Schaltgetriebe arbeitet, liegt der mechanische Wirkungsgrad – wie bei einem modernen Schaltgetriebe – deutlich über 90 Prozent.

Datenhighway – CAN Bus im Meriva

Um möglichst schnelle und effiziente Datentransfers zwischen dem Zentralrechner und seinen »Abhängigen«, zum Beispiel der Easytronic®, zu realisieren, setzt Opel im Meriva auf einen CAN Bus. Die Möglichkeiten, große Datenmengen in Sekundenbruchteilen via Bus zu transferieren, lässt den Meriva-Machern bei der Software weitgehend freie Hand.
Bei der Easytronic® wird zu jedem Schaltvorgang das Motordrehmoment etwas zurückgenommen – Easytronic® arbeitet hier ähnlich wie eine Wandlerautomatik. Das »Spiel hinter den Kulissen« verwöhnt Easytronic®-Fahrer mit einem weichen und komfortablen Gangwechsel. »Knallhart« reagiert die Easytronic® dagegen auf Kickdown-Befehle: Wenn's denn sein muss, überspringt sie sogar mehrere Gangstufen – beispielsweise vom fünften direkt in den zweiten Gang.
Meriva-Fahrer, die zum Schalten selbst Hand anlegen möchten, kommen mit Easytronic® nicht zu kurz: Sie wählen das entsprechende Programm und müssen dann lediglich kurz den Schalthebel antippen (zum Raufschalten nach vorne und zum Runterschalten kurz nach hinten) – das »Restprogramm« bewerkstelligen die drei Elektromotoren. Mehrmaliges Tippen führt Sie auf direkten Weg in den gewünschten Gang.

Schließt Fehlbedienung aus – Steuerelektronik

***»Taktstock«:** Am Schalthebel der Easytronic leiten Sie Gangwechsel manuell und automatisch ein – der Meriva reagiert dann auf Knopf- bzw. Hebeldruck.*

Doch keine Angst – Easytronic® »verzeiht« Ihnen unbewusste Bedienungsfehler, auch im Winter auf rutschigen Straßen: Sobald Sie »atypisch« zwischen den Gängen jonglieren und die Drehmoment- und Leistungskurve damit überfordern würden, sperrt sich der Bordrechner und veranlasst die Steuerelektronik so vorzugehen, dass der Motor im besten »Drehzahlfenster« läuft – die Easytronic® »regelt das dann für Sie«.

So arbeiten manuelle Schaltgetriebe

Die Motorleistung gelangt via Kupplung auf die Getriebeantriebswelle (Eingangswelle) mit ihren schräg verzahnten Gangrädern. Die passenden Pendants dazu sitzen allesamt auf der Abtriebswelle. Als »Pärchen« stehen zwar alle Gangräder in ständigem Kontakt zueinander, »fest verkuppelt« ist jedoch immer nur ein Gangradpaar.

Zahnräder und Wellen

Bis die Gangräder der Hauptwelle »festen Kontakt« zu ihren Konterparts auf der Vorgelegewelle aufnehmen, rotieren sie frei ineinander. Erst wenn ein Gang eingelegt wird, ist das betreffende Zahnradpaar kraftschlüssig miteinander verbunden. Der Schalthebel wirkt nämlich auf eine Schaltgabel, die über eine Schiebemuffe den Kraftschluss der Gangräder einleitet. Damit die Zahnräder während des Schaltvorgangs geräuschlos und schnell zueinander finden, bringen Synchronringe die Getriebewellen auf gleiche Drehzahl: Dazu »bremsen« sie die schnellere Welle in einem Anlaufkonus so lange ab, bis die Schiebemuffe das »neue Gangradpärchen« geräuschlos miteinander verkuppelt.

Die ersten drei Gänge transferieren die Motordrehzahl ins Langsamere. Erst ab der vierten/fünften Fahrstufe drehen die Antriebsräder dann »schneller« als der Motor. Experten sprechen in dem Fall von einem »lang« übersetzten Getriebe. Opel unterstreicht und nutzt damit die »bewusst defensive« Leistungscharakteristik der ECOTEC-Motoren: Lang übersetzte Getriebe schonen den Motor und senken, vornehmlich auf Langstrecken, den Kraftstoffverbrauch.

Erst mit drei Zahnrädern komplett – Rückwärtsgang

In allen Vorwärtsgängen sind grundsätzlich zwei Zahnräder im Spiel. Lediglich der Rückwärtsgang bemüht ein Zahnradtrio. Das dritte Zahnrad, auch Zwischenrad genannt, läuft unbelastet auf einer eigenen Welle. Es wird immer dann kraftschlüssig, wenn es gilt, zur Rückwärtsfahrt eine Drehrichtungsänderung der Abtriebswelle zu bewirken.

Selten akut – Schaltgestänge oder Seilzug einstellen

Sobald die Gänge haken oder nicht mehr richtig einrasten, ist an Neuwagen erfahrungsgemäß die Schaltbetätigung falsch justiert (Garantiefall für die Werkstatt). Beim »großen Diesel« mit Seilzugschaltung sind's dann meistens die Schaltzüge – sie längen sich erfahrungsgemäß etwas und wirken demzufolge weniger Präzise auf die inneren Getriebeschaltgestänge ein. An den anderen Modellen »mucken« meistens die Gelenke und Lagerbuchsen des Schaltgestänges. Einerlei – hier wie dort ist das technisch keine große Aktion. Denn in den meisten Fällen können Sie Gestänge und Züge wieder auf Kurs bringen. Überprüfen Sie allerdings vor Arbeitsbeginn, ob die Schaltbetätigung nicht verbogen oder die Lagerstellen nicht übermäßig ausgeschlagen sind.

Arbeitsschritte  

außer Z17 DTH

1. Ziehen Sie die Handbremse an und …
2. … bocken den Vorderwagen rüttelsicher auf. Falls vorhanden demontieren Sie noch die untere Motorabdeckung.
3. Dann lösen Sie die Klemmschraube an der Getriebeschaltwelle 1 unter dem Wagen um ca. zwei Umdrehungen.

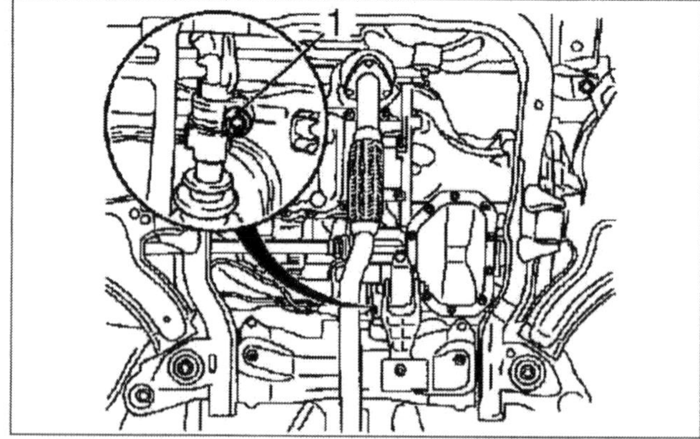

Um zwei Umdrehungen lösen – Klemmschraube an der Getriebeschaltwelle.

4. Im nächsten Schritt »befreien« Sie den Schalthebel vom Faltenbalg und …
5. … schwenken den Hebel nach links und fixieren ihn per Dorn 1 im Getriebegehäuse.

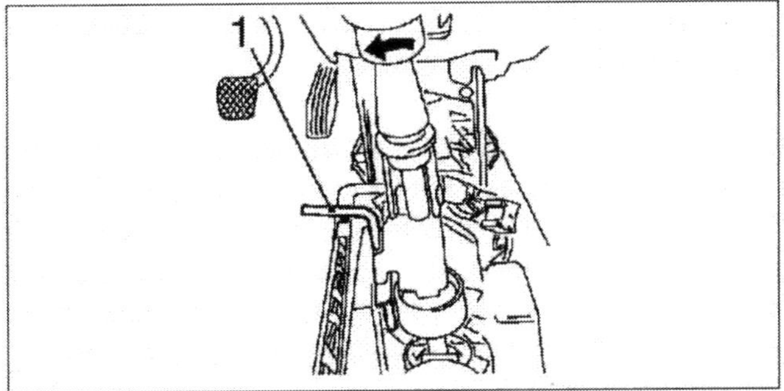

Mit einem Dorn im Getriebegehäuse fixieren – Schalthebel.

[6] Lassen Sie jetzt den Arretierstift 1 in die Einstellbohrung der Schaltumlenkung einrasten. Dazu verdrehen Sie die Schaltstange nach links (Richtung Rückwärtsgang). Übrigens, besagter Arretierstift sitzt im Motorraum, in Fahrtrichtung vor der »Schaltwippe«.

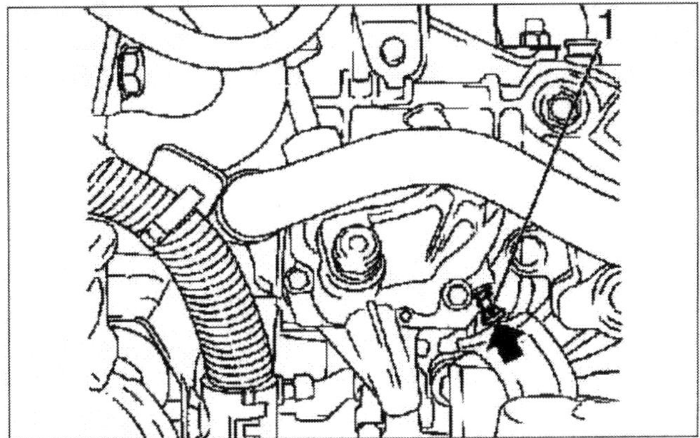

Am Getriebe mit Arretierstift blockieren – Schaltgestänge.

[7] Sobald der Arretierstift »sitzt«, ziehen sie die Klemmschraube der Schaltumkehrung mit 12 Nm plus einer »guten« halben Umdrehung an und ...

[8] ... entsperren dann den Schalthebel.

[9] Den Arretierstift können Sie getrost vergessen: Er löst sich automatisch bei der ersten Schaltbewegung in Richtung »R«.

[10] Beenden Sie die Montage in umgekehrter Reihenfolge und schalten sämtliche Gänge der Reihe nach durch.

[11] Eventuell müssen Sie die Einstellung erneut korrigieren. Gehen sie dann präzise der Reihe nach vor.

nur Z17 DTH

[1] Ziehen Sie die Handbremse an, legen den Leerlauf ein, ...

[2] ... streifen dann, wie beschrieben, den Faltenbalg vom Schalthebel und ...

[3] ... lösen mit einem Schraubendreher die Schaltzüge an den Klemmstücken 1 und 2 so weit, bis Sie den »Widerstand« 3 spüren.

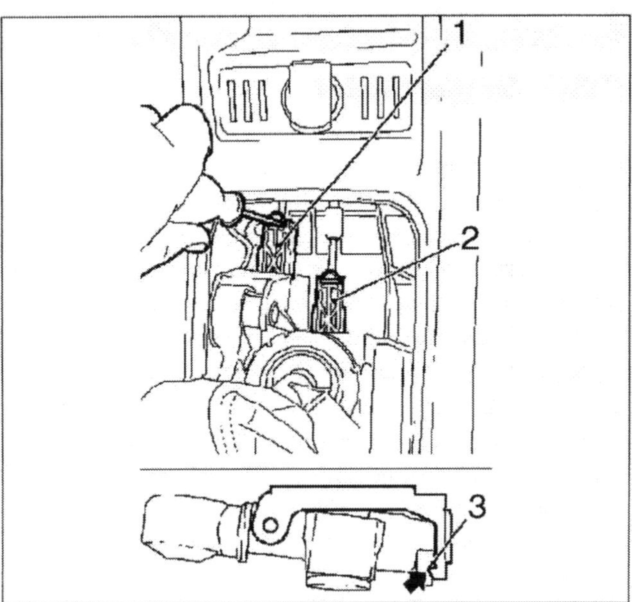

Per Schraubendreher bis zum Widerstand entriegeln – Schaltzüge an den Klemmstücken.

[4] Erst jetzt können Sie den Schalthebel mit der Klammer 1 blockieren.

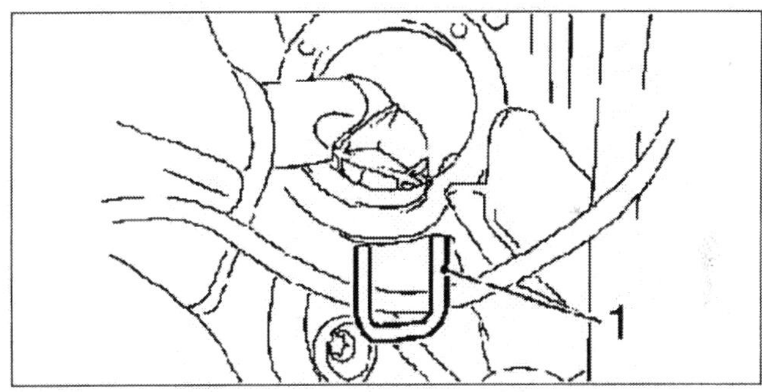

Mit Sperrklotz am Halter blockieren – Schalthebel.

[5] Anschließend drücken Sie die Verriegelungen 1 und 2 in Pfeilrichtung herunter und befestigen die Schaltzüge.

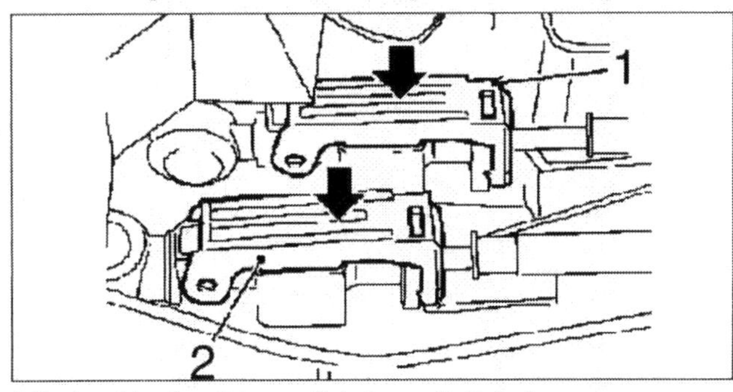

Mit den Verriegelungen fixieren – Schaltzüge.

[6] Erledigt? Dann lösen Sie die Schalthebelarretierungen und ...

[7] ... beenden die Montage in umgekehrter Reihenfolge.

Getriebeölstand prüfen und ergänzen

Moderne Getriebeöle halten mittlerweile ein »Getriebeleben« lang – auch im Meriva. Solange er also keine großen Getriebeöllachen unter sich lässt, vergessen Sie unseren Wartungshinweis getrost. Übrigens: Leichter Ölnebel an der Getriebeentlüftung ist völlig normal. Wenn Sie dort freilich dicke Tropfen entdecken, schrauben Sie das Röhrchen ab und blasen es mit Druckluft von unten nach oben frei. Checken Sie anschließend den Ölpegel im Getriebe und ergänzen die eventuelle Fehlmenge. Sollte Ihr Meriva freilich zum turnusmäßigen Check regelmäßig die Werkstatt von innen sehen, erledigen das ohnehin die »Blaumänner« für Sie.

Wichtig für Funktion und Lebensdauer – das richtige Getriebeöl

Synthetische Mehrbereichsöle halten die Innereien der Meriva-Getriebe bei Laune. Für den Fall, dass Sie nach einer Reparatur, beispielsweise nach dem Austausch einer Antriebswelle, den Ölstand ergänzen müssen, bleiben Sie unbedingt der gleichen Ölqualität treu. Fragen Sie Ihren Opel-Händler – er hat die entsprechenden Schmiersäfte am Lager. Allerdings zum Einfüllen des zähflüssigen Getriebeöls müssen Do it yourselfer ohne professionelles Equipment mit viel Geduld gesegnet sein: Werkstätten arbeiten mit speziellen Saugdruckpumpen, die den Schmiersaft aus 50-Liter-Fässchen direkt ins Getriebe »heben«.
Kleinere Fehlmengen können Sie durchaus effizient mit Hilfe einer Spritzölkanne und Verlängerungsschlauch ergänzen. In den Schaltgetrieben sollte der Ölpegel etwa 10 – 15 Millimeter unter der Einfüllöffnung stehen.

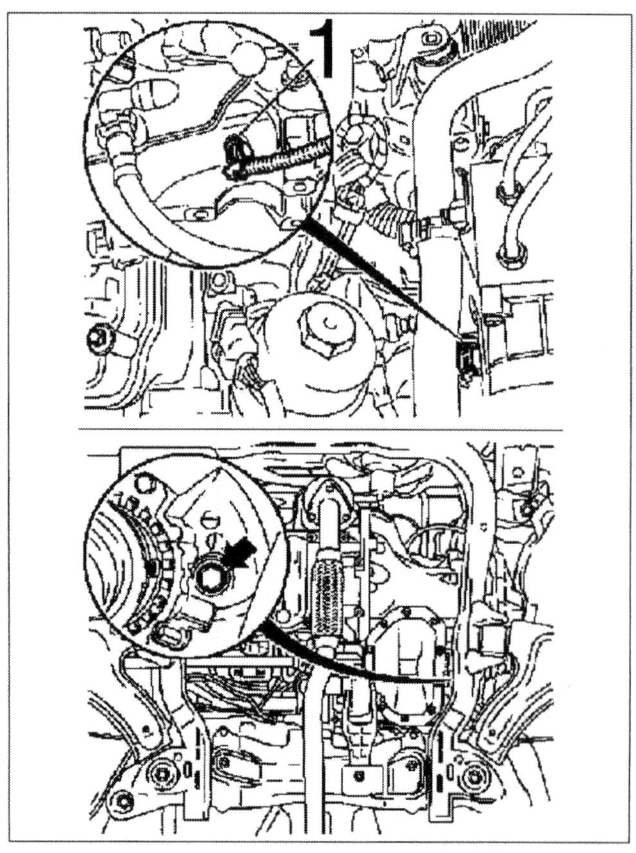

Nur zur Kontrolle öffnen: *Kontrollschraube am F13/F17-Getriebe (Pfeil). Falls erforderlich, ergänzen Sie das Getriebeöl über den Rückfahrscheinwerferschalter 1.*

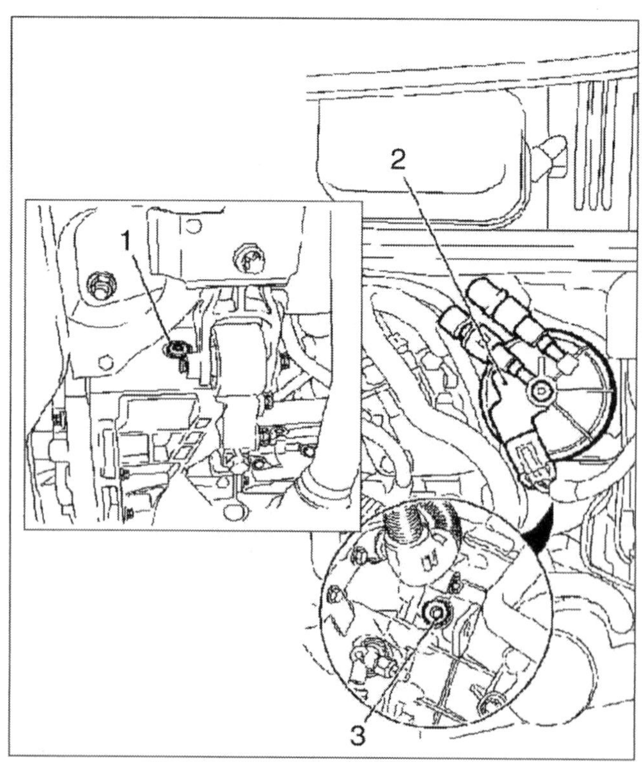

Ölkontrolle am Beispiel F23-Getriebe: *Zunächst demontieren Sie den Kraftstofffilter 2. Dann öffnen Sie die Kontrollschraube ! und ergänzen, falls erforderlich, die Fehlmenge über die Nachfüllöffnung 3.*

Getriebegeräusche Praxistipp

Heul- oder Mahlgeräusche in nur einer Fahrstufe deuten erfahrungsgemäß auf verschlissene Gangräder oder Gangradlager hin. Laufgeräusche in allen Gängen sind meistens ein Indiz für Verschleißspuren im Achsantrieb oder in den Getriebelagern. Kratzgeräusche, die während der Schaltvorgänge auftreten, verraten verschlissene Synchronringe oder eine »klebende« Kupplungsscheibe. Besonderem Verschleiß unterliegen die Synchronringe in den unteren Gangstufen – hier sind die Drehzahldifferenzen zwischen den Gangradpaaren besonders groß.

Der Achsantrieb

Das Getriebe und der Achsantrieb mitsamt Differenzial sitzen in einem gemeinsamen Gehäuse. Die vom Motor ans Getriebe geleitete Kraft erreicht über ein kleines und ein großes Zahnrad (Achsantriebsrad) den Achsantrieb. Das Achsantriebsrad ist mit dem Differenzialgehäuse verschraubt. Die Antriebswellen stellen letztendlich die kraftschlüssige Verbindung zwischen Achsantrieb und Radnabe her.

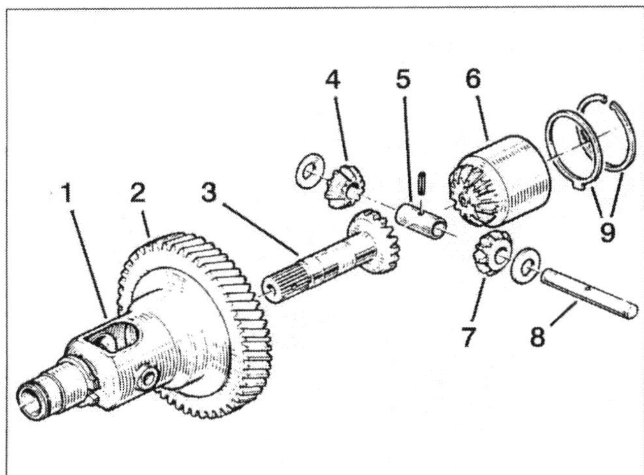

Im Getriebegehäuse installiert: Der Achsantrieb.
1 Differenzialgehäuse, 2 Tellerrad, 3 Getriebeausgangswelle, 4 und 7 Satelliten-Kegelräder, 5 Distanzhülse, 6 Planetenrad, 8 Satellitenachse, 9 Distanz- und Sicherungsring.

Wenn die Antriebswelle Geräusche macht Praxistipp

Die Lebensdauer der Antriebswellen hängt natürlich auch von Ihrer Fahrweise ab. Vermeiden Sie Sprintstarts mit durchdrehenden Antriebsrädern und erst recht mit eingeschlagenen Vorderrädern. Geräusche, die einen Defekt signalisieren, treten erfahrungsgemäß von jetzt auf gleich auf. Lassen Sie sich nicht täuschen – auch wenn die Geräusche für eine geraume Zeit wieder verschwinden – inspizieren Sie die Wellen akribisch.

- Rhythmische Schlag- oder Knack-knack-knack-Geräusche, die während der Beschleunigung oder im Schiebebetrieb auftreten (können sich beim Lenkeinschlag verändern), entlarven ein defektes Gelenk an der Radseite.
- Sollte Ihnen – während der Kurvenfahrt – Ihr Lenkrad kräftig in die »Hand schlagen«, gehen Sie gleichfalls von einem defekten äußeren Antriebswellengelenk aus.
- Beim Anfahren mit eingeschlagenen Vorderrädern verraten Knackgeräusche auch defekte Antriebswellen. Merke: Verschlissene Radlager zeigen häufig die gleichen Symptome.

Antriebswellenmanschetten checken

Arbeitsschritte  

1 Bocken Sie den Vorderwagen rüttelsicher auf und ...

2 ... kurbeln das Lenkrad von Anschlag zu Anschlag. Das jeweils »kurvenäußere« Rad drehen Sie mit der Hand und inspizieren dabei die äußeren Manschetten auf feine Risse und glänzende Stellen. Wenn sich erst Schmutz und Feuchtigkeit einnisten, dauert es nicht mehr lange, bis das Gelenk schrottreif ist. Zur Kontrolle der inneren Manschetten legen Sie sich unter den Vorderwagen. Ein Assistent dreht dann langsam an den Rädern.

3 Prüfen Sie gleichfalls den Sitz der Spannbänder.

4 Fettspuren an den Manschetten sind ein untrügliches Indiz: Gehen Sie ihnen auf den Grund und dichten die Manschette(n) schnellstmöglich wieder ab. Andernfalls haben Sie es bald mit einem zerstörten Antriebsgelenk zu tun. Die Gelenke sind ab Werk mit rund 100 Gramm Spezialfett befüllt – zu einem Manschettentausch reichen 60 Gramm MoS2-Fett aus. In Opel-Werkstätten kommt Fett mit der Teilenummer »90007999« an die Gelenke.

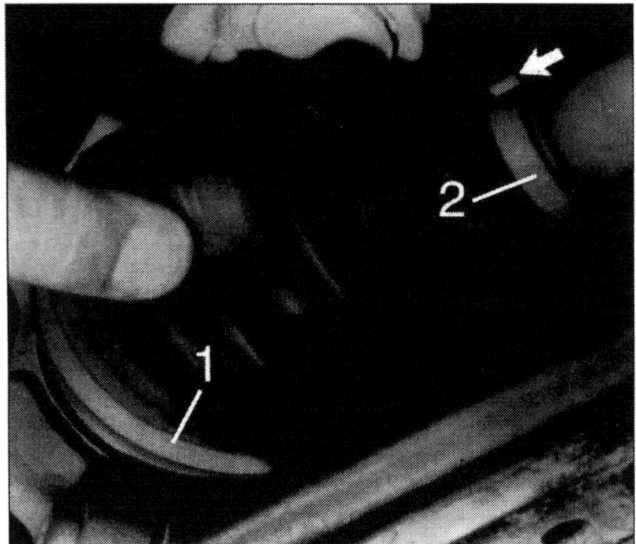

Bei der Kontrolle der Antriebswellen-Schutzmanschetten muss auch der feste Sitz des äußeren 1 und inneren Schlauchbinders 2 überprüft werden. Mit einem Seitenschneider werden die Lochbandklemmen gespannt (Pfeil). Dazu eine Ausbuchtung in Form eines plattgedrückten »O« in das Spannband biegen und mit dem Seitenschneider mit Gefühl so zudrücken, dass die Manschette nicht abgequetscht wird. Die Antriebswelle muss am Manschettensitz peinlich sauber sein.

Antriebswellen aus- und einbauen

Neue oder AT-Wellen werden grundsätzlich mit »Schutzkäfigen« geliefert, die während des Transports die Gelenke daran hindern zu überdehnen. Entfernen Sie die Käfige möglichst erst nach der Montage und achten darauf, dass Sie die Manschetten nicht beschädigen. Die Meriva-Antriebswellen sind zwar unterschiedlich lang, die Arbeit ist auf beiden Seiten jedoch nahezu identisch. Wir beschreiben die Demontage am Beispiel der linken Antriebswelle.

[1] Entfernen Sie an der Kronmutter 1 des Antriebswellenstumpfs den Splint 2, lösen die Radmuttern und bocken dann den Vorderwagen rüttelsicher auf. Lassen Sie sich dabei von einem Helfer assistieren, er tritt auf die Bremse und blockiert das Rad.

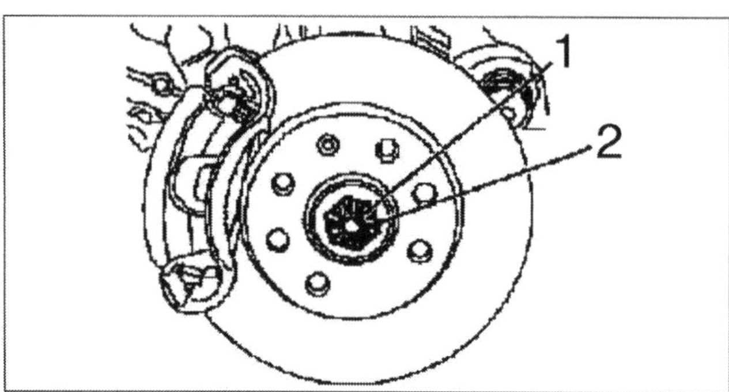

Am Antriebswellenstumpf lösen – Kronmutter.

[2] Jetzt heben Sie den Vorderwagen an und nehmen das betreffende Rad ab.

[3] Demontieren Sie zunächst das Pendel 1 am Federbein. Um die Mutter 2 zu lösen, kontern Sie das Pendel an den zwei abgeflachten Stellen des Gelenkkugelbolzens mit einem Maulschlüssel.

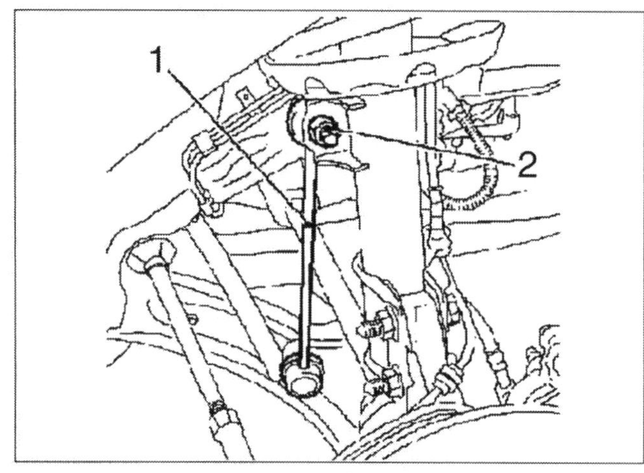

Vom Federbein demontieren – Federbeinpendel.

[4] Danach lösen Sie am Querlenker die Befestigungsschraube 1 des Führungsgelenks und ...

[5] ... ziehen es aus dem Achsschenkel (Pfeil).

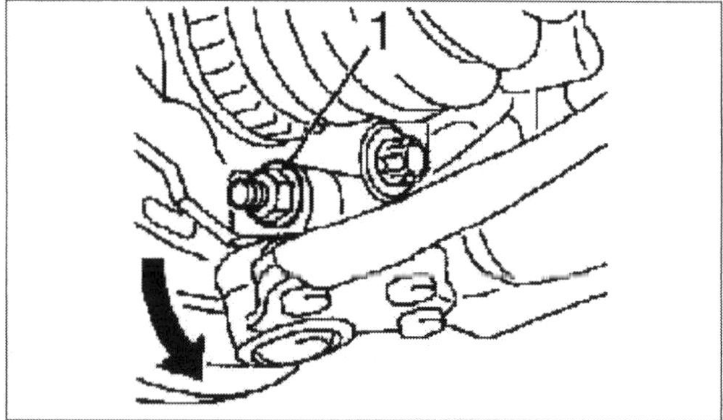

Am Querlenker lösen – Führungsgelenkschraube.

6 Geschafft? Dann pressen Sie mit einem stabilen Zweiarmabzieher die Antriebswelle aus der Radnabe.

Z17 DTH; rechts

7 Hebeln Sie die Antriebswelle 1 mit einem Montierhebel 2 aus der Zwischenwelle und ...

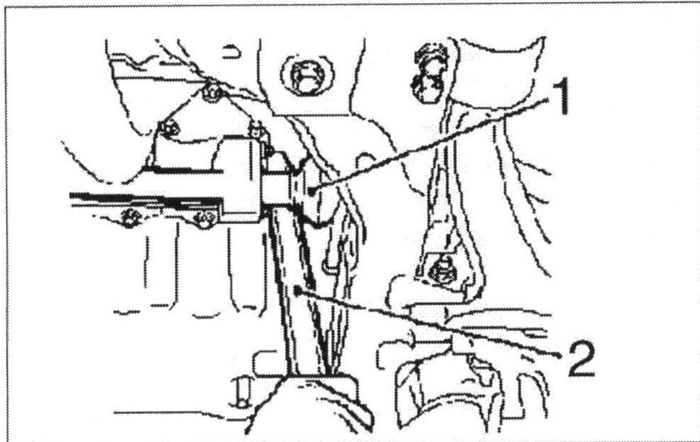

Antriebswelle von der Zwischenwelle demontieren – nur in Kombination mit Z17 DTH-Motor erforderlich.

8 ... lösen an drei Schrauben den Zwischenwellenflansch 3.

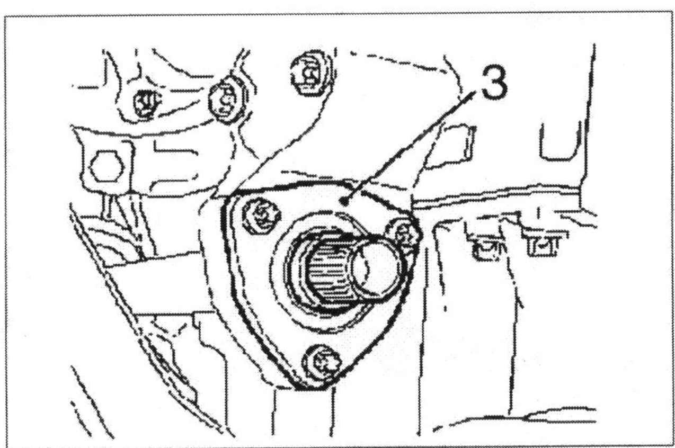

Mit drei Schrauben lösen – Zwischenwellenflansch.

alle Motoren

9 Wenn Sie die Welle vom Antriebsflansch abziehen, könnte Öl aus dem Getriebegehäuse laufen. Stellen Sie darum eine saubere Auffangwanne unter das Getriebe und ...

10 ... hebeln dann mit einem Montierhebel die Antriebswelle aus dem Getriebe. Opel-Werkstätten verwenden dazu die Spezialwerkzeuge »KM-6003 (2) und KM-313 (3)«, doch mit etwas Geschick geht's auch ohne.

11 Setzen Sie den Montierhebel im Antriebswellengelenk an der Einfräsung an (Pfeile), ...

12 ... pressen die Welle 1 vom Flansch und verschließen die Öffnung mit einem sauberen Putztuch. Achten Sie darauf, dass Sie das Faltenbalgspannband 4 nicht beschädigen.

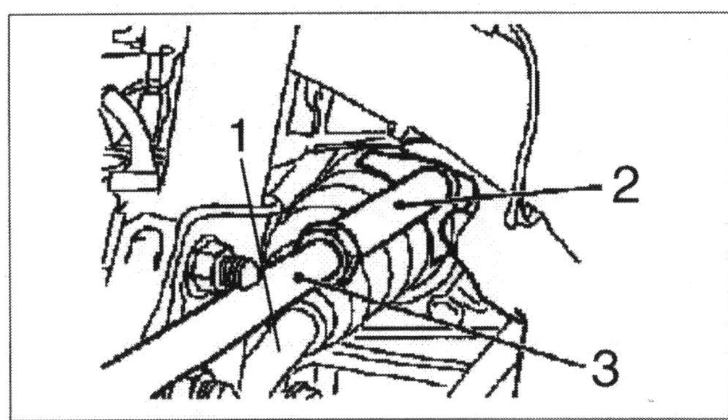

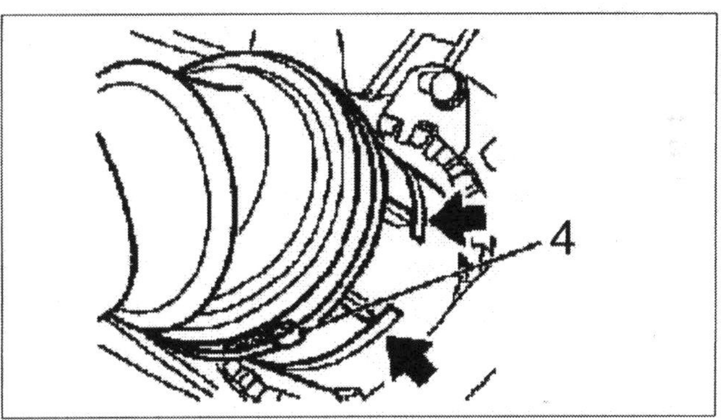

Aus dem Getriebe »hebeln« – Antriebswelle.

13 Setzen Sie zum Einbau zunächst einen neuen Sicherungsring auf die Achswelle und ...

14 ... benetzen die Verzahnung samt Lagerstelle mit Getriebeöl.

Z17 DTH; rechts

15 Ersetzen Sie zusätzlich noch den Sicherungsring der Zwischenwelle und ...

16 ... benetzen die Verzahnung samt Lagerstelle mit Getriebeöl.

alle Motoren

17 Danach entfernen Sie das Putztuch aus dem Getriebegehäuse und setzen die Achswelle an.

18 Um den Sicherungsring verlässlich im Getriebe zu verankern, helfen Sie der Welle in der Gelenkeinfräsung mit einem Hammer und Weichmetalldorn 1 etwas nach. Achten Sie darauf, dass der Sicherungsring hörbar einrastet.

19 Jetzt bugsieren Sie die freie Seite in die Radnabe ein und montieren das Führungsgelenk des Querlenkers wieder an den Achsschenkel. Ziehen Sie die neue Mutter 2 mit etwa 60 Nm an.

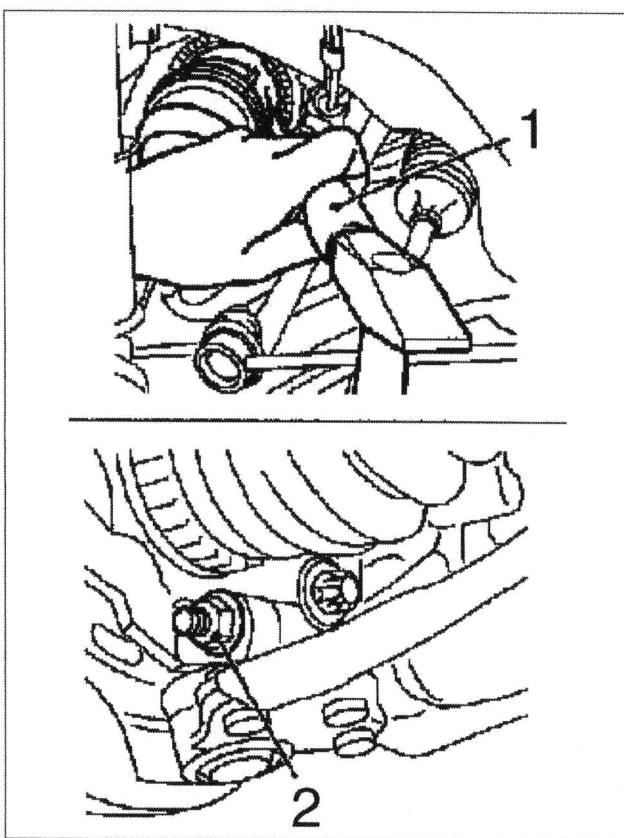

Eventuell mit Hammer und Weichmetalldorn in den Achsantrieb treiben: Antriebswelle.

Z17 DTH; rechts

[20] Schrauben Sie den Zwischenwellenflansch mit 18 Nm fest und ...

[21] ... schieben jetzt die Achswelle »per Hand« auf die Zwischenwelle.

alle Motoren

[22] Den Antriebswellenstumpf verschrauben Sie mit 120 Nm und einer neuen Kronmutter. Lassen Sie dazu die Bremse von einem Assistenten blockieren.

[23] Die »feste« Kronmutter lösen Sie und ziehen sie erneut mit 20 Nm plus 90° an. Achten Sie darauf, dass die Welle währenddessen nicht bewegt wird.

[24] »Sichern« Sie die Arbeit mit einem neuen Splint.

[25] Das Pendel am Federbein montieren Sie mit einer neuen Mutter und 65 Nm.

[26] Abschließend checken Sie den Getriebeölstand und beenden die Montage in umgekehrter Reihenfolge.

Antriebsgelenkmanschetten wechseln

Gelenkmanschetten sind mittlerweile so ausgelegt, dass sie der Lebensdauer von Antriebswellen kaum noch nachstehen. Dennoch, äußere Beschädigungen, etwa messerscharfe Flintsteinchchen, die von den Reifen hochgeschleudert werden, machen den Manschetten schnell den Garaus. Opel oder der gut sortierte Fachhandel bieten versierten Do it yourselfern demzufolge Reparaturkits, die relativ unproblematisch zu montieren sind. Unsere Beschreibung setzt demontierte Antriebswellen voraus.

[1] Um das Gelenk zu demontieren, spannen Sie zunächst die Antriebswelle mit Schutzbacken in einen Schraubstock ein.

[2] Trennen Sie die Spannbänder mit einem Seitenschneider und entsorgen sie sofort. Jetzt können Sie die Manschette zurückschieben.

radseitig

[3] Entfernen Sie den Sicherungsring 1 und ...

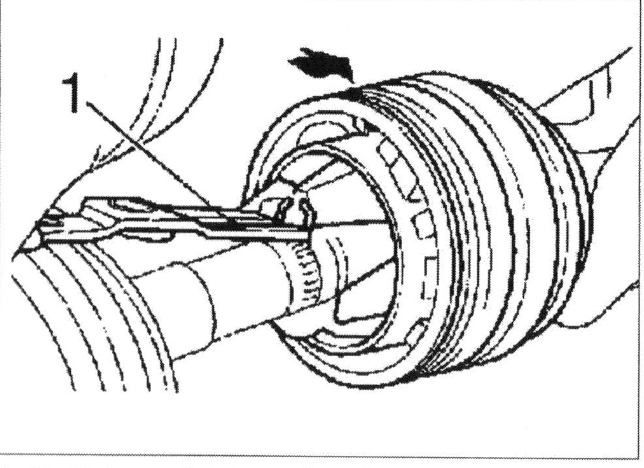

In Pfeilrichtung abziehen – Gelenk.

[4] ... ziehen das Gelenk in Pfeilrichtung vorsichtig von der Antriebswelle ab.

getriebeseitig

[5] Entfernen Sie das Sicherungsblech 1 und ...

[6] ... ziehen das Gelenk vorsichtig von der Antriebswelle 2 ab.

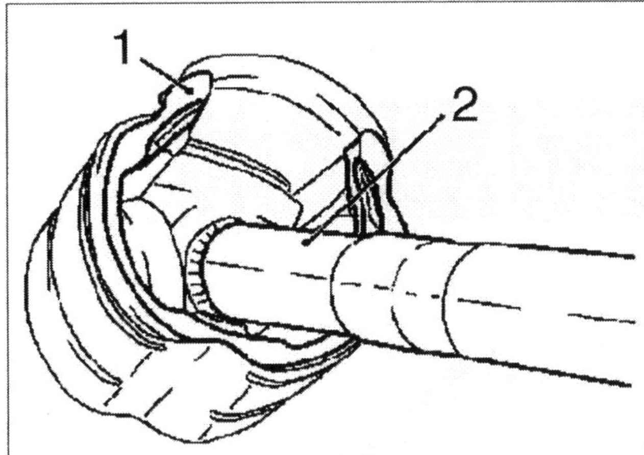

Vorsichtig von der Antriebswelle abziehen – Tripodengelenk.

[7] »Fädeln« Sie den Sicherungsring von der Antriebswelle 3, ziehen den »Gelenkstern« 4 ab und »parken« ihn auf einer sauberen Unterlage.

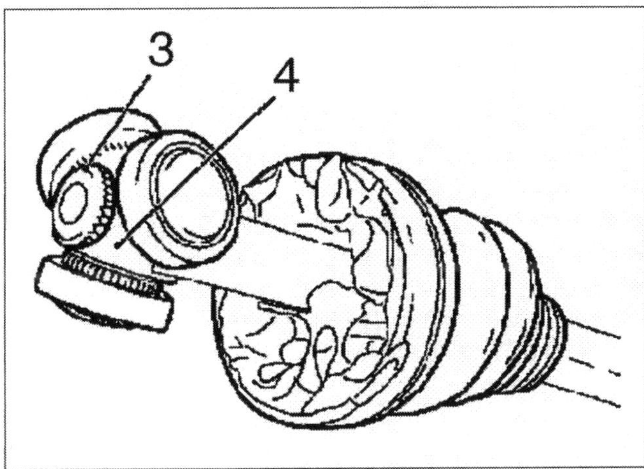

Von der Antriebswelle ziehen – »Gelenkstern« des Tripodengelenks.

rad- und getriebeseitig

[8] Entfernen Sie die alte Manschette von der Antriebswelle und entsorgen sie mitsamt »Füllung« als Sondermüll.

[9] Jetzt cleanen Sie die alte Welle und schieben den neuen Faltenbalg auf.

[10] Zur Füllung des neuen Faltenbalgs verwenden Sie Spezialfett (MoS2). Ab Werk »schmieren« die inneren Gelenke rund 125 und die äußeren etwa 100 Gramm. Wenn Sie nur die Manschette getauscht und das Gelenk belassen haben, reicht etwa die Hälfte der Fettmenge. Opel versorgt die Gelenke übrigens mit eigenem Fett (Teilenummer 90 007 999).

[11] Jetzt setzen Sie das Gelenk an der Achswelle an und schieben es ganz auf die Verzahnung. Achten Sie darauf, dass der neue Sicherungsring hörbar einrastet und richtig sitzt.

[12] Stülpen Sie die Manschette über das Antriebswellengelenk und entlüften den Faltenbalg mit einem kleinen Schraubendreher zwischen Welle und Faltenbalg. Dazu massieren Sie den Faltenbalg. Siehe Praxistipp »Massieren Sie das Fett gut ein«.

[13] Sobald die Luft entwichen ist, legen Sie die Spannbänder in die Ringnut und ziehen sie fest.

Praxistipp

»Massieren« Sie das Fett gut ein

Bevor Sie die Spannbänder endgültig fixieren, massieren Sie das neue Fett gut ein. Kneten Sie dazu den Faltenbalg und schwenken dabei auch vorsichtig das Gelenk: Das Fett verteilt sich dann gleichmäßig in der Manschette und im Gelenk. Achten Sie darauf, dass die Manschette ohne Quetschfalten auf der Antriebswelle sitzt.

DAS FAHRWERK

Modernste Technik: Das DSA-Fahrwerk (Dynamic Safety Action) mit spurkorrigierenden Eigenschaften und komfortabel geführten Rädern. Als Feder- und Dämpfungselemente arbeiten an der Vorderachse des Meriva McPherson Federbeine mit »desachsierten« Schraubenfedern. Fachleute titulieren die Konstruktion flapsig als »Stahlbananen«. Die Hinterachse des Meriva ist, mit Längslenkern und Schraubenfedern, eine weitere Interpretation der zigmillionenfach bewährten Verbundlenkerachse, die Opel Torsionslenkerachse getauft hat. Die servounterstützte Lenkung mit geschwindigkeitsabhängiger Kennlinie (Electric Power Steering) basiert auf der Grundkonstruktion des Corsa-C.

Wartung

Reparatur

Um ihrem Kompakt-Van ein vorbildliches Fahrverhalten anzuerziehen, griffen die Meriva-Macher ins »Fahrwerksregal« und adaptierten ihr DSA-Fahrwerk (**D**ynamic **S**afety **A**ction) an den frontgetriebenen Opel-Laster. Ein guter Griff, denn die weiland im Omega für Furore sorgenden DSA-Module vermitteln dem gesamten Opel-Modellprogramm ihre sportlichen Gene: DSA-Komponenten führen die Räder nicht nur präzise sondern wirken in den meisten Situationen, auf den unterschiedlichsten Oberflächen und während jeder Bewegung auch spurkorrigierend.

Soweit die Theorie: In der Praxis begann mit dem »Griff« die Suche nach dem Kompromiss, der dem Ideal möglichst nahe kommen sollte. Besagte Suche setzte – im Falle Meriva – bis kurz vor Nullserienanlauf industrielle Großrechner, modernste Software und, rund um den Globus, unzählige Testfahrer »unter Strom«. Denn die Meriva-Räder sollten sich, ganz im Sinne von DSA, ja nicht nur drehen, sondern auch gezielte Auf- und Abwärtsbewegungen sowie Richtungsänderungen ausführen. Das aber auch beim Bremsen und Beschleunigen, schließlich entstehen gerade dann mannigfaltige Kräfte, die das Fahrwerk im Alltag erheblich fordern. Teamwork wird das nur, wenn sämtliche Komponenten exakt zueinander passen.

Zum Fahrwerk gehören die Federung und Dämpfung, die Radaufhängungen der Vorder- und Hinterachse, die Lenkung sowie die Räder und Reifen. Die Bremsen, gleichfalls Bestandteil des Fahrwerks, bringen wir Ihnen in einem gesonderten Kapitel »näher«.

Reagiert feinfühlig – das DSA-Fahrwerk des Meriva

Präzise ausgelegte Radaufhängungen sind auch im Computerzeitalter eine diffizile Angelegenheit: Im Idealfall stehen die Räder ständig in genau definierten Winkeln zur Fahrzeugachse. Auf »topfebenen« Straßen kein Problem, doch bringt Ihren Meriva zum Beispiel eine Bodenwelle aus dem Gleichgewicht oder er durcheilt gerade eine Kurve, hat das zwangsläufig Auswirkungen auf seine Radgeometrie – jedes Rad versucht dann zunächst seinen eigenen Weg zu finden.

Den Kontakt zur Fahrbahn dürfen die Räder dennoch nie verlieren. Ihr Mini-Van würde dann, der Fliehkraft gehorchend, auf dem kürzesten Weg im »Abseits landen«. Damit das möglichst nicht passiert und der Aufbau nicht unerwünscht schwingt und taumelt, sind die Räder präzise geführt und gedämpft. Vier Gasdruckstoßdämpfer und Schraubenfedern – an den Vorderrädern als typische McPherson-Federbeine und hinten als getrennte Feder-/Stoßdämpfereinheiten ausgeführt – besänftigen die Karosserie. Stoßdämpfer müssten eigentlich Schwingungsdämpfer heißen. Denn sie dämpfen keine Stöße, sondern schwächen lediglich die Eigenschwingungen der Federn und Reifen ab.

Zusammengehörig – Lenkung und Fahrsicherheit

Fahrverhalten und Fahrsicherheit sind unter anderem davon abhängig, dass die Räder auch sicher in die gewünschte Richtung lenken. Beides muss möglichst feinfühlig und zielgenau funktionieren. Das Ansprechverhalten der Lenkung ist darum genau auf die Achskinematik, die Lenkgeometrie und Lenkelastizität abgestimmt. Im Meriva korrigiert die Vorderräder eine elektrische unterstützte Lenkung mit geschwindigkeitsabhängiger Kennlinie (**E**lectric **P**ower **S**teering).

Aus dem Corsa adaptiert – »Stahlbananen« federn die Vorderräder ab

Auch der Meriva ist ein solides Beispiel dafür, dass moderne Kompaktwagen ihren Käufern – hinsichtlich Fahrkomfort und Fahrverhalten – keine großen Eingeständnisse abverlangen: Die Meriva-Vorderachse interpretiert das bewährte McPherson-Prinzip mit Dreiecks-Querlenkern und Querstabilisator. »Desachsierte« Schraubenfedern (**S**ide-**L**oad-**S**pring) stützen die Vorderräder wie schon im Corsa ab. Fachleute titulieren sie flapsig als » Stahlbananen«. Vorteil: SLS-Schraubenfedern stehen völlig gerade auf dem Federteller. Sie beanspruchen weniger »Arbeitsraum« als zentrisch gewickelte Varianten, sind zudem auch noch leichter und kompensieren an der Dämpferkolbenstange auftretende Querkräfte.

Zigmillionenfach bewährt – Verbundlenkerhinterachse

Die Hinterachse des Meriva ist, mit Längslenkern und Schraubenfedern, eine gut geglückte Interpretation der zigmillionenfach bewährten Verbundlenkerachse, die Opel als Torsionslenkerachse tituliert. Ein technisches »Schmankerl« sind freilich die Längslenker, die mit Federsitz, Radlager- und Stoßdämpferaufnahme eine zusammenhängende Gusseinheit bilden.

Begriffe der Lenkgeometrie

Technik-lexikon

Vorspur: In dem Fall stehen die Vorderräder vorne enger zusammen als hinten, »sie rollen aufeinander zu«. Diese Eigenart minimiert den Reibkoeffizienten zwischen Radaufstands- und Straßenoberfläche: Demnach »drängt« das linke Rad nach links und das rechte nach rechts. Zur Unterstützung der Lenkbewegung und der Lenkkräfte schwenkt bei Kurvenfahrt das kurveninnere Rad stärker ein als das kurvenäußere (Spurdifferenzwinkel) – die Vorspur geht in Nachspur über (Räder stehen hinten enger zusammen als vorn).

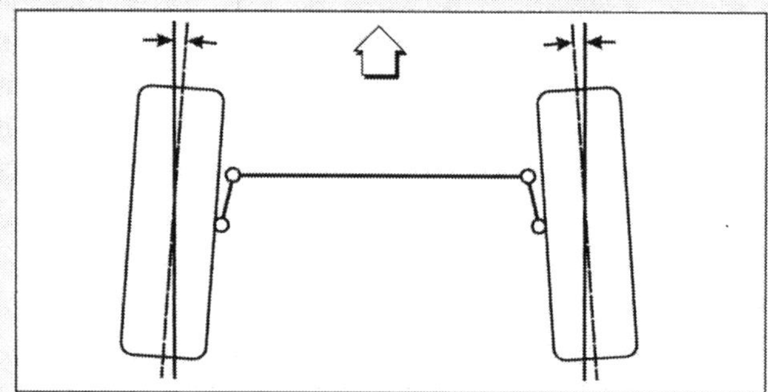

Typisch Vorspur: Die Vorderräder stehen vorne enger zusammen als hinten.

Sturz: Radneigung zu einer Senkrechten. Vermindert Fahrbahnstöße in die Lenkung, reduziert Lenkkräfte und Reibung der Räder auf der Fahrbahn. Die Vorderräder des Meriva haben negativen Sturz – sie stehen oben im Radkasten geringfügig enger beieinander als unten am Boden.

Spreizung: Neigung der Lenkungsdrehachse zu einer Senkrechten. Denkt man sich eine Linie dieser Achse zum Boden und misst den Abstand zur Mittellinie durch das Rad (Mittelpunkt der Reifenaufstandsfläche), erhält man den Lenkrollradius. Um die Störkräfte in der Lenkung zu verringern, soll der Lenkrollradius möglichst »klein« sein. Zusammen mit dem Nachlauf bewirkt die Spreizung außerdem, dass sich das Auto bei eingeschlagenen Rädern etwas anhebt. Lässt man das Lenkrad los, stellen sich die Räder selbst in die Mittelstellung zurück (Rückstellmoment).

Nachlauf: Abstand (in Fahrtrichtung) zwischen der gedachten Verlängerungslinie der Lenkdrehachse zum Boden und dem Mittelpunkt der Reifenaufstandsfläche. Durch den Nachlauf werden die Räder gezogen (nicht geschoben). Gezogene Räder neigen dazu, sich selbständig zu stabilisieren (Teewageneffekt) und die Geradeauslaufstellung beizubehalten.

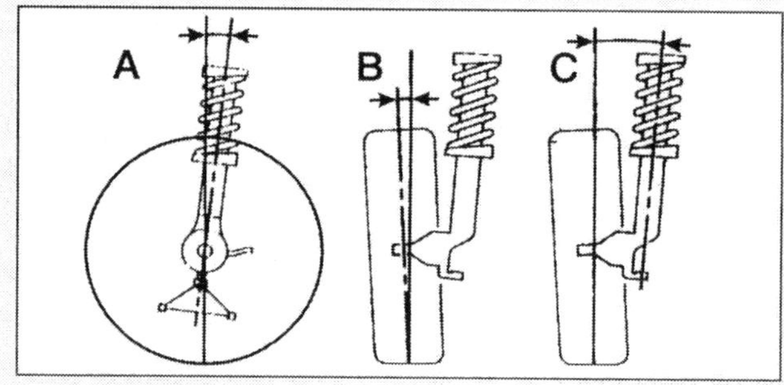

Die Radeinstellungen:
A: *Nachlauf,* **B**: *Radsturz,* **C**: *Spreizung.*

Die Meriva-Vorderachse

Einzelradaufhängung: Nach dem McPherson-System. Kompakte Einheit aus Stoßdämpfer, Feder, schwenkbarem Radnabenteil, Querlenker und Querstabilisator.

Federbein: Besteht im Meriva aus SL-Feder (Side-Load-Spring) und Teleskopstoßdämpfer, der innerhalb der Federwindungen arbeitet. Innere Anschläge im Federbein begrenzen das Ausfedern nach unten. Bei hartem Durchfedern – etwa in einem Schlagloch – tritt der Anschlagbegrenzer im oberen Bereich der Kolbenstange in Aktion. Er verhindert, dass die Feder blockiert und der Stoßdämpfer abrupt zerstört wird.

Federbeindom (im Kotflügel): Stützt das Federbein nach oben gegen die Karosserie ab. Das obere Stützlager ist ein Gummilager, das sich, von einem Zentrierring geführt, an je einer oberen und unteren Tellerscheibe abstützt. Im Stützlager ist die Kolbenstange des Federbeins verschraubt.

Lenkschwenklager: Ist über ein Kugelgelenk mit dem Querlenker verbunden und hält mit Klemmschrauben das untere Ende des Federbeins. Der Querlenker sitzt beweglich im Achsträger und nimmt die Seitenkräfte auf.

Hydrolager: Dämpft Störeinflüsse – wie etwa unwuchtig laufende Räder. Beim Meriva ist das Hydrolager vorn am Dreiecklenker montiert, es stützt sich am Fahrschemel ab.

Fahrschemel: Der Hilfsrahmen trägt die Befestigungspunkte für die Dreiecklenker, Lenkgetriebe- und Kühlmodule sowie die Drehmomentstützen der Motorlagerung. Er ist an vier Punkten fest mit der Karosserie verbunden.

Außerdem führt der Hilfsrahmen, im Falle eines Frontal-Crash, die Aufprallenergie gezielt in die Karosserie ab.

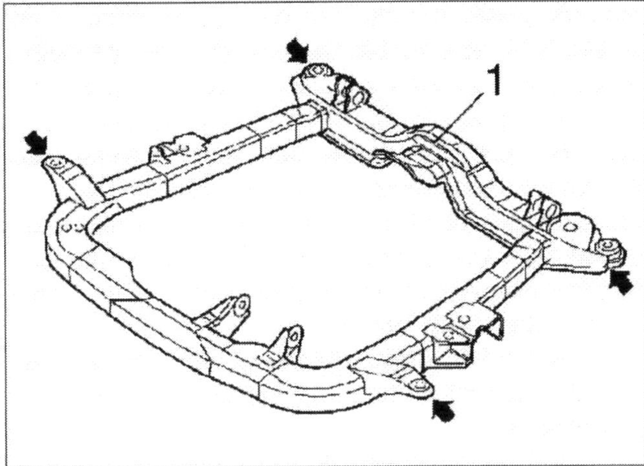

An einem Fahrschemel 1 aufgehängt: Die Meriva-Vorderräder. Befestigungspunkte (Pfeile) unter dem Wagenboden.

Querstabilisator: Drehbar am Fahrzeugboden befestigt. Jeweils mit einem Querlenker verbunden. Er minimiert bei Kurvenfahrt die Seitenneigung der Karosserie.

Zahnstangenlenkung: Am Hilfsrahmen hinter dem Motor befestigt. Zweiteilige Lenkspindel wirkt direkt auf die Zahnstange, an deren Enden jeweils die rechte und linke Spurstange verschraubt ist. Die Lenkbewegungen werden auf die Lenkhebel des Lenkschwenklagers und damit auf die Räder übertragen.

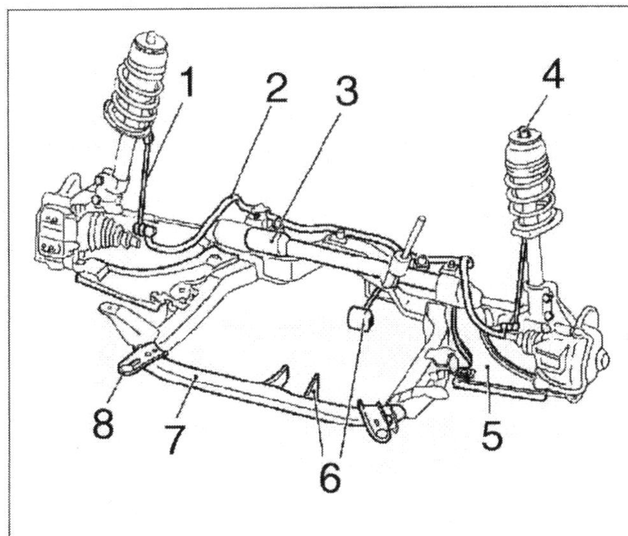

***Pariert hohe Seitenführungskräfte:** Meriva-Vorderachse. 1 Pendel, 2 Stabilisator, 3 EPS- Lenkung, 4 Federbein, 5 Dreiecklenker, 6 Drehmomentstützen, 7 Fahrschemel, 8 Kühlerhalter.*

Die Meriva-Hinterachse
(Torsionslenkerachse)

Verbundlenkerachse: Achskörper (Torsionsprofil) mit verschweißten Längslenkern und spurkorrigierenden Achslagern. Die vorderen »Augen« der Längslenker sind flexibel gelagert. Beide Lagerböcke sind am Unterboden befestigt.

Federung: Teleskopstoßdämpfer mit Schraubenfedern in Radnähe auf den Längslenkern platziert. Dämpfer und Feder stützen sich nach oben in einem Federbeindom gegen die Karosserie ab.

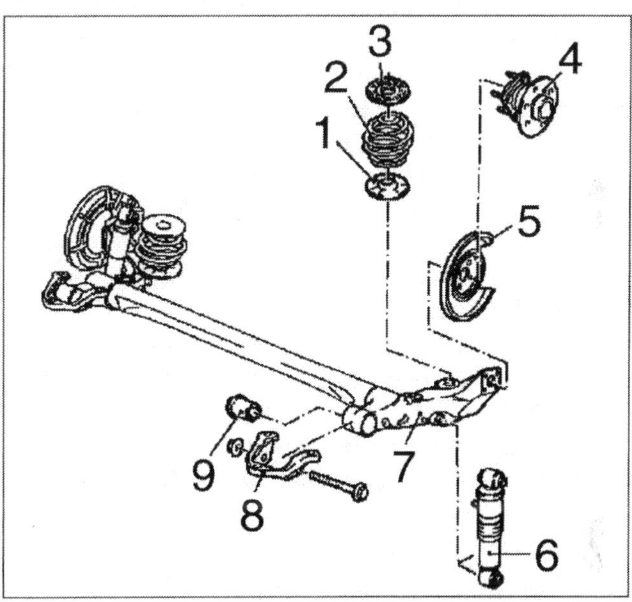

***Die Meriva-Hinterachse im Detail:** 1 unterer Dämpfungsring, 2 Miniblockfeder, 3 oberer Dämpfungsring, 4 Radlagereinheit, 5 Abdeckblech, 6 Stoßdämpfer, 7 Hinterachskörper, 8 Halter Hinterachse, 9 Dämpfungsbuchse.*

Do it yourself an Fahrwerk und Lenkung

Arbeiten an Fahrwerk und Lenkung setzen Erfahrung und oft auch Spezialwerkzeuge sowie optische oder elektronische Messgeräte voraus. Überlassen Sie das im Zweifelsfall besser Ihrer Werkstatt. Beschädigte Teile der Radaufhängung sind grundsätzlich nicht zu richten oder zu schweißen, sie müssen Neu- oder brauchbaren Secondhandteilen weichen. Nach grundlegenden Fahrwerks- oder Lenkungsarbeiten lassen Sie Ihren Wagen in einer Fachwerkstatt optisch vermessen.

Handlingfaktor – die Vorderachsgeometrie

Vorschriftsmäßig »spurende« Vorderräder haben einen entscheidenden Einfluss darauf, ob Ihr Meriva in Kurven, auf ebener Strecke oder langen Autobahngeraden den Vorderrädern willig folgt. Schon ein mittelschwerer »Rempler« gegen den Bordstein kann die Achsgeometrie empfindlich aus dem Lot bringen, gleichfalls ausgeschlagene Achsgelenke, Spurstangenköpfe oder »weiche« Gummilager. »Stellen« Sie nach tiefer gehenden Fahrwerksreparaturen Ihr Auto darum auf einen optischen Achsmessstand und lassen die Grundeinstellung von einem Profi checken.

Als aufmerksamer Fahrer kommen Sie einer verstellten Vorderachsgeometrie mitunter auch selbst auf die Spur. Zumindest dann, wenn beide Vorderreifen gleichen Fabrikats sind sowie eine vergleichbare Profiltiefe und den vorgeschriebenen Luftdruck aufweisen. Überprüfen Sie die Basis und achten hernach auf folgende Symptome:

- Ein plötzlich »verdreht« sitzendes Lenkrad ist erstes Indiz für verstellte Vorderräder. Achten Sie bei Geradeausfahrt also grundsätzlich darauf, dass auch das Lenkrad »geradeaus steht«.
- Läuft Ihr Wagen auf ebener Straße »freihändig« geradeaus? Oder »dackelt« er ständig zum linken oder rechten Fahrbahnrand?
- »Kommt« am Kurvenausgang das Lenkrad »freiwillig« in Geradeausstellung zurück? Oder müssen Sie nachhelfen?
- Nutzen die Vorderreifen gleichmäßig ab? Oder »waschen« die inneren und äußeren Profilkanten unterschiedlich aus?

Stoßdämpfer prüfen – nach zwei verschlissenen Reifensätzen obligatorisch

Zur Geräuschisolation sind Stoßdämpfer in elastischen Lagern an Karosserie und Fahrwerk befestigt. Stoßdämpfer wandeln die Schwingungsenergie des Aufbaus und der Räder in Wärme um. Nach etwa zwei verschlissenen Reifensätzen arbeiten Stoßdämpfer noch mit etwa 50 Prozent ihrer ursprünglichen Dämpferkraft. Da sie in ihrer Wirkung jedoch langsam und nicht abrupt nachlassen, bemerken Sie den Leistungsverlust nur schwer. Zumal Sie, wie übrigens die meisten Autofahrer, Ihren Fahrstil dann unbewusst auf das wesentlich verschlechterte Fahrverhalten einstellen. In Extremsituationen kann Sie dass gehörig überfordern, lassen Sie Stoßdämpfer darum einmal jährlich von TÜV oder Dekra bzw. auf dem Prüfstand eines Automobilklubs checken. Die »Schaukelmethode« ist übrigens kein ernsthafter Test: Wenn überhaupt entlarven Sie damit allenfalls einen total verschlissenen Stoßdämpfer. Als sicherheitsbewusster Fahrer achten Sie auf folgende Symptome:

- Erkennen Sie am Stoßdämpfergehäuse starke Ölundichtigkeiten? Geringe Schwitzspuren sind durchaus normal.
- Flattert die Lenkung? Falls ja, »tanzen« die Räder über dem Boden oder sind falsch ausgewuchtet.
- Nutzen die Reifen ungleichmäßig ab (partiell ausgewaschene Lauffläche)?
- Schwingt Ihr Auto nach Bodenwellen kräftig nach?
- Wie verhält es sich in Kurven? Wirkt es schwammig oder wankt gar jeder Straßenunebenheit hinterher?

Federbein aus- und einbauen

Arbeitsschritte  

[1] Bocken Sie den Vorderwagen auf ebener Fläche rüttelsicher auf und schrauben das betreffende Vorderrad ab.

[2] Demontieren Sie, wie beschrieben, die Scheibenwischerarme 2 und ...

[3] ... ziehen das Abdichtgummi 1 von der Stirnwand.

[4] Danach demontieren Sie den Wasserabweiser an sechs Schrauben (Pfeile) und bugsieren ihn aus dem Motorraum.

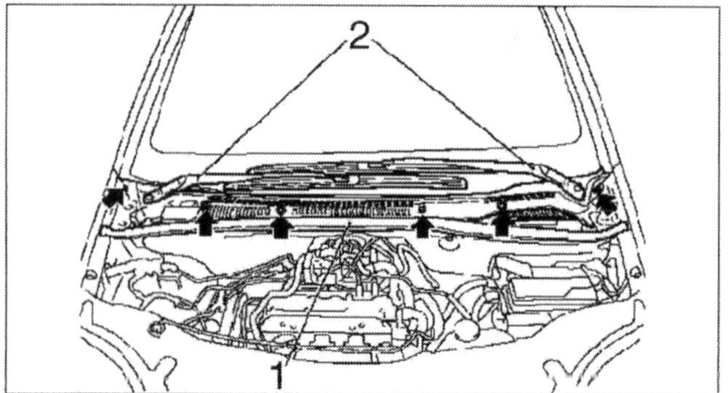

Der Reihe nach demontieren: Wischerarme, Dichtgummi und Wasserabweiser.

[5] Das Gleiche passiert nun mit der Stirnwandverkleidung – lösen Sie die sechs Halteschrauben (Pfeile), clipsen mit ei-

nem breiten Schlitzschraubendreher die Klammer 1 los und heben sie aus dem Motorraum.

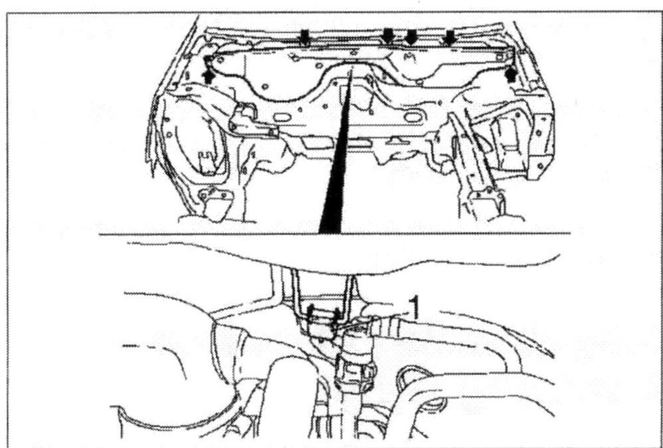

Demontieren – Stirnwandverkleidung.

[6] Jetzt ziehen Sie die Abdeckkappe 1 vom Stoßdämpfer ab und schrauben die Befestigungsmutter 2 los.

[7] Danach demontieren Sie die Pendelschraube 5 vom Stoßdämpfer. Sichern Sie dazu an den zwei abgeflachten Stellen mit einem Maulschlüssel das Pendel gegen Verdrehen.

[8] Ziehen Sie den ABS-Kabelsatz 3 aus den Halterungen und lösen am Federbein die Befestigungsschrauben 4. Das Bein ist nun gelöst, nehmen Sie es aus dem Radhaus und legen es beiseite.

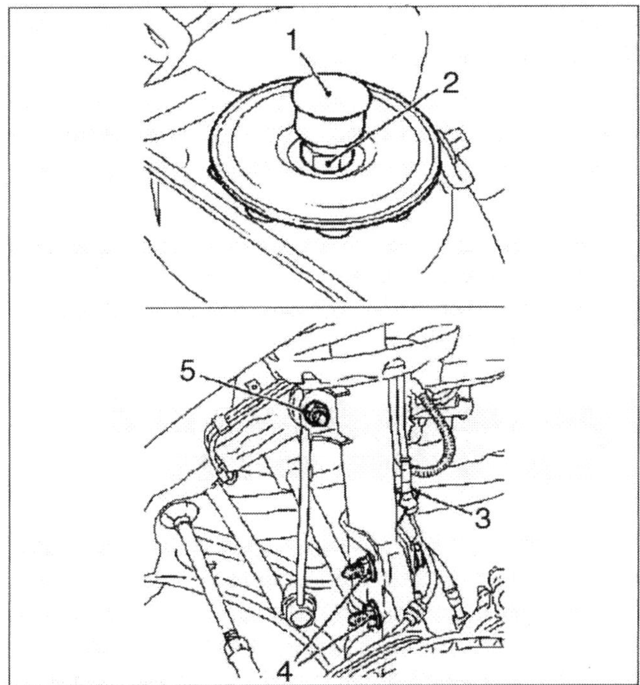

Federbein demontieren: *1 Stoßdämpfer-Abdeckkappe, 2 Befestigungsmutter, 3 Pendelschraube, 4 ABS-Kabelsatz, 5 Federbein-Befestigungsmuttern.*

[9] Bugsieren Sie zur Montage das Federbein von unten in den Federbeindom, zentrieren es bis die Stehbolzen gut durch die Befestigungslöcher passen und beenden dann die Montage in umgekehrter Reihenfolge. Verwenden Sie nur neue Schrauben und Muttern. Beide Schraubverbindungen am Achsschenkel ziehen Sie zunächst mit 50 Nm vor, steigern das Anzugsmoment dann auf 80 Nm, warten einige Sekunden und ziehen die Schrauben um weitere 75° an. Die Pendelschraube ist mit 65 Nm und die obere Befestigungsmutter mit 55 Nm endfest.

[10] Checken Sie nach einer Probefahrt sämtliche Schraubverbindungen. Um sicher zu gehen, dass die Vorderachsgeometrie o. k. ist, »gönnen« Sie Ihrem Meriva einen optischen Achsmessstand und lassen seine Radstellung überprüfen bzw. neu einstellen.

Stoßdämpfer hinten erneuern

Wechseln Sie Stoßdämpfer grundsätzlich nur paarweise und achten auf die richtige Spezifikation für Ihr Auto. Arbeiten Sie immer nur an einer Achsseite – niemals gleichzeitig an beiden. Da die Handgriffe nahezu identisch sind, beschreiben wir die Arbeit am rechten Dämpfer.

Arbeitsschritte  

[1] Sichern Sie die Vorderräder mit einem Unterlegkeil, bocken den Hinterwagen rüttelsicher auf und ...

[2] ... demontieren die Hinterräder.

[3] Jetzt entlasten Sie mit einem Rangierwagenheber die rechte Seite des Hinterachskörpers so weit, dass die die Stoßdämpferverschraubungen 2 nicht mehr unter Druck stehen.

[4] Lösen die Stoßdämpferschrauben und ziehen den Stoßdämpfer 3 dann nach unten aus der Halterung.

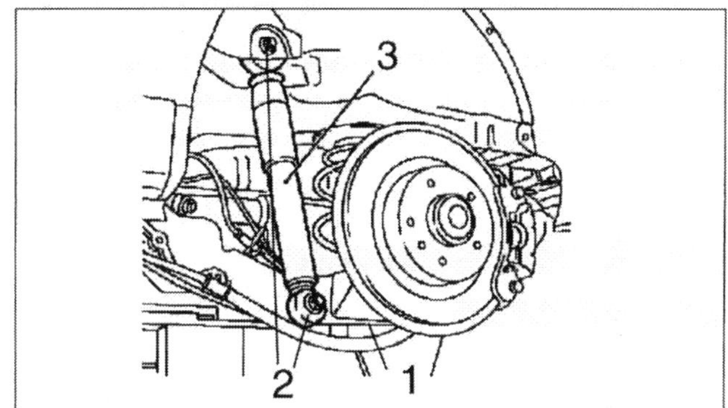

Stoßdämpfer 3 lösen. 1 Hinterachskörper, 2 Stoßdämpferverschraubungen.

[5] Beenden Sie die Arbeit in umgekehrter Reihenfolge. Die beiden Befestigungsschrauben des Stoßdämpfers ziehen Sie mit 90 Nm fest.

EPS-Servolenkung – elektrischer Lenkkuli

Serienmäßig kommt jeder Meriva mit einer geschwindigkeitsabhängigen, elektrischen Servolenkung EPS (**E**lectric **P**ower **S**teering) auf die Autowelt. Warum EPS und nicht mehr Hydraulik? Elektrische Systeme fordern nur dann Energie (max. Stromaufnahme: 60A), wenn sie auch tatsächlich arbeiten. Vorteil: Etwa zwei bis fünf Prozent weniger Kraftstoffverbrauch sowie eine frei programmierbare Servowirkung. Als Fahrer bemerken Sie das spätestens beim Einparken, nämlich dann, wenn Ihnen das Volant »kinderleicht« durch die Hände gleitet. Je zügiger Sie allerdings im Meriva unterwegs sind, um so geringer wird die Servowirkung. Das macht durchaus Sinn, denn in höheren Geschwindigkeitsbereichen müssen Sie ohnehin weniger Lenkkraft aufwenden – die tatsächlichen Lenkkräfte nehmen dann ab.

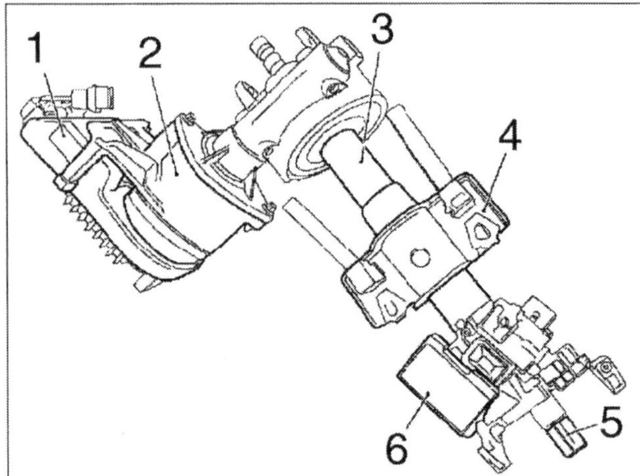

Degressive Kennlinie: EPS-Servolenkung im Meriva. *1 EPS-Steuergerät, 2 Elektromotor, 3 Lenksäule, 4 Abreißschlitten, 5 Lenkspindel, 6 Wegfahrsperren-Steuergerät.*

Lenkwinkelsensor kalibrieren

Sollten Sie die Batterie abgeklemmt haben, muss der Lenkwinkelsensor generell neu kalibriert werden. Kein Aufwand – nur Sie müssen auch daran denken …

[1] Klemmen Sie die Batterie an und schalten Sie die Zündung ein.

[2] Drehen Sie das Lenkrad (Motor bleibt stumm) jetzt einmal zwischen dem rechten und linken Lenkanschlag hin und her. Das war es schon – fertig.

[3] Falls der Servoeffekt noch nicht so richtig funktioniert, wiederholen Sie das Prozedere.

Regelmäßig checken – Lenkungsspiel

Das Lenkungsspiel Ihres Autos lässt sich korrigieren. Zumindest dann, wenn normaler Verschleiß und kein mechanischer Defekt vorliegen. Überlassen Sie die Einstellung jedoch Ihrer Werkstatt – die Profis vor Ort haben das dazu erforderliche Mess- und Justierequipment parat. Wann es soweit ist, können Sie selbst auf einer ebenen Stein- oder Asphaltfläche überprüfen.

[1] Räder geradeaus stellen.

[2] Greifen Sie durchs geöffnete Seitenfenster und drehen das Lenkrad ruckartig hin und her.

[3] Achten Sie dabei aufs linke Vorderrad, besser noch auf sein Felgenhorn, es muss sich rhythmisch mitbewegen. Der elastische Reifen kann die Bewegungen geringfügig »bremsen«.

[4] Stellen Sie kein Spiel um die Geradeausstellung fest, bei stärkerem Lenkeinschlag jedoch ein Klemmen, ist die Zahnstange verschlissen. In dem Fall tauschen Sie besser das gesamte Lenkgetriebe aus.

Spurstangenköpfe und Manschetten prüfen

Die Spurstangenköpfe sind jeweils links und rechts mit den Spurstangenenden verschraubt. Bei defekten Spurstangenköpfen reicht's darum, nur den verschlissenen Kopf und nicht etwa die gesamte Spurstange zu erneuern. Die stählernen Spurstangenköpfe sitzen in einer selbstschmierenden Kunststoffschale – eine mit Spezialfett gefüllte Manschette schützt sie vor Schmutz und Feuchtigkeit.

Arbeits-schritte  

[1] Checken Sie die Kunststoffmanschetten der Spurstangenköpfe auf äußere Beschädigungen (z. B. Haarrisse).

[2] Vergessen Sie bei der Gelegenheit auch nicht das Spiel innerhalb der Gelenke zu prüfen. Sinnvollerweise machen Sie das über einer Grube oder auf einer Vierstempel-Hebebühne – die Räder müssen Bodenkontakt haben.

[3] Lassen Sie von einem Helfer das Lenkrad ruckartig hin und her bewegen. Sie fassen derweil die Gelenkpfannen an. Verschlissene Gelenke spüren Sie ganz deutlich in Ihren Fingerkuppen – intakte Gelenke gleiten geräuschlos und spielfrei in den Kunststoffschalen.

[4] Sollten Sie in Ihren Fingerkuppen leichte Stöße verspüren, tauschen Sie das betreffende Gelenk schnellstens aus.

Spurstangenköpfe erneuern

Arbeits-schritte  

[1] Bocken Sie Ihren Wagen rüttelsicher auf ebener Fläche auf und bauen das betreffende Vorderrad ab.

[2] Lösen Sie am Lenkhebel des Lenkschwenklagers die selbstsichernde Mutter 2 des Spurstangenkopfs zunächst nur um einige Umdrehungen und ...

[3] ... drücken den Spurstangenkopf mit einem Klauen- oder Kugelgelenkabzieher aus dem Lenkhebel. Schrauben Sie die Mutter dann ganz ab und ziehen den Spurstangenkopf aus dem Lenkhebel.

[4] Lösen Sie jetzt die Klemmmutter 1 am Spurstangenkopf und schrauben das Endstück von der Spurstange ab. Nicht jedoch, ohne vorab die »freien« Gewindegänge (I) außerhalb der Spurstange exakt gezählt zu haben. Den neuen Kopf montieren Sie dann mit gleicher Einbaulänge. Wenn Sie das präzise hin bekommen, können Sie eventuell auf eine Spurkorrektur verzichten.

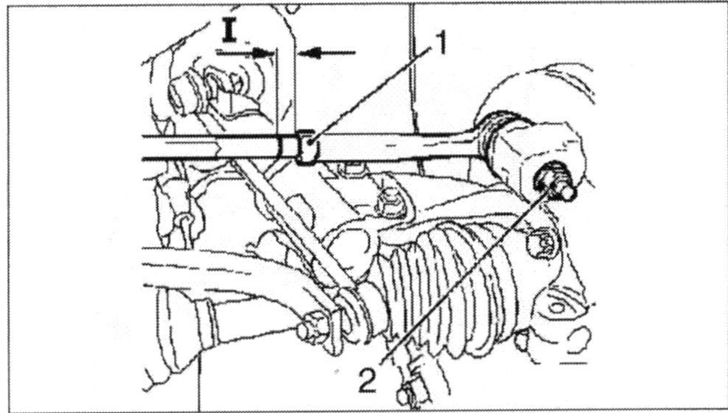

Erst die freien Gewindegänge auszählen und dann die Kontermutter lösen – bevor Sie den Spurstangenkopf demontieren.

Lenkgetriebemanschetten auswechseln

Arbeits-schritte  

[1] Demontieren Sie – wie beschrieben – das Spurstangenendstück und zählen beim Ausdrehen exakt die Gewindegänge (siehe »Spurstangenköpfe erneuern«).

[2] Falls vorhanden, demontieren Sie dann die untere Motorabdeckung um dann ...

[3] ... die Kontermutter des Spurstangenendstücks zu lösen. Cleanen Sie die Spurstange.

[4] Öffnen Sie jetzt die Klemmschellen 1 und 3 von der Lenkmanschette 2 und ...

[5] ... ziehen die Manschette von der Spurstange ab.

[6] Bevor Sie die neue Manschette montieren, fetten Sie die Öffnungen gut ein und schieben dann die Manschette vorsichtig auf die Spurstange. Achten Sie darauf, dass Sie die Manschette nicht verdrehen, sondern spannungsfrei in den Nuten der Spurstange sowie des Lenkgehäuses ausrichten. Falls Sie das »mit links« erledigen, könnte die Manschette verspannen und früher oder später erneut reißen.

[7] Sichern Sie die Manschette mit einem neuen Halteband/Klemmschelle und ...

[8] ... lassen in einer Fachwerkstatt die Vorderachsgeometrie neu vermessen.

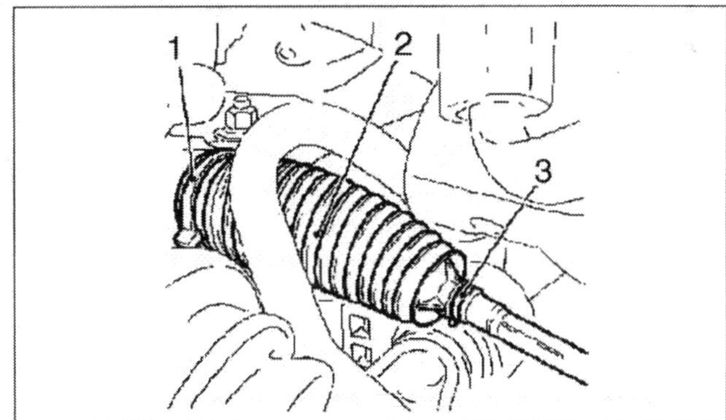

Muss nach der Montage spannungsfrei sitzen – Faltenbalg.

Lenkschwenklager erneuern

Arbeits-schritte  

[1] Bevor Sie den Vorderwagen rüttelsicher aufbocken, lösen Sie die Radmuttern und die Zentralmutter des Antriebswellen-

stumpfs. Vorab entfernen Sie allerdings den Splint aus dem Antriebswellenstumpf. Lassen Sie sich von einem Helfer assistieren, er tritt auf die Bremse, damit das Rad derweil blockiert.

[2] Passiert? Dann heben Sie den Vorderwagen an und nehmen das betreffende Rad ab. Lösen Sie auch noch die untere Motorverkleidung, falls vorhanden.

[3] Jetzt demontieren Sie, wie beschrieben, den Bremssattel und fixieren ihn mit Draht im Radkasten. Knicken Sie nicht den Bremsschlauch ab.

[4] Lösen Sie am Radflansch der Bremsscheibe die Sicherungsmadenschraube und ziehen die »Disc« von der Radnabe. Festsitzende Scheiben lockern Sie mit »gezielten« Hammerschlägen (Kunststoffhammer) auf den Außenrand der Scheibe – drehen Sie dazu die Scheibe. Falls Sie einen passenden Zweiarmabzieher zur Hand haben, ist das freilich die elegantere Lösung.

[5] Im Anschluss lösen Sie die drei Befestigungsschrauben (Pfeile) der Bremsabdeckung 1 und ...

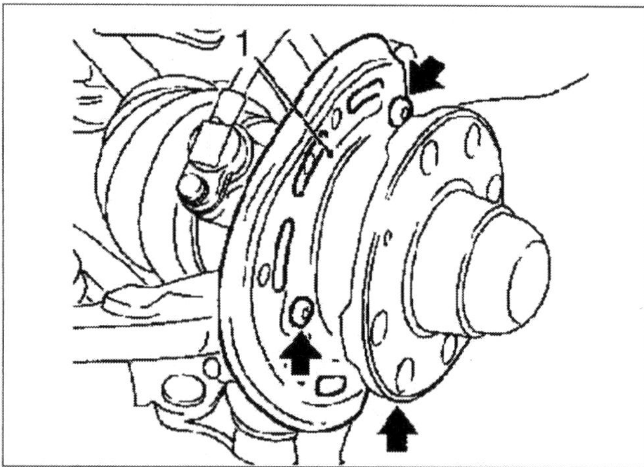

Vom Lenkschwenklager lösen – Bremsabdeckung.

[6] ... des ABS-Sensors 2. Damit Sie der Sensor nicht weiter stört, »binden« Sie ihn einfach ums Federbein.

[7] Jetzt lösen Sie das Führungsgelenk 4 und ...

[8] ... ziehen den Lenker kraftvoll aus dem Achsschenkel.

[9] Hernach lösen Sie Spurstangenkopf 3 vom Achsschenkel und ...

[10] ... ziehen mit einem Abzieher das Führungsgelenk mitsamt Spurstangenkopf aus dem Achsschenkel.

[11] Erledigt? Dann lösen Sie beide Befestigungsschrauben 1 vom Federbein und bugsieren das Lenkschwenklager mitsamt der Radlagereinheit aus dem Radkasten.

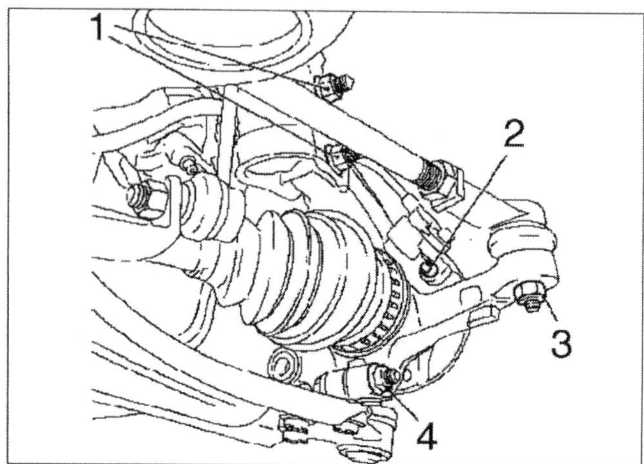

Mitsamt Radlagereinheit demontieren – Lenkschwenklager.

[12] Beenden Sie die Arbeit in umgekehrter Reihenfolge und verwenden grundsätzlich nur neue Befestigungsmuttern und Schrauben. Checken Sie nach einer Probefahrt sämtliche Schraubverbindungen. Um sicher zu gehen, dass die Vorderachsgeometrie o. k. ist, »gönnen« Sie Ihrem Meriva einen optischen Achsmessstand und lassen seine Radstellung überprüfen bzw. neu einstellen.

Querlenkerlager checken

Die beiden Lager und das Kugelgelenk der vorderen Querlenker sind wartungsfrei. Das äußere Kugelgelenk sitzt in einer Kunststoffschale mit Fettdauerfüllung. Dennoch sollten Sie die Querlenker regelmäßig inspizieren und mit einem Montierhebel das Spiel »abdrücken«: Eindringender Schmutz und Feuchtigkeit hinterlassen ihre Spuren, sie wirken wie Schleifpaste. Folge: Die Gelenke schlagen aus und die Lager korrodieren.

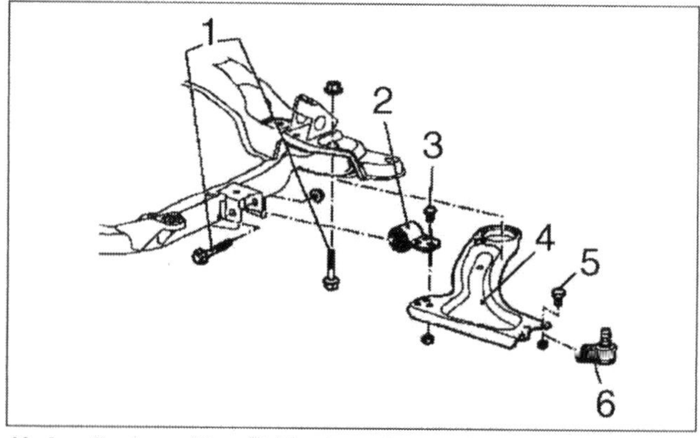

Hydraulisch gedämpft: *Vorderachsquerlenker beim Meriva. 1 Befestigungsschrauben, 2 Hydrobuchse, 3 Spezialschraube 4 Querlenker, 5 Spezialschraube, 6 Führungsgelenk.*

Arbeitsschritte  

[1] Lenkung mehrmals ruckartig nach links und rechts einschlagen.

[2] Kugelgelenke rechts und links optisch auf Beschädigungen prüfen.

[3] Setzen Sie dann einen Montierhebel an und »wippen« die Gelenke »gut durch«.

[4] Inspizieren Sie beide Lager auf die gleiche Weise. Denken Sie daran, dass die Lager von Haus aus eine gewisse Elastizität haben (müssen). Sobald sich der Montierhebel allerdings »widerstandslos« schwenken lässt, sind die Lager verschlissen.

Versierte Do it yourselfer werden, mit dem erforderlichen Equipment ausgerüstet, jetzt zur Selbsthilfe greifen wollen. Wir raten Ihnen davon ab, denn die Arbeit ist nicht allein mit dem Tausch eines Lagers oder Kugelgelenks beendet: Stattdessen müssen Sie den kompletten Querlenker demontieren und nach der Reparatur die Vorderachse auch optisch vermessen lassen.

Radlagerspiel prüfen

Die Räder drehen sich um wartungsfreie Doppelkugellager. An der Hinterachse »machen« moderne Radlager heutzutage locker rund 150.000 Kilometer. Ihre Pendants an der Vorderachse sind naturgemäß stärker belastet, sie halten häufig nicht ganz so lange. Radlager wie Opel sie montiert sind bereits mit der Montage eingestellt. Bei Schäden bleibt Ihnen nur der komplette Lagertausch übrig. Aufmerksamen Ohren kündigt sich die anstehende Reparatur freilich rechtzeitig an: Verschlissene Radlager nerven mit lauten Mahlgeräuschen. In Rechtskurven »rumort« das linke vordere Radlager und in Linkskurven das rechte Radlager. Die fachgerechte Montage setzt Spezialwerkzeuge voraus. Doch bevor Sie die Werkstatt aufsuchen, machen Sie folgenden Test:

- Stellen Sie den Wagen auf einer Stein- oder Asphaltfläche ab. Greifen Sie das Rad im oberen Radlauf und »kippen« es rhythmisch kräftig hin und her. Einwandfreie Lager verkraften das lautlos und ohne Spiel.
- Sollten Sie an den vorderen Radlagern zu viel Spiel feststellen, lassen Sie einen Helfer die Bremse treten – Sie »wackeln« derweil am betreffenden Rad. Bleibt das Spiel unverändert, haben Sie auf diese Art und Weise »zufällig« ein defektes Achsgelenk entdeckt.

Räder und Reifen

Auf einer – je Rad – etwa Postkarten großen Aufstandsfläche tragen die Pneus Ihr Auto über »Stock und Stein, entschärfen die unterschiedlichsten Fahrbahnen« und übertragen sämtliche Antriebs-, Brems- und Fliehkräfte. Es müsste Ihnen längst dämmern: Reifen leisten einen wichtigen Beitrag zum guten Fahrverhalten und damit auch zur aktiven Sicherheit Ihres Wagens: Die Karkasse, die Gummimischung, der Silicatanteil und das Computer berechnete Reifenprofil machen heutige Radialreifen zu Hightech-Produkten. Bei durchschnittlicher Belastung müssen Sie Ihr Auto etwa alle 40.000 – 50.000 Kilometer auf der Vorder- und nach rund 60.000 – 70.000 Kilometern auf der Hinterachse neu »besohlen«.

Unabhängig von der Laufleistung – Reifen grundsätzlich nach sieben bis acht Jahren wechseln

Wenn Sie überwiegend auf Kurzstrecken unterwegs sind, sollten Sie die Reifen – unabhängig von der Laufleistung und Restprofiltiefe – nach sieben bis acht Jahren erneuern. Winterreifen geben Sie am besten schon nach vier Wintern den Laufpass und fahren das verbliebene Restprofil ins Frühjahr hinein ab.
Warum die generelle Empfehlung? In den angegebenen Zeiträumen setzen den Reifen Straßendreck, chemische Umwelteinflüsse, interne Alterungsprozesse und nicht zuletzt die Sonne dermaßen zu, dass die Pneus Ihren Job nicht mehr verlässlich erledigen. Trauen Sie übrigens auch keinem neu aussehenden »alten« Ersatzrad, die neuwertige Optik ist nur Fassade – darunter sieht's häufig gefährlich alt aus. Denn Reifen altern auch im Kofferraum, dunklen Kellern oder Garagen: Ein Großteil der Ingredienzien diffundiert an die Oberfläche – der Pneu härtet künstlich von innen nach außen aus.

Ab Werk zwei Grundtypen – Felgen für den Meriva

Grundsätzlich rollt der Meriva auf zwei Felgengrundtypen vom Montageband: Je nach Ausführung und Modell sind's Stahlfelgen der Dimension 5½J x 14 bzw. 6J x 15 oder Leichtmetallfelgen der gleichen Dimension im 7-Speichen-Design.

Ultra-Light-Weight-Reifen (ULW-R)

Technik-lexikon

In der Formel 1 sind sie längst Stand der Technik: Ultra-Light-Weight-Reifen (ULW-R). Auch unter normalen Straßenautos werden die »Superleichtgewichte« immer aktueller – und das aus gutem Grund: Gegenüber einem herkömmlichen Stahlgürtelreifen schleppen ULW-Reifen etwa drei Kilogramm weniger durch die Lande. Wie das? Anstelle von Stahlcord-Gürteleinlagen »fesseln« ULW-Karkassen ultraleichte Aramidfasern. Die Hightech-Kunststofffaser wiegt etwa sechsmal weniger als Stahl, übertrifft seine Zugfestigkeit jedoch um das Zehnfache. Das erfreut landauf landab nicht nur die »Reifenbäcker«, sondern gleichermaßen auch Bremsenkonstrukteure. Denn mit geringeren rotierenden Radmassen sind höhere ABS-Regelfrequenzen möglich. Im Klartext: Ultra-Light-Weight-Reifen können schneller stoppen – auch auf rutschigen Pisten. Und weil Aramidfasern zudem weniger verletzlich als »Stahlfäden« sind – sie oxidieren beispielsweise nicht nach Reifenpannen – haben sie auch gute Chancen, als Runderneuerte ein »zweites Leben zu erleben«. Darüber hinaus spielen die Pneus über die Zeit den Aufpreis beim Kauf wieder ein: Ultra-Light-Weight-Reifen senken die Kraftstoffkosten.

Welche Reifengrößen und Felgenformate Ihrem Auto grundsätzlich »stehen« würden, steht in den Kfz-Papieren. Wenn Sie ihm darüber hinaus individuellere Rad/Reifenkombinationen spendieren möchten, orientieren Sie sich nur an zugelassenen Produkten. Qualitativ verlässliche Sonderfelgen haben grundsätzlich eine Allgemeine Betriebserlaubnis (ABE) mit entsprechender Prüfnummer. Sollten die Formate Ihrer gewünschten »Sonderschuhe« in den Kfz-Papieren unauffindbar sein, erkundigen Sie sich vor dem Kauf und der Montage bei Ihrem Opel-Händler oder bei einem TÜV-/DEKRA-Sachverständigen nach der Freigabe.

Die wichtigsten Reifendaten

Auf den Reifenflanken sind eine Reihe von Ziffern und Buchstaben eingeprägt, die Fachleuten als verschlüsselte »Visitenkarte« dient. Die meisten Autofahrer interessiert ohnehin nur das Reifenformat. 185/60 R 15 bedeutet zum Beispiel, dass der Reifenquerschnitt eine Breite von 185 Millimetern aufweist. Die zweite Zahl bestimmt das Verhältnis von Höhe und Breite des Reifens. Im Beispiel beträgt es 60 Prozent. Je kleiner dieses Verhältnis, um so flacher ist der Reifen. Der Buchstabe »R« steht für Radialbauweise (Gürtelreifen) und die Zahl hinter der Kombination (15) beschreibt den Felgendurchmesser in Zoll.

Synonym für die Höchstgeschwindigkeit – der Großbuchstabe hinter der letzten Ziffer

Der Großbuchstabe hinter der letzten Ziffer auf der Reifenflanke verrät die zulässige Höchstgeschwindigkeit des Reifens. Ein 185/60 R 15 Reifen mit dem Kennbuchstaben »S« ist für ein Topspeed bis 180 km/h, mit »T« bis 190 km/h zugelassen. Maximal 210 km/h vertragen Reifen mit dem Kennbuchstaben »H«. Herkömmliche M+S-Reifen mit dem Kürzel »Q« sind bis 160 km/h freigegeben.

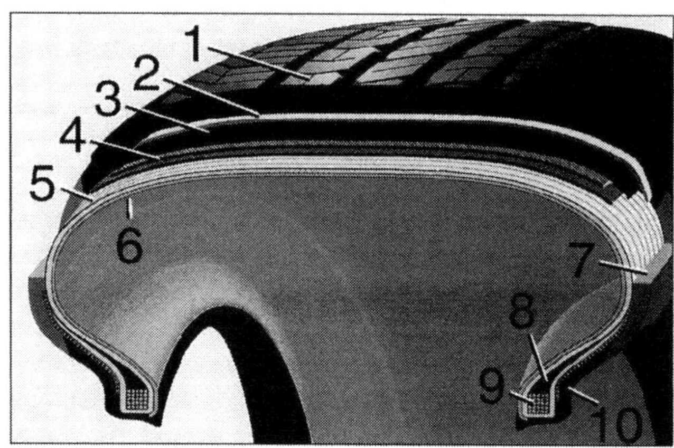

Das vielschichtige Innenleben eines PKW-Reifens. *1 Laufstreifen: Profil und Mischung beeinflussen die Eigenschaften, 2 Base: Senkt den Rollwiderstand, 3 Nylon-Spulbandagen: Erhöhen Hochgeschwindigkeitstauglichkeit, 4 Stahlcord-Gürtellagen: Steigern die Fahrstabilität, 5 Karkasse: Form- und Festigkeitsträger des Reifens, 6 Innenseele: Gasdichte Innenschicht ersetzt den Schlauch, 7 Seitenteil: Schützt Karkasse vor Beschädigungen, 8 Kernprofil: Unterstützt Lenk- und Fahrpräzision, 9 Kern: Sorgt für festen Sitz auf der Felge, 10 Wulstverstärker: Für präzises Lenkverhalten und hohe Fahrstabilität.*

Reifengeburtstermin – die DOT-Nummer

Das tatsächliche Herstellungsdatum verrät Ihnen die »DOT-Nummer« auf der Reifenflanke: Seit 1990 steht übrigens hinter dieser Zahl ein kleines Dreieck. Lautet die »DOT-Nummer« beispielsweise 1004, wurde der Reifen in der zehnten Woche des Jahres 2004 produziert. Neureifen mit Produktionsdatum ab 01. Oktober

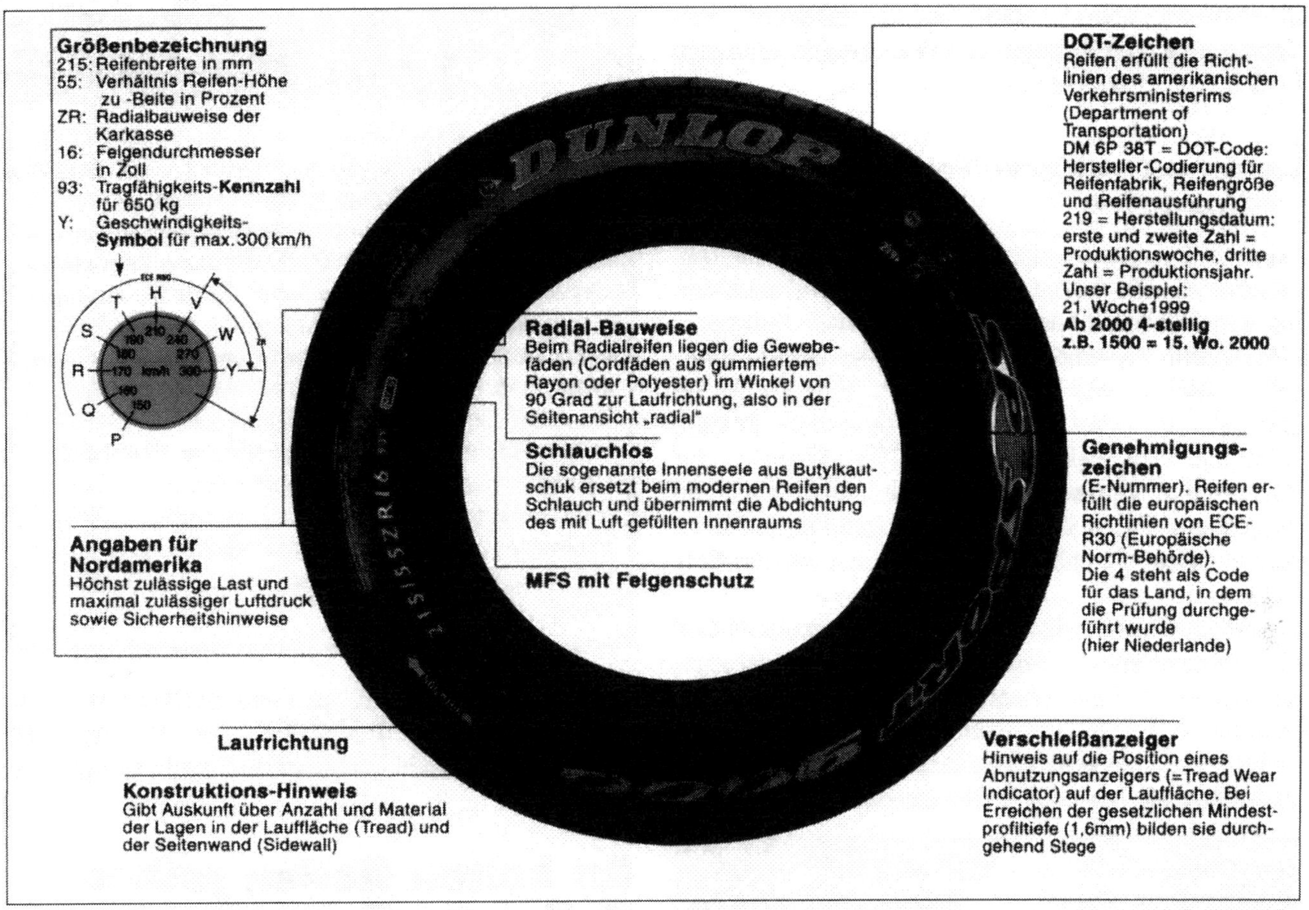

Größenbezeichnung
215: Reifenbreite in mm
55: Verhältnis Reifen-Höhe zu -Beite in Prozent
ZR: Radialbauweise der Karkasse
16: Felgendurchmesser in Zoll
93: Tragfähigkeits-**Kennzahl** für 650 kg
Y: Geschwindigkeits-**Symbol** für max.300 km/h

DOT-Zeichen
Reifen erfüllt die Richtlinien des amerikanischen Verkehrsministerims (Department of Transportation)
DM 6P 38T = DOT-Code: Hersteller-Codierung für Reifenfabrik, Reifengröße und Reifenausführung
219 = Herstellungsdatum: erste und zweite Zahl = Produktionswoche, dritte Zahl = Produktionsjahr.
Unser Beispiel: 21. Woche 1999
Ab 2000 4-stellig z.B. 1500 = 15. Wo. 2000

Radial-Bauweise
Beim Radialreifen liegen die Gewebefäden (Cordfäden aus gummiertem Rayon oder Polyester) im Winkel von 90 Grad zur Laufrichtung, also in der Seitenansicht „radial"

Schlauchlos
Die sogenannte Innenseele aus Butylkautschuk ersetzt beim modernen Reifen den Schlauch und übernimmt die Abdichtung des mit Luft gefüllten Innenraums

MFS mit Felgenschutz

Genehmigungszeichen
(E-Nummer). Reifen erfüllt die europäischen Richtlinien von ECE-R30 (Europäische Norm-Behörde).
Die 4 steht als Code für das Land, in dem die Prüfung durchgeführt wurde (hier Niederlande)

Angaben für Nordamerika
Höchst zulässige Last und maximal zulässiger Luftdruck sowie Sicherheitshinweise

Laufrichtung

Konstruktions-Hinweis
Gibt Auskunft über Anzahl und Material der Lagen in der Lauffläche (Tread) und der Seitenwand (Sidewall)

Verschleißanzeiger
Hinweis auf die Position eines Abnutzungsanzeigers (=Tread Wear Indicator) auf der Lauffläche. Bei Erreichen der gesetzlichen Mindestprofiltiefe (1,6mm) bilden sie durchgehend Stege

»Visitenkarte«: *Reifendaten auf der Flanke. Achten Sie beim Kauf auf die Spezifikationen, damit der neue Reifen wirklich auf die Felge passt.*

1998 müssen eine ECE-Prüfnummer auf ihrer Reifenflanke tragen. Das macht Sinn, denn die Prüfnummer garantiert Ihnen ein typgeprüftes Bauteil, entsprechend dem Qualitätsstandard der Economic Commission of Europe (ECE-R 30), zu fahren. Sollten auf Ihrem Auto Reifen mit DOT-Nummer größer als 408 – jedoch ohne ECE-Prüfnummer – montiert sein, fahren Sie übrigens ohne Allgemeine Betriebserlaubnis.

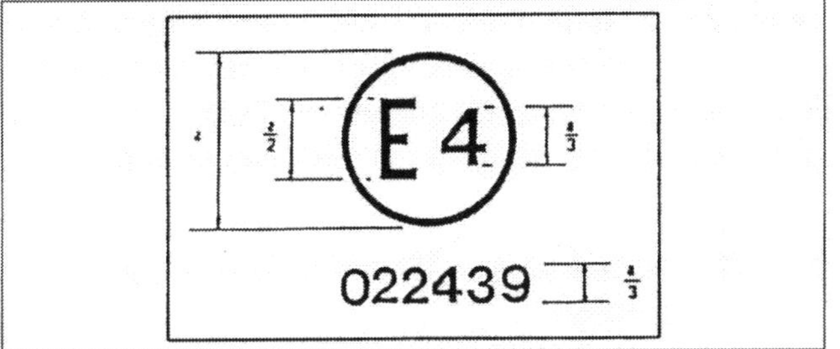

Verwirrend für Laien: *ECE Prüfnummer auf der Reifenflanke. Das große »E« steht für den Produktionsort Europa und die Ziffer dahinter signalisiert das Herkunftsland. In diesem Beispiel kommt der Reifen aus den Niederlanden »4«, deutsche Pneus verrät eine »1« auf der Reifenflanke.*

Winterreifen – Profis bei Wind und Wetter

Winterreifen sind bereits auf herbstlichen Straßen unangefochten erste Wahl – und bei Schnee und Eis sind die schwarzen Rundlinge erst recht unschlagbar. Warum eigentlich?

Die Laufflächen moderner Winterreifen bestehen aus einer speziellen Gummirezeptur. Naturkautschuk und Silikat sind hier in besonderer Konzentration miteinander vermischt und extrem filigran profiliert. Diese besondere Kombination baut auf feuchten, glitschigen Straßen und bei Temperaturen unter 7 °C eine bessere Haftfähigkeit als herkömmliche Sommerreifen auf.

Grundvoraussetzung dafür, dass Winterreifen die Antriebs- und Bremskräfte sicher auf die Straße übertragen, ist jedoch eine Mindestprofiltiefe von vier Millimetern – weniger Profil ist nicht erlaubt und disqualifiziert den Pneu als »Winterprofi«. Bestücken Sie in jedem Fall alle vier Räder mit Winterreifen – eine Kombination von Sommer- und Winterreifen kann sich in Gefahrensituationen gefährlich rächen.

Besser auf »eigene« Felgen montieren – Winterreifen

Winterreifen müssen nicht breit sein: Das kleinste freigegebene Reifenformat reicht Ihrem Auto allemal, um auf winterlichen Straßen mobil zu bleiben. Außerdem – Standardreifen sind preisgünstiger als üppige Breitreifen. Die »clever« gesparten Euro investieren Sie sinnvoller in einen zweiten Satz passender Felgen. Denn ein regelmäßiger Wechsel von Sommer- auf Winterreifen verbessert weder die Reifen noch die Felgen. Auf Dauer kommt Sie die Montage, inklusive Auswuchten, ohnehin viel teurer als ein zweiter Satz Felgen.

Fahren Sie Winterreifen mit 0,2 bar höherem Luftdruck als Sommerreifen. Liegt die zulässige Höchstgeschwindigkeit Ihrer Winterpneus unter dem Speedlimit des Autos, ist hierzulande ein Warnaufkleber im Sichtbereich des Armaturenbretts vorgeschrieben. Ihr Reifenhändler hat entsprechende Aufkleber vorrätig.

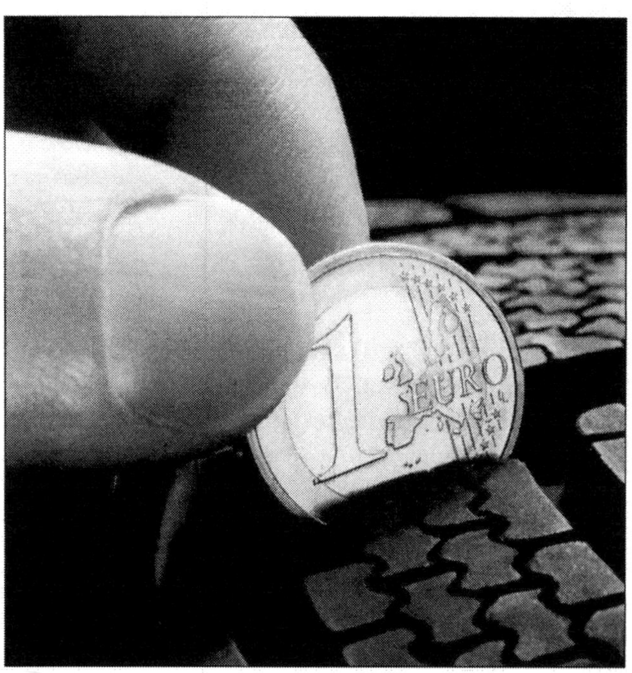

Untauglich für den kommenden Winter: *Winterreifen mit mehr als vier Wintern oder weniger als vier Millimetern Reifenprofil auf den »Sohlen«. Machen Sie daher nach jeder Saison den Euro-Test – sobald der Goldrand an der Profiloberkante sichtbar wird, fahren Sie das Restprofil getrost im Frühjahr ab.*

Praxistipp

Räder richtig tauschen

Wenn Sie beim ersten Reifenkauf Ihr neuwertiges Ersatzrad einbeziehen, sparen Sie »bares« Geld. Vorausgesetzt: Das Fabrikat ist mit dem gleichen Profil noch lieferbar. In diesem Fall kaufen Sie einen Reifen dazu und haben eine Achse schon neu bereift. Die Laufleistung Ihrer Reifen können Sie übrigens auch erhöhen: Tauschen Sie regelmäßig die Räder einer Fahrzeugseite, also nicht über Kreuz, gegeneinander aus. Ihre Reifen nutzen so gleichmäßiger ab. Ein Nachteil dieser Methode: Beim Wechsel in kurzen Kilometerabständen können Sie mögliche Fehler an der Radaufhängung, Lenkung und den Stoßdämpfern nicht mehr deutlich am Reifenprofil erkennen. Achten Sie beim Reifentausch generell darauf, dass die Achsen paarweise mit Reifen des gleichen Fabrikats, des gleichen Profils und mit gleichem Produktionsdatum (+/- 1 Jahr) bestückt sind.

Übrigens, servicefreundliche Reifenhändler oder Fachwerkstätten lagern Ihre Reifen bis zum nächsten Wechsel auch gegen eine geringe Gebühr fachgerecht ein.

An kalten Reifen prüfen – Reifendruck

Den vorschriftsmäßigen Druck lesen Sie von der Klebefolie an der Innenseite der Tankklappe ab. Ein Druckverlust von 1,5 Prozent im Monat ist übrigens noch völlig normal, sollten Ihre Pneus mehr Luft lassen, gehen Sie der Sache akribisch auf den Grund: Oftmals »gärt« es dann schon unter der Oberfläche.

Sollten Sie ein Modell ohne Reifendruckkontrollsystem fahren, checken Sie die Luft alle drei bis vier Wochen an möglichst kühlen Reifen – also bevor Sie auf »Tour« gehen. Denn während der Fahrt erwärmt sich der Reifen. Folge: Sie erhalten ungenaue Werte, der Reifendruck steigt zwangsläufig mit der Temperatur.

Nicht vergessen – Ventilschutzkappen aufschrauben

Nach dem Luftcheck vergessen Sie bitte nicht die Schutzkappen auf den Reifenventilen. Falls doch, hat's bald mit der relativen Dichtheit ein Ende. Denn wenn erst einmal Schmutz ins Ventil gelangt, verliert der Reifen ständig Luft. Sie potenzieren damit die Gefahr

Luftdruckwerte bei kalten Reifen (bar)

Motor	Reifengröße*	Normalbelastung bis 3 Personen vorne	hinten	Volle Belastung über 3 Personen vorne	hinten
Z16 SE	175/70 R 14	2,4	2,2	2,6	3,0
	185/60 R 15	2,4	2,2	2,6	3,0
	205/50 R 16	2,4	2,2	2,6	3,0
	205/45 R 17	2,4	2,2	2,6	3,0
Z16 XE	185/60 R 15	2,4	2,2	2,6	3,0
	205/50 R 16	2,4	2,2	2,6	3,0
	205/45 R 17	2,4	2,2	2,6	3,0
Z18 XE	185/60 R 15	2,4	2,2	2,6	3,0
	205/50 R 16	2,4	2,2	2,6	3,0
	205/45 R 17	2,4	2,2	2,6	3,0
Y17 DT	185/60 R 15	2,4	2,2	2,6	3,0
	205/50 R 16	2,4	2,2	2,6	3,0
	205/45 R 17	2,4	2,2	2,6	3,0
Z17 DTH	185/60 R 15	2,6	2,4	2,8	3,2
	205/50 R 16	2,6	2,4	2,8	3,2
	205/45 R 17	2,6	2,4	2,8	3,2

*Sommerreifen

eines Reifenplatzers, »todsicher« – früher oder später. Ein höherer Luftdruck (etwa 0,2 – 0,3 bar) kann dagegen durchaus vorteilhaft sein: Die Lenkung arbeitet feinfühliger, die Reifen halten länger und der Kraftstoffverbrauch sinkt geringfügig. Nachteil: Der Wagen rollt etwas straffer ab.

Häufigster Grund für Reifenplatzer: *Zu geringer Luftdruck. Unter Belastung wird die Karkasse dann zu heiß und löst sich – ohne Vorankündigung – in ihre Bestandteile auf.*

Rad wechseln

Arbeits-schritte  

[1] Ziehen Sie zunächst die Handbremse an und legen sicherheitshalber noch den ersten oder Rückwärtsgang ein. Auf öffentlichen Straßen muss der Warnblinker aktiv sein und in gebührendem Abstand hinter dem Auto ein Warndreieck stehen – die StVZO, schreibt das so vor.

[2] Rollt Ihr Meriva auf Stahlfelgen, ziehen Sie jetzt die Radzierblende mit der »Klammer« oder dem Schraubendreher aus dem Bordpannenset ab. Den Schraubendreher setzen Sie als Hebel zwischen Felge und Blende an, die Klammer bugsieren Sie in die Aussparungen am äußeren Blendenwulst.

[3] Lösen Sie alle Radschrauben um eine Umdrehung und ...

[4] ... heben dann den Wagen an. Den Wagenheber setzen Sie bitte nur in den vorgesehenen Bereichen des Seitenschwellers an. Positionieren Sie dazu den Wagenheberkopf so in die Kunststoffaufnahme des Seitenschwellers, dass beide Profile passgenau ineinander greifen. Drehen Sie zunächst den Heber an der Spindelstange per Hand auf die richtige Grundhöhe und setzen erst dann die Kurbelstange in der Öse an, wenn sich der Wagen aus den Federn zu heben beginnt. Achten Sie darauf, dass der Wagenheberfuß jetzt senkrecht unter dem Schweller und satt auf dem Untergrund steht.

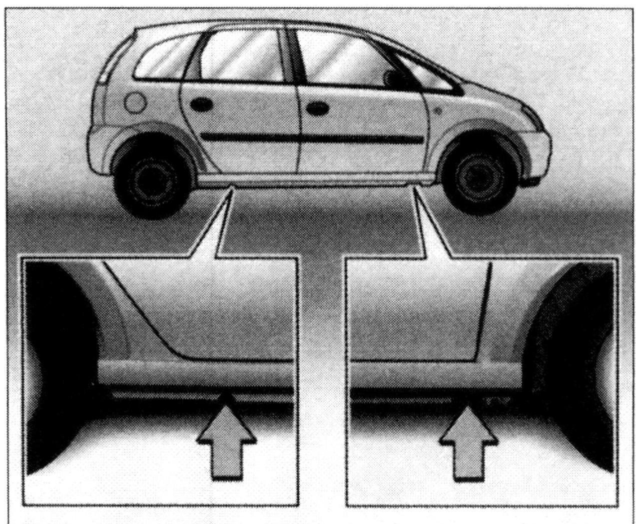

Möglichst passgenau und senkrecht unter dem Seitenschweller ansetzen – Wagenheberfußkante.

[5] Erst wenn Ihr Auto »stabil« auf drei Rädern steht, drehen Sie die Radschrauben ganz aus, ...

[6] ... ziehen das alte Rad von der Nabe und setzen das neue Rad provisorisch an.

[7] Richten Sie das Rad so an der Nabe aus, dass die Radbolzenöffnungen mit den Gewindebohrungen in der Radnabe übereinstimmen.

[8] Drehen Sie dann die Radbolzen ein und ziehen sie handfest vor.

[9] Lassen Sie den Wagen ab und ziehen die Radbolzen fest. Spätestens jetzt drängt sich ein Radkreuzschlüssel auf, damit können Sie nämlich die Bolzen gefühlvoller anziehen. Das Anzugsdrehmoment soll 110 Nm übrigens nicht übersteigen: »Knallen« Sie die Bolzen also nicht mit einem verlängerten Radschlüssel an, sondern ziehen sie gefühlvoll mit einem Radkreuzschlüssel fest.

[10] Wenn Sie nun die Radabdeckung ansetzen, achten Sie darauf, dass die Ventilöffnung dem Ventil Platz lässt.

[11] Ziehen Sie die Radbolzen nach ca. 10 Kilometern kurz nach.

So lagern Sie Reifen richtig

Praxistipp

Nach dem Reifentausch brauchen die pausierenden Pneus einen guten Lagerplatz. In einem dunklen, kühlen und trockenen Raum lagern sie am besten. Zumindest dann, wenn Sie Benzin, Öl, Fett und andere Chemikalien von den Reifen fern halten – ansonsten greift das die Gummimischung an.

- Markieren Sie zunächst Laufrichtung und Position der Reifen mit Ölkreide aus dem Verbandkasten (VR = vorne rechts, VL = vorne links, HR = hinten rechts, HL = hinten links).
- Nehmen Sie die Reifen ab, reinigen sie mit Waschwasser und einem guten »Schuss« Geschirrspülmittel. Trocknen Sie geputzten Reifen gut ab und vergessen auch nicht, ihre Profilrillen von sämtlichen Fremdkörpern zu »befreien«.
- Komplette Räder »parken« Sie liegend übereinander – am besten auf einer Holzpalette.
- Reifen ohne Felgen stellen Sie einfach nebeneinander auf. Drehen Sie die Pneus von Zeit zu Zeit.

DIE BREMSANLAGE

So »stoppt« Ihr Auto: An den Vorderrädern nehmen Faustsättel innenbelüftete Bremsscheiben in die Zange, die Hinterräder bremsen massive Scheiben inklusive Handbremstrommel ein. Wie das Foto eindeutig belegt: Physikalisch ist Bremsen nichts anderes, als kinetische Energie in Wärme zu verwandeln. Bei Bergabfahrten oder in anderen Extremsituationen, etwa mit Wohnwagen am Haken, kann es den Akteuren auch in der Praxis so heiß werden, dass beim Bremsen die Funken – wie hier auf dem Messstand – fliegen.

Wartung

Reparatur

Die Straßenverkehrs-Zulassungsordnung (StVZO) schreibt zwei unabhängig voneinander wirkende Bremssysteme (Fuß- und Feststellbremse) vor. Darüber hinaus ist die Betriebsbremse Ihres Meriva diagonal »geteilt« – ein Bremskreis wirkt jeweils auf ein Vorder- und das gegenüberliegende Hinterrad. Vorteil: Bei Ausfall eines Bremskreises sind die beiden Räder des anderen Kreises weiterhin bremsfähig. Ihr beherzter Tritt auf »den Anker« hat freilich nur noch die halbe Wirkung. Doch immerhin – die Chance vor dem »Hindernis« zu stoppen ist relativ groß. Übrigens, nicht nur der etwa doppelt so lange Bremsweg ist ein sicheres Indiz für einen ausgefallenen Bremskreis, auch der Bremspedalweg verdoppelt sich. Und last but not least signalisiert Ihnen im Instrumententräger die »brennende« Bremskontrollleuchte – Gefahr in Verzug!

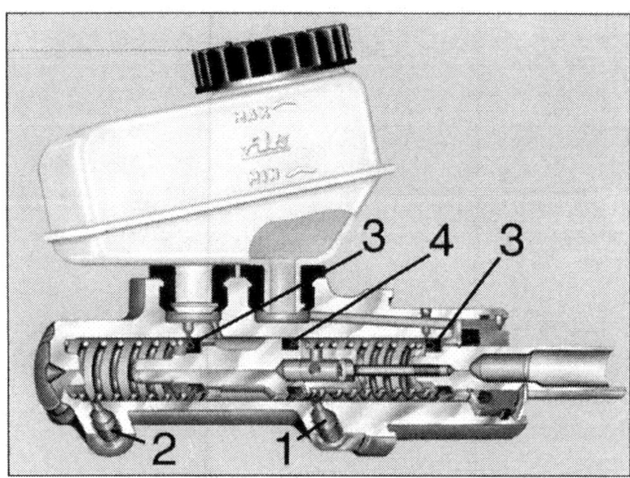

Jobsharing: *In einem Tandem-HBZ wirken zwei Bremskolben. 1 Druckstangenbremskreis, 2 »schwimmender« Hauptbremskreis, 3 Primärmanschetten, 4 Trennmanschette.*

Bremsencheck – beim geringsten Selbstzweifel ein Fall für die Werkstatt

Grundsätzlich sind Wartungsarbeiten an der Bremsanlage kein Hexenwerk. Dennoch legen Sie nur dann »Hand an die Bremse«, wenn Sie die erforderliche Reparatur aus dem Effeff beherrschen: Ansonsten bedienen Sie sich des aktuellen Know-hows einer Fachwerkstatt. Schließlich entscheiden die Bremsen ja auf jedem Meter über Ihre und die Sicherheit anderer Verkehrsteilnehmer.

Die Besonderheiten der Betriebsbremse

Opel hat mit dem Meriva die Bremse zwar nicht gänzlich neu erfunden, doch das Gesamtsystem weist durchaus einige »Schmankerln« auf, die Sie kennen sollten. Jeder Meriva stoppt zum Beispiel mit Antiblockierbremssystem (ABS), nur in Kombination mit dem Z18 XE- bzw. dem Z17 DTH-Motor diszipliniert eine elektronische Traktionskontrolle (TC^{Plus}) die Vorderräder. EBD, die elektronische Bremskraftverteilung zwischen Vorder- und Hinterachse, ist grundsätzlich installiert. Nicht so das elektronische Stabilitätsprogramm (ESP): Lediglich die Benziner mit Handschaltung und der stärkste Diesel kommen in den Genuss. **ABS**, **TC^{Plus}** und **ESP** steigern die aktive Fahrsicherheit, **EBD** ersetzt den mechanischen Bremskraftregler an der Hinterachse.

- Aktive Raddrehzahlsensoren steuern die ABS-Funktion schon ab 0,2 km/h. ABS sichert die volle Lenkfähigkeit auch bei Vollbremsungen.
- Die feinfühligen Regelimpulse von TCPlus verbessern, vornehmlich beim Beschleunigen, die Richtungsstabilität auf rutschiger Fahrbahn
- Das elektronische Stabilitätsprogramm (ESP) leitet in Extremsituationen gezielte Bremseingriffe an den Rädern ein. In Untersteuersituationen (Wagen schiebt über die eingeschlagenen Vorderräder zum Kurvenaußenrand) zum Beispiel am kurveninneren Hinterrad, oder bei Übersteuertendenzen (Wagen dreht mit der Hinterachse in die Kurve hinein) am kurvenäußeren Vorderrad. Hierzu werden die im Bordrechner erfassten theoretischen Gierraten- und Querbeschleunigungs-Informationen mit dem tatsächlichen Lenkwinkel verglichen und über den HSCAN-Bus zum ABS/ESP-Steuergerät übermittelt.
- EBD (**E**lectronic **B**rakeforce **D**istribution;) variiert – unter Mithilfe der vorhandenen ABS-Sensorik – den Bremsdruck an der Hinterachse. Den Hinterrädern wird immer nur so viel Bremsdruck »zugemutet«, dass sie stets mit maximaler Verzögerungskraft bremsen. Das System berücksichtigt automatisch die Beschaffenheit der aktuellen Straßenoberfläche und den jeweiligen Beladungszustand.

Voll diagnosefähig – modulares Bremssystem

Das modulare Bremssystem des Meriva ist diagnosefähig: Fehlercodes »archiviert« ein permanenter Speicher bis auf Abruf. Um die Möglichkeiten von ABS,

TCPlus, ESP und EBD bis zur Gänze auszuschöpfen, fährt der Meriva noch einen Gierraten- und Lenkwinkelsensor »spazieren«. Der Gierratensensor erkennt instabile Fahrsituationen und der Lenkwinkelsensor analysiert den tatsächlichen Lenkeinschlag der Vorderräder.

Kompakt und sensibel: *Das ABS-Steuergerät inklusive Vorderradnabe. Das 4-Kanal-Modul variiert unter anderem auch die Bremskraft zwischen Vorder- und Hinterachse (EBD). Außerdem läuft jedesmal vor Fahrtbeginn im Steuergerät ein kompletter Systemcheck ab. Den Befund erkennen Sie an der ABS-Kontrollleuchte im Armaturenbrett. Ohne besondere Vorkommnisse erlischt das Licht etwa drei Sekunden nach Fahrtbeginn. Falls nicht, lassen Sie bei Ihrem Opel-Händler den Fehler »auslesen«.*

Wertet Raddrehzahlsignale aus - ABS-Steuergerät

Das ABS-Steuergerät überwacht alle elektrischen Komponenten und speichert Fehlerdaten. Bei eingeschalteter Zündung initiiert es vor jedem Fahrtbeginn einen Selbsttest im System. Auch während des Fahrbetriebs stehen die elektrischen ABS-Komponenten kontinuierlich unter Aufsicht der »Bremsenleitzentrale«. Das funktioniert mit Polaritätenchecks sowie Durchgangsprüfungen der einzelnen Stromkreise. Sämtliche Magnetventile unterliegen gleichfalls einer regelmäßigen Funktionskontrolle: Das Steuergerät gibt hierzu einen Prüfimpuls ab. Sollte Ihr Wagen ein Bremsproblem haben, lesen Opel-Händler per »Opel-Tech-Tester« schnell und »zielgenau« den Fehler aus. Der Diagnoseanschluss liegt auf dem Mitteltunnel unterhalb des Handbremshebels.

Begrenzt den Hinterradschlupf - EBD

Die elektronische Bremskraftverteilung (EBD; **E**lectronic **B**rake Force **D**istribution) begrenzt, Millisekunden vor dem Hauptsystem, den Hinterradschlupf. EBD vergleicht dazu ständig den Schlupf an den Vorder- und Hinterrädern und dosiert bzw. verteilt die Bremskraft entsprechend. Die Funktion der EBD ist gewöhnlich nicht wahrnehmbar, ihre Technik realisiert – unabhängig vom Beladungszustand des Autos – stabile Bremsvorgänge. EBD ersetzt den herkömmlichen Bremskraftregler.

Aktiv bis 50 km/h - TC^Plus^

Nur die »großen« Modelle kommen ab Werk in den Genuss von TC^Plus^. TC^Plus^ ist mit Abschaltmagnetventilen und hydraulisch betätigten Einlassventilen in das ABS integriert. Es wird nach jedem Start automatisch aktiv und checkt seine Funktionsbereitschaft dann fortlaufend selber.

Die wichtigste Eingangsgröße liefern die ABS-Radsensoren als Wegstreckensignal ab, sie informieren den Rechner dermaßen akribisch über jede einzelne Radumdrehung, dass sogar unterschiedliche Reifendurchmesser, zum Beispiel abgefahrene Reifen auf der Hinterachse, neue Reifen auf der Vorderachse, erkannt werden. TC^Plus^ »beeindruckt« das nur kurzfristig, nach geraumer Zeit erkennt das System die unterschiedlichen Reifen und stellt sich darauf ein.

Immer dann, wenn TC^Plus^ Handlungsbedarf erkennt, »bremst« es die Motorleistung bzw. das Motordrehmoment automatisch so weit ein, dass, innerhalb der physikalischen Grenzen, die Fahrstabilität und Traktion gewährleistet bleibt. Die Regelimpulse gehen zunächst nur von der Motronic aus. In der Regel reicht's, einzelne Einspritzventile pausieren zu lassen und den Zündwinkel zu variieren. Das passiert fast unmerklich. Erst wenn der »künstliche Tritt auf die Bremse« kommt, merkt der Fahrer, dass er mit wenig Gefühl im Gasfuß unterwegs ist.

Das System wird ab 0,2 km/h »scharf« und bleibt beharrlich bis etwa 50 km/h in Aktion. TC^Plus^ »manipuliert den Grip« perfekt: Opel traut den TC^Plus^-Chips sogar die Funktion einer Differenzialsperre zu. Gewissermaßen als Warnung vor zu ungestümem Temperament, begleitet den Einsatz von TC^Plus^ eine Warnleuchte im Instrumentenbrett.

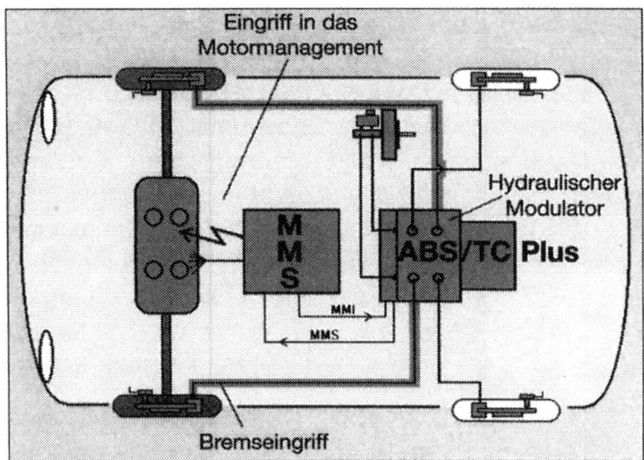

Diszipliniert ab 0,2 bis 50 km/h rotierende Antriebsräder: *TC^Plus-Regelung. Das System nutzt Möglichkeiten des Motormanagements und der ABS-Sensorik.*

Bremst einzelne Räder gezielt ab – ESP

Als interaktives System unterstützt ESP den Fahrer in gefährlichen Situationen. Es reduziert mit progressiver Kennung die Motorleistung und bremst einzelne Räder ab. ESP »provoziert« mit seinen »Eingriffen« ein Giermoment, welches den Wagen automatisch stabilisiert. Das System arbeitet mit einem »aktiven« Bremskraftverstärker völlig autonom. Zur Euphorie besteht allerdings kein Anlass: ESP hält in Grenzbereichen der Fahrdynamik den Wagen zwar auf Kurs, doch eine »ab Werk montierte Lebensversicherung« ist es keinesfalls: Wenn »kopflose« Chauffeure erst einmal die Grenzen der Fahrphysik »übereilen«, stehen alle ESP-Helfer auf verlorenem Posten, der »Abflug in die Botanik« ist unausweichlich – mit und ohne ESP!

So bremst der Meriva

Generell verzögern den Meriva vier Scheibenbremsen: Die vorderen, innen belüfteten Scheiben sind 25 Millimeter (Z16 SE 24 mm) stark und 280 Millimeter (Z16 SE 260 mm) groß. 264 Millimeter (Z16 SE 240 mm) große und 10 Millimeter starke Bremsdiscs reichen an der Hinterachse. Alle Bremsscheiben stehen im kühlenden Fahrtwind, aerodynamisch profilierte Luftführungskanäle machen das möglich.

Und damit die Faustbremssättel ihre Scheiben auch ohne »derbe Fußtritte« richtig in die Zange nehmen, assistiert ihnen ein pneumatischer 10"-Tandembremskraftverstärker mit Bremsassistent. Ab einer fest programmierten Pedalkraft (Panikbremsvorgang) und »Trittgeschwindigkeit« nimmt der Bremsdruck mit »Assistent« nicht mehr linear, sondern progressiv zu. Das verkürzt den Anhalteweg – mitunter gerade um die »teueren und gefährlichen letzten Zentimeter«. Denn anhand Ihrer Trittgeschwindigkeit aufs Bremspedal »ahnt« der Bremsassistent die Situation vor dem Stoßfänger und leitet automatisch alle erforderlichen Maßnahmen ein – egal ob Sie fest genug oder zu lasch auf dem Pedal »stehen«.

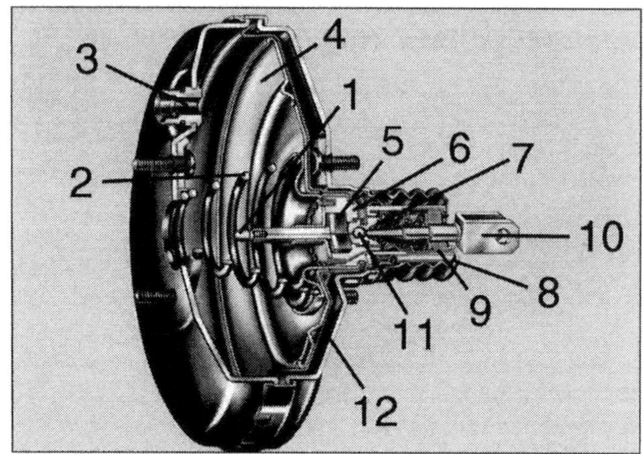

Grundsätzlicher Aufbau eines Zweikammerbremskraftverstärkers. *1 Druckstange (zum HBZ), 2 Druckfeder, 3 Unterdruckkammer mit Unterdruckanschluss, 4 Membran mit Membranteller, 5 Arbeitskolben, 6 Füllkolben, 7 Doppelventil, 8 Ventilgehäuse, 9 Luftfilter, 10 Kolbenstange (vom Bremspedal), 11 Ventilsitz, 12 Arbeitskammer.*

Selbst nachstellend – die Bremsbeläge

Im Meriva halten die Bremssegmente automatisch die richtige Distanz zu den Bremsscheiben. Die per Seilzug auf die Hinterräder wirkende Handbremse müssen Sie ebenfalls nicht nachstellen, dass »erledigt« eine Automatik für Sie.

Stand der Bremsflüssigkeit prüfen

Ihr Meriva hat zwei Bremssystemwarnleuchten im Armaturenbrett. Normalerweise bleiben sie während der Fahrt »dunkel«, falls nicht, seien Sie wachsam: Im harmlosesten Fall haben Sie nur vergessen, die Handbremse zu lösen.

Haben Sie nicht? Dann checken Sie zunächst den Bremsflüssigkeitsstand im Vorratsbehälter, er sitzt auf dem HBZ in Fahrtrichtung links. Flackert während der Fahrt die gleiche Leuchte ab und an auf, gehen Sie davon aus, dass Bremsflüssigkeit fehlt und ein Bremskreis bereits streikt. Der zweite Kreis ist dann in der Regel noch funktionstüchtig, so dass Sie mit defensiver Fahrweise die nächste Werkstatt erreichen können. Unser Rat: Vertrauen Sie an einem so sicherheitsrelevanten Bauteil wie der Bremse keiner »Automatik« – schauen Sie Ihrem Meriva ab und an selbst unter die Motorhaube – und dort auch im Bremsflüssigkeitsausgleichsbehälter nach dem Rechten.

Arbeitsschritte  

[1] Der Bremsflüssigkeitsvorratsbehälter sitzt in Höhe der Spritzwand unter einer Abdeckung in Fahrtrichtung links.

[2] Selbst bei intakter Bremsanlage sinkt der Flüssigkeitspegel. Grund: Analog zum Verschleiß der Bremsbeläge »wandern« die Bremskolben aus den Bremszangen. Das hinter den Kolben entstehende größere Zylindervolumen gleicht die nachfließende Bremsflüssigkeit aus.

[3] Solange die Bremsflüssigkeit im Vorratsbehälter zwischen »MIN« und »MAX« pendelt, ist die Funktion beider Bremskreise gewährleistet.

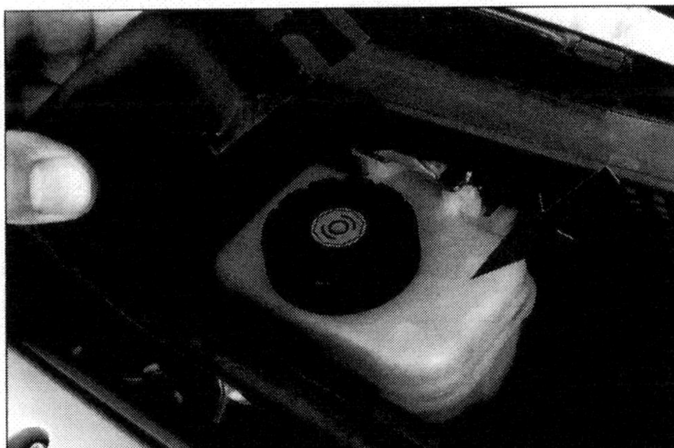

***Transparent:** Der Bremsflüssigkeitsvorratsbehälter (Pfeil) verborgen unter einer Verkleidung in Höhe der Spritzwand.*

Bremsanlage im Stand prüfen

Arbeitsschritte  

[1] Um eventuelle Leckagen eindeutig lokalisieren zu können, muss Ihr Wagen von unten über längere Zeit trocken sein. Suchen Sie sich also keine Regenperiode für die »Inspektion« aus.

[2] Prüfen Sie sämtliche Bremsleitungen, Schlauchanschlüsse sowie die Bremssättel. Dunkle Flecken und feuchte Stellen sind ein sicheres Indiz für Undichtigkeiten.

[3] Inspizieren Sie die Bremsschläuche auch auf Elastizität und Scheuerstellen, sie dürfen weder spröde, feucht noch gequollen sein. Falls doch: Tauschen Sie die Schläuche aus.

[4] Zum Schutz gegen Rost sind die Bremsleitungen mit einer Kunststoffschicht überzogen. Reinigen Sie daher die Leitungen von außen nur mit einem Pinsel, Kaltreiniger oder Waschbenzin, »kratzen« Sie niemals mit einem Schraubendreher, Schmirgelleinen oder einer Drahtbürste daran herum. Sollte die Schutzschicht bereits leicht beschädigt sein, »retten« Sie den Bereich mit einer Rostschutzgrundierung. Sobald sich allerdings schon Rostnarben, Verformungen oder Steinschlagspuren eingenistet haben, ersetzen Sie die maladen Leitungen umgehend.

[5] Sind auf allen Entlüftungsventilen noch Staubschutzkappen vorhanden? Falls nicht, blasen Sie die Ventile mit Druckluft aus und sorgen für Ersatzkäppchen.

[6] Machen Sie regelmäßig eine (provisorische) Bremsdruckprobe. Dazu treten Sie das Bremspedal mit voller Kraft etwa eine Minute lang durch – etwa so, als wenn Sie eine Vollbremsung machen. Das Pedal darf dabei nicht »aufs Bodenblech wandern«. Falls doch, haben Sie es mit defekten Manschetten im Hauptbremszylinder oder an den Bremszangen zu tun. Schauen Sie dann auch auf feuchte Stellen. Exakt können Sie eine Bremsdruckprobe nur mit einem Druckstandsanzeiger ausführen – das ist ein typischer Fall für die Werkstatt.

Bremskraftverstärker prüfen

Arbeitsschritte  

[1] Treten Sie bei abgestelltem Motor das Bremspedal mehrmals durch und verharren dann in der tiefsten Stellung.

[2] Jetzt starten Sie den Motor. Das »fest getretene« Pedal muss noch ein paar Millimeter weiter nachgeben. Falls nicht, hat das folgende Ursachen:

- **Unterdruckschlauch vom Ansaugrohr zum Bremskraftverstärker undicht**: In diesem Fall ersetzen Sie den Schlauch und prüfen die Anschlussflansche.
- **Rückschlagventil im Unterdruckschlauch defekt**: Nehmen Sie zur Ventilkontrolle den Unterdruckschlauch am Bremskraftverstärker ab und lassen den Motor mit Leerlaufdrehzahl laufen. Falls Sie keine rhythmischen Ansauggeräusche hören, verschließen Sie das freie Schlauch-

ende mit einer Fingerkuppe. Wenn sich dabei kein Vakuum im Schlauch aufbaut, ist das Ventil defekt.

- **Gummidichtung zwischen Hauptbremszylinder und Bremskraftverstärker porös:** Zum Austausch Hauptbremszylinder vom Bremskraftverstärker demontieren und Dichtring erneuern.
- **Luftfilter am Druckstößel des Bremskraftverstärkers verdreckt:** Den Filter mit einem Drahthaken von der Druckstange abziehen. Neuen Filter bis zum Mittelpunkt aufschneiden und um den Druckstößel in seinen Sitz drücken. Achten Sie darauf, dass der Filter um den Stößel geschlossen ist, sonst tritt ungecleante Luft in den Bremskraftverstärker ein.
- **Verstärkermembrane defekt:** Eine Reparatur ist nicht möglich. Sie müssen sich mit einem komplett neuen Bremskraftverstärker »anfreunden«.

Bremsen auf Funktion prüfen (ohne ABS)

Auf der Straße sollten Sie nur dann eine Bremsprobe machen, wenn Sie andere Verkehrsteilnehmer nicht behindern oder gefährden. Suchen Sie sich dazu eine ebene, möglichst abgelegene Straße mit gleichmäßiger Oberfläche aus. Autos mit ABS an Bord hinterlassen erfahrungsgemäß keine Bremsspuren mehr. Wenn Sie allerdings ganz zu Anfang des Bremsvorgangs einen »leichten Verriss« am Lenkrad bemerken, gehen Sie davon aus, dass Ihr Meriva ohne ABS »aus der Spur laufen würde«. Checken Sie dann auf jeden Fall den optischen Zustand der Bremssegmente sowie die Scheiben.

Arbeitsschritte  

[1] Fahren Sie im Schritttempo, treten die Kupplung und bremsen dann mit voller Kraft. Vergleichen Sie die Bremsspuren auf der Straße – gleich lange Spuren sind ein Indiz für gleichmäßig wirkende Bremsen. Führen Sie anschließend die gleiche »Übung« mit der Handbremse aus.

[2] Im zweiten Schritt beschleunigen Sie Ihr Auto auf etwa 50 km/h – verkrampfen Sie nicht am Lenkrad und korrigieren während des Bremsvorgangs nicht die Fahrtrichtung. Bremsen Sie zuerst sanft und dann scharf bis zum Stillstand. Das Fahrzeug muss sicher in der Spur bleiben. Andernfalls »zieht« die Bremse einseitig. Suchen Sie dann auf jeden Fall eine Fachwerkstatt mit einem Bremsenprüfstand auf.

[3] Um die Freigängigkeit der Bremssegmente im Ruhezustand zu checken, lassen Sie im dritten Schritt den Wagen auf einer leicht abschüssigen Strecke aus dem Stand losrollen. Rollt er »locker« an, sind alle Räder frei und das Spaltmaß der Bremssegmente zu den Bremsscheiben o. k. Prüfen Sie nach einer kurzen Probefahrt abschließend die Felgentemperatur: Legen Sie dazu Ihre Hand auf den Felgenstern – alle Räder müssen in etwa gleich warm sein.

Scheibenbremsbelagverschleiß messen

Die vorderen Scheibenbremssegmente verschleißen schneller als ihre Kollegen an der Hinterachse. Bei normaler Fahrweise checken Sie die Beläge etwa alle 20.000 Kilometer – generell jedoch einmal jährlich. Messen Sie weniger als neun Millimeter, inklusive Trägerplatte, tauschen Sie die Beläge vorsichtshalber paarweise aus.

Arbeitsschritte  

[1] Um den Belag »richtig« inspizieren zu können, schrauben Sie das jeweilige Rad ab.

[2] Nehmen Sie einen Euro und halten ihn zwischen Bremsscheibe und Belagträger. Sind Münze und Beläge in etwa gleich stark (etwa zwei Millimeter), »spendieren« Sie der betreffenden Achse schnellstens neue Segmente.

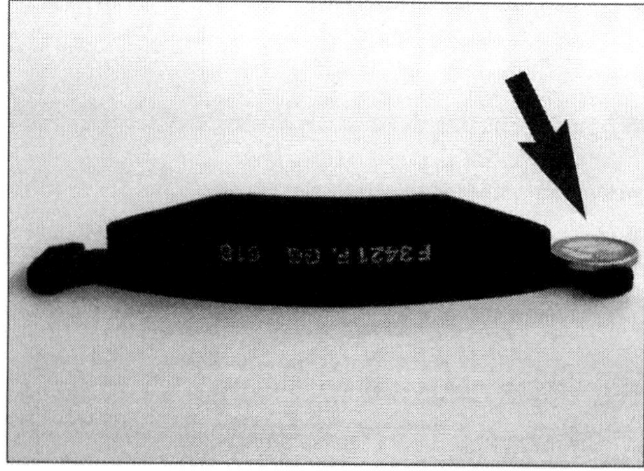

Sind mindestens doppelt so stark wie ein Euro (Pfeil): *Bremssegmente mit genügend Sicherheitsreserven.*

Praxistipp

Bremspedal und Bremsbelag

Mit dieser Prüfung erkennen Sie grundsätzlich keine verschlissenen Bremsbeläge. In freigängigen Bremssätteln reichen die Elastizität der Bremskolbendichtung und der serienmäßige Taumelschlag (rund 0,03 Millimeter) der Bremsscheibe aus, um die Bremsbeläge – nach jedem Bremsvorgang – automatisch von der Bremsscheibe abzurücken. Bei gelöstem Pedal bleiben die Belaggrundstellung zur Bremsscheibe und der Bremspedalweg gleich – zumindest so lange, wie die Beläge nicht total verschlissen sind. Prüfen Sie mit der Hand bei laufendem Motor den Leerweg des Bremspedals, er soll allenfalls ein Drittel des gesamten Pedalwegs betragen.

Ist der Pedalweg deutlich größer, gehen Sie von verschlissenen – oder evtl. im Sattel verklemmten – Bremsbelägen aus, mitunter »klemmt« auch die Bremszange. Sollte sich der Pedalweg freilich nach mehrmaligen Pumpen verkürzen, haben Sie möglicherweise Luft im System: Ergründen Sie die Ursache, beheben den Schaden und entlüften die Anlage hernach wie beschrieben.

Bremsscheibenverschleiß kontrollieren

Bocken Sie den Wagen auf einer ebenen Fläche rüttelsicher auf und nehmen die Räder der betreffenden Achse ab: Checken Sie bei gleicher Gelegenheit auch die Bremsbeläge.

Bremsscheiben-Abmessungen (in mm)

	Vorderachse	Hinterachse
Scheibendurchmesser	280/260*	264/240*
Scheibenstärke (neu)	25/24*	10
Verschleißgrenze	22/21*	8
Max. Scheibenschlag	0,03	0,03

* Z16 SE

Arbeitsschritte  

[1] Leicht bläulich angelaufene Bremsscheiben sind völlig normal.

[2] Achten Sie in den Scheiben auf tiefe Riefen. Sie »verraten« verklemmte Fremdkörper (groben Straßenschmutz), verhärtete oder verschlissene Beläge. Bis zu drei Millimeter tiefe »Frässpuren« müssen Sie noch nicht beunruhigen. Demontieren Sie auf jeden Fall die Beläge und checken ob sich »Fremdkörper« darin eingenistet haben.

[3] Die Scheibenstärke messen Sie am besten mit einer Schublehre und jeweils zwei Euro-Münzen (Pfeile). Legen Sie je Scheibenseite eine Münze zwischen Schublehre und Bremsscheibe und messen dann die Stärke. Die realistische Scheibenstärke haben Sie, wenn Sie vom Messwert die Stärke beider Münzen (rund vier Millimeter) abziehen.

[4] Unter Mindestmaß »abgeschrubbte« Scheiben sind Schrott. Riefige Scheiben können Sie durchaus Plan schleifen (lassen). Erneuern und planen Sie Bremsscheiben stets paarweise.

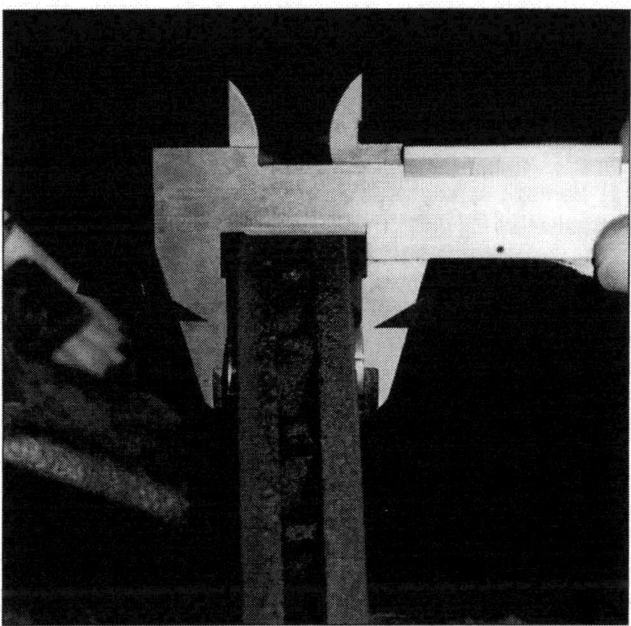

Ablesen und subtrahieren: *Um den richtigen Wert zu ermitteln, müssen Sie nach der Messung die Stärke beider Münzen subtrahieren.*

Bremsanlage entlüften

Luft im Bremssystem »degradiert« jede Bremse zur »Luftpumpe« – entlüften Sie die Anlage also umgehend. Zum Beispiel nach allen Arbeiten, bei denen Sie die Bremsschläuche abnehmen oder Schraubverschlüsse öffnen mussten. Häufig reicht es, nur den Bremskreis zu entlüften, an dem Sie gearbeitet haben. Ganz auf Nummer SICHER gehen Sie jedoch, wenn Sie beide Bremskreise entlüften. Verwenden Sie IMMER nur neue Bremsflüssigkeit (Opel-Hochleistungsbremsflüssigkeit Hydraulan 404, entspricht Spezifikation DOT 4 – SAE J 1703) und einen sauberen, transparenten Kunststoffschlauch (Scheibenwaschanlage oder Aquarienbelüftung). Außerdem sollte Ihnen ein Helfer assistieren. Ihren Wagen stellen Sie auf einer ebenen Fläche ab. Während des gesamten Entlüftungsvor-

gangs halten Sie den Bremsflüssigkeitsvorratsbehälter stets bis zur »max-Markierung« aufgefüllt. Der Bremsflüssigkeitspegel darf auf keinen Fall unter »min« abfallen. Falls doch, gelangt über die Nachfüllbohrungen stante pede neue Luft ins System.
Bremsflüssigkeit greift Lackoberflächen an. Achten Sie also darauf, dass keine Bremsflüssigkeit auf die Lackoberfläche kommt. Andernfalls spülen Sie die Flächen umgehend mit klarem Wasser ab.

Arbeitsschritte    

[1] Demontieren Sie, wie beschrieben, die Verkleidung des Wasserkastens zwischen Spritzwand und Windschutzscheibe.

[2] Hernach schrauben Sie den Verschlussdeckel des Vorratsbehälters los und ...

[3] ... halten dann die Arbeitsreihenfolge ein: Entlüftungsventil rechts hinten – links hinten; rechts vorn – links vorne.

[4] Bevor Sie den Entlüfternippel am Bremssattel öffnen, ziehen Sie die Staubschutzkappe ab und blasen den Nippel kurz mit Druckluft aus.

[5] Schieben Sie erst dann den Kunststoffschlauch auf den Nippel und tauchen das freie Schlauchende in einen leicht mit Bremsflüssigkeit gefüllten Auffangbehälter.

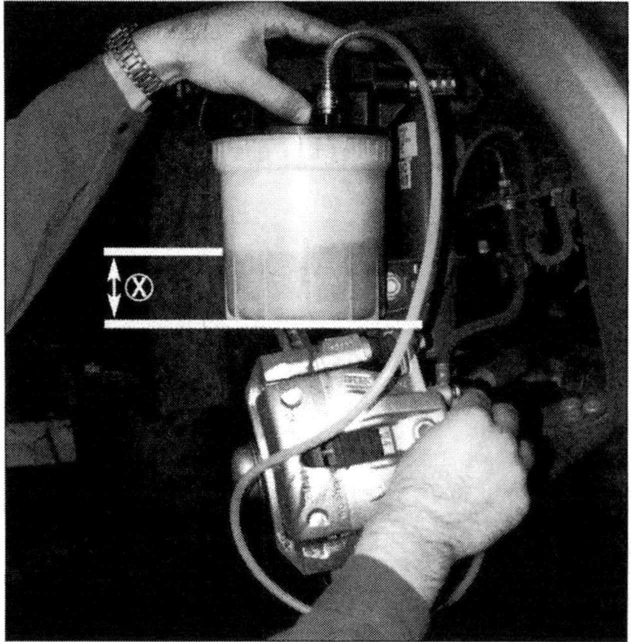

Wichtig: Platzieren Sie den Auffangbehälter etwa 30 Zentimeter ⊗ oberhalb des Entlüftungsnippels. Die Außenluft hat dann keine Chance, sich – an den Gewindegängen vorbei – ins Bremssystem zu »schmuggeln«.

[6] Den Entlüftungsnippel lösen Sie maximal eine Umdrehung. Erst dann tritt Ihr Helfer das Bremspedal langsam bis zum Bodenblech durch und lässt es zügig wieder nach oben »fahren«.

[7] Danach warten Sie etwa 3 Sekunden – der Hauptbremszylinder (HBZ) muss sich erst wieder füllen.

[8] Den Vorgang wiederholen Sie so lange, bis keine Luftbläschen mehr aus dem Entlüftungsnippel entweichen und stattdessen reine Bremsflüssigkeit austritt.

[9] Jetzt hält Ihr Helfer das Bremspedal am Boden. Sie schließen derweil den Entlüftungsnippel. Passiert? Dann »darf« das Pedal wieder hochfahren.

[10] Ziehen Sie den Schlauch vom Entlüftungsnippel ab und ergänzen die Bremsflüssigkeit im Vorratsbehälter.

[11] Den gleichen Vorgang wiederholen Sie an allen Rädern – bis die Anlage entlüftet ist.

[12] Dann füllen Sie den Ausgleichbehälter bis »max« auf und verschließen ihn.

[13] Vergessen Sie anschließend bitte nicht, die Bremsfunktion auf einer »vorsichtigen« Probefahrt zu überprüfen.

Die Bremsflüssigkeit

Hauptbestandteile der Bremsflüssigkeit sind Glykol und Polyglykoläther. Diese Mischung ist bei -40 °C noch dünnflüssig und hat mit etwa 270 °C einen sehr hohen Siedepunkt. Die Rezeptur verrät es schon: Bremsflüssigkeit ist hygroskopisch – sie nimmt auch im dichten System über die Entlüftungsbohrung des Vorratsbehälter-Verschlussdeckels Wasser aus der Luft auf. Jährlich etwa zwei Prozent, dadurch sinkt der Siedepunkt – bei einem Wassergehalt von rund 2,5 Prozent schon auf 150 °C. In diesem Fall können sich bei stark erhitzten Bremsen (Gebirgsfahrt, Vollbremsungen, Gespannbetrieb) Dampfblasen in der Bremsflüssigkeit bilden. Das hat die gleiche Wirkung wie Luft im System – das Bremspedal lässt sich bis auf die Bodenplatte durchtreten. Wechseln Sie daher zu Ihrer Sicherheit die Bremsflüssigkeit konsequent alle zwei Jahre – unabhängig von der Laufleistung. Wenn Sie Ihren Opel regelmäßig in der Werkstatt warten lassen, geschieht das automatisch.

Wie Sondermüll entsorgen – alte Bremsflüssigkeit

Bremsflüssigkeit ist giftig. Nicht mit Mund oder offenen Wunden in Berührung bringen. Sie greift Metall- und Gummiteile zwar nicht an, wirkt jedoch auf Autolack aggressiv. Bremsflüssigkeit, die Sie einmal aus dem System abgelassen haben, dürfen Sie später nicht mehr einfüllen. Verwenden Sie auch keine Bremsflüssigkeit aus einem Behälter, der längere Zeit offen gestanden hat. Gebrauchte Bremsflüssigkeit ist Sondermüll – kümmern Sie sich um eine fachgerechte Entsorgung.

Bremsflüssigkeit wechseln

Der Wechsel der Bremsflüssigkeit ist alle zwei Jahre fällig. Fachwerkstätten erledigen das mit einem speziellen Befüllgerät. Sie können sich aber auch selbst ans Werk machen – die Arbeit ist die gleiche wie beim Entlüften. Für das gesamte System benötigen Sie rund einen Liter Bremsflüssigkeit (achten Sie auf die richtige Spezifikation).

[1] Lösen Sie den Verschlussdeckel des Bremsflüssigkeitsbehälters und ...

[2] ... saugen mit einer Pipette oder einer sauberen Injektionsspritze die Bremsflüssigkeit aus dem Vorratsbehälter.

[3] Die Arbeitsschritte sind ansonsten die gleichen, wie unter Bremsanlage entlüften beschrieben. Alte Bremsflüssigkeit ändert ihr Aussehen: Sie wirkt milchiger. Warten Sie also an jedem Radzylinder bis tatsächlich saubere »neue« Flüssigkeit austritt.

Praxistipp

So »stoppen« Sie während der Reparatur auslaufende Bremsflüssigkeit

Wenn Sie eine Bremsleitung (oder einen Bremsschlauch) lösen, läuft der Vorratsbehälter langsam leer. Ein einfacher Trick verhindert das: Öffnen Sie einen Entlüftungsnippel des betreffenden Bremskreises, »verlängern« ihn mit einem Entlüftungsschlauch und »hängen« das freie Schlauchende in ein sauberes Gefäß. Danach treten Sie das Bremspedal voll durch und fixieren es mit einem Kantholz oder entsprechendem Gewicht auf dem Bodenblech. Die dann verschlossen Zulaufbohrungen versperren der Bremsflüssigkeit den Weg ins Freie.

Bremsschläuche aus- und einbauen

Arbeits-
schritte

[1] Lösen Sie zuerst die Überwurfmutter der Bremsleitung, dann erst die andere Schlauchseite. Achten Sie darauf, dass Sie die Leitung nicht verdrehen.

[2] Die meisten Bremsschläuche sind am Halter mit einem Blechbügel gegen Verrutschen gesichert. Vergessen Sie zur Montage den Halter nicht.

[3] Bei der Montage ziehen Sie zuerst das Außengewinde an, hernach »verkuppeln« Sie die andere Seite mit der Überwurfmutter.

[4] Verdrehen Sie während der Montage niemals einen Bremsschlauch: Den richtigen Sitz erkennen Sie am durchgehenden Farbstreifen, dem Gummianguss oder dem Gummiprofil entlang des Schlauchs.

[5] Nach der Montage entlüften Sie das Bremssystem wie beschrieben und ...

[6] ... kontrollieren unbedingt, ob der Bremsschlauch auch beim Einfedern des Rads den nötigen Freigang hat. Falls nicht, verschieben Sie den Abstandhalter und checken den Bremsschlauch nach einer längeren »vorsichtigen« Probefahrt erneut.

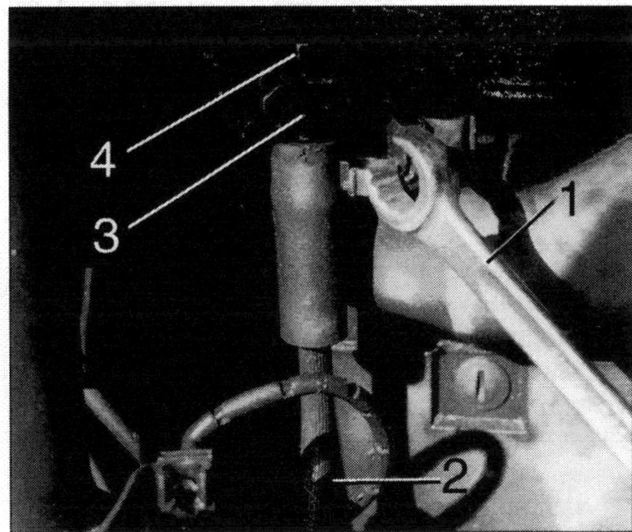

Bremsschlauchmontage: *Benutzen Sie einen Leitungsschlüssel 1. Sobald Bremsschläuche 2 mit Fahrwerksteilen oder der Karosserie verbunden sind, sichert ein federnder Schlauchhalter 3 die Schraubverbindung zur Bremsleitung 4. Achten Sie bitte darauf, dass der Bremsschlauch nach der Montage im Radlauf an den Federbeinen bzw. Stoßdämpfern und an den Achskomponenten genügend »Spielraum« hat.*

Braucht Freigang (Pfeil) beim Einfedern: *Bremsschlauch.*

Scheibenbremsbeläge tauschen

Tauschen Sie Bremsbeläge grundsätzlich nur paarweise auf beiden Achsseiten. Ansonsten entstehen an den Bremsscheiben unterschiedliche Reibkoeffizienten, die Ihren Wagen auch mit ABS und spätestens bei Vollbremsungen aus dem Ruder laufen lassen. Thermisch bedingt ändern neue Bremsbeläge während der ersten 500 Kilometer ihre Materialstruktur: Vermeiden Sie währenddessen häufige Vollbremsungen. Ansonsten könnten die Beläge schnell verhärten (»verglasen«) und niemals ihre bestmöglichen Verzögerungswerte erreichen. Achten Sie zudem peinlich genau darauf, dass Bremsenersatzteile für Ihr Auto eine Herstellerfreigabe und eine gültige ABE haben (**MÜSSEN**). Lassen Sie im Zweifelsfall »die Finger« von dubiosen Wühltischschnäppchen und decken sich besser mit Originalersatzteilen bei Ihrem Opel-Händler ein.

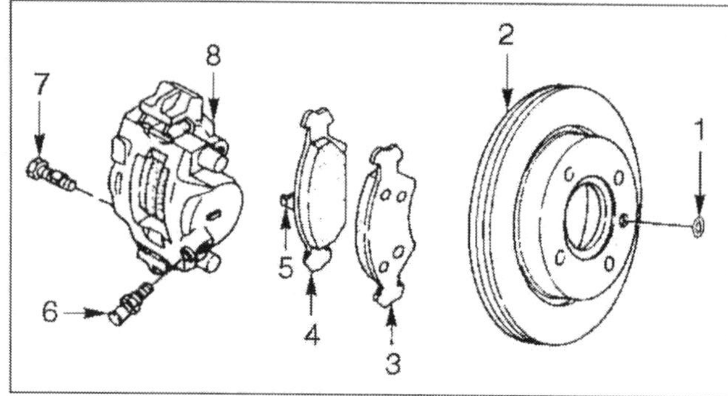

***Die vordere Scheibenbremse im Detail:** 1 Clip, 2 Bremsscheibe, 3 äußerer Belag, 4 innerer Belag, 5 Halteblech, 6 Entlüfternippel, 7 Schraube, 8 Bremssattel.*

     (je Achse)

Vorderachse

[1] Bocken Sie den Vorderwagen auf einer ebenen Fläche rüttelsicher auf, demontieren die Räder und ...

[2] ... schlagen die Lenkung jeweils bis zum Anschlag ein. Die Bremszangen sind dann zugänglicher.

[3] Bevor Sie loslegen, ziehen Sie von den Führungsbolzen beide Staubkappen ab und ...

[4] ... hebeln mit einem Schraubendreher die Haltefeder 1 vom Bremssattel ab.

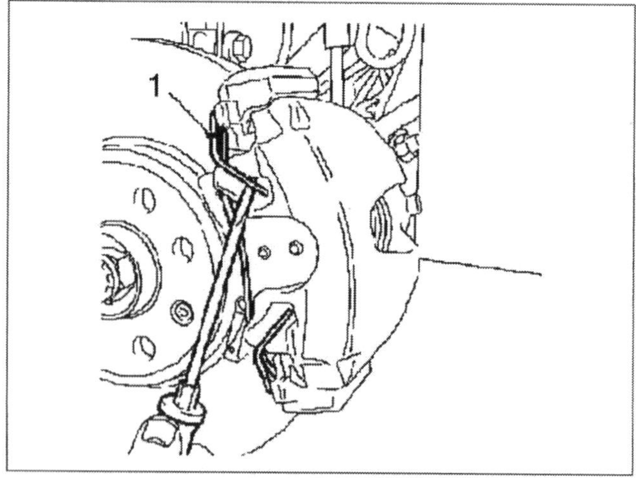

Mit Schraubendreher vom Bremssattel hebeln – Haltefeder.

[5] Hernach lösen Sie die Führungsbolzen 3 und ziehen dann den Bremssattel 2 vom Bremsträger. Falls er sich widersetzen sollte, quetschen Sie einen Schraubendreher zwischen Bremsscheibe und Bremsbelag und drücken den Gleitkolben ein wenig zurück.

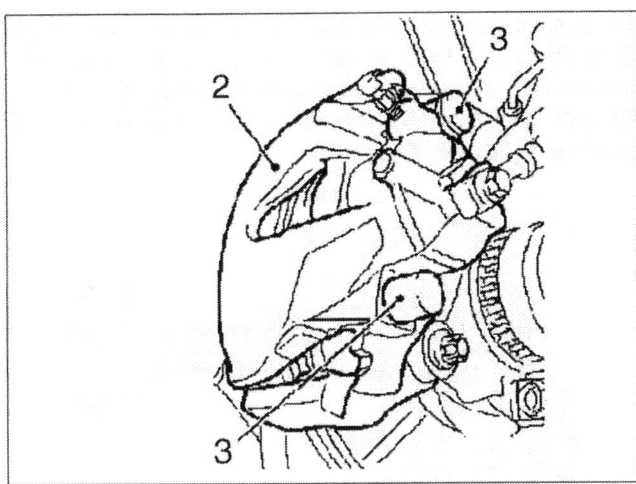

Zur Demontage – Führungsbolzen lösen, dann den Bremssattel abziehen.

[6] Demontieren Sie den Bremssattel 1 vom Bremsträger 2 und ziehen dann die Bremssegmente 3 und 4 aus dem Sattel und dem Bremskolben. Achten Sie darauf, die Bremsbelagverschleißanzeige nicht zu beschädigen, sie wird bei den neuen Segmenten wieder montiert.

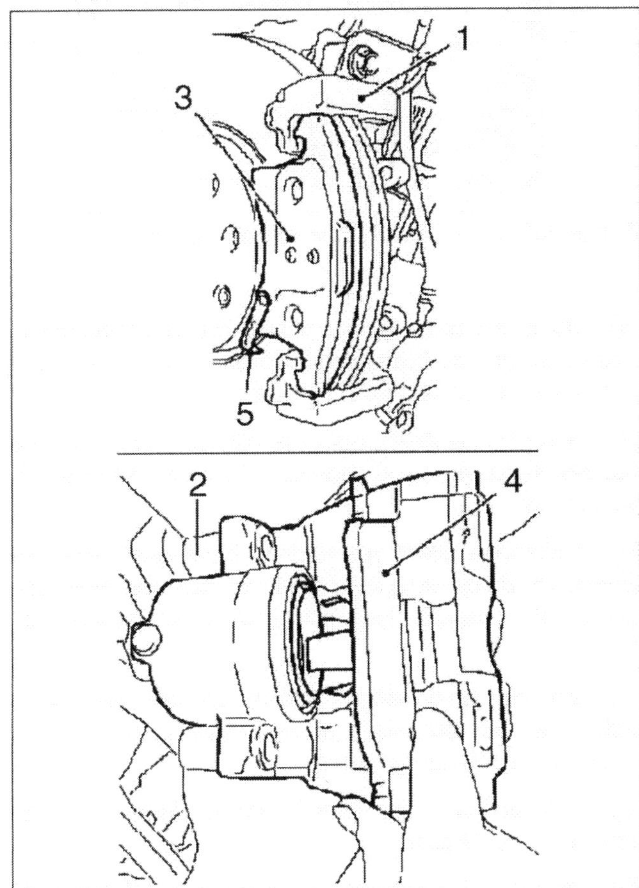

Aus dem Sattel und Bremsenträger ziehen – Bremsbeläge.

[7] Vor der Montage setzen Sie den Gleitkolben 1 mit einem stabilen Schraubendreher oder Hammerstiel vollständig in den Zylinder zurück. Achten Sie darauf, den Kolben und die Staubmanschette nicht zu beschädigen.

Vorsicht: Beim Zurücksetzen des Gleitkolbens kann Bremsflüssigkeit aus dem Vorratsbehälter austreten. Spülen Sie sofort mit klarem Wasser nach.

[8] Reinigen Sie die Bremsbelagführungen (Pfeile) mit Bremsenreiniger oder Alkohol (keinesfalls Benzin). Nehmen Sie dazu einen Lappen oder eine Flaschen-, bzw. harte Zahnbürste. Festgebackene Staubkrusten kratzen Sie vorsichtig mit einem flachen Schraubendreher ab – doch beschädigen Sie in »blinder Putzwut« nicht die Staubmanschette des Gleitkolbens.

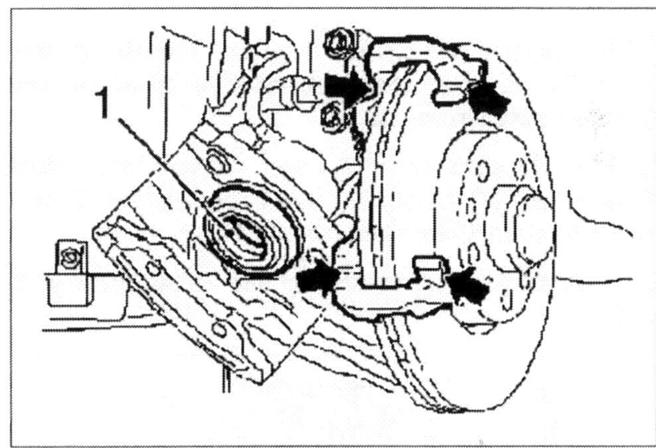

Mit Bremsenreiniger oder Alkohol cleanen – Bremsbelagführungen.

[9] Inspizieren Sie beide Bremsscheiben. Haben sich dort bereits Fett, Straßenschmutz oder tiefe Riefen »eingenistet«? Im gleichen Aufwasch checken Sie auch die Scheibenstärke (Verschleißgrenze).

[10] Bevor Sie die neuen Segmente montieren, reiben Sie die Kontaktflächen mit wärmebeständigem Gleitmittel (Kupferpaste) ein. Achten Sie jedoch darauf, dass die Paste nicht auf die Bremsflächen gelangt.

[11] Erledigt? Dann schieben Sie die Bremsbeläge in den Bremssattel und Bremsenträger, …

[12] … setzen den Bremssattel auf den Bremsenträger, schrauben »das Ganze« mit rund 30 Nm fest (vergessen Sie nicht den neuen Führungsbolzen) und …

[13] … montieren dann die Haltefeder an den Bremssattel.

[14] Um nicht beim ersten »Ausritt vor der Wand zu landen«, treten Sie jetzt das Bremspedal so lange durch, bis die Beläge an den Scheiben anliegen. Erst dann ist die Bremse wieder funktionsfähig.

[15] Überprüfen Sie den Bremsflüssigkeitsstand im Vorratsbehälter. Überschüssige Flüssigkeit saugen Sie mit einer Pipette bis »MAX« ab. Eventuell fehlende Flüssigkeit ergänzen Sie im Umkehrschluss mit »frischem Saft« bis auf »MAX«.

[16] Montieren Sie die Räder und stellen das Auto auf die »Füße«.

[17] Bremsen Sie auf einer Nebenstraße die neuen Beläge vorsichtig ein. Verzögern Sie die »Fuhre« einige male ganz »piano« von etwa 100 km/h auf 50 km/h. Zwischendurch lassen Sie die Bremsbeläge immer wieder gut auskühlen.

Hinterachse

[1] Bocken Sie den Hinterwagen auf ebener Fläche rüttelsicher auf und nehmen beide Räder ab. Lösen Sie die Handbremse.

[2] Demontieren Sie das Handbremsseil vom Bremssattel. Ziehen Sie dazu das Sicherungsblech 3 vom Sattel und hängen das Handbremsseil aus.

[3] Hernach demontieren Sie den unteren Bremssattelführungsbolzen 1. Kontern Sie den Bolzen dazu am Sechskant 2 mit einem Gabelschlüssel.

[4] Erledigt? Dann schwenken Sie den »Sattel« nach oben und ...

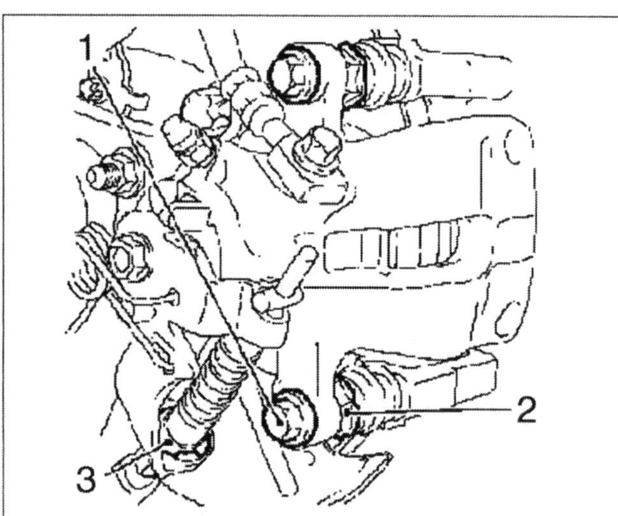

Hochschwenken und Bremskolben zurückdrücken – Bremssattel.

[5] ... setzen im Bremssattel den Kolben zurück. Opel-Monteure »bemühen« dazu einen Spezialadapter 1 und 2 (KM 6007 und KM-6007-30), versuchen Sie's mit einem Schraubendreher oder passenden Hammerstiel – das klappt erfahrungsgemäß auch. Achten Sie jedoch darauf, dass die Aussparung (Pfeile) im Bremskolben gradlinig zum Bremssattelsichtfenster verläuft. Vorsicht: Die im Sattel »verdrängte« Bremsflüssigkeit fließt in den Vorratsbehälter zurück. Falls erforderlich, saugen Sie überflüssige Flüssigkeit aus dem Behälter ab. Bereits ausgelaufenen »Saft« spülen Sie umgehend mit viel klarem Wasser ab.

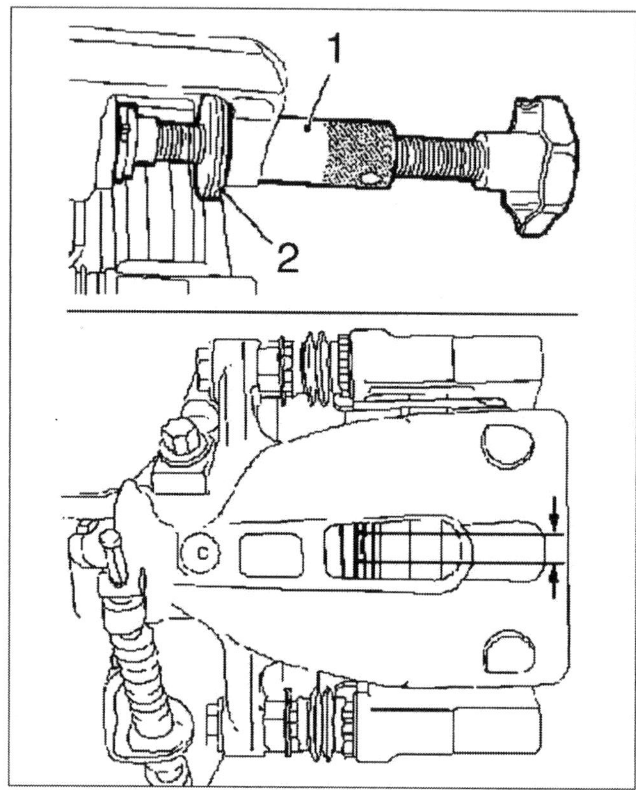

Zurückdrücken – Bremskolben im Bremssattel.

[6] Jetzt demontieren Sie den oberen Bremssattelführungsbolzen, ziehen den Bremssattel vom Bremsenträger und fixieren ihn mit Bindedraht im Radkasten.

[7] Ziehen Sie die Bremssegmente inklusive der Gleitbleche aus dem Halterahmen. »Entsorgen« Sie die alten Beläge als Sondermüll.

[8] Im nächsten Schritt »schrubben« Sie die Anlageflächen (Pfeile) am Bremsenträger mit einer Drahtbürste. Beschädigen Sie dabei nicht die Lackschicht auf den Bremsbelagplatten.

[9] Damit die neuen Beläge beim Bremsen nicht quietschen, kleben Sie vor der Montage »Antiquietschfolie« auf die Rückseite des Belagträgers und ...

[10] ... bestreichen die Kontaktflächen (Pfeile, 1) noch schnell mit Kupferpaste.

[11] Jetzt setzen Sie die neuen Segmente in den Bremsenträger, ziehen die Schutzfolie ab und ...

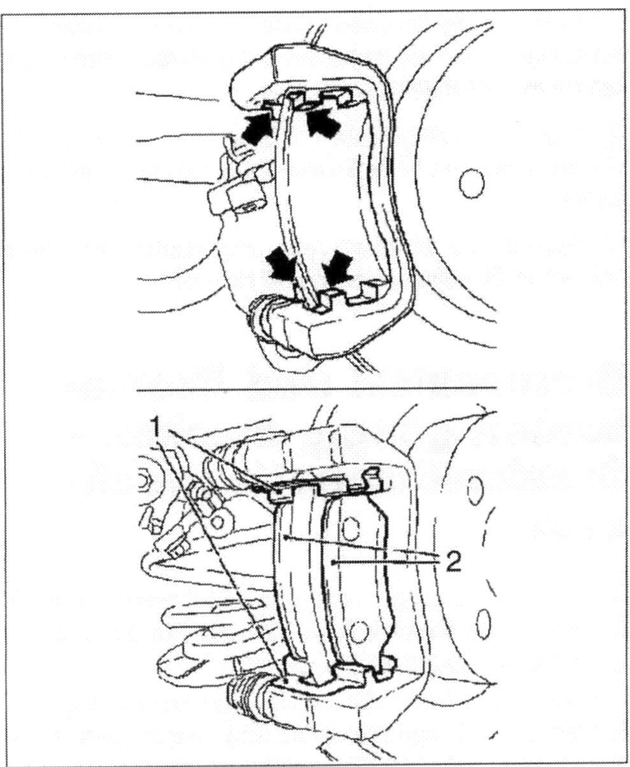

Mit Antiquietschfolie bekleben und mit Kupferpaste benetzen – Kontaktflächen.

[12] ... beenden die Montage in umgekehrter Reihenfolge – die Führungsbolzen ziehen Sie mit 25 Nm an.

[13] Montieren Sie die Räder. Um nicht beim ersten »Ausritt vor der Wand zu landen«, treten Sie jetzt das Bremspedal so lange durch, bis die Beläge an den Scheiben anliegen. Erst dann ist die Bremse wieder funktionsfähig. Bremsen Sie die neuen Beläge, wie beschrieben, ein.

Bremsscheiben aus- und einbauen

Erneuern Sie Bremsscheiben grundsätzlich immer nur paarweise. Falls nicht, arbeiten die Scheiben mit einem unterschiedlichen Reibkoeffizienten – die Bremse »zieht« dann schief.

    (je Achse)

Vorderachse

[1] Demontieren Sie die Bremssättel mitsamt Bremssegmenten und »hängen« sie mit Bindedraht an den Federbeinen auf.

[2] Lösen Sie beidseitig die Befestigungsschrauben 1 des Bremsträgers vom Lenkschwenklager und legen ihn beiseite.

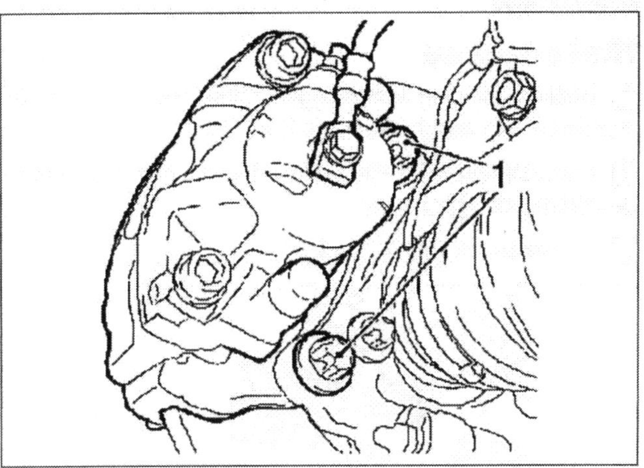

Vom Lenkschwenklager demontieren – Bremsträger.

[3] Lösen Sie dann die Arretierschrauben an den Bremsscheiben 2 ...

[4] ... und »treiben« die Discs von den Radnaben.

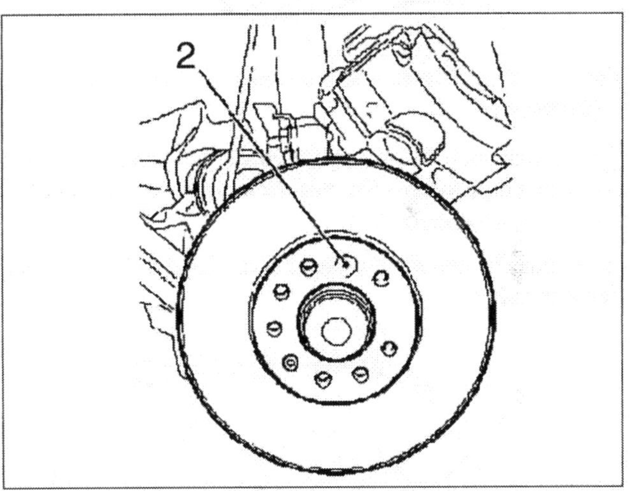

Eventuell mit leichten Hammerschlägen von den Radnaben treiben – festsitzende Bremsscheiben.

[5] Sollten Sie die Scheiben nicht »locker« von den Naben abziehen können, helfen Sie »gefühlvoll« mit einem Gummihammer nach. Vergessen Sie jedoch auf keinen Fall, die Scheiben währenddessen zu drehen.

[6] Bevor Sie die Scheiben dann montieren, säubern Sie die Anlageflächen der Radnaben und Bremsscheiben gründlich mit einer Drahtbürste und ...

[7] ... setzen sie erst dann wieder auf die Radnaben auf. Wenn Sie die Anlageflächen gut gesäubert haben, ist die Chance groß, dass beide Scheiben ohne unzulässigen Taumelschlag rund laufen.

8 Beenden Sie die Montage in umgekehrter Reihenfolge und ziehen die Halterahmen mit 100 Nm gegen die Lenkschwenklager.

Hinterachse

1 Bocken Sie den Hinterwagen rüttelsicher auf und demontieren, wie beschrieben, die Bremsbeläge.

2 Hernach lösen Sie die beiden Befestigungsschrauben 1 des Bremsenträgers 2 und ...

3 ... ziehen ihn vom Achsträger.

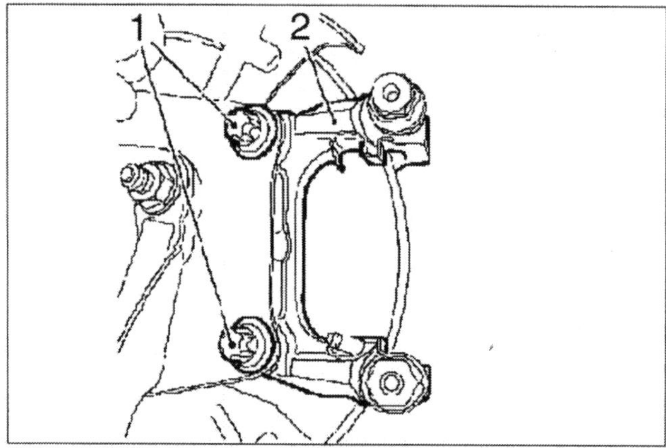

Komplett demontieren und provisorisch im Radlauf fixieren – Bremssattel.

4 Die Scheiben 1 sind nun frei zugänglich aber noch nicht zur Demontage fertig – Sie müssen vorher noch die Arretierschrauben 2 herausdrehen.

5 Erledigt? Dann ziehen, bzw. treiben Sie die Scheiben von den Radnaben.

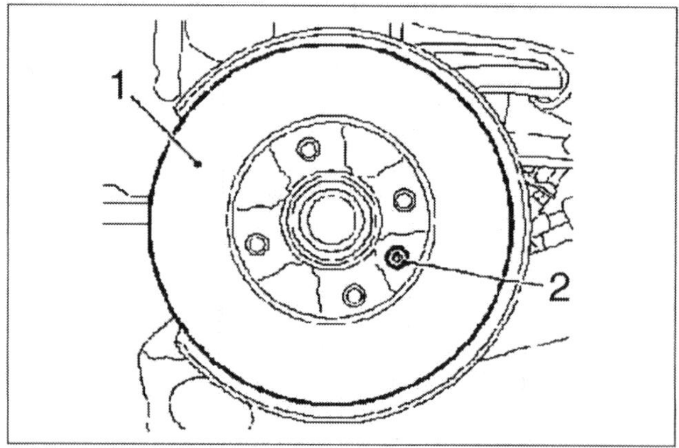

Arretierschrauben lösen und dann demontieren – Bremsscheiben.

6 Sollten Sie die Scheiben nicht »locker« von den Naben abziehen können, helfen Sie »gefühlvoll« mit einem Gummihammer nach. Vergessen Sie nicht, währenddessen die Scheiben zu drehen.

7 Bevor Sie die Scheiben wieder montieren, säubern Sie die Anlageflächen der Radnaben und Bremsscheiben gründlich mit einer Drahtbürste.

8 Wenn die Anlageflächen gut gesäubert sind, ist die Chance groß, dass beide Scheiben ohne Taumelschlag rund laufen.

9 Beenden Sie die Montage in umgekehrter Reihenfolge und ziehen die Halterahmen mit 100 Nm fest.

Bremssattel und Bremskolben gängig machen – Staubmanschette wechseln

Auf die Vorderachse wirken 57 Millimeter (Z16 SE 54 mm) große Bremskolben ein, der Hinterachse reichen Kolben mit 38 Millimeter (Z16 SE 36 mm) Durchmesser. Bei porösen oder nachlässig montierten Staubmanschetten dringen Schmutz und Feuchtigkeit in die Hydraulikzylinder der Faustsättel ein. In der Folgezeit korrodiert der Gleitkolben dann langsam aber sicher. Folge: Hoher Bremsbelag- und Scheibenverschleiß, ungleichmäßige Bremswirkung. Wenn Ihr Auto die Symptome zeigt, gehen Sie folgendermaßen vor.

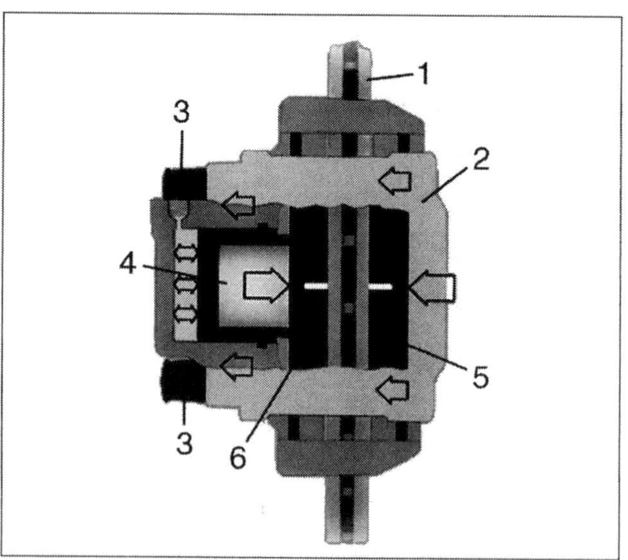

»Umkrallt die Bremsscheibe 1 wie eine Faust«: *Faustsattel 2. Der Sattel »schwimmt« auf den Gleitstiften 3 und presst bei jedem Bremsvorgang mit nur einem Bremskolben 4 das äußere Bremssegment 5 und das innere Bremssegment 6 automatisch gegen die Scheibe. Faustsättel gleichen den Bremsbelagverschleiß automatisch aus.*

Arbeits-
schritte

1 Demontieren bzw. montieren Sie die Bremsbeläge wie beschrieben und ...

2 ... überprüfen zuerst den Belagfreigang in den Belagschächten. Ggf. reinigen Sie die Schächte mit einer harten Zahnbürste oder einem passenden Schlitzschraubendreher. Achten Sie darauf, dass Sie die Staubmanschetten nicht beschädigen oder von ihrem Sitz lösen. Bevor Sie die Bremsbeläge wieder einsetzen, bestreichen Sie alle Kontaktflächen mit hitzefester Kupferpaste.

3 Selbstverständlich müssen auch die Bremssättel freigängig sein. Falls nicht, reinigen und bestreichen Sie die Gleitflächen, wie beschrieben, leicht mit hitzebeständiger Kupferpaste.

Bremskolben prüfen

1 Bevor Sie den Bremskolben auf »Freigang« prüfen, fixieren Sie, als Endanschlag zur Bremsscheibe, ein passendes Distanzstück (evtl. Dachlatte) mit einer Schraubzwinge an der Scheibe. Die Maßnahme schützt den Kolben mitsamt Dichtring vor Beschädigungen – der Kolbenweg ist damit begrenzt. Selbstverständlich muss der gegenüberliegende Bremssattel noch komplett montiert sein.

2 Schieben Sie jetzt einen Montierhebel zwischen Kolben und provisorischem Endanschlag. Ein Helfer tritt derweil vorsichtig das Bremspedal durch. Falls der Kolben klemmt, »pumpt« er so lange das Bremspedal, bis der Kolben dem Druck »weicht« und nach außen wandert. Sobald der Kolben den Montierhebel erreicht, pressen Sie ihn per Hebel in den Zylinder zurück. Wiederholen Sie die Prozedur, so lange, bis der »widerspenstige« Kolben leichtgängig im Zylinder gleitet.

Achtung: Bleiben Sie damit erfolglos, lassen Sie den Sattel besser in einer Fachwerkstatt überholen.

Staubmanschette erneuern

1 Heben Sie die alte Staubmanschette mit einem gebogenen Schweißdraht oder kleinen Winkelschraubendreher vom Bremssattel und Gleitkolben ab. Beschädigen Sie dabei nicht den Gleitkolben oder die Zylinderlaufflächen. Achten Sie darauf, ob der Zylinder noch dicht ist oder ob bereits Bremsflüssigkeit austritt. Auch bei kleinsten Leckspuren lassen Sie den Sattel besser sofort in einer Fachwerkstatt überholen.

2 Bevor Sie die neue Manschette montieren, reinigen Sie die Dichtflächen mit Brennspiritus oder sauberer Bremsflüssigkeit. Die gereinigten Flächen konservieren Sie anschließend mit Bremszylinderpaste (Ate).

3 Drücken Sie die neue Staubmanschette vorsichtig auf die Dichtflächen. Achten Sie darauf, dass die Manschette »satt« sitzt, erst dann ...

4 ... pressen Sie den Kolben mit einem Montierhebel bis zum Anschlag in den Zylinder zurück.

5 Die Bremsbeläge montieren Sie wie beschrieben.

6 Vergessen Sie auch nicht, die Bremsflüssigkeit im Vorratsbehälter zu checken.

7 Bevor Sie den Wagen auf die Räder stellen, prüfen Sie das gesamte Bremssystem auf Dichtheit. Erst danach beenden Sie die Montage in umgekehrter Reihenfolge.

Die Handbremse

Die Handbremse (Feststellbremse) sichert Ihren parkenden Wagen gegen unbeabsichtigte »Rollversuche«. Sie wirkt mit Seilzügen über den Handbremshebel mechanisch auf die Hinterräder. Der angezogene Handbremshebel löst unter dem Autobauch eine »Kettenreaktion« aus: Er strafft die Seilzüge, betätigt am Bremssattel einen Umlenkhebel und wirkt letztlich auf einen Verstellnocken in den Radbremssätteln. Um den Bremsbelagverschleiß automatisch auszugleichen, arbeitet in den hinteren Bremssätteln eine **Justiervorrichtung**. Sie können die Vorrichtung aktivieren, indem Sie mehrere Male hintereinander den Handbremshebel ziehen.

Handbremsseile wechseln

1 Bocken Sie den Wagen auf ebener Fläche rüttelsicher auf, demontieren die Hinterräder und ...

2 ... lösen das vordere Auspuffrohr mitsamt mittlerem Schalldämpfer. Die Haltegummis hängen Sie dazu einfach am Unterboden aus.

3 Bevor es weiter geht, schrauben Sie noch das Hitzeschutzblech 1 mit sechs Muttern vom Unterboden ab.

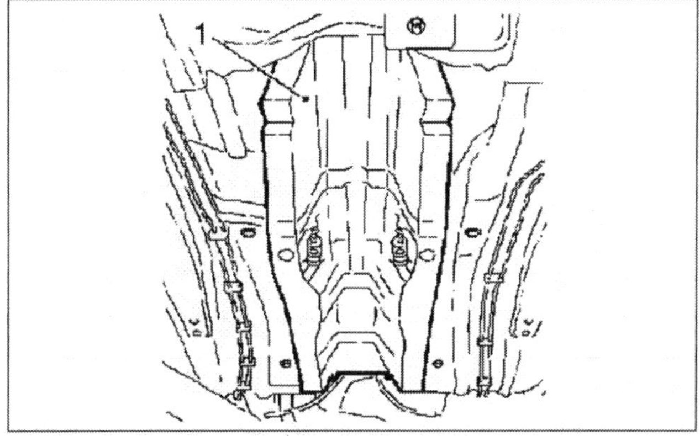

Mit sechs Muttern vom Unterboden abschrauben – Hitzeschutzblech.

[4] Hernach ziehen Sie das Sicherungsblech 2 vom Bremssattel, ...

[5] ... hängen das Handbremsseil 1 beidseitig aus dem Handbremshebel und ...

[6] ... ziehen erst dann den Bowdenzug aus dem Bremssattel.

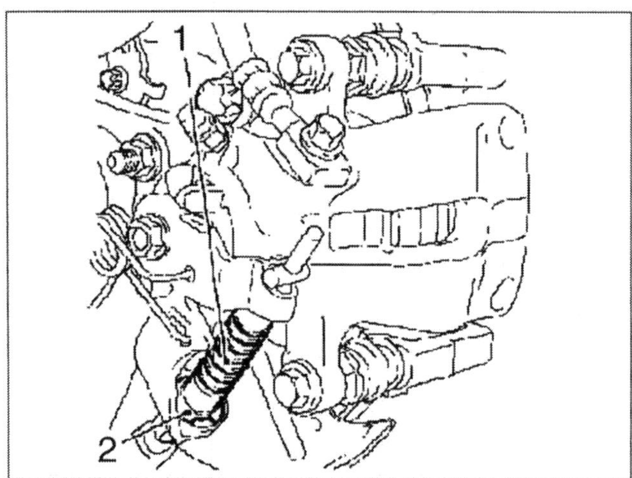

Beidseitig aushängen – Handbremsseil aus dem Handbremshebel.

[7] Um das Handbremsseil aus der »Wippe« 2 zu jonglieren, verdrehen Sie sein Ende kurzerhand um 90° und hängen es dann aus.

[8] Lösen Sie die Halterungen 1 auf beiden Seiten und clipsen das Handbremsseil aus der Befestigung (Pfeil).

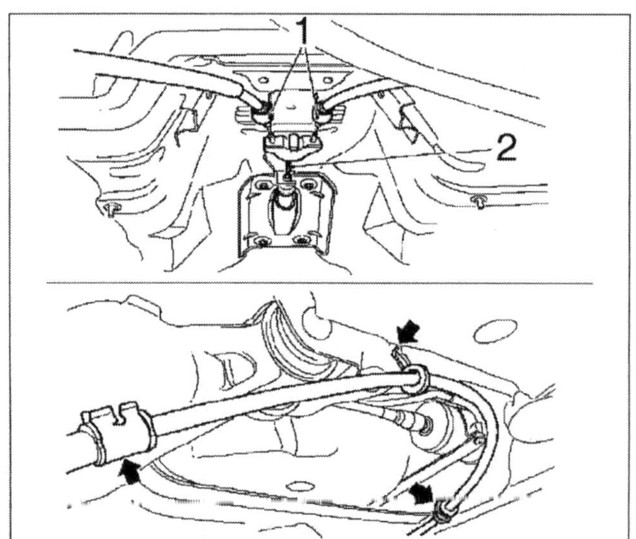

Ausclipsen – Handbremsseil am Unterboden.

[9] Beenden Sie die Arbeit in umgekehrter Reihenfolge.

Handbremse einstellen

(Grundeinstellung)

Kontrollieren Sie vorab, ob das Handbremsseil richtig in den Führungen verlegt ist.

[1] Lösen Sie die Schutzmanschette am Handbremshebel und stülpen sie nach oben.

[2] Bei gelöster Handbremse treten Sie dann das Bremspedal einige Male voll durch: das aktiviert die automatische Nachstelleinrichtung.

[3] Passiert? Dann lösen Sie die Einstellmutter 1 und ziehen den Handbremshebel hernach um sechs Rasten an.

[4] In dieser Hebelstellung ziehen Sie die Einstellmutter wieder an und ...

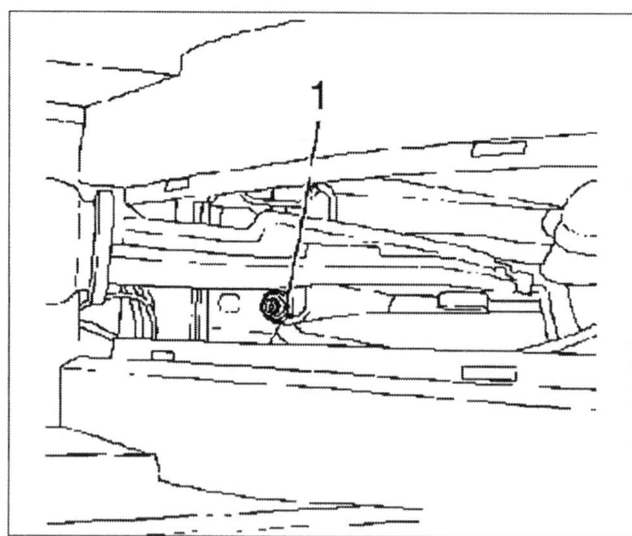

Vor der Bremseinstellung – Einstellmutter am Handbremshebel lösen und dann den Hebel um sechs Rasten nach oben anziehen.

[5] ... lösen dann den Handbremshebel. Wenn beide Räder jetzt freigängig sind, haben Sie gut gearbeitet. Ansonsten wiederholen Sie das Ganze Schritt für Schritt.

[6] Beenden Sie die Montage in umgekehrter Reihenfolge und ...

[7] ... nehmen auf abgelegener Straße eine Bremsprüfung vor. Sollte die Bremse einseitig ziehen, müssen Sie die Grundeinstellung eben noch einmal korrigieren.

Bremse

Störungs-beistand

Störung	Ursache	Abhilfe
A Bremse quietscht.	1 Resonanzgeräusche zwischen Bremsscheibe und Belägen.	Beläge wechseln, ggf. Bremsbelagträgerplatte auf der Rückseite mit Anti-Quietschpaste einstreichen.
	2 Beläge verschlissen bzw. verhärtet.	Erneuern.
	3 Bremsflächen der Scheiben stark verschmutzt, verschmiert oder abgenutzt.	Scheiben reinigen. Ggf. austauschen.
	4 Belagführung am Bremssattel verschmutzt oder verrostet.	Säubern bzw. blank schleifen.
	5 Festsitzender Kolben im Bremssattel.	Gängig machen oder Bremssattel überholen lassen.
	6 Festsitzender Kolben im Radbremszylinder.	Gängig machen bzw. Bremszylinder austauschen (lassen).
	7 Neue Bremsbeläge tragen noch nicht vollflächig.	Außenkanten mit Schruppfeile brechen, evtl. Beläge egalisieren.
B Bremswirkung lässt nach (Fading).	1 Pedalweg normal: a) Beläge verölt, verbrannt oder verhärtet. b) Siehe A3 und 7.	Bremsbeläge ersetzen (lassen).
	2 Pedalweg kurz: Bremskraftverstärker arbeitet nicht oder kein Unterdruck am Verstärker.	Bremskraftverstärker bzw. Unterdruckleitung auf Knicke prüfen; Unterdruckventil verstopft; prüfen und evtl. ersetzen (lassen).
	3 Pedalweg lang: a) Siehe A5. b) Ein Bremskreis ausgefallen.	Kontrollieren, schadhafte Teile auswechseln lassen.
	4 Falscher Belag.	Bremsbeläge tauschen (lassen).
	5 Hinterradbremse(n) defekt.	Bremsanlage prüfen (lassen).
C Bei hohem Bremspedaldruck schwache Bremsleistung.	1 Siehe A2 bis 7.	
	2 Siehe B1 bis 4.	
D Bremspedalweg schwammig.	1 Luft in der Anlage.	Bremsanlage prüfen, entlüften (lassen).
	2 Bei überbeanspruchter Bremse (Gebirgsfahrt, Anhängerbetrieb) Dampfblasenbildung (Bremsfading).	Anhalten, Bremse abkühlen lassen. Verhalten fahren und bremsen, häufiger einen Gang herunter schalten (Motorbremse).
	3 Hauptbremszylinder nicht richtig befestigt.	Befestigung prüfen.
E Bremspedal lässt sich ganz durchtreten, keine Bremswirkung.	1 Hauptzylinder ausgefallen.	Austauschen.
	2 Bremsschlauch oder Leitung gerissen, Dichtung leck.	Ersetzen.
	3 Bremsflüssigkeit zu alt oder überhitzt (Dampfblasenbildung).	Erneuern.
F Pedalweg zu lang.	1 Scheiben unrund, Beläge verschoben.	Scheibe und Beläge prüfen und evtl. ersetzen lassen.
	2 Falsch eingestellt.	Einstellen (lassen).
	3 Bremsflüssigkeit läuft aus.	Hydrauliksystem auf Dichtheit prüfen; Mangel beheben Lassen.
G Stand der Bremsflüssigkeit zu gering.	1 Bremsscheiben oder Beläge verschlissen.	Bremsscheiben bzw. Beläge prüfen, ersetzen (lassen).
	2 Leck in der Hydraulik.	Hydraulik auf Leck prüfen und Mangel beheben lassen.

Bremse (Fortsetzung)

Störungs-beistand

Störung	Ursache	Abhilfe
H Bremsen ziehen einseitig.	**1** Bremsscheiben defekt oder unterschiedliche Beläge.	Prüfen, evtl. ersetzen (lassen).
	2 Siehe A2 und 7.	
	3 Falsche Reifen oder falscher Reifendruck.	Prüfen; richtige Reifen aufziehen, Reifendruck kontrollieren.
	4 Lenkung defekt.	Prüfen lassen.
	5 Stoßdämpfer verschlissen.	Prüfen, evtl. ersetzen (lassen).
I Beläge stark oder ungleichmäßig verschlissen.	**1** Bremsscheiben sind korrodiert oder weisen Riefen auf.	Prüfen, evtl. ersetzen (lassen).
	2 Siehe A5.	

DIE FAHRZEUG-ELEKTRIK

***Nutzen Datenbusse, filigrane Zentralstecker und »verwirrenden Kabelruten«:** Bordnetze in modernen Autos. Datenbusse optimieren übrigens nicht nur die »Reaktionszeit« aller vernetzten Managementkomponenten, sie setzen gleichfalls »fette« Kabelbäume auf Diät. Doch so ganz ohne Kupferleitungen, filigranen Zentralsteckern und »bunten Kabelenden« kommt der Meriva freilich nicht aus. Das ist kein Grund, um schon am grünen Tisch zu kapitulieren: Die »Ströme laufen wie eh und je von A nach B«. Für Do it yourselfer gilt es »nur« den richtigen Pfad zu finden – und zwar mit Hilfe aktueller Schaltpläne. Die archivieren übrigens Opel-Händler oder auch Bosch Car-Service-Dienste. Legen Sie dort am besten Ihren Fahrzeugschein vor – der Rest ist dann nur noch eine Frage von » Good will und – mitunter von Euro« …*

Wartung

Reparatur

Ohne Batterie, Anlasser, Generator, zwei CAN-Bussen und rund vier Kilometer Kupferkabel bewegt sich im Meriva fast NICHTS – zumindest nicht koordiniert: Mit leerer Batterie streikt der Anlasser, ohne Anlasser schweigt der Motor, ohne Motor pausiert der Generator – und ohne die »Datencocktails« der CAN-Busse bleiben die Global-Player ohnehin stumm.

Elektrische Energie – seit über 100 Jahren der »Lebenssaft« fürs Motormanagement

Wie schon dem ersten Benz-Patentmotorwagen anno 1886 helfen auch heutigen Autos »elektrische Ströme« auf die Sprünge – die Geschichte des Automobils ist unverrückbar auch an den Fortschritt der Elektrik/ Elektronik gekettet: Die erste Zündkerze im Patentmotorwagen war nicht weniger »stromabhängig« als heutige Subsysteme, zum Beispiel das Motormanagement, die Kraftstoffeinspritzung, die Beleuchtung oder der GPS-Routenrechner.

Bei so viel Abhängigkeit erscheint es nicht weiter verwunderlich, dass viele Autofahrer unangenehme Erlebnisse mit dem Trio Batterie, Anlasser, Generator verbinden. Die Ursache dafür lag und liegt häufig unter der Motorhaube, also dem Arbeitsplatz und der Peripherie dieser drei Akteure. Zu ihrer Entlastung sei allerdings gesagt, die dort vorherrschenden Arbeitsbedingungen sind nicht gerade ideal: Mal ist es zu kalt, mal zu warm, vielfach feucht und mitunter gar triefend nass. Viele Stromverbraucher sitzen zudem an exponierten Plätzen – Störungen in der Bordelektrik/ -elektronik sind da eigentlich vorprogrammiert. Zudem kapituliert die Batterie bisweilen vor klirrender Kälte und großer Hitze.

Einfach zu beheben – kleine Störungen im Bordnetz

Nach der Lektüre dieses Kapitels sollte Ihnen freilich kein überzeugendes Argument mehr einfallen, um vor einem »toten« Schalter oder einer »schwarzen« Lampe zu kapitulieren. Oft »wackelt« dahinter nämlich nur ein Kabelstecker oder »unterwegs« ist ein Kontakt korrodiert. Viele Unpässlichkeiten an der Bordelektrik können Sie gewissermaßen mit Ihrer »Hausapotheke« behandeln. Selbst dann, wenn Sie kein »ausgewiesener Strippenwurm« sind und Ihnen auch sämtliche Ambitionen dazu fehlen.

Doch lassen Sie Ihren Werkzeugschrank besser verschlossen, wenn es um ernsthafte Fehlersuche bzw. Diagnoseergebnisse innerhalb der Datenhighways geht: CAN-Busse sind nämlich kein »Spielplatz« für Besserwisser. Beauftragen Sie in dem Fall besser Ihren Opel-Händler oder einen ausgewiesenen Elektronikexperten mit dem Job.

Um »mundgerechte« Datenmenüs an ihre Adressaten zu verschicken oder im Umkehrschluss als »Tatortbeschreibungen« zu analysieren, sind im Meriva – je nach Anforderungsprofil – bis zu 40 Sensoren aktiv. Ganz nebenbei, ohne Funktions- und Schaltpläne sowie einem speziellen Diagnoseequipment wären mit der Fehlersuche selbst Experten völlig überfordert. Wir stellen Ihnen darum die konkrete Frage: Wie mag es Ihnen erst ergehen, wenn Sie in die Welt der CAN-Bus-Technologie abtauchen? Geben Sie sich die ehrliche Antwort – bevor Sie im Abseits stehen ...

Davor möchten wir Sie natürlich bewahren – zumindest bei einfachen Handgriffen an der Elektrik Ihres Wagens. Darum bringen wir Ihnen in diesem Kapitel immer mal wieder einzelne Grundlagen der Elektrik näher. Los geht's ...

Grundbegriffe der Elektrik

Elektrische Spannung (Strom) fließt nur in geschlossenen Stromkreisen. Stromkreise bestehen aus Erzeuger (z. B. Batterie, Generator), Verbraucher (z. B. Glühlampe, Anlasser, Elektromotor) und den Kabelsträngen mit ihren einzelnen Leitungen. Stromkabel sind gewissermaßen die Nervenstränge zwischen Erzeuger und Verbraucher.

Das folgende Beispiel veranschaulicht Ihnen die Grundfunktion eines elektrischen Stromkreises. Stellen Sie sich Bitte eine Wasserleitung vor, in der unter bestimmtem Druck eine definierte Menge Wasser von A (Erzeuger) nach B (Verbraucher) fließt. Nichts anders passiert in den Stromkreisen Ihres Autos. Zum Beispiel auch dann, wenn Ihnen beim Öffnen der Tür automatisch »ein Licht aufgeht«. Und das sind die »Beteiligten«:

Spannung: Entspricht dem Druck in der Wasserleitung. Die Maßeinheit für Spannung ist Volt (V).

Strom: Entspricht der Wassermenge, die in einer definierten Zeit in der Wasserleitung fließt. Die Maßeinheit für Strom ist Ampere (A).

Leistung: Entspricht dem Produkt aus Spannung und Strom. Es gibt an, wie viel Leistung ein elektrischer Verbraucher von einem Stromerzeuger bekommt. Die Maßeinheit für Leistung ist Watt (W).

Widerstand: Entspricht einem Wasserhahn. Ist der Hahn voll geöffnet, strömt ungehindert Wasser in die Leitung (Widerstand 0). Ein verschlossener Hahn erhöht den Widerstand kontinuierlich, bis schließlich kein Wasser mehr fließt (Widerstand ∞). Die Maßeinheit für Widerstand ist Ohm (Ω).

Kabel: Entspricht der Wasserleitung. Die erforderliche Stärke der Leitung (Querschnitt) bestimmt der Verbraucher: Ein Kontrolllämpchen kommt mit einer Kabelstärke von 0,5 mm² aus. Der Anlasser verlangt dagegen ein starkes 16-mm²-Kabel: In unserem Beispiel der Wasserleitung entspräche das dem Hauptwasseranschluss vor der Wasseruhr.

Multiplextechnik/ CAN-Bus-System

Dort wo große Datenmengen über weite Distanzen zu koordinieren sind, beispielsweise in automatischen Fertigungsprozessen oder im modernen Gebäudemanagement sind Datenübertragungssysteme mit »zentraler Intelligenz« schon seit gut eineinhalb Jahrzehnten Stand der Technik. Da erscheint es nur logisch, dass CAN-Datenbusse (**C**ontroller **A**rea **N**etwork) den Datenaustausch im Auto von der »Quelle bis zur Mündung« in Multiplextechnik lancieren.

Vorteil, anstelle über unzählige Zu- und Ableitungen kommunizieren Multiplexkonfigurationen lediglich über zwei digitale Signalleitungen mit ihren Adressaten. Eine Leitung füttert, ausgehend vom Rechner, das Netz über den Controller mit chiffrierten Informationen, die andere liefert, via Controller, chiffrierte »Situationsberichte« beim Rechner ab (V-Bus-Übertragungsrate 500 KBit/s, E-Bus-Übertragungsrate 47.6 KBit/s).

Im Idealfall realisiert den »Informationsaustausch« eine Station: Elektroniker sprechen von **B**ody **C**ontrol **M**odulen (BCM). BCM verwalten digitale Datensätze, die mit konventioneller Technik selbst baumdicke Kabelbäume »verstopfen« würden – von der Übertragungsgeschwindigkeit ganz zu schweigen.

Als »Spediteur bzw. Dolmetscher« fungiert ein CAN-Transceiver. Der Transceiver bekommt vom Controller aufbereitete Daten angeliefert, wandelt sie in elektrische Signale um und speist sie als Steuerbefehle ins Netz. Auf der anderen Leitung schickt der Transceiver aktuelle Situationsbeschreibungen der »Endabnehmer« an den CAN-Controller zurück. Von hier geht's, zum Plausibilitätscheck, weiter ins Steuergerät. Plausibilitätscheck bedeutet: Wenn die Abgänge nicht mit den Eingängen korrespondieren, schaltet das System automatisch auf »Notversorgung« um. Sie bekommen die Unpässlichkeit per Kontrollleuchte im Armaturenbrett mitgeteilt und stehen als Do it yourselfer wahrscheinlich hilflos vor dem Problem. Nicht so Ihr Opel-Händler: Er liest den »Bug« mittels Diagnoseequipment aus und ersetzt das malade Modul gegen ein funktionstüchtiges.

CAN-Bussysteme managen mittlerweile den Datentransfer vom ABS-Bremssystem bis zur Zündkerze – vom Armaturenbrett bis zur Zentralverriegelung – von der Getriebesteuerung bis hin zum Motormanagement: Kurzum, in Ihrem Auto gehen binnen kürzester Zeit zigtausende von Steuerimpulsen auf den Datenhighway. Ob, wo, wie und wer die Informationen nun tatsächlich nutzt, hängt, wie gesagt, allein von der Aufbereitungsart bzw. vom Chiffre ab. Anders gesagt: Jeder Empfänger »spricht, versteht, antwortet und reagiert nur auf seinen Dialekt«, alles andere rauscht ungenutzt weiter in die nächste Station. Kommt hier dann etwas »Verständliches« an, wird's genutzt, der Rest geht so lange weiter auf die Reise, bis der richtige Empfänger gefunden ist.

Batterie und Anlasser

Sechs in Reihe geschaltete Zellen sind das Herz einer 12-Volt-Starterbatterie. Eine Zelle besteht aus einer Kombination positiver und negativer Platten, die in einer Art chemischen Teamworks jeweils etwa zwei Volt Spannung produzieren. Die Platten bestehen aus

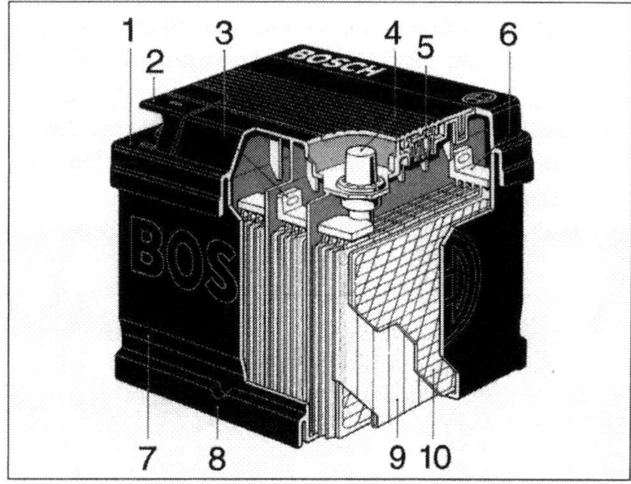

Kraftpaket: Wartungsfreie Batterie. *1 Blockdeckel, 2 Polabdeckkappe, 3 Direktzellenverbinder, 4 Endpol, 5 Zellenverschlussstopfen (unter der Abdeckplatte), 6 Plattenverbinder, 7 Blockkasten, 8 Bodenleiste, 9 in Folienseparatoren »eingetaschte« Plusplatten, 10 Minusplatten.*

Hartbleigittern, die mit einer aktiven Masse gefüllt sind. Auf der positiven Plattenseite ist das Bleidioxid, das Reaktionsmittel der negativen Platte – reines Blei. Zwischen den beiden sitzt ein Separator – er trennt die Platten voneinander, lässt die Batterieflüssigkeit (Elektrolyt) jedoch durch mikroskopisch feine Poren zirkulieren. Elektrolyt ist eine leitfähige Flüssigkeit, die zu etwa 37 Prozent aus konzentrierter Schwefelsäure und 63 Prozent destilliertem Wasser besteht.

Speichert elektrische Energie – die Batterie

Im abgeschotteten Inneren der Batterie laufen energetische Prozesse ab – Batterien wandeln chemische Energie in elektrische Energie. Der wichtigste Abnehmer für den »Powersaft« ist der Anlasser. Seine Durchzugskraft ist abhängig von dem Energiepolster, das die Batterie während der Fahrt aufnimmt und speichert: Je nach Motor und Anlassertyp »lutscht« der Starter während eines Kaltstarts kurzzeitig bis zu 2000 Watt – dafür muss die Batterie in Höchstform sein.

Säurestand der Batterie kontrollieren – Kontakte pflegen

Ab Werk parkiert der Meriva seine weitgehend wartungsfreie Batterie unter der Motorhaube. Sobald Sie den Stromspeicher näher begutachten, entdecken Sie auf seinem Gehäusedeckel ein »magisches Auge«. Strahlt es Ihnen »grünfarbig« entgegen, ist alles im Lot. Erst bei gelber Färbung gehen Sie getrost davon aus, dass die Batterie ihre besten Jahre bereits hinter sich hat. Kalte Winter wird sie dann wahrscheinlich nicht mehr heil überstehen.

Visuell im Bilde: Die Farbe des magischen Auges signalisiert den Batteriezustand.

Die Lebensdauer einer Batterie hängt natürlich stark von den Einsatzbedingungen ab: Jeder Kaltstart, überwiegende Kurzstrecken mit vielen Ampelstopps und Stop-and-go-Verkehr, jeder zusätzliche Bordverbraucher (Klimaanlage, beheizbare Heckscheibe, Innenraumgebläse, Fahrlicht, etc.) stressen den Stromspeicher mehr als regelmäßiger Langstreckenbetrieb. Dennoch – vier bis sechs Jahre sollten einer Batterie vergönnt sein.

Entscheiden Sie sich danach für eine weniger bequeme, jedoch preisgünstigere »Ersatzbatterie mit offenen Zellen«, müssen Sie von Zeit zu Zeit den Stand der Batterieflüssigkeit checken. Batterieflüssigkeit ist eine Melange aus destilliertem Wasser und Schwefelsäure. Hohe Umgebungstemperaturen gleichwie ein defekter Spannungsregler lassen das Wasser verdunsten, demzufolge sinkt der Flüssigkeitspegel oberhalb der Zellstruktur. Achten Sie also auf »trockene« Zellengitter und befüllen jede Zelle mit so viel destilliertem Wasser, dass der Flüssigkeitspegel gut 1,5 Zentimeter oberhalb der Zellen steht.

Während langer Stillstandszeiten entlädt sich die Batterie automatisch. Auch das kann, gleichwie Überbeanspruchungen von externen Stromverbrauchern (z. B. Kühlbox, Kleinkompressoren, etc.), zu »Wassermangel« führen. Fehlmengen ergänzen Sie grundsätzlich nur mit destilliertem Wasser – normales Leitungswasser enthält leitfähige Salze und weitere mineralische Stoffe, die der Batterie schaden. Das gilt übrigens auch für abgekochtes Wasser. In servicefreundlichen Batterien kondensiert die »verdampfte« Flüssigkeit in einem Leitungslabyrinth oberhalb der Zellen. Von dort tropft das Wasser wieder in die Zelle zurück – der Kreislauf ist nahezu unendlich.

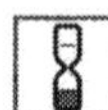

1. Batteriesäure muss mindestens bis zur »min-Markierung« am Gehäuse reichen (die Platten sind dann noch um etwa einen Zentimeter bedeckt).
2. Ergänzen Sie zu geringe Säurestände. Dazu schrauben oder knippen Sie die Verschlussstopfen oberhalb des Batteriedeckels heraus.
3. Die Fehlmenge einer geladenen Batterie ergänzen Sie bis zum oberen Strich der »max-Markierung« (ca.15 Millimeter oberhalb der Platten) mit destilliertem Wasser.
4. Befüllen Sie eine stark entladene Batterie nur so weit, dass die Platten gerade mal bedeckt sind – der Säurestand steigt während des Ladevorgangs. Falls erforderlich, ergänzen Sie die Fehlmenge hernach bis zur »max-Markierung«.

[5] Halten Sie die »max-Markierung« auf jeden Fall ein. Denn sollten Sie weiter aufgießen, tritt Säure an den Verschlussstopfen oder an der seitlichen Entlüftungsbohrung aus. Das führt zu »blühender« Korrosion und weißen Säurekristallen an der Batterieoberfläche, gleichwie im Umfeld ihres Standplatzes.

[6] Falls geschehen, lösen Sie die Kristalle vorsichtig mit einer Messingbürste und spülen den »Dreck« danach mit reichlich Wasser ab. Vergessen Sie nicht, vorher die Klemme 31 (Minuspol) der Batterie abzuklemmen.

Kontakte pflegen

[1] Waschen Sie Oxidkristalle an den Batterieklemmen mit warmem Sodawasser ab. Noch besser verwenden Sie einen speziellen Reiniger, zum Beispiel »Neutralon«.

[2] Danach fetten Sie die Batteriepole und Kabelklemmen leicht mit Säureschutzfett (Bosch) ein – normales Fett ist übrigens denkbar ungeeignet. Vorsicht: Verteilen Sie kein Fett zwischen die Polkontaktflächen.

Batterie prüfen

Macht die Batterie, trotzt richtigem Säurestand, einen »schlappen« Eindruck, prüfen Sie ihren Ladezustand mit einem Säureheber (Aräometer). Aräometer messen die Elektrolytenkonzentration in der Batterieflüssigkeit. Natürlich können Sie den Ladezustand auch mit einem Multimeter checken: Anhand der gemessenen Ruhespannung lässt sich der Batterieladezustand in etwa bestimmen.

  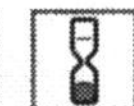

Säuredichte messen

[1] Bevor Sie messen, »gönnen« Sie der Batterie mindestens sechs Stunden »Ruhe«.

[2] Entfernen Sie dann die Batterie-Verschlussstopfen, ...

[3] ... halten das Messgerät senkrecht in die Flüssigkeit und saugen dann so viel Batteriesäure an, dass die Messspindel frei im Zylinder schwimmt.

Säuregewicht

Säuregewicht (kg/l)	1,28	1,2	1,12
Zustand der Batterie	voll geladen	halb geladen	entladen

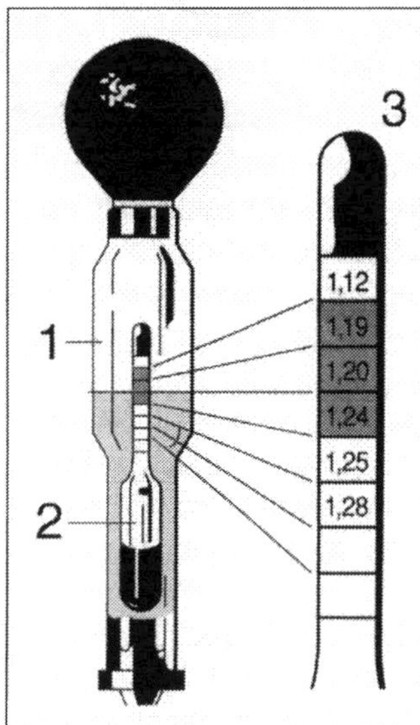

***Säuredichte messen:** Nur an Batterien mit »offenen« Zellen möglich. Die Säuredichte messen Sie an jeder einzelnen Batteriezelle. Halten Sie dazu den Säureheber 1 senkrecht und saugen nur soviel Batterieflüssigkeit aus der Zelle, dass der Schwimmer (Aräometer 2) freigängig wird. Bei einer »gesunden« Batterie sind die Zellen nahezu gleich stark. Vergleichen Sie das auf der Skala 3 am oberen Aräometerende.*

Spannung messen

[1] Liegt der letzte Ladevorgang weniger als sechs Stunden zurück, schalten Sie für etwa 30 Sekunden das Abblendlicht ein: Das »weckt« die Batterie auf und nivelliert etwaige Spannungsspitzen.

[2] Nach weiteren vier bis fünf Minuten Wartezeit prüfen Sie die Batteriespannung. Schalten Sie zur Messung alle Stromverbraucher aus.

Spannung

Spannung (V)	12,66 u. m.	12,48	12,3
Zustand der Batterie	100% gelad.	75% gelad.	50% entl.

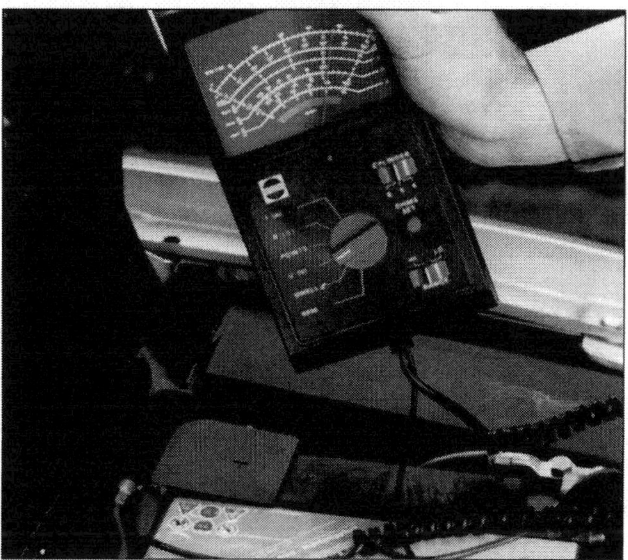

***Mit dem Multimeter schnell erledigt: Batteriespannung messen.** Unter 12,3 Volt Ruhespannung laden Sie die Batterie schnellstens auf.*

Batteriekapazität messen

Praxistipp

Werkstätten messen mit einem Kapazitätsmesser (Kurzschlusstester) die »stillen Reserven« (A) einer Batterie. Das Gerät wird kurz zwischen Plus- und Minuspol angelegt. Kurz ist Programm und bedeutet maximal **zehn** Sekunden. Denn der gemessene Kurzschlussstrom »lutscht« die Batterie binnen kurzer Zeit leer. Falls Sie keinen Kurzschlusstester besitzen, »nehmen« Sie einfach die Scheinwerfer (nur bei manuellen Schaltgetrieben möglich). Parkieren Sie Ihren Wagen dazu etwa zwei Meter vor einer dunklen Wand, stellen den Motor ab und legen den vierten oder fünften Gang ein. Ziehen Sie die Handbremse an, schalten das Fahrlicht ein und treten fest aufs Bremspedal. Ab jetzt müssen Sie quick sein! Starten Sie den Anlasser und achten derweil auf die Scheinwerferkegel vor der Wand. Verdunkeln sie unmittelbar, ist die Batterie tatsächlich schlapp, gehen sie nach etwa drei Sekunden in die Knie, ist die Kapazität ausreichend. Wiederholen Sie die Messung, wie übrigens auch die Messung mit dem Kurzschlusstester, nicht beliebig oft – Ihre Batterie und der Anlasser würden das mitunter nicht verkraften.

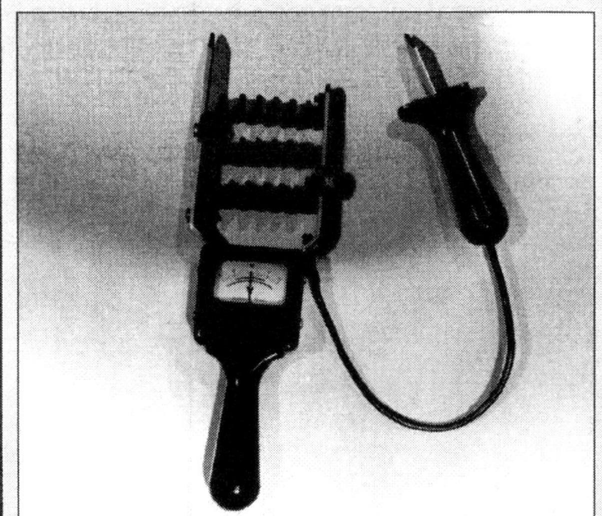

Maximal zehn Sekunden checken: Batteriekapazität mit Kurzschlusstester.

Batterie laden

Laden Sie eine demontierte oder im »Winterschlaf« befindliche Batterie monatlich nach. Falls Sie das vergessen oder missachten, kristallisiert die Schwefelsäure und setzt sich an den Zellwänden ab. Folge: Mit der Zeit »verglasen« die Zellen und werden unbrauchbar. Zudem frieren entladene Batterien bei Minustemperaturen ein – unterhalb -4 °C können ihre Zellwände sogar platzen. Randvoll geladen Batterien macht Kälte dagegen wenig zu schaffen. Sollte die Batterie noch montiert sein, klemmen Sie vor der »Erhaltungsladung« auf jeden Fall das Minuskabel (Masseanschluss) ab.

Arbeitsschritte  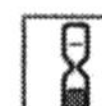

1. Schwarzes Minuskabel (Masseanschluss) abklemmen. Pluskabel des Ladegeräts (rot) an Pluspol, Minuskabel (schwarz) an Minuspol der Batterie anklemmen.

2. Der Ladestrom sollte zunächst etwa 10% der Batteriekapazität betragen (z. B. 6,6 A bei einem 66-Ah-Akku) und während des Ladevorgangs automatisch abnehmen.

3. Während des Ladevorgangs bilden sich oberhalb der Zellen winzige Gasbläschen aus Wasser- und Sauerstoff. Das Gemisch entweicht aus den Entlüftungsbohrungen oder der Zentralentlüftung in die Atmosphäre. Die Rede ist von hochexplosivem Knallgas. Vorsicht also in geschlossenen Räumen. Wenn ihnen dort beißender Geruch in die Nase sticht, ist die Konzentration bereits gefährlich.

4. Sorgen Sie also grundsätzlich für eine wirkungsvolle Entlüftung des Arbeitsplatzes. Das gilt vor allem, wenn hohe Ladeströme fließen. Knallgas kann sich übrigens schon an den »Funken«, die beim Ab- oder Anklemmen des Ladegeräts bzw. der Batteriekabel entstehen, entzünden. Beachten Sie die Sicherheitsvorschriften.

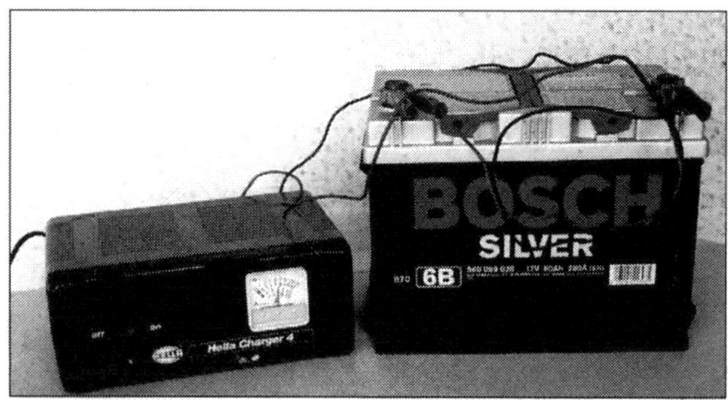

***Monatlich nachladen:** Batterie im »Winterschlaf«.*

Batterie aus- und einbauen

Bevor Sie die Batterie abklemmen, notieren Sie sich sämtliche Codes Ihres Autos. So zum Beispiel den Radiodiebstahlcode, seine gespeicherten Stationssender usw. Falls Sie das vergessen sollten, bleibt hernach das Radio stumm und die Seitenfenster verschlossen:

Sie müssen alle elektrischen Fensterheber neu aktivieren (siehe S. 209). Außerdem »vergisst« auch das Motormanagement einen Großteil seiner Informationen. Es schaltet dann kurzerhand auf Notprogramm und regeneriert sich normalerweise im Fahrbetrieb (max. 16 Kilometer). Sollte das bei Ihrem Auto jedoch nicht der Fall sein, fahren Sie Ihren Opel-Händler an und lassen das Motormanagement neu einlesen – das Prozedere ist in wenigen Minuten erledigt.

Dieser Hinweis gilt grundsätzlich immer dann, wenn die Batterie abgeklemmt oder tief entladen war.

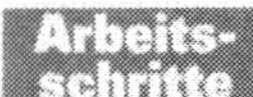

[1] Demontieren Sie die Batterieabdeckung – falls vorhanden – und klemmen zuerst den Minuspol 1 ab. Die Kurzschlussmöglichkeit ist so am geringsten.

[2] Jetzt lösen Sie die Plusklemme 2 vom Batteriepol.

[3] Sobald Sie den Befestigungsschuh 3 gelöst haben ...

[4] ... heben die Batterie aus dem Motorraum.

Schritt für Schritt lösen: *Minuspol, Pluspol und Befestigungsbügel am Batteriefuß.*

[5] Achten Sie zur Montage darauf, dass die Batterie rüttelfrei auf der Konsole steht. Falls Sie das vergessen sollten, zerbröseln die Bleiplatten während der Fahrt.

[6] Zur Montage schließen Sie zuerst das Pluskabel und erst dann das Minuskabel an. Die Kabelklemmen können Sie nicht vertauschen, da die Batteriepole und die Kabelfarben unterschiedlich sind.

[7] Streichen Sie die Pole gegen Sulfatieren leicht mit Säureschutzfett (z. B. Bosch) oder Vaseline ein.

[8] Geben Sie nun die Funktionscodes (Fensterheber, Radio, etc.) neu ein und lassen den Motor etwa drei Minuten mit etwa 1.500 min.$^{-1}$ »brummen«. So viel Zeit muss sein, damit das Motormanagement regeneriert. Vergessen Sie auch nicht den Lenkwinkelsensor – wie im Kapitel »Das Fahrwerk« beschrieben – neu zu kalibrieren.

»Lutschen« den Akku leer – stille Bordverbraucher

Macht eine völlig intakte Batterie plötzlich »schlapp, verköstigt sich meistens ein stiller Verbraucher mit ihrem Saft«. Dem ungebetenen Gast legen Sie mit einer Strommessung das Handwerk. Stellen Sie Ihr Multimeter dazu auf »Strom (A)«. Zunächst sollten Sie die »größeren Ströme« (ab etwa 15 Ampere) messen, um dann den stillen Verbraucher zielgerichtet einzukreisen.

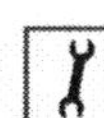

[1] Nehmen Sie das Batteriemassekabel ab und »klemmen« ein Multimeter zwischen Minuspol und Massekabel. Signalisiert Ihr Multimeter einen Stromfluss von mehr als 50 mA., »verköstigt« sich erfahrungsgemäß ein »stiller« Verbraucher an Ihrer Batterie.

[2] Schließen Sie dann das Massekabel wieder an, öffnen den Sicherungskasten und »ziehen« die erste Sicherung. Klemmen Sie das Multimeter zwischen die freien Kontakte. Bleibt der Zeiger »im Keller«, ist der betreffende Stromkreis o. k. Doch auch geringe »Ströme« (etwa 25 mA) sind noch kein Alarmsignal: Geräte wie Bordcomputer, Uhren, Radios und Alarmanlagen »hängen« ständig an der Batterie. Ihr Stromverbrauch ist freilich viel geringer als der eines defekten Verbrauchers.

[3] Wiederholen Sie die Messungen am Sicherungskasten, so lange, bis Sie den stillen Verbraucher und seinen »Stromappetit« entlarvt haben. In der Sicherungstabelle auf Seite 193 erkennen Sie, welche Verbraucher diesen Stromkreis bilden.

[4] Die betreffenden Verbraucher klemmen Sie jetzt der Reihe nach ab und messen den Strom. Sobald das Multimeter »regungslos« bleibt, sind Sie am Ziel.

Der Generator

Drehstromgeneratoren (Lichtmaschinen) beliefern alle elektrischen Bordverbraucher mit Strom, ihre überschüssige Energie deponieren sie in der Batterie. Drehstromlichtmaschinen sind nichts anderes als kompakte »Stromkraftwerke«: In Ihrem Wagen arbeiten unisono 14,2 Volt Generatoren, je nach Ausstattung mit 70 bis 100 Ampere Leistung. »Unbeaufsichtigt« produzieren Drehstromgeneratoren Wechselstrom. Erst ein in ihrem Gehäuse integrierter Gleichrichter wandelt die unbrauchbaren Spannungsspitzen »bordgerecht« und drehzahlunabhängig in 14,2 Volt Gleichstrom um. Der Gleichrichter wird aktiv, sobald der Motor »brummt« und die Generatorriemenscheibe rotiert. Den Generatorantrieb besorgt ein Keilrippenriemen, er lässt den Läufer mit ungefähr doppelter Motordrehzahl »kreisen«.

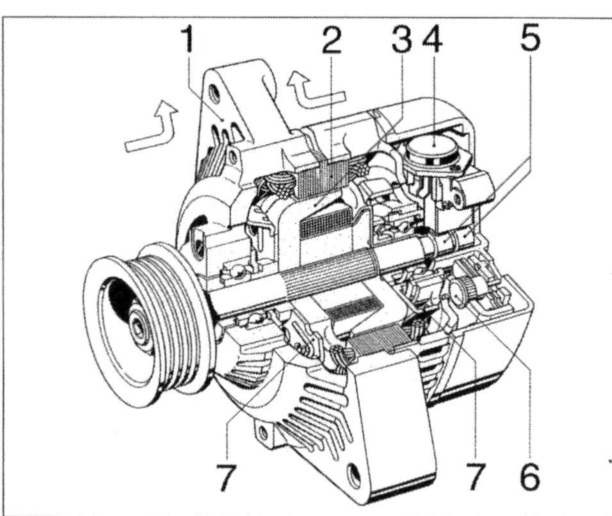

»Kraftwerk« unter der Motorhaube: *Kompaktgenerator. 1 Gehäuse, 2 Ständer, 3 Läufer, 4 elektronischer Feldregler mit Bürstenhalter, 5 Schleifringe, 6 Gleichrichter, 7 Lüfter.*

Regelt die Bordspannung – der Spannungsregler

Je schneller der Generator dreht, umso mehr Spannung liefert er – das funktioniert ähnlich wie bei einem Fahrraddynamo. Doch die langfristigen Überlebenschancen aller Bordverbraucher wären in diesem Fall gleich null. Darum »bremst« ein Spannungsregler die Förderleistung des Stromlieferanten ein. Der Regler arbeitet innerhalb des Generators an seiner Rückseite.

Praxistipp

Fahren mit defekter Lichtmaschine

Mit streikender Lichtmaschine oder defektem Regler können Sie eingeschränkt weiterfahren: Die Batterie speist dann alle Verbraucher. Je nach Ladezustand und Kapazität reicht ihre Energie für etwa fünf Stunden aus – allerdings nur dann, wenn Sie konsequent alle überflüssigen Verbraucher (AC, beheizbare Heckscheibe, Frischluftgebläse, etc.) ausschalten.

- Ziehen Sie den Mehrfachstecker an der Lichtmaschine ab. Die Batterie entlädt sich dann nicht über den defekten Generator oder Spannungsregler.
- Unterbrechen Sie die Fahrt nicht unnötig – der Anlasser benötigt bei jedem Startvorgang besonders viel Strom.
- Wenn möglich, lassen Sie den Wagen anrollen.
- Schalten Sie die beheizbare Heckscheibe, das Gebläse und Radio aus.
- Schalten Sie den Scheibenwischer mitsamt der Scheibenwaschanlage nur ganz sporadisch ein.
- Bei Dunkelheit fahren Sie möglichst nur mit Abblendlicht.

Er begrenzt die Betriebsspannung, je nach Batterie- und Umgebungstemperatur, auf Werte zwischen 13,8 und 14,2 Volt. Moderne Generatoren sind ab Werk praktisch wartungsfrei. Selbst die Schleifkohlen halten unter normalen Bedingungen gut und gerne 100.000 bis 150.000 Kilometer. Falls Ihr Generator wider Erwarten vorzeitig »zicken« sollte, legen Sie das »Kleinkraftwerk« zur Revision einem Bosch-Dienst auf die Werkbank oder Sie ordern Ersatz bei Ihrem Opel-Händler.

Spannungsregler checken

[1] Demontieren Sie an der Batterie die Polabdeckungen und schließen ein Multimeter (Stellung »V«) an. Wichtig ist der Bereich zwischen zwölf und 16 Volt.

[2] Lassen Sie dann den Motor etwa zwei Minuten bei mittlerer Drehzahl (etwa 3000 – 4000 min.$^{-1}$) laufen. Schalten Sie währenddessen die Beleuchtung und evtl. noch die beheizbare Heckscheibe ein. Das fordert den Generator und bringt ihn schneller auf Betriebstemperatur.

[3] Schalten Sie dann die Heckscheibe aus und stattdessen das Frischluftgebläse auf Stufe 2 dazu. Die Verbraucher entsprechen etwa einer Strombelastung zwischen drei bis sieben Ampere.

[4] Bei intaktem Regler lesen Sie jetzt eine Regelspannung zwischen 13,5 – 14,7 Volt vom Multimeter ab.

[5] Bei zu geringer Spannung könnten die Schleifkohlen des Generators dahin sein, bei erhöhter Spannung ist der Regler defekt. In beiden Fällen sollten Sie den Generator Ihrem Opel-Händler oder einem Bosch-Stützpunkt zur Revision auf die Werkbank legen.

Spannung, Strom und Widerstand messen

Wenn Sie »tieferes« Interesse am technischen Zustand der Bordelektrik haben, müssen Sie nicht unbedingt einen Autoelektriker bemühen: Im guten Fachhandel bekommen Sie eine Vielzahl von Test- und Prüfgeräten, mit denen Sie der Elektrik Ihres Autos selbst auf die »Schliche« kommen können. Mit einer einfachen **Prüflampe** testen Sie beispielsweise, ob ein Stromkreis Spannung führt: Je heller die Lampe leuchtet, umso mehr Spannung liegt an. Eleganter und für elektronische Motormanagements besser geeignet ist der **Spannungsprüfer** mit Leuchtdioden. Je nach Ausführung zeigen diese Geräte Gleich- und Wechselspannungen zwischen sechs und rund 700 Volt an. Die Anzeige erfolgt optisch über ein Leuchtdiodenband. Das Multitalent eines jeden Do it yourselfers ist das Multimeter: Damit messen Sie Spannung, Strom (Gleich-/Wechselstrom) und Widerstand. Geeignete Geräte mit digitaler Anzeige gibt's bereits ab etwa sieben Euro. Zur Stromversorgung benötigen die meisten Multimeter eine interne Batterie.

Spannung messen: Um zum Beispiel die Batterie Ruhespannung mit einem Mul-timeter zu messen, klemmen Sie das mit » – « gekennzeichnete schwarze Kabel an Klemme 31 der Batterie (Minuspol) oder an Masse an. Das rote » + -Kabel« des Messgeräts verbinden Sie mit Klemme 30 der Batterie (Pluspol) oder mit der zu messenden Leitung. Zeigt das Instrument etwa nur 10,4 Volt an, deutet das auf eine defekte Batteriezelle hin. Prüfen Sie darum die Batteriespannung während des Anlassvorgangs – Messergebnisse von 5 Volt (+/- 0,5 V) entlarven einen »schlappen« Akku.

Strom messen: Unterbrechen Sie dazu den Stromkreis und klemmen das Messgerät dazwischen. In der Regel reicht es, wenn Sie bei Ihrem Auto den betreffenden Steckkontakt abziehen und das Messgerät einfach zwischen Stecker und Kontaktzunge schalten. Vorsicht: Achten Sie stets auf den maximalen Messbereich Ihres Multimeters. In Verbrauchern wie z. B. dem Anlasser fließen sehr hohe Ströme – die könnten Ihrem Multimeter den Garaus bereiten.

Widerstand messen: Fließt in einem Schaltkreis der Strom ungehindert, lesen Sie auf der Skala den Messwert 0. Defekte Kabel oder Schalter belegt Ihr Multimeter mit dem Messwert unendlich (∞). Zudem können Sie mit dem Multimeter auch den Innenwiderstand elektrischer Bauteile prüfen.

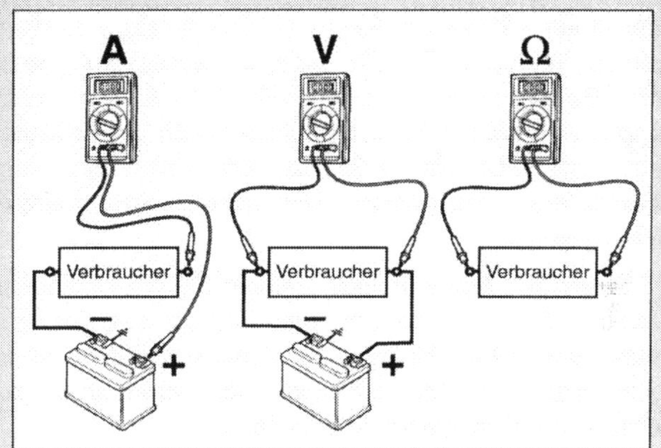

***Schematischer Anschluss eines Multimeters:** Strom (A), Spannung (V) und Widerstand (Ω). Verbraucher sind z. B. Lampen, Elektromotoren oder Anlasser.*

Motor »fremdstarten« – mit Starthilfekabeln kein Problem

Verwenden Sie zur Starthilfe nur spezielle Elektronik-Starthilfekabel, damit bewahren Sie die elektronischen Bauteile Ihres Wagens vor gefährlichen Spannungsspitzen.

[1] Lassen Sie den Helfer möglichst nah an »die leere Batterie« heranfahren, so dass die Starthilfekabel möglichst »locker« zwischen beide Batterien passen. Selbstverständlich sind in dem »schlappen« Auto **alle** Verbraucher ausgeschaltet.

[2] Klemmen Sie dann die Starterkabel grundsätzlich zuerst an die leere und hernach an die volle Batterie an.

[3] »Verbandeln« Sie zuerst beide Batteriepluspole (rote Klemmanschlüsse) und …

[4] … danach beide Minuspole mit dem schwarzen Starthilfekabel. Sollte die Kabellänge des Massekabels nicht ausreichen, nutzen Sie eine »satte« Masseverbindung im Motorraum, zum Beispiel den Federbeindom.

[5] Lassen Sie sich nun ein paar Minuten Zeit, dann fließt bereits »Saft« aus der vollen in die leere Batterie.

[6] Starten Sie hernach das Auto mit der schlappen Batterie. Sollte das nicht sofort gelingen, legen Sie immer wieder kleine Pausen ein – ansonsten könnte es dem Anlasser zu warm werden. Vergessen Sie bitte nicht, die Kapazität der noch vollen Batterie ist nicht unendlich: Wenn Ihr Auto also nach einigen vergeblichen Versuchen immer noch keinen Mucks sagt, »quetschen« Sie die Spenderbatterie nicht auch noch vollends aus – Sie müssten dann nämlich einen weiteren Helfer finden …

[7] Sobald der Motor brummt, trennen Sie die Verbindung: Klemmen Sie bei laufendem Motor zuerst das schwarze Fremdstartkabel am Minuspol der »leeren« und dann an der vollen Batterie ab. Mit dem roten Kabel verfahren Sie anschließend auf die gleiche Art und Weise.

Wagen anschieben

Ihre »Muskelkraft« macht nur dann Sinn, wenn der Motor »theoretisch« in Ordnung ist. Sobald Sie zum Beispiel die Zündfunken unter der Motorhaube »knistern« hören, schonen Sie besser Ihre Kräfte. Das kann sich sogar positiv auf Ihr Budget auswirken, denn wenn Zündfunken unkoordiniert den Weg des geringsten Widerstands gehen, zerstören irgendwann unverbrannte Frischgase im Auspuff den Katalysator.

[1] Schalten Sie die Zündung an und legen den zweiten Gang ein.

[2] Kuppeln Sie aus und LASSEN das Auto von freundlichen Helfern anschieben.

[3] Sobald die Fuhre ausreichend in Schwung ist, lassen Sie abrupt die Kupplung kommen – der Motor dreht durch und müsste anspringen.

[4] Treten Sie dann sofort die Kupplung, ziehen die Handbremse an und geben gefühlvoll Gas.

[5] Sollten Ihre Helfer nicht genügend in »Schwung« kommen, versuchen Sie Ihr Glück im dritten Gang.

[8] »Füttern« Sie die leere Batterie jetzt unmittelbar auf einer Probefahrt. Schalten Sie derweil möglichst wenig Bordverbraucher ein. Schon nach etwa 30 Kilometern reicht die Kapazität, um zumindest den nächsten Startvorgang zu realisieren.

Antriebsriemen – auf die Vorspannung kommt's an

Zuverlässig verrichten Antriebsriemen ihre Arbeit nur mit der nötigen Vorspannung: Sie müssen zwar straff, dürfen aber nicht zu stramm gespannt sein. Wenn sie zwischen den Riemenscheiben auf »Fingerdruck« drei bis fünf Millimeter nachgeben, sind sie auf der sicheren Seite. Strammer gespannte Riemen ruinieren auf Dauer die Lager der angetriebenen Nebenaggregate wie z. B. Generator, Wasserpumpe, AC-Verdichter etc. Außerdem überdehnen überspannte Antriebsriemen und reißen – irgendwann.

Wagen anschleppen

Praxistipp

Dehnen Sie Ihre »Seilschaften« nicht »unendlich« aus: Sollte der Motor nämlich nicht sofort anspringen, könnte das dem Katalysator ernsthaft schaden. Seinen Innereien (siehe Praxistipp »Wagen anschieben«) machen unverbrannte Frischgase den Garaus, erst recht, wenn sie unkoordiniert im Auspuff verpuffen. Lassen Sie sich übrigens immer nur mit einem erfahrenen »Schlepper verkuppeln« und sprechen vorher mit ihm genaue »Spielregeln« ab. Denken Sie auch daran, dass der Bremsweg mit stehendem Motor länger ist (Bremskraftverstärker wirkungslos).

[1] Schalten Sie die Zündung an und legen den zweiten Gang ein.

[2] Kuppeln Sie aus und LASSEN Ihren Zugwagen jetzt »weich« anfahren.

[3] Bei etwa 15 km/h lassen Sie dann die Kupplung langsam kommen. Bleiben Sie stets bremsbereit (Hand an die Handbremse).

[4] Sobald der Motor läuft, treten Sie die Kupplung, nehmen den Gang heraus und geben gefühlvoll Gas.

[5] Geben Sie jetzt dem »Schlepper« ein Hupsignal und bremsen die »Fuhre« sanft ab.

Batterie und Lichtmaschine

Störungs-beistand

Störung	Ursache	Abhilfe
A Rote Ladekontrolle brennt nicht bei eingeschalteter Zündung.	**1** Batterie leer.	Mit Starthilfekabeln starten oder Wagen anschleppen.
	2 Batteriekabel gebrochen, Kabelklemmen lose oder oxidiert.	Batteriekabel und -klemmen kontrollieren.
	3 Kontrollleuchte defekt.	Ersetzen.
	4 Kabelweg zwischen Zündschloss, Kontrolllampe und Lichtmaschine unterbrochen.	Stromweg mit Prüflampe kontrollieren.
	5 Spannungsregler defekt.	Regler austauschen.
	6 Lichtmaschine schadhaft.	Lichtmaschine überholen lassen oder austauschen.
	7 Feuchtigkeit bildet einen isolierenden Schmierfilm zwischen Schleifringen und Kohlen (z. B. nach Motorwäsche) der Lichtmaschine.	Lichtmaschine mit Druckluft ausblasen, evtl. Schleifringe und Kohlen säubern.
B Ladekontrolle brennt oder glimmt bei laufendem Motor.	**1** Keilriemen lose bzw. gerissen.	Keilriemenspannung kontrollieren, bzw. Keilriemen erneuern.
	2 Mangelnder Kontakt an Kabelanschlüssen der Lichtmaschine oder unterbrochene Kabel.	Kabelanschlüsse und Kabel prüfen.
C Batterieoberfläche feucht.	**1** Batteriezellen mit destilliertem Wasser überfüllt.	Ausgasen lassen. Keine Säure absaugen.
	2 Batterieverschlüsse verstopft.	Entlüftungsbohrungen mit Stecknadel säubern.
D Batterie gast stark.	Spannungsregler defekt.	Regler prüfen bzw. erneuern.

Schlaff gespannte Antriebsriemen machen sich mit jämmerlichen Quietschgeräuschen bemerkbar. Sie verschleißen in Windeseile – ihre Flanken verbrennen regelrecht in den Riemenscheiben. Hauptleidtragender ist der Generator, denn ihm fehlt der nötige Antrieb. Und das wiederum »verübelt« ihm die Batterie, speziell im Kurzstreckenverkehr mit vielen Kaltstarts.
In Extremfällen führt ein schlaffer Antriebsriemen sogar zu überhöhten Motortemperaturen und damit zu teuren Folgeschäden (z. B. Kolbenfresser, durchgebrannte Zylinderkopfdichtung, etc.). Obwohl unter der Meriva-Motorhaube ein automatischer Riemenspanner mit von der Partie ist, schauen Sie dem Antriebsriemen ab und an, besonders im Herbst und Winter, auf die Flanken. Ihre Umsicht bewahrt Sie vor vermeidbaren Schraubererlebnissen am »zugigen Straßenrand«.

Antriebsriemen checken

Arbeitsschritte  

[1] Kontrollieren Sie den Antriebsriemen auf Risse oder Ausfransungen in der »Karkasse«.

[2] Oft »schwächt« den Riemen nur ein einziger, dafür aber »tödlicher« Riss. Wenn der unglücklicherweise gerade unter einer der Riemenscheiben »im Schatten« steht, ist der Ärger vorprogrammiert. Um das zu vermeiden, drehen Sie den Motor besser einige Male per Hand durch und checken den Antrieb ganz akribisch.

Daran erkennen Sie einen »schlechten« Antriebsriemen:

- unregelmäßige Schleifspuren an den Riemenflanken
- poröse, ausgefranste Riemenflanken oder Oberfläche
- Altersrisse rundum

Praxistipp: Antriebsriemen montieren

»Würgen« Sie niemals einen Antriebsriemen per Schraubendreher über die Riemenscheiben. Damit provozieren Sie verdeckte Bruchstellen im Unterbau, der nächste Riemenschaden ist dann bereits vor der ersten Umdrehung vorprogrammiert.

Nach der Montage eines gebrauchten Antriebsriemens lassen Sie den Motor etwa 3 Minuten im Stand laufen (bei einem neuen Antriebsriemen etwa 10 Minuten) und prüfen hernach erneut die Vorspannung. Bevor Sie den Motor abstellen geben Sie dem Riemen einige kurze »Gasstöße«, das zwingt ihn in die Riemenscheiben.

Nach etwa 1000 Kilometern checken Sie den Riemen erneut. Er muss jetzt mit 3 – 5 Millimeter Vorspannung laufen und frei von mechanischen Beschädigungen sein.

Praxistipp: Wenn der Antriebsriemen reißt

Einer plötzlich »brennenden« Ladekontrollleuchte geht meistens ein gerissener Antriebsriemen voraus. Häufig bemerken Sie unmittelbar davor im Motorraum einen harten Schlag gegen den Radlauf oder das Frontblech.

Fahren Sie auf keinen Fall ohne Antriebsriemen weiter. Bei den Dieselmodellen steht die Wasserpumpe »still«, »still« steht dann auch der Kühlkreislauf. Die Kühlflüssigkeit führt die Wärme nicht mehr ausreichend ab – Sie provozieren jetzt einen kapitalen Motorschaden.

Übrigens: Die »Sage« von der als Keilriemen »zweckentfremdeten Damenstrumpfhose« vergessen Sie besser – entweder montieren Sie an Ort und Stelle einen Ersatzriemen oder lassen den Wagen in die nächste Werkstatt abschleppen.

Die Riementriebe

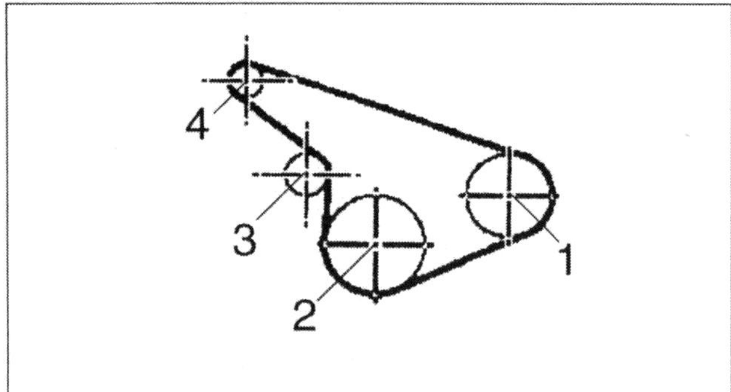

Riementrieb Z 16 SE/Z 16 XE/Z 18 XE mit AC: *1 Generator, 2 automatischer Riemenspanner, 3 Kurbelwellenriemenscheibe (Schwingungsdämpfer), 4 AC-Verdichter.*

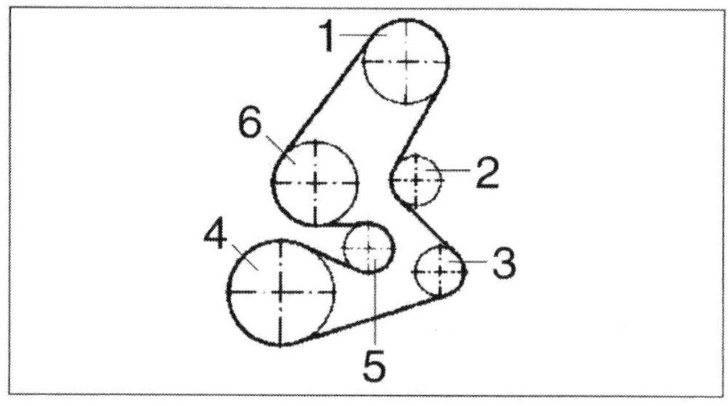

Riementrieb Y17 DT und Z17 DTH mit AC: *1 AC-Verdichter, 2 Umlenkrolle, 3 Generator, 4 Kurbelwellenriemenscheibe (Schwingungsdämpfer), 5 automatischer Riemenspanner, 6 Wasserpumpenantriebsrad.*

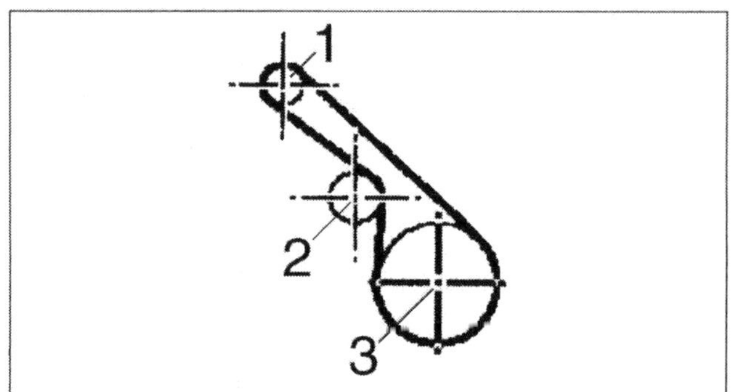

Riementrieb Z 16 SE/Z 16 XE/Z 18 XE ohne AC: *1 Generator, 2 automatischer Riemenspanner, 3 Kurbelwellenriemenscheibe (Schwingungsdämpfer).*

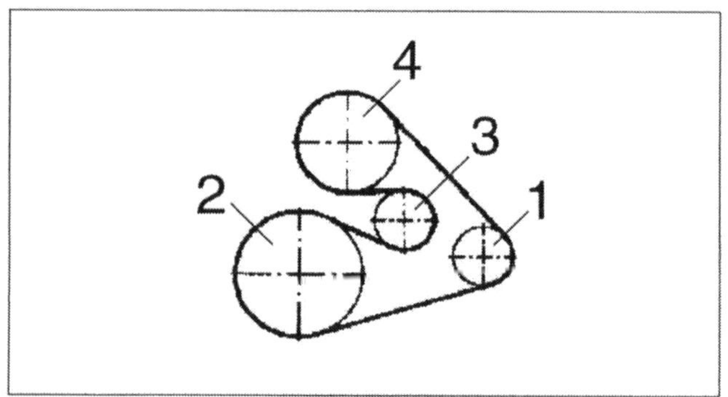

Riementrieb Y17 DT und Z17 DTH ohne AC: *1 Wasserpumpenantriebsrad, 2 Generator, 3 Kurbelwellenriemenscheibe (Schwingungsdämpfer), 4 automatischer Riemenspanner.*

Antriebsriemen wechseln

Unter der Meriva-Motorhaube hält – bei allen Motoren – ein automatischer Riemenspanner die Keilrippenriemen »auf Zug«. Um die Riemenspannung müssen Sie sich also nicht mehr kümmern. Gönnen Sie allerdings von Zeit zu Zeit der Spannrolle einen Blick. Fällt Ihnen »im Stand« nichts Außergewöhnliches auf, starten Sie den Motor und achten auf die Bewegungen der Rolle: Sobald Sie einen »großen Verbraucher«, z. B. die Klimaanlage, beheizbare Heckscheibe, etc., einschalten, fängt eine intakte Spannrolle leicht zu pendeln an – übrigens auch wenn Sie dem Motor einen Gasstoß geben. Starker Riemenverschleiß (ungleichmäßig tiefe Rillen) animieren die Spannrolle fortlaufend zu Pendelbewegungen. Um die Fehlerquelle zu beheben, erneuern Sie zunächst den Antriebsriemen. Achten Sie darauf, dass der neue Riemen die gleiche Bezeichnung wie sein »Vorläufer« trägt.

  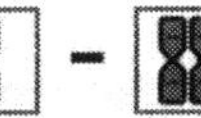 (je nach Motorart)

1 Klemmen Sie die Batterie ab und ...

2 ... bocken den Vorderwagen rüttelsicher auf einer ebenen Fläche auf.

3 Demontieren Sie den unteren Motorschutz (drei Schrauben 1, Clip Pfeil) und legen ihn beiseite.

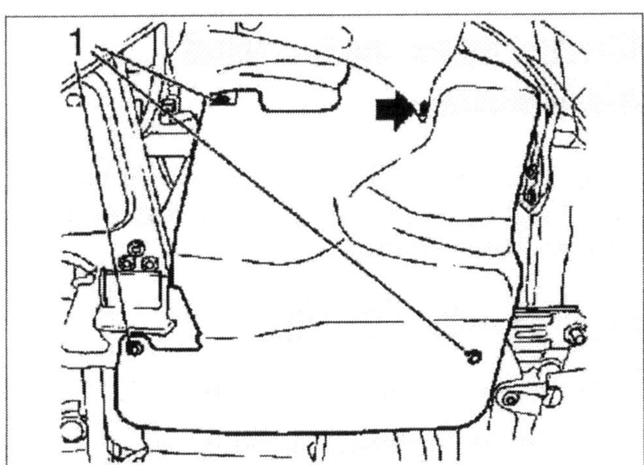

Hängt an drei Schrauben und einem Clip – unterer Motorschutz.

Z16 SE; Z16 XE; Z18 XE

4 Jetzt entspannen Sie den Antriebsriemen. Verdrehen Sie dazu den Sechskant der Spannvorrichtung 1 in Pfeilrichtung (entgegen Uhrzeigersinn). Den schlaffen Antriebsriemen nehmen Sie aus den Riemenscheiben.

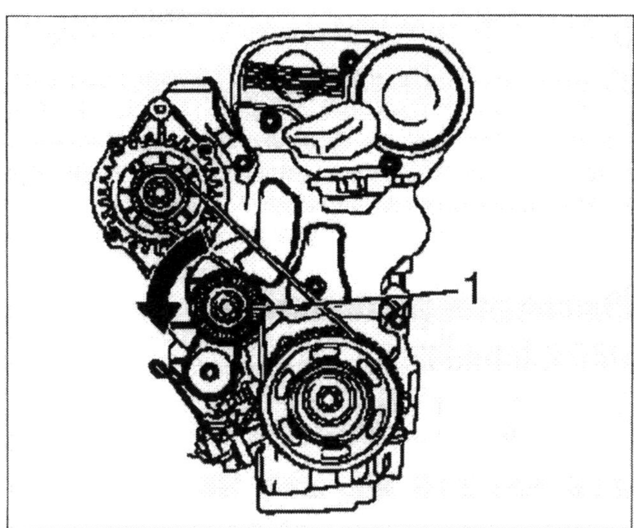

Entgegen Uhrzeigersinn entspannen und demontieren – Antriebsriemen bei den Ottomotoren.

Y17 DT, Z17 DTH

5 Bei den Dieselmotoren lockern Sie den Antriebsriemen im Uhrzeigersinn. Drehen Sie dazu an der Spannvorrichtung 1 den Sechskant im Uhrzeigersinn.

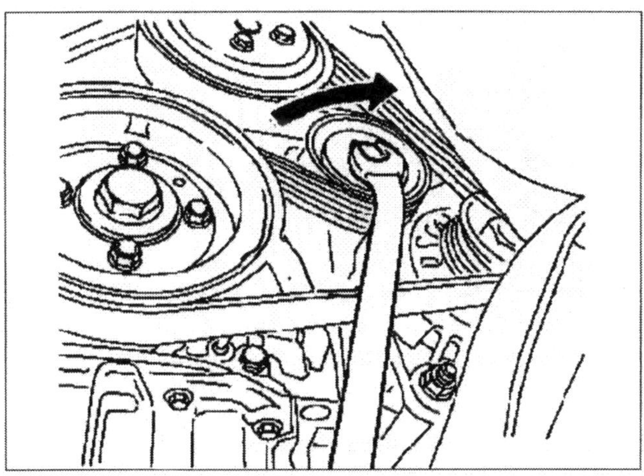

Im Uhrzeigersinn entspannen und demontieren – Antriebsriemen bei den Dieselmotoren.

alle Motoren

6 Checken Sie jetzt die Riemenscheiben auf Verschleiß und tadellosen Rundlauf.

7 Alles o. k.? Dann »fädeln« Sie den neuen Keilrippenriemen ein. Achten Sie unbedingt darauf, dass er korrekt auf allen Riemenscheiben sitzt und seine Laufrichtung (siehe Richtungspfeil auf der Riemenschulter) stimmt.

8 Lösen Sie die Spannvorrichtung und achten darauf, dass der neue Riemen gleichmäßig spannt.

[9] Beenden Sie die Montage in umgekehrter Reihenfolge.

[10] Starten Sie den Motor für etwa fünf Minuten, beschleunigen ihn mit einigen Gasstößen und prüfen hernach den korrekten Rundlauf und die Spannung des neuen Riemens. Vergessen Sie nicht, bei Fahrzeugen mit ESP den Lenkwinkelsensor neu zu kalibrieren.

Riemenspannrolle wechseln

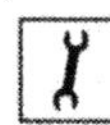

Z16 SE; Z16 XE; Z18 XE

[1] Demontieren Sie den unteren Motorschutz und ...

[2] ... den Antriebsriemen wie beschrieben.

[3] Von der entspannten Spannvorrichtung schrauben sie die Spannrolle 1 ab und tauschen sie gegen eine neue.

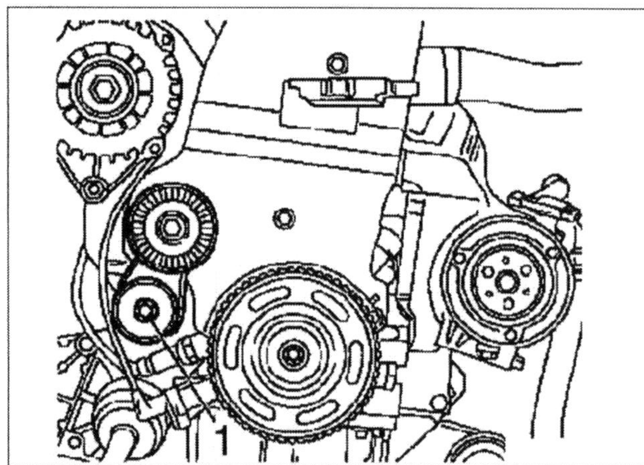

Am Motorblock entspannen – Spannvorrichtung.

[4] Achten Sie zur Montage der neuen Rolle darauf, dass die rückwärtigen Zapfen der Spannvorrichtung in die motorseitigen Bohrungen eingreifen. Die neue Rolle ziehen Sie dann zunächst nur handfest gegen den Flansch.

[5] Sobald Sie das erledigt haben, montieren Sie den Antriebsriemen und ...

[6] ... ziehen die Spannrolle mit 35 Nm fest.

[7] Beenden Sie die Montage in umgekehrter Reihenfolge.

Y17 DT; Z17 DTH

[1] Demontieren Sie den Antriebsriemen wie beschrieben und ...

[2] ... schrauben bei vorhandenem AC die Umlenkrolle 2 ab.

[3] Hernach lösen Sie die Befestigungsschraube 1 an der Spannrolle und ...

[4] ... nehmen die Rolle komplett aus dem Riementrieb.

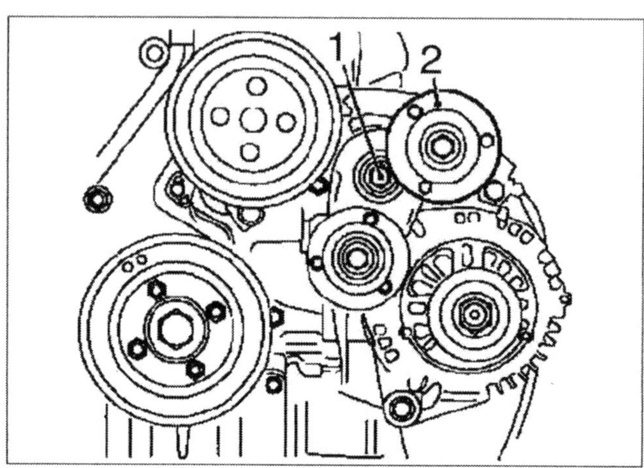

Komplett abnehmen – Spannrolle.

[5] Die neue Rolle ziehen Sie zunächst nur handfest gegen den Flansch, ...

[6] ... montieren den Antriebsriemen und ...

[7] ... schrauben dann die Spannrolle mit 50 Nm fest.

[8] Beenden Sie die Montage in umgekehrter Reihenfolge.

Generator aus- und einbauen

Da die Arbeit in der Praxis mittlerweile nur noch selten vorkommt, beschränken wir uns beispielhaft auf die beliebtesten Motoren.

Arbeitsschritte

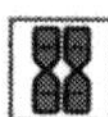

[1] Klemmen Sie das Batteriemassekabel ab und ...

[2] ... bocken den Vorderwagen rüttelsicher auf.

[3] Demontieren Sie, wie beschrieben, die obere Motorabdeckung, die untere Motorverkleidung, das Luftfiltergehäuse, den Antriebsriemen, die Spannrolle und das rechte Vorderrad.

Z16 XE

[4] Lösen Sie die Generatorschrauben 1, ziehen den Stecker (Pfeil) ab und schwenken den Generator nach hinten.

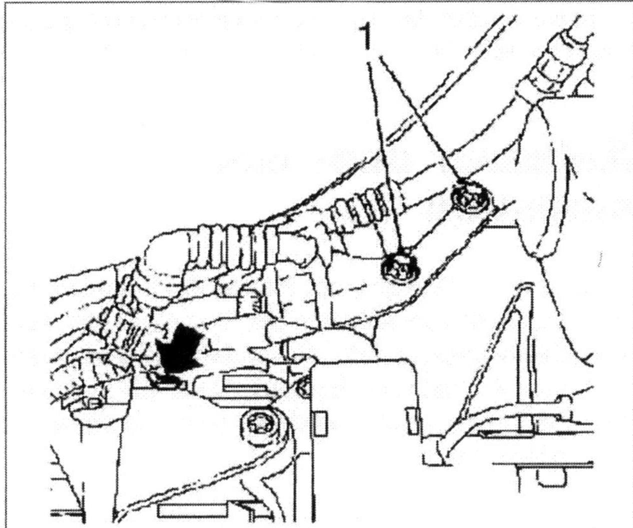

Beim Z16 XE-Motor lösen – Generatorschrauben und Stecker.

Z18 XE

[5] Lockern Sie die Generatorbefestigung (Pfeil), ziehen den Stecker ab und schwenken den Generator nach hinten, danach ...

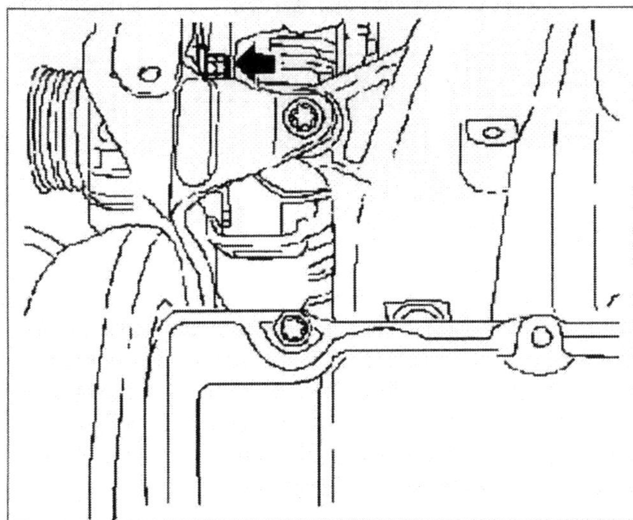

Beim Z18 XE-Motor demontieren – Befestigungsschraube und Stecker.

Z16 XE und Z18 XE

[6] ... trennen Sie den Stecker vom Nockenwellensensor und clipsen das Kabel aus dem Halter.

[7] Hernach demontieren Sie die Kappe 1 und den Halter 2. Vorab müssen Sie allerdings die Brems- und die Kraftstoffleitung entkuppeln.

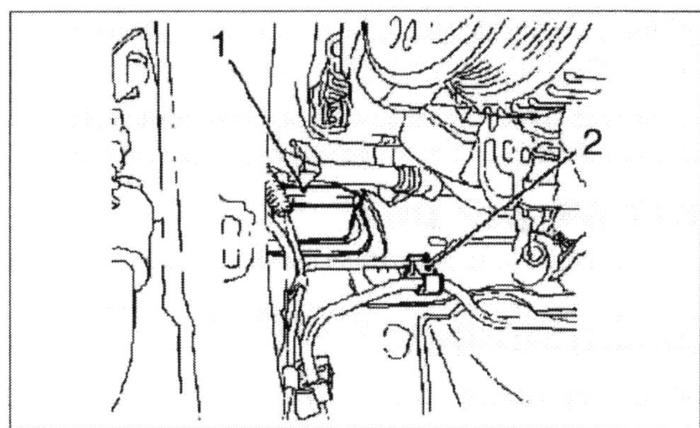

Demontieren – Kappe und Leitungshalter.

[8] Jetzt lösen Sie drei Schrauben unterhalb des Generators 1 und 4, eine Mutter 2 und ziehen dann noch den Kabelstecker am Öldruckschalter 3 ab.

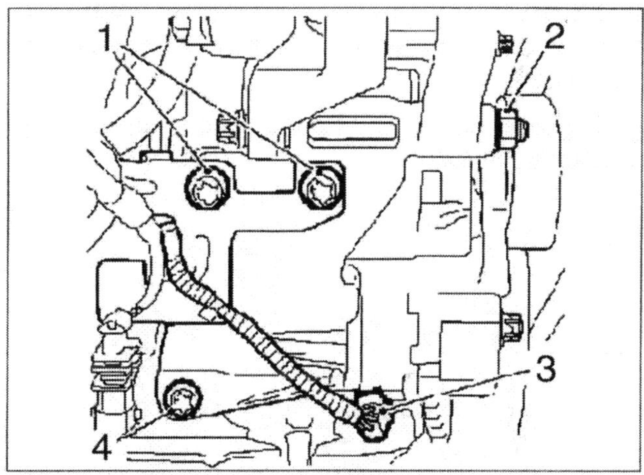

Lösen – unteren Generatorhalter.

[9] Sobald Sie jetzt die beiden Kabelverbindungen 1 von der Generatorrückseite abgeschraubt haben, ...

[10] ... lösen Sie beide Generatorbefestigungsschrauben.

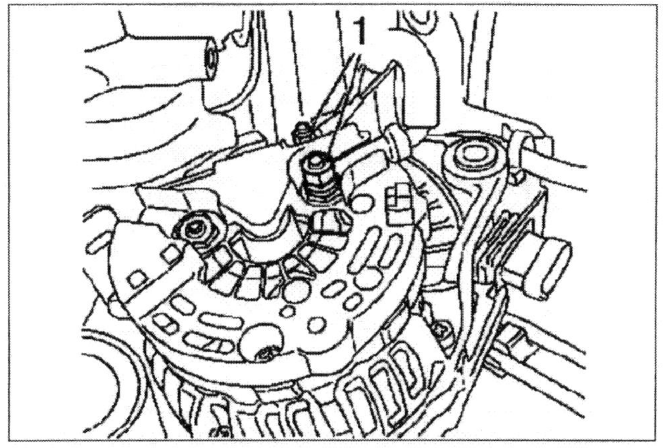

Vom Generator abziehen – elektrische Anschlüsse.

[11] Der Generator ist jetzt los, bugsieren Sie das Gehäuse aus dem rechten Radkasten ans »Tageslicht«.

[12] Beenden sie die Montage in umgekehrter Reihenfolge und vergessen nicht, den Lenkwinkelsensor neu zu kalibrieren.

Y17 DT, Z17 DTH

[1] Klemmen Sie das Batteriemassekabel ab, ...

[2] ... bocken den Vorderwagen rüttelsicher auf und demontieren den Antriebsriemen.

[3] Jetzt lösen Sie die elektrischen Anschlüsse 1 und 2 vom Generator, ...

[4] ... dann von der Vakuumpumpe die Ölvorlaufleitung 4 und den Ölrücklaufschlauch 5. Herauslaufendes Öl fangen Sie in einem sauberen Behälter auf.

[5] Lösen Sie jetzt den Unterdruckanschluss 3 des Bremskraftverstärkers, ziehen den Stecker der » Ölstandkontrolle« ab und demontieren am Generator die Befestigungsschrauben 6.

[6] Bugsieren Sie den Generator 7 mitsamt Vakuumpumpe aus dem Motorraum.

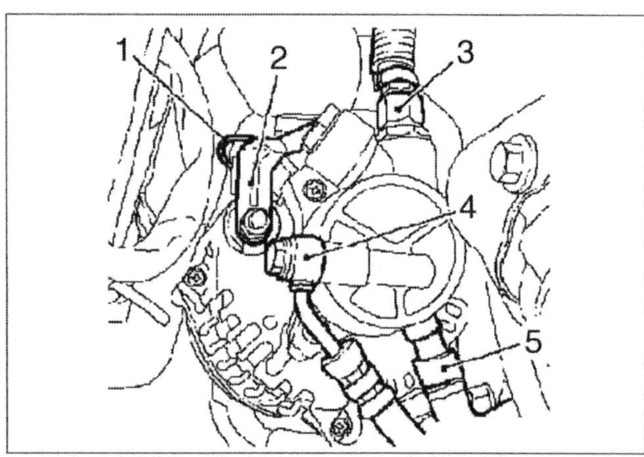

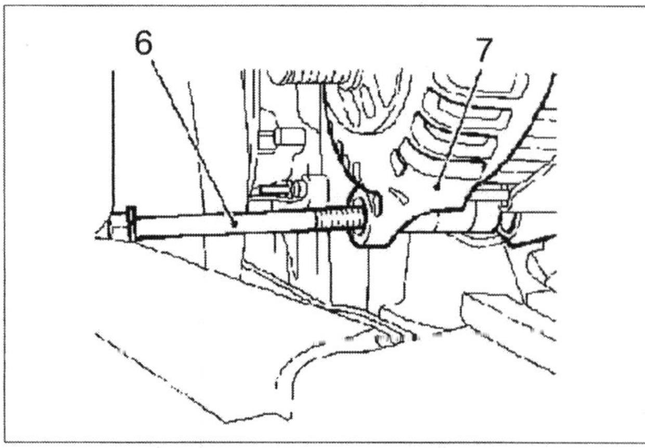

Vor der Demontage strippen – Generatoren bei beiden Dieselmotoren.

[7] Beenden Sie die Montage in umgekehrter Reihenfolge und vergessen nicht, den Lenkwinkelsensor neu zu kalibrieren.

Anlasser aus- und einbauen

Während des Startvorgangs haucht Ihrem Meriva ein Schub-Schraubtrieb-Anlasser mit Vorgelege die nötigen »Lebensgeister« ein. Heutzutage sind Anlasser eher unproblematische Bauteile. Doch für den Fall, dass gerade Ihr Starter »zicken« sollte, beschreiben wir die Demontage.

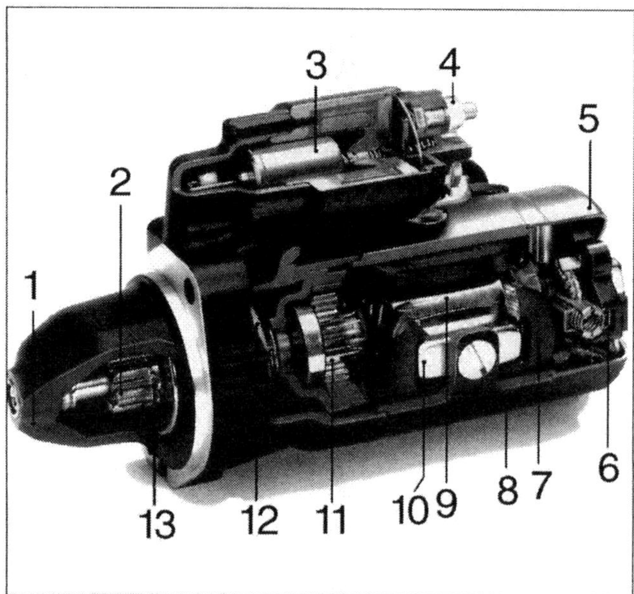

***Kompaktes Kraftpaket:** Schub-Schraubtrieb-Anlasser mit Vorgelege. 1 Antriebslager, 2 Starterritzel, 3 Einrückrelais, 4 Anschluss Klemme 30, 5 Kommutatorlager, 6 Bürstenhalterplatte mit Kohlebürsten, 7 Erregerwicklung, 8 Polgehäuse, 9 Anker, 10 Polschuh, 11 Planetengetriebe (Vorgelege), 12 Einrückhebel, 13 Einspurgetriebe.*

Wenn der Starter klemmt, klemmt übrigens meistens der Magnetschalter, oder die Schleifkohlen sind verschlissen. Äußerst selten »frisst« dagegen die Ankerwelle in den Lagerstel-len fest. Spätestens dann sollten Sie sich besser für einen Austauschanlasser oder ein gebrauchtes Aggregat aus einem neuwertigen Unfallwagen entschei-den. Denn bevor Sie an der heimischen Werkbank eine Reparatur mit ungewissem Ausgang starten, sind Sie damit besser bedient.

    (je nach Motortyp)

Ottomotoren

1 Klemmen Sie das Batteriemassekabel ab und …

2 … bocken den Vorderwagen rüttelsicher auf.

(ausstattungsabhängig)

3 Je nach Ausstattung demontieren Sie unterhalb des Ansaugrohrs die Einlasskrümmerstütze 2 an zwei Schrauben.

4 Lösen Sie am Motorblock die obere Befestigung des Massekabels 1 und ...

5 ... ziehen den Mehrfachstecker der Lambdasonden auseinander.

6 Jetzt lösen Sie am Magnetschalter oberhalb des Anlassers beide Anschlusskabel 3 und ...

7 ... demontieren den Anlasser mit zwei Schrauben 4 und 5 von der Kupplungsglocke.

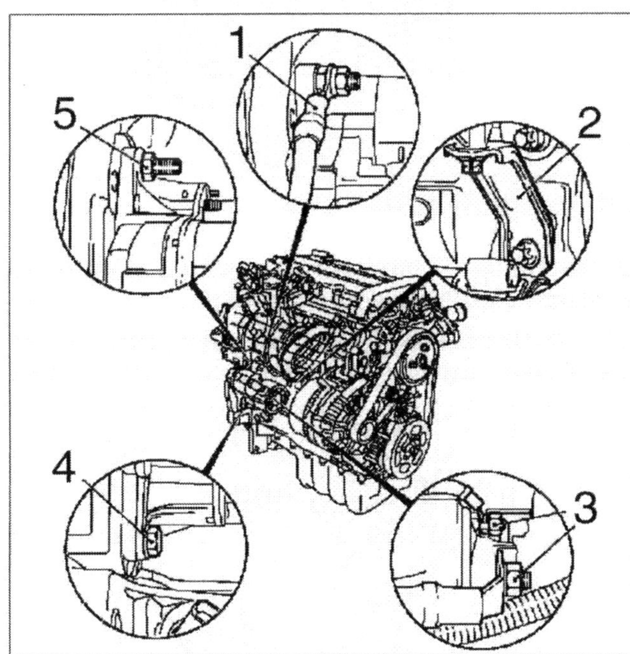

Zum Ausbau nacheinander lösen bzw. demontieren – Anlasserbefestigungsschrauben und Kabelanschlüsse.

8 Ziehen Sie den gelösten Anlasser seitlich aus der Kupplungsglocke und bugsieren ihn aus dem Motorraum.

9 Beenden Sie die Montage in umgekehrter Reihenfolge. Vergessen Sie nicht, den Lenkwinkelsensor neu zu kalibrieren.

Y17 DT

1 Demontieren Sie die Batterie mitsamt Relaiskasten und …

2 … bocken den Vorderwagen rüttelsicher auf.

3 Hernach lösen Sie den Anschlussstecker vom Dieselfilter und ziehen ihn aus der Halterung.

4 Demontieren Sie den Batterieträger an vier Schrauben 1 und bugsieren ihn aus dem Motorraum.

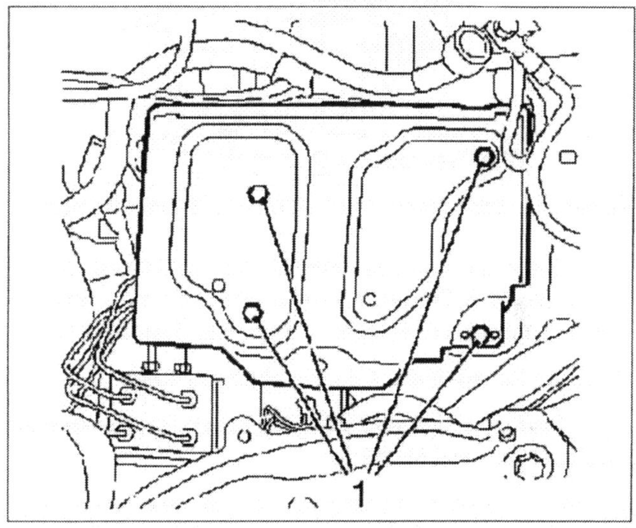

An vier Schrauben befestigt – Batterieträger.

5 Lösen Sie die obere Anlasserschraube, legen das freie Ende des Massekabels beiseite und …

6 … machen oberhalb der Kupplungsglocke an der Schaltwippe 1 die Sicherungsklammern 2 los.

7 Jetzt ziehen Sie die Schaltwippe vorsichtig von der Schaltwellenverzahnung. Vergessen Sie nicht, vorab die Schrauben 3 zu lösen.

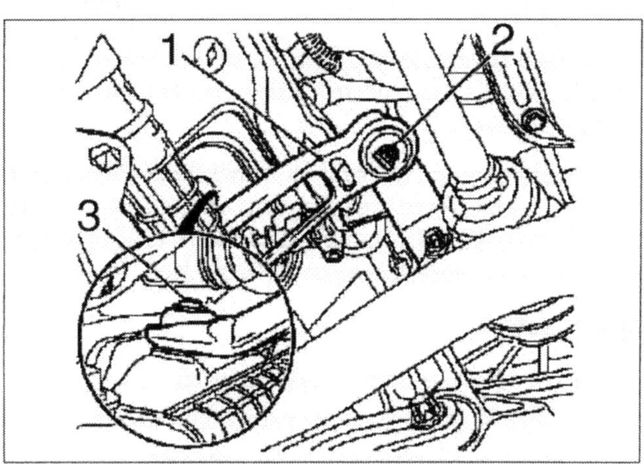

Schritt für Schritt demontieren – Schaltwippe oberhalb der Kupplungsglocke.

[8] Im nächsten Schritt ziehen Sie den Kabelstecker 1 des Kurbelwellenimpulsgebers 2 und den Unterdruckschlauch 3 im hinteren Bereich des Anlassers ab. Dann …

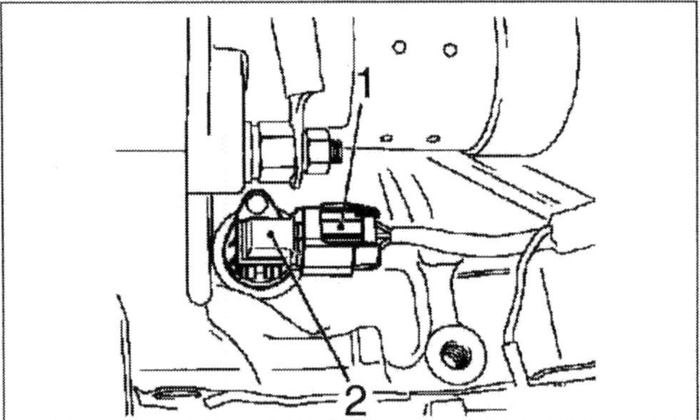

Abziehen – Kabelstecker vom Kurbelwellenimpulsgeber.

[9] … lösen Sie vom Zylinderblock die Schelle des Ölrücklaufschlauchs 5. Stellen Sie vorab allerdings eine Auffangwanne unter ihren Arbeitsplatz – es könnte Öl auslaufen.

[10] Lösen Sie den Halter 4 des Druckgebers sowie …

[11] … beide Anlasserkabel vom Motorblock. Dazu lockern Sie die Schraube 1 und Mutter 2.

[12] Bis auf die untere Anlasserschraube ist die Arbeit erledigt. Lösen Sie noch den Bolzen und ziehen den Starter dann seitlich aus der Kupplungsglocke. Ans »Tageslicht zerren« sie ihn nach unten aus dem Motorraum.

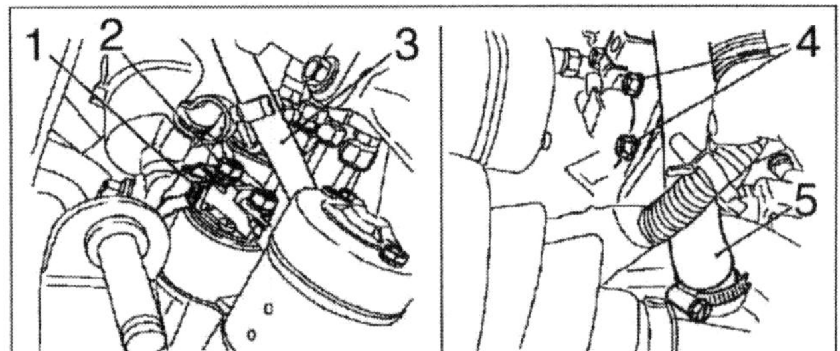

Restliche Anlasserbefestigungen lösen: *1 Schraube, 2 Mutter, 3 Unterdruckschlauch, 4 Druckgeberhalter, 5 Ölrücklaufschlauch.*

[13] Beenden Sie die Montage in umgekehrter Reihenfolge. Ziehen Sie die unteren Flanschschrauben mit 38 Nm und die obere Schraube mit 60 Nm an. Der Drucksensor »bekommt« 10 Nm und die Schaltumlenkung ist mit 20 Nm fest.

Z17 DTH

[1] Klemmen Sie das Batteriemassekabel ab, …

[2] … bocken den Vorderwagen rüttelsicher auf und …

[3] … ziehen den Dieselfilter aus der Halterung.

[4] Hernach lösen Sie die obere Anlasserschraube 1 und …

[5] … das vordere Auspuffrohr. »Fesseln« Sie vorab das Flexrohr mit passend zurecht geschnittenen Kanthölzern oder Dachlatten (siehe »Auspuffsystem erneuern«).

Lösen – obere Anlasserschraube.

[6] Erledigt? Dann »entstrippen« Sie den Anlasser von seinen elektrischen Anschlüssen 1, 2, 3 und 5 und …

[7] … demontieren den unteren Befestigungsbolzen 4. Den losen Anlasser bugsieren Sie nach unten aus dem Motorraum.

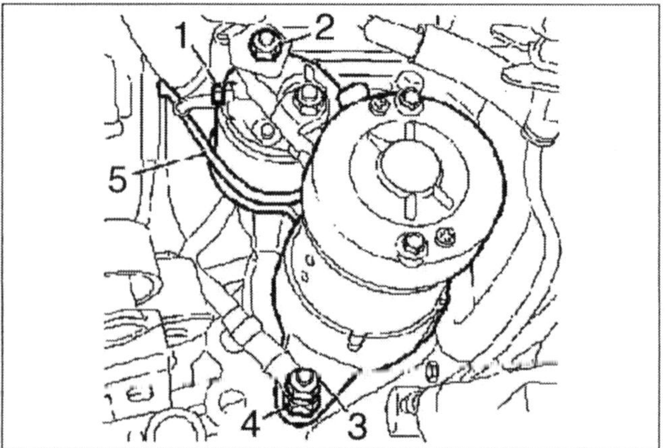

Kein Problem – Anlasserdemontage beim Z17 DTH.

[8] Beenden Sie die Montage in umgekehrter Reihenfolge und vergessen nicht, den Lenkwinkelsensor neu zu kalibrieren.

Anlasser

Störungs-beistand

Störung	Ursache	Abhilfe
A Anlasser dreht zu schwergängig oder gar nicht.	**1** Kontrolllampen brennen schwach oder verlöschen:	
	a) Batterie entladen,	Mit Starthilfekabeln starten, Auto anschieben/anschleppen.
	b) Kabelanschlüsse lose oder oxidiert,	Kabel befestigen, Anschlüsse säubern, Keilriemenspannung prüfen.
	c) Anlasser hat Masseschluss.	Anlasser überholen lassen oder austauschen.
	2 Kontrolllampen brennen hell, Klicken aus Richtung Anlasser – kurz auf den Magnetschalter klopfen. Dreht der Anlasser immer noch nicht:	
	a) Kohlebürsten bzw. Anschlüsse im Anlasser gelöst,	Anlasser überholen lassen oder austauschen.
	b) Kontakte im Magnetschalter verschmort (verklebt),	Magnetschalter erneuern bzw. Anlasser überholen lassen oder austauschen.
	c) Anlasserwicklung schadhaft.	Anlasser überholen lassen oder austauschen.
	3 Kontrolllämpchen brennen hell, keinerlei Anlassergeräusche:	Anschlüsse überprüfen.
	a) Klemme 1 am Magnetschalter lose,	Klemme neu befestigen.
	b) Klemme-1-Leitung vom Zündschloss zum Magnetschalter unterbrochen.	Leitung mit Prüflampe auf Durchgang kontrollieren, Klemmen auf festen Sitz prüfen.
B Anlasser läuft, dreht den Motor jedoch nicht durch.	**1** Ritzel verschmutzt oder verschlissen.	Ritzel reinigen bzw. erneuern.
	2 Einrückvorrichtung klemmt.	Anlasser überholen lassen.
	3 Zahnkranz auf Motorschwungscheibe beschädigt.	Wagen bei eingelegtem Gang ein Stück vorschieben. Erneut starten. Beschädigte Teile ersetzen lassen.
C Magnetschalter schaltet rhythmisch ein und aus, Anlasser läuft nicht.	Batterie stark entladen, Startspannung zu schwach.	Batterie laden.
D Anlasser läuft weiter, obwohl Zündschlüssel nicht mehr in Startstellung.	**1** Magnetschalter hängt oder Kontakte verklebt.	Zündung ausschalten, notfalls Batterie abklemmen. Magnetschalter erneuern, evtl. Anlasser austauschen lassen.
	2 Zünd-/Anlassschalter defekt.	Schalter ersetzen.
E Ritzel spurt nach Anspringen des Motors nicht aus.	Rückstellfeder des Einrückhebels defekt, Schubschraubtrieb verschlissen.	Zündung abschalten. Anlasser auf Prüfstand kontrollieren, schadhafte Teile ersetzen, ggf. Anlasser austauschen.

Die Außenbeleuchtung

Mit der Außenbeleuchtung Ihres Meriva sind die Hauptscheinwerfer, Rück- und Bremsleuchten, Rückfahrscheinwerfer, Nebellampen (Option), Nebelschlussleuchten sowie Blink- und Kennzeichenleuchten angesprochen. Die restlichen Lichtquellen beschreiben wir Ihnen im Kapitel »Der Innenraum«.

Hauptscheinwerfer bestehen aus drei Komponenten: der Lichtquelle, dem Reflektor und der vorgelagerten Abdeckscheibe (Streuscheibe). Als Lichtquelle in den Haupt- und Nebelscheinwerfern bemüht der Meriva Halogengaslampen – optional »strahlt« er auch mit Xenon-Licht.

Im Serientrimm erleuchten Hauptscheinwerfer mit jeweils zwei Kunststofffreiformreflektoren die Dunkelheit. Ihre »Polycarbonat-Streuscheiben« haben die Funktion eines transparenten »Kunstofffensters«: Sie schützen die Scheinwerferinnereien vor Witterungseinflüssen, Straßenschmutz und äußeren Beschädigungen. Darum macht es für den Streubereich übrigens auch keinen Unterschied, ob die Scheinwerferabdeckscheiben profiliert oder glasklar sind: Freiformreflektoren projizieren ihren Lichtstrahl in einer Vielzahl von Reflektorsektoren mit unterschiedlichen geometrischen Formen. Anders gesagt: Allein die zur Reflektorachse differierenden Neigungswinkel der Lichtstrahlen richten den Lichtkegel mit seinen diversen Brennpunkten auf der Straße aus.

Ab Werk bringen Hauptscheinwerfer mit jeweils zwei Kunststofffreiformreflektoren Licht ins Dunkle. Xenon-Scheinwerfer mit dynamischer Leuchtweitenregelung und Hochdruckreinigungsanlage beleuchten den Meriva ausschließlich gegen Aufpreis.

»Maßkonfektion« – jeweils eine Lampe fürs Fern- und Abblendlicht

Als »Abblendlicht« umschreibt der Gesetzgeber eine spezielle Lichtverteilung mit asymmetrischer Hell-/Dunkel-Grenze. In Ländern mit Rechtsverkehr konzentriert sich das Lichtmaximum auf die rechte Fahrbahnseite, ansonsten steht der »linke Straßengraben« im Brennpunkt. Die Meriva-Scheinwerfer werden jeweils durch zwei 55 Watt H7-Halogenlampen »befeuert«.

Praxistipp

Linksverkehr mit Freiformreflektoren

Anders als bei normalem asymmetrischen Abblendlicht, können Sie den rechten »Lichtfinger« auf dem Streuglas nicht einfach mit Abdeckband »amputieren«. Um den Gegenverkehr nicht zu blenden, müssen Sie stattdessen die kompletten Scheinwerfertöpfe tauschen: ein finanziell aufwendiges »Vergnügen«. Es sei denn, Sie justieren die montierten Lichter einfach rund 1,5 Zentimeter »tiefer« ein, akzeptieren das schlechtere Licht und »vergessen« die neuen Töpfe.

Sinnvoll – Ersatzlampenset an Bord

Hierzulande gilt die Vorschrift: Alle äußeren »Beleuchtungskörper« müssen ständig funktionieren. Vorausschauende Fahrer haben darum ein Ersatzlampenset an Bord. Im Meriva »strahlen« generell 12 V-Lampen:

Abblendlicht	– H7/55W
Fernlicht	– H7/55W
Nebelscheinwerfer	– H3/55W
Blinklicht vorne	– Kugellampe 21W (gelb)
Standlicht vorne	– Glassockellampe/5W
seitliche Blinker	– Glassockellampe/5W
Blinklicht hinten	– Kugellampe 21W (gelb)
Nebelschlusslicht	– Kugellampe 21W
Brems-/Schlussleuchte	– Kugellampe 21W
Zusatzbremsleuchte	– LED-Band
Rückfahrlicht	– Kugellampe 21W
Kennzeichenleuchte	– Glassockellampe 5W
Gepäckraumleuchte	– Soffitte 10W
Innenleuchte	– Glassockellampe 5W
Leseleuchte	– Glassockellampe 5W

Kein großes Problem – Scheinwerferlampen wechseln

Die Lampen für Fahr-, Fern-, Stand- und Blinklicht finden Sie allesamt im Scheinwerfergehäuse. Zum Lampentausch müssen Sie die Scheinwerfer nicht demontieren. Stattdessen öffnen Sie die Motorhaube, entfernen den Verschlussdeckel des betreffenden Scheinwerfers und rücken den »schwarzen« Lampen dann von hinten »auf die Pelle«. Achten Sie generell darauf, dass währenddessen die Scheinwerfer ausgeschaltet sind. **Wichtig**: Neue Glühlampen fassen Sie mit möglichst sauberen Händen immer nur am Sockel an. Ansonsten würden Ihre Fingerabdrücke »mit dem ersten Licht« am heißen Glaskolben verdampfen und sich als Schleier auf die Reflektoren legen. »Verschleierte« Reflektoren schlucken Licht, anstatt es zu reflektieren. Sollten Sie dennoch nicht umhin kommen, die neue Lampe am Glaskolben in die Fassung zu bugsieren, cleanen Sie hernach das Glas mit einem in Alkohol oder Brennspiritus getränkten fusselfreien Tuch. Verwenden Sie außerdem nur Ersatzlampen mit einem UV-Filter.

Arbeitsschritte   **(je Lampenwechsel)**

Abblendlicht (Halogenscheinwerfersystem)

1 Öffnen Sie die Motorhaube, ...

2 ... drehen den Lampenträger um ca. eine viertel Umdrehung nach links und ...

3 ... bugsieren den Lampenträger dann gemeinsam mit der Lampe aus dem Reflektor.

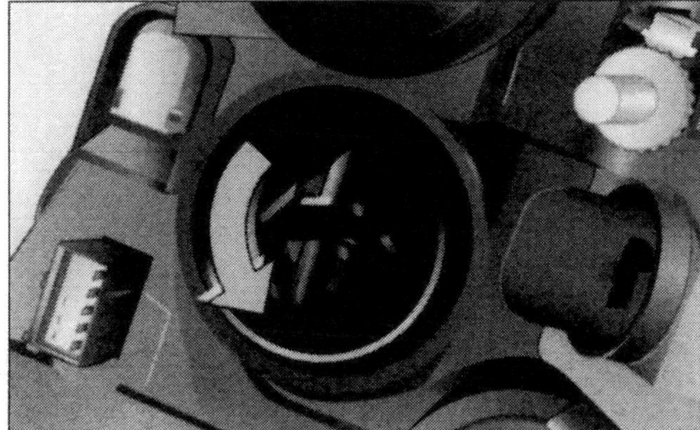

Auf die Reihenfolge und Richtung achten – Lampenträger nach links (Pfeil) drehen und dann zusammen mit der Lampe aus dem Reflektor ziehen.

4 Ziehen Sie die defekte Lampe aus dem Stecker, ...

5 ... fassen die neue Lampe am Sockel und stecken sie in die Polschuhe des Lampenträgers.

6 Setzen Sie den Lampenträger vorsichtig im Reflektor an und drehen ihn so lange nach rechts, bis die Arretierstifte hör- und fühlbar einrasten. Vergessen Sie hernach nicht den Funktionscheck.

Gasentladungslampe (Xenon-Licht)

In Xenon-Scheinwerfern leuchtet anstatt einer herkömmlichen Glühlampe mit Leuchtfaden eine Gasentladungslampe, deren Xenon-Gasfüllung im Lampenkolben erst durch einen »Funken« gezündet wird. Dadurch entsteht in der Xenongas-Atmosphäre des Lampenkolbens ein ionisierter »Gasschlauch«, den Strom dann »erleuchtet«. Den Zündvorgang leitet je Scheinwerfer ein elektronisches Hochspannungs-Vorschaltgerät ein.

Wegen der hohen Lichtintensität lässt der Gesetzgeber hierzulande Gasentladungslampen ausschließlich mit dynamischen Leuchtweitenreglern zu. Somit ist das hartnäckige Gerücht vom gleißend blendenden Xenon-Licht technisch unbegründet, gewöhnungsbedürftig ist allein die Lichtfärbung: Autos mit Xenon-Licht kommen leicht blauäugig daher ...

Abblendlicht (Xenonscheinwerfersystem)

»Erblindete« Xenonlampen sollten Sie, beim geringsten Selbstzweifel, besser in einer Fachwerkstatt tauschen lassen: Der unsachgemäße Umgang mit den Vorschaltgeräten kann lebensbedrohende Verletzungen verursachen. Doch keine Skepsis: Die ersten Praxiserfahrungen belegen – Xenon-Licht funktioniert nahezu verschleißfrei.

Fernlicht (Halogenscheinwerfersystem, Xenonscheinwerfersystem)

1 Clipsen Sie die Abdeckkappe der Fernscheinwerfer (obere Lampen) los, ...

2 ... ziehen den Stecker ab und ...

3 ... rasten die Federdrahtbügel der Lampe seitlich aus den Haltenasen und schwenken sie nach oben weg.

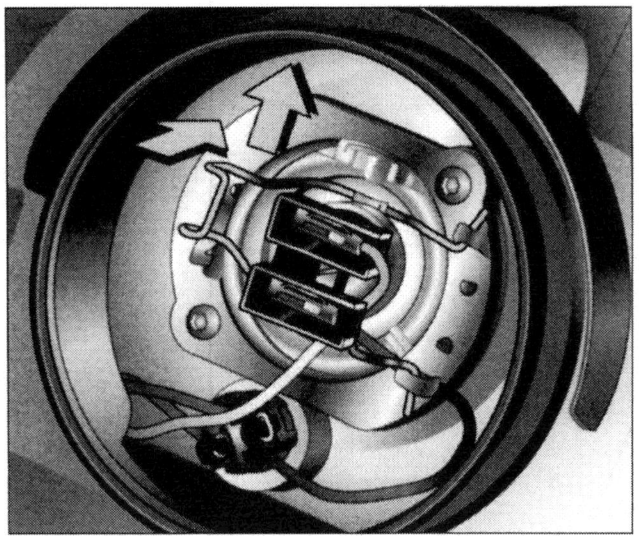

Lösen und nach oben wegschwenken – Federdrahtbügel.

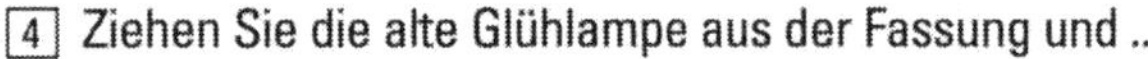

[4] Ziehen Sie die alte Glühlampe aus der Fassung und ...

[5] ... setzen die neue Lampe ein. Achten Sie darauf, dass der Lampensockel plan auf der Fassung aufliegt und die Haltebügel beidseitig eingerastet sind.

[6] Beenden Sie die Montage in umgekehrter Reihenfolge.

Nebelscheinwerfer

[1] Schrauben Sie die hintere Scheinwerferabdeckung ab, ...

[2] ... ziehen den Lampenstecker von der Glühlampe, ...

[3] ... rasten beide Federdrahtbügel seitlich aus ihren Haltenasen und schwenken sie nach unten weg.

[4] Tauschen Sie die defekte Lampe gegen eine neue und ...

[5] ... beenden die Arbeit in umgekehrter Reihenfolge. Achten Sie darauf, dass der Lampensockel plan auf der Fassung aufliegt und die Haltebügel beidseitig eingerastet sind.

Standlicht

[1] Lösen Sie die Fernscheinwerferabdeckkappe und nehmen sie ab.

[2] Jetzt pressen Sie beide Laschen der Lampenfassung zusammen und ...

[3] ... ziehen sie gleichmäßig aus dem Gehäuse.

[4] Tauschen Sie die defekte Lampe gegen eine neue aus und ...

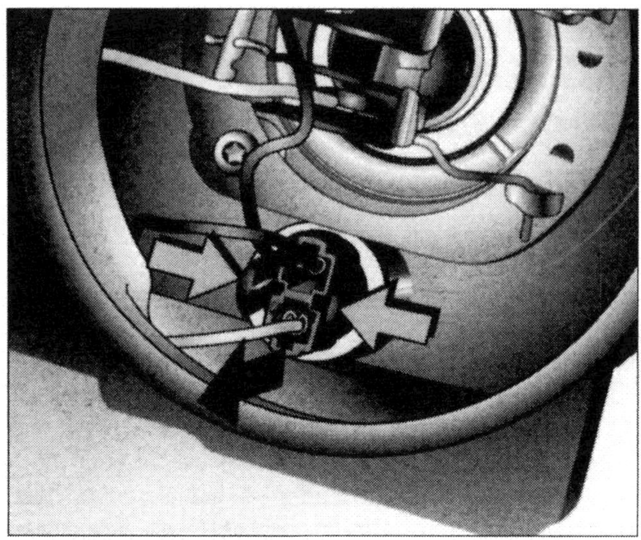

Zusammen mit der Lampe aus dem Reflektor ziehen – Lampenfassung.

[5] ... montieren die neue Lampe in umgekehrter Reihenfolge. Achten Sie darauf, dass beide Führungsnasen richtig in der Lampenfassung sitzen. Vergessen Sie hernach den Funktionscheck nicht.

Vordere Blinkleuchte

[1] Drehen Sie die Lampenfassung nach links und ziehen sie mitsamt Lampe aus dem Gehäuse.

[2] Die alte Lampe drücken Sie leicht in die Fassung und ziehen sie mit einer leichten Linksdrehung heraus.

[3] Tauschen Sie die defekte Lampe gegen eine neue aus und ...

Mit Linksdrehung herausziehen – zuerst die Fassung, dann die Lampe.

[4] ... montieren die neue Lampe in umgekehrter Reihenfolge. Achten Sie darauf, dass beide Führungsnasen richtig in der Lampenfassung sitzen. Vergessen Sie hernach den Funktionscheck nicht.

Seitliche Blinkleuchte

[1] Schieben Sie die Blinkleuchte entgegen der Fahrtrichtung nach hinten und hebeln zeitgleich den vorderen Teil der Leuchte vom Kotflügel ab.

[2] Jetzt entriegeln Sie den Mehrfachstecker und ziehen die Lampenfassung aus dem Blinkergehäuse.

[3] Drehen Sie die Lampe mit einem Linksdreh aus der Lampenfassung und ...

[4] ... beenden die Montage in umgekehrter Reihenfolge. Vergessen Sie hernach den Funktionscheck nicht.

Praxistipp

Scheinwerfereinstellung kontrollieren – nach jedem Lampenwechsel fällig

Da sich beim Tausch der Scheinwerferlampen der Reflektor verstellen kann, stellen Sie, bevor Sie die Lampen wechseln, Ihren Wagen vor einer möglichst dunklen Wand ab und markieren mit einem Kreidestrich an der Wand die Lichtkegel der intakten Lampen. Vergleichen Sie nach dem Lampenwechsel den Lichtaustritt der neuen Lampe mit den alten Lichtkegeln. Falls Ihr Auto erkennbar »schielen« sollte, lassen Sie seine »Augen« besser in einer Fachwerkstatt mit einem optischen Scheinwerfereinstellgerät justieren.

Das sollten Sie ohnehin einmal jährlich tun! Ansonsten würden Sie statistisch zu jenen rund 36 Prozent aller Autofahrer gehören, die ihr Vehikel mit verstellten Scheinwerfern durch die Lande kut-schieren. Übrigens: Hierzulande ist der Lichttest zwischen dem 01. bis 31. Oktober beim ADAC oder in Bosch-Werkstätten traditionell kostenlos.

Rückleuchten

[1] Öffnen Sie die Heckklappe und lösen im Karosseriefalz die vier Schrauben (Pfeile) des betreffenden Lampengehäuses, ...

[2] ... drehen die Gehäusefixierstifte nach hinten aus der Seitenwand und ...

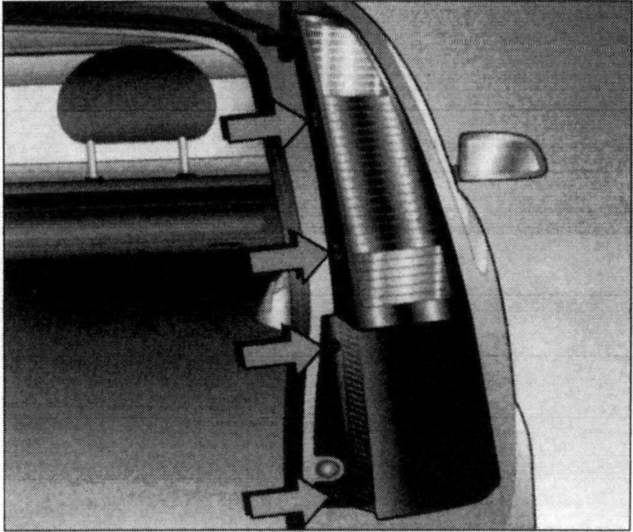

Im Karosseriefalz lösen – vier Schrauben.

[3] ... clipsen dann den Kabelstecker mit einem Schlitzschraubendreher vom Lampenträger.

[4] Pressen Sie hernach die Sperrzungen des Lampenträgers (Pfeile) zusammen und ziehen ihn aus dem Gehäuse.

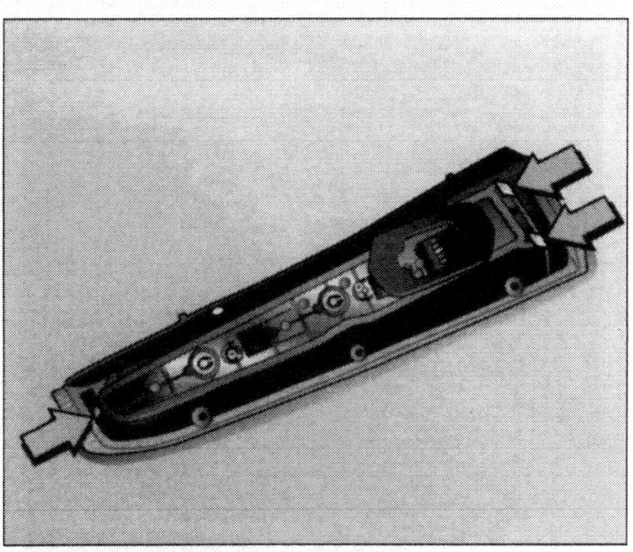

Sperrzungen zusammen pressen und dann vom Gehäuse abziehen – Lampenträger.

Nebelschlusslicht

(5) Um an die Nebelschlusslichtlampe zu gelangen, drehen Sie den demontierten Lampenträger um ca. eine viertel Umdrehung nach links.

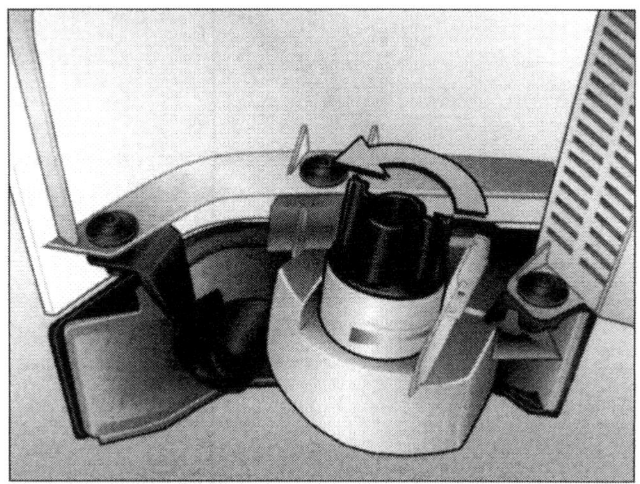

Um eine viertel Umdrehung nach links verdrehen – Lampenträger der Nebelschlussleuchte.

alle Rückleuchten

[6] Tauschen Sie die Lampe aus und ...

[7] ... beenden die Montage in umgekehrter Reihenfolge.

Praxistipp

Welche Lampe »brennt« wo?

Von oben nach unten: *Die Rückleuchtenbelegung. 1 Blinker, 2 Bremslicht, 3 Rücklicht, 4 Rückfahrscheinwerfer/Nebelschlussleuchte.*

Kennzeichenleuchten

[1] Öffnen Sie die Heckklappe und stecken einen Lüsterklemmenschraubendreher in die rechte Öffnung der defekten Kennzeichenleuchte.

[2] Verdrehen Sie den Schraubendreher gefühlvoll nach rechts, pressen ihn derweil gegen die Klemmfeder und ziehen ihn dann nach unten weg. Wenn's klappt, kommt Ihnen die gesamte Leuchte aus der Zierleiste entgegen.

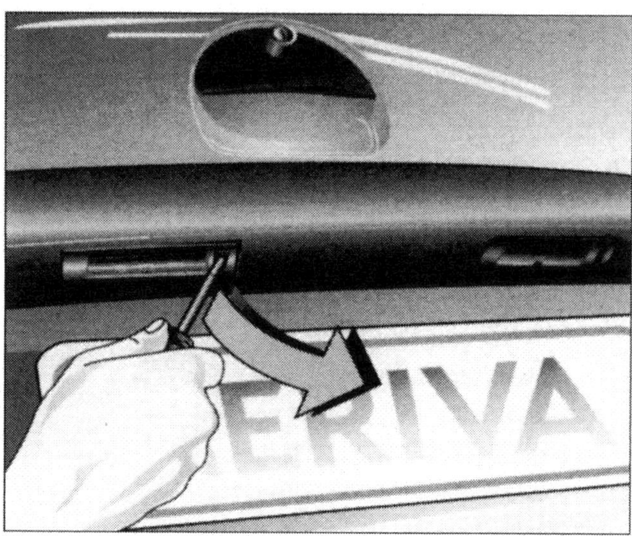

Gefühlvoll mit Schraubendreher aus der Kunststoffleiste ausclipsen – Kennzeichenleuchte.

[3] Drehen Sie die Lampenfassung nach links, ziehen die Glühlampe aus der Fassung, ...

[4] ... tauschen die alte gegen eine neue Glühlampe und ...

[5] ... beenden die Montage in umgekehrter Reihenfolge.

Praxistipp

Glühlampen turnusmäßig wechseln

Jede normale Glühlampe verschleißt: Ihr Glühfaden löst sich mit der Zeit in Wohlgefallen auf oder verdampft. Beachten Sie das und erneuern, zumindest im Bereich der Außenbeleuchtung (außer Halogenlampen) die Glühlampen spätestens nach zwei Jahren. Optisch erkennen Sie »gealterte« Glühlampen übrigens auch am leicht geschwärzten Lampenkolben.

Die Signaleinrichtungen

Was Sie im Moment gerade auf der Straße vorhaben, signalisieren Sie selbstverständlich anderen Verkehrsteilnehmern: Wenn Sie zum Beispiel die Fahrtrichtung ändern möchten, betätigen Sie den Blinker, beim Tritt aufs Bremspedal sieht Ihr Hintermann automatisch »rot«. Bevor Sie außerhalb einer geschlossenen Ortschaft überholen, betätigen Sie die Lichthupe. Doch außer Blinker und Bremslicht stehen Ihnen noch weitere Signaleinrichtungen als zur Verfügung.

Pflicht im öffentlichen Straßenverkehr – Signalhorn und Warnblinker

Der Gesetzgeber schreibt in der Straßenverkehrs-Zulassungsordnung (StVZO) jedem Kraftfahrzeug ein Signalhorn vor. Außerdem muss bei zweispurigen Kraftfahrzeugen eine Warnblinkanlage mit von der Partie sein. Da die Warnblinkanlage auch ohne Zündstrom funktionieren muss, »hängt« sie, von einer Sicherung vor möglichem Kurzschluss geschützt, direkt am Batteriestromkreis (Klemme 30). Die Richtungsblinker bekommen ihren Saft dagegen von Klemme 15 (Zündstrom) angeliefert.

Übrigens: **Bevor Sie eine Fahrt antreten, checken Sie grundsätzlich die Signaleinrichtungen Ihres Autos.**

Warnblinkanlage:
- Betätigen Sie bei ausgeschalteter Zündung die Warnblinkanlage. Alle Blinker – mitsamt der Schalterkontrollleuchte – müssen im gleichen Rhythmus aufleuchten.

Blinker:
- Schalten Sie die Zündung ein und schalten den Blinkerhebel. Die Blinker der »gesetzten Seite » müssen im gleichen Rhythmus blinken, ebenso die Blinkerkontrolle im Cockpit.

Bremsleuchten:
- Stellen Sie Ihr Auto mit dem Heck vor einer Wand ab und treten dann das Bremspedal – die Wand reflektiert das Bremslicht. Das Gleiche funktioniert auch im Stand in einer Autoschlange. Kontrollieren Sie im Rückspiegel, ob Sie Ihre »brennenden« Bremsleuchten in den Scheinwerfern oder in der Lackierung des Hintermanns erkennen.

Warnblink- und Blinkanlage

Störungsbeistand

Störung	Ursache	Abhilfe
A Blinkerkontrolllampe leuchtet in kurzen Intervallen auf, Warnblinker funktioniert im normalen Rhythmus.	Blinkleuchte defekt oder Kontaktschwäche.	Auswechseln – Kontaktschwäche mit Kontaktspray beseitigen.
B Blink- und Kontrollleuchte brennen ungetaktet.	Elektronisch gesteuertes Blinkrelais defekt.	Auswechseln.
C Blinkleuchten o.k. – Warnblinker nicht.	**1** Sicherung defekt.	Auswechseln.
	2 Kabel vom Steckkontakt des Warnblinkerschalters zur Sicherung bzw. Blinkerrelais unterbrochen.	Durchgang kontrollieren, evtl. instand setzen.
	3 Warnblinkschalter defekt.	Auswechseln (lassen).
D Warnblinkanlage o.k. – Richtungsblinker nicht.	Kabel zwischen Blinkerschalter und Blinkerrelais unterbrochen.	Durchgang prüfen, evtl. instand setzen.

Bremslicht — Störungs-beistand

Störung	Ursache	Abhilfe
A Eine Bremsleuchte brennt nicht.	1 Lampe defekt.	Austauschen.
	2 Masseverbindung unterbrochen. Brennen die übrigen Lampen in der Heckleuchte?	Masseanschluss erneuern (säubern).
	3 Zuleitung unterbrochen.	Kabel kontrollieren.
B Alle Bremslichter funktionieren nicht.	1 Sicherung defekt.	Ersetzen.
	2 Bremslichtschalter defekt.	Überprüfen, ggf. ersetzen.
C Bremslicht brennt dauernd.	1 Bremspedal hängt.	Gangbar machen.
	2 Bremslichtschalter defekt.	Bremslichtschalter und Zuleitungen kontrollieren.

Bremslichtschalter prüfen

Sollten alle drei Bremslichter abrupt nicht mehr funktionieren, checken Sie zunächst den Bremslichtschalter. Er sitzt im Innenraum direkt am Lagerbock des Bremspedals. Den Schalter prüfen Sie ganz einfach: Schalten Sie die Zündung ein, ziehen direkt am Schalter beide Kabelstecker ab und halten ihre »blanken« Enden zusammen. Sollten die Bremsleuchten daraufhin funktionieren, ist der Schalter defekt.

Hupe prüfen

In modernen Autos funktionieren Signalhörner mittlerweile völlig zuverlässig: Der Meriva »versteckt« seine Hupe – von Dreck und Spritzwasser abgeschirmt – unterhalb des Vorderwagens. Solange die Kabelanschlüsse und der Massekontakt am Hupengehäuse o.k. sind (checken Sie das mit einer Prüflampe oder per Multimeter), »überlebt« die Hupe Ihren Meriva. Sollte das Horn dennoch »stumm« bleiben, liegt der Fehlerteufel meistens am Hupenkontakt direkt im Lenkrad unterhalb des Airbags. Und da ist dann der Profi gefragt. Denn von dem »lebensrettenden Luftsack« lassen Sie, auch als versierter Do it yourselfer, besser die »Finger«. In Fachwerkstätten sind Airbags auch nicht die »Spielwiese« eines jeden Schraubers, sondern ausschließlich die Domäne speziell unterwiesener Monteure.

Instrumente und Bedienungselemente

Sobald Sie den Zündschlüssel betätigen, stehen zwischen den Vorder- und Hinterrädern viele technische Komponenten unter elektronischer »Aufsicht«. Das ist ganz in Ihrem Sinn, Sie können sich dann voll auf den Tacho und den Verkehr konzentrieren. Doch ein plötzlich »strahlendes« Kontrolllämpchen unterschätzen Sie bitte nicht: Dahinter verbirgt sich meistens ein ernster Hintergrund.

Verlöschen kurz nach dem Start – Öldruck-, ESP-, Airbag- und ABS-Kontrollleuchten

Das gilt für die Öldruckwarnleuchte, ebenso wie für die Airbagkontrolle und die ABS-/ESP-Funktionsanzeige, die während des Startvorgangs nur wenige Sekunden aufleuchten. Bleiben die Lämpchen jedoch immer »dunkel« oder flackern gar während der Fahrt auf, gehen Sie »zielgerichtet« von einem Systemdefekt aus. Um teure Folgeschäden und unnötige Gefahrenmomente zu umgehen, führen Sie Ihr Auto umgehend einem Opel-Kundendienst zur Diagnose vor.

Nichts ist unmöglich – Fehlinformationen aus dem Cockpit

Allerdings stehen sich elektronische On-Bordsysteme mitunter »selbst im Weg«: Ab und an »spinnen« nämlich nicht die Systeme, sondern lediglich ihre Peripherie. Bisweilen provozieren defekte Schalter, Sensoren, Anschlussstecker oder die Kabel Fehlinformationen. Bewahren Sie im Zweifelsfall also kühlen Kopf und folgen der Logik – so zum Beispiel, wenn Anzeigen unterschiedlicher Systeme gleichzeitig aus dem Tritt sind. Mitunter verantwortet den optischen Informationssalat dann »nur« ein schadhafter Spannungsregler. Sei's drum – Sie sind auf jeden Fall gut beraten, der Ursache umgehend auf den Grund zu gehen und das Manko zu beseitigen.

***Alles gut »im Griff«:** Der Arbeitsplatz im Meriva ist ergonomisch gestaltet. Fernbedienungstasten im Volant und Navigationssystem kosten »Bares«.*

Routine für Profis – Sichtkontrollen vor der Fahrt

Bevor Sie losfahren, gönnen Sie dem Cockpit einen aufmerksamen Blick. Weil sich Ihrem Unterbewusstsein das normale Erscheinungsbild längst »eingebrannt« hat, fallen Ihnen, selbst kleinere, Abweichungen sofort ins Auge.

- Mit eingeschalteter Zündung leuchten Ladekontrolle, Öldruckwarnleuchte, die Handbremskontrollleuchte (bei angezogener Handbremse), die Airbagkontrolle und ABS-/ESP-Funktionsanzeige auf. Bei den Selbstzündern brennt vor dem Start für wenige Sekunden auch die Vorglühkontrollleuchte.
- Vergessen Sie auch nicht kurz den Warnblinker, die beheizbare Heckscheibe, Nebelscheinwerfer und die Nebelschlussleuchte zu bedienen. Kontrollieren Sie, ob die entsprechenden Kontrollleuchten funktionieren.
- Sind die Schalter und das Cockpit beleuchtet? Schalten Sie zum Check das Fahrlicht ein.
- Schalten Sie den linken Kombihebel durch. Funktioniert die Blinker- und Fernlichtkontrolle?
- »Verschwindet« die Lade- und Öldruckkontrollleuchte, nachdem der Motor läuft? Werden die Airbagkontrolle und ABS-/ESP-Funktionsanzeige dunkel? Erlischt die Vorglühkontrollleuchte, nachdem der Diesel »brummt«?
- Achten Sie während der Fahrt auf den Tacho und Drehzahlmesser.

Warnleuchten funktionieren nicht: Überprüfen Sie zunächst die zuständige Sicherung, dann die Kabelanschlüsse, Zuleitungskabel und Geberelemente auf Funktion. Das Multimeter ist Ihnen hier eine wertvolle Hilfe. Wenn Sie den Fehler lokalisiert haben, ist für Do it yourselfer der Austausch von Geberelementen oder Kontrolllämpchen keine große Herausforderung mehr. Von Reparaturen der Schaltplatine des Kombiinstruments sehen Sie jedoch besser ab: Betrauen Sie damit Ihren Vertragshändler. Er hält sich meistens übrigens auch nicht mit »Netzwerkreparaturen« auf, sondern tauscht die Platine komplett.

Öldruckkontrollleuchte brennt nicht: Schalten Sie die Zündung ein, ziehen den Kabelanschluss am Öldruckschalter ab und halten das blanke Ende gegen Metall (Masse). Brennt jetzt die Leuchte, erneuern Sie den Öldruckschalter – bleibt das Lämpchen aus, prüfen Sie nacheinander die Zuleitung, die Leiterfolie des Kombiinstruments und die Lampe. Den Öldruckschalter »finden« Sie in unmittelbarer Nähe des Ölfilters und bei den Selbstzündern am Motorblock in Nähe der rechten Antriebswelle.

Tankanzeige funktioniert nicht: Entweder ist das Anzeigeinstrument oder der Tankgeber defekt (Schwimmer klemmt). Mitunter ist auch die Stromzufuhr unterbrochen oder der Massekontakt reicht nicht aus. Die Kraftstoffanzeige selbst lässt nur eine eingeschränkte Fehlersuche zu. Um die Zuleitungen am Tank zu prüfen, sind einige Vorarbeit und, abhängig vom Leitungsdurchmesser, Spezialwerkzeuge zum Lösen der Federclipkupplungen erforderlich. Lassen Sie also besser einen Fachmann Hand anlegen.

Schalter – Funktionsprüfung

Manchmal bringen die »Ströme« nur defekte Schalter durcheinander. Im Meriva kommen übrigens die unterschiedlichsten Schaltertypen »zu Ehren«. Ihre Funktionsprüfung erledigen Sie am besten mit Hilfe einer Prüflampe – dazu muss der Nadelkontakt an der Lampenspitze allerdings noch »Nadel spitz« und nicht schon »Nagel dick« sein. Tauschen Sie defekte Schalter ausschließlich gegen Original-Opel-Ersatzteile.

[1] Besorgen Sie sich den aktuellen Schaltplan zu Ihrem Auto.

[2] Zuerst machen Sie das (die) spannungsführende(n) Kabel aus. Dazu legen Sie eine Prüflampe an und stechen die Kabelisolation mit der Nadelspitze an.

[3] Prüfen Sie, ob am Schalter Spannung anliegt. Dazu müssen Sie in der Regel vorher die Zündung oder Beleuchtung einschalten.

[4] Die Schalterfunktion erkennen Sie daran, ob die Eingangsspannung auch am Schalterausgang »herauskommt«.

Das Kombiinstrument

Das Kombiinstrument Ihres Wagens ist eine komplette Einheit, in der Sie einzelne Elemente nicht mehr getrennt austauschen können. Es enthält für sämtliche Fahrzeugsysteme Anzeigeinstrumente und Kontrollleuchten. Da erfahrungsgemäß die Leuchten in modernen Cockpits ein Autoleben lang halten, gehen wir in diesem Kapitel nicht mehr weiter auf die Beleuchtungseinrichtungen ein. Abhängig von der Motor-/Getriebekombination stattet Opel den Meriva mit unterschiedlichen Kombiinstrumenten aus. Das Ausstattungspaket ist maßgebend für die Funktion der Anzeigen – diverse Anzeigen sind lediglich »Potemkinsche-Dörfer« – optisch zwar vorhanden, jedoch ohne jegliche Funktion. Anzeigen- und Warnanzeigensysteme sind angewiesen auf die Ausgangssignale von Sensoren – berücksichtigen Sie das bitte, wann immer Sie Systemfehlern auf die Schliche kommen möchten.

Wichtig – immer zusammenhängende Systeme auf Funktion prüfen

Prüfen Sie stets zusammenhängende Systeme, das bringt Sie mitunter schneller ans Ziel. In Ihrem Auto beziehen sämtliche Instrumente und Kontrollleuchten ihre »Lebensgeister« nicht über Kabel, sondern über eine Folie (Platine) mit aufgedampften Leiterbahnen. Je nach Ausstattungsumfang und Modell sind unterschiedliche Platinen montiert. Beachten Sie das Bitte bei Reparaturen und beim Ersatzteilkauf.
Die richtige Platine »liest« Ihr Opel-Händler anhand der Schlüsselnummer aus Ihrem Kfz-Brief oder Fahrzeugschein. Zur Beseitigung von Störfällen ist jedoch selten eine neue Platine erforderlich: Mitunter sind nur Lämpchen defekt oder der Anschlussstecker leidet unter Kontaktschwäche. Zur Diagnose demontieren Sie das komplette Instrument.

Kombiinstrument aus- und einbauen

 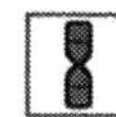

[1] Klemmen Sie das Batteriemassekabel ab und …

[2] … demontieren unterhalb der Lenksäulenverkleidung den Griff zur Lenkradhöhenverstellung. Dazu entriegeln Sie die Lenksäulenverstellung und lösen die seitliche Fixierschraube.

[3] Anschließend »pressen« Sie an geeigneter Stelle zwischen beide Verkleidungshälften 1 einen mittleren Schlitzschraubendreher 2 und drücken die Hälften vorsichtig auseinander. Eventuell müssen Sie an mehreren Stellen ansetzen – behalten Sie Nerven …

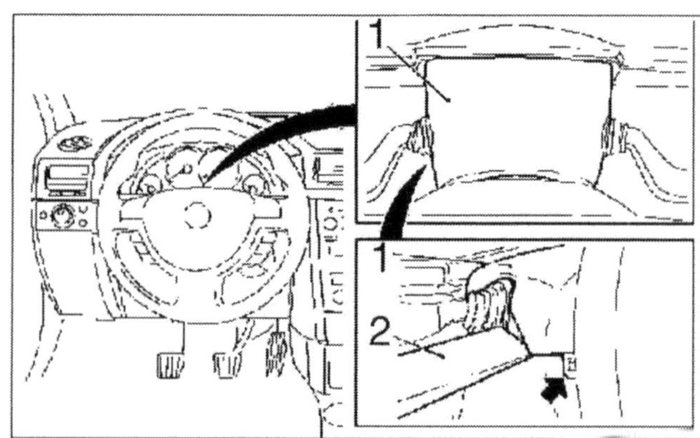

Mit mittlerem Schlitzschraubendreher auseinander pressen – Lenksäulenverkleidungsschalen.

[4] Um die untere Verkleidungshälfte 2 zu demontieren, lösen Sie drei Schrauben 1 und 3 und legen das »gute Stück« beiseite.

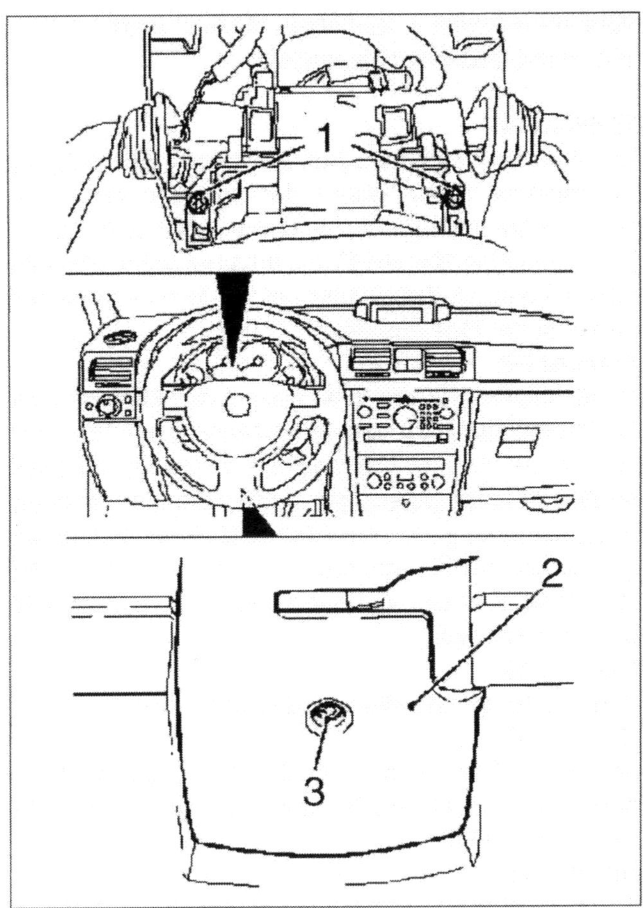

An drei Schrauben lösen – untere Lenksäulenverkleidung.

[5] Demontieren Sie nun die untere Armaturenbrettverkleidung 1. Dazu lösen Sie einfach die beiden Schrauben 2 und hebeln die Abdeckungen los.

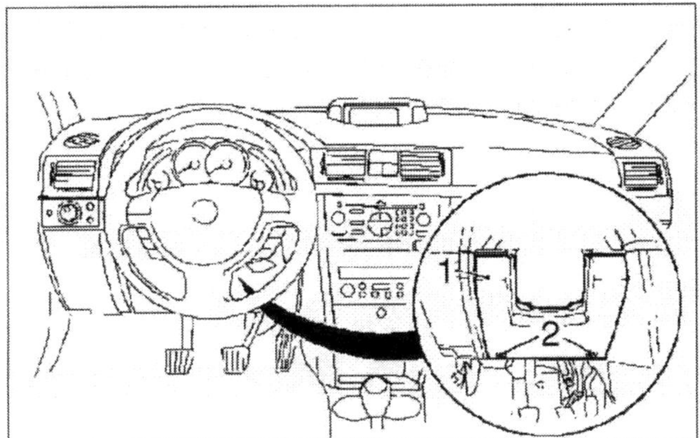

Unterhalb der Lenksäule demontieren – Verkleidung.

[6] Geschafft? Dann lösen Sie die vier Befestigungsschrauben 1, 2, 3 und 4 der Kombiinstrumentenverblendung 5 und …

[7] … clipsen die Blende dann gefühlvoll mit einem geeigneten Schlitzschraubendreher aus dem Armaturenbrett. Üben Sie beidseitig möglichst die gleiche Kraft auf.

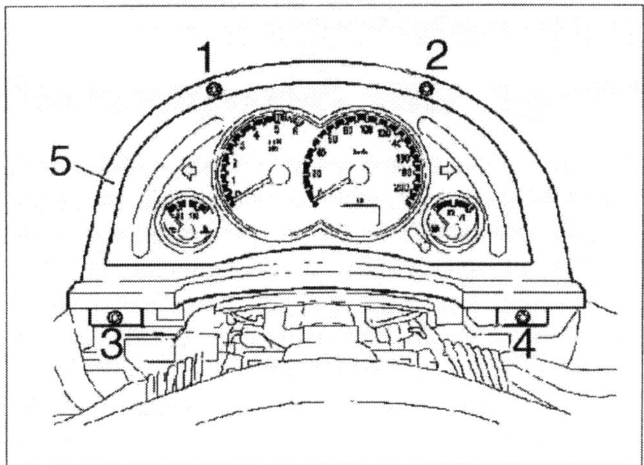

Beidseitig möglichst gleichmäßig demontieren – Kombiinstrumentenverblendung.

[8] Um nun das Cockpit zu lösen, demontieren Sie beide Befestigungsschrauben (Pfeil) und ziehen das »Display aufrecht« bis zum Lenkrad vor. Ernsthaft aufrecht, ansonsten verlieren die Anzeigen nämlich ihre Silikonfüllung und sind fortan unbrauchbar. Vor der Cockpitdemontage clipsen Sie noch die Sicherungsklammer 1 des Instrumentenmehrfachsteckers von der Instrumentenrückseite ab.

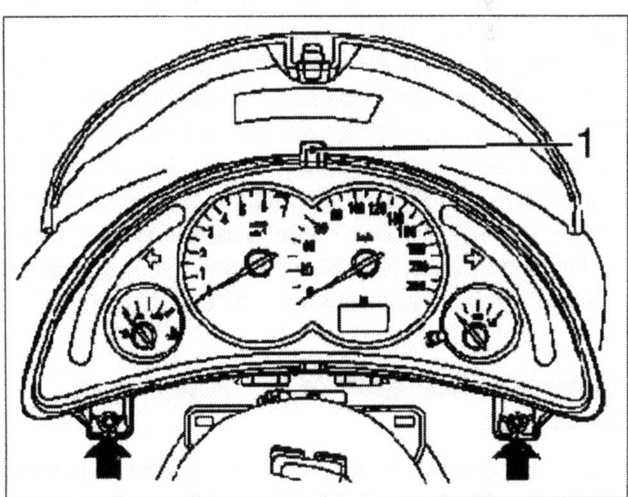

Aufrecht halten und abstellen – Kombiinstrument.

[9] Beheben Sie den Fehler und beenden die Montage dann in umgekehrter Reihenfolge. Bevor Sie das Instrument fest ins Armaturenbrett zurückschieben, denken Sie an den Funktionscheck.

Nicht immer einfach zu verfolgen – die »verschlungenen« Wege der Stromkabel

Auf Laien wirken »Ströme« häufig sehr geheimnisvoll – ihre Wege sind manchmal doch recht sonderbar. Wirklich sonderbar? In Ihrem Auto »kontakten« die meisten konventionellen Stromverbraucher mit Doppelklemmen. Doch durchgängig bis zur Batterie oder zum Generator lässt sich häufig nur ein Kabel zurückverfolgen. Das andere endet »unterwegs« im IRGENDWO an einem Massekontakt der Karosserie, des Motors, am Getriebe oder, in den meisten Fällen, an irgendeinem »toten« Kontakt eines »dicken Steckers«. Der Mehrfachstecker vor dem Sicherungs-/Relaiskasten ist beispielsweise ein solcher »Kontaktkiller«.

Leiten Masse – Metalle

Innerhalb der Bordelektrik setzen Opel-Ingenieure gekonnt auf ein uraltes physikalisches Prinzip: Metalle, Autoelektriker bezeichnen sie als Masse, leiten elektrischen Strom. Diese simple Erkenntnis erspart – völlig legitim – lange Kabel zur Spannungsableitung an den Batterieminuspol. Wenn ein Verbraucher also nicht funktioniert, liegt das häufig nicht etwa an der Zuleitung, sondern an seiner unzureichenden Masseverbindung. Mitunter sucht sich der »Wackelkanditat« dann Unterstützung von Irgendwo, was letztlich die Bordelektrik völlig aus dem Takt bringt: Sie setzen beispielsweise den Blinker und eine Rückleuchte glimmt »taktvoll« mit. Für den Laien gehen »Ströme« eben häufig sonderbare (Um)Wege – erst recht, wenn sie sich auf keinem Stromlaufplan verfolgen lassen.

Systematisch geordnet – Kabel und Klemmen

Trotzt rationeller Bauweise und Multiplextechnik würde der hintereinander gelegte Kabelbaum Ihres Meriva mehrere Kilometer weit reichen. Das scheinbar bunte Gewirr ist allerdings akribisch geordnet – die Kabelfarben weisen den Weg. Zudem sind die meisten Anschlüsse der Mehrfachstecker und Relais nummeriert. Bei der Wahl der Kabelfarben bedient sich die »Opel-Norm« gängiger Vorbilder.

Wissenswert – häufige Kabel und Klemmenbezeichnungen

Klemme 15:
Erhält nur bei eingeschalteter Zündung Spannung ab Zündschloss, wobei außer der Zündung auch jene Stromverbraucher mit Strom versorgt wer-den, die nur bei Betrieb des Wagens Strom erhalten sollen. Die vielfach schwarzen Kabel besitzen im Meriva bisweilen auch farbige Zusatzstreifen.

Klemme 30:
Erhält dauernd Strom vom Pluspol der Batterie bzw. bei laufendem Motor von der Lichtmaschine. Das kann bei unvorsichtigem Umgang mit Werkzeug zu Kurzschlüssen und Funkenregen führen, zumindest dann, wenn Sie nicht vorher das Minuskabel der Batterie abgenommen haben. Stromführende Kabel sind im Meriva rot ummantelt, ggf. »schmücken« sie auch zusätzliche Farbstreifen.

Klemme 49:
Setzt die Blink- und Warnblinkanlage unter Strom.

Klemme 53:
Speist den Scheibenwischer. Die Kabel sind überwiegend grün und mit weiteren Zusatzfarben (z. B. gelb) gekennzeichnet.

Klemme 56:
Mit gelb/schwarzen Farben versorgt sie das Abblendlicht und mit weiß/schwarzen Farben das Fernlicht mit Strom.

Klemme 58:
Speist das Standlicht. Die Kabelgrundfarbe ist grau, jeweils mit zusätzlichen Farbstreifen.

Klemme 31:
Masseklemme, die jeden Bordverbraucher mit Fahrzeugmasse verbinden muss. Im Bordnetz sind Massekabel meistens braun »eingewickelt«.

Überlastungsschutz – Sicherungen im Innen- und Motorraum

In Ihrem Wagen schützen zahlreiche Sicherungen die Bordelektrik vor Überlastung. Ihre Schutzfunktion entspricht der theoretischen Maximalbelastung der einzelnen Stromkreise. Denn Sicherungen unterbrechen den Stromfluss sofort, wenn zum Beispiel ein Kurzschluss (defekter Verbraucher, beschädigte Stromkabel) die Bordspannung unkoordiniert an Masse ableitet. Sie verhindern dadurch weitere Schäden (z. B. Kabelbrände). Der Meriva hat **Flachstecksicherungen**, deren Schmelzdraht im Überlastungsfall durchglüht. Für eine Sicherung ist der »Tatbestand« des Überlastungsfalls übrigens auch dann erfüllt, wenn voll ausgelastete Stromkreise nachträglich noch mit zusätzlichen Verbrauchern (Hi-Fi-Anlagen, Booster oder nicht zugelassene Hochleistungsleuchten) »aufgemotzt« werden. Auch profane Autostaubsauger und Kühlboxen, die Sie einfach mit Strom aus der Steckdose des Zigarettenanzünders abspeisen, lassen ab und an die Sicherung »dahin schmelzen«. Spendieren Sie zusätzlichen Verbrauchern also im Bedarfsfall einen separaten Stromkreis – natürlich mit einer entsprechend »standfesten« Sicherung und Zuleitung. Um alle Eventualitäten auszuschließen, lassen Sie besser einen Kfz-Elektriker ans Werk, der verlegt Ihnen die richtigen Kabelquerschnitte (min. 1,5 mm²) und sichert den Stromkreis ausreichend ab.

Verteilt auf diverse Stromkreise – Bordsicherungen

Das Motormanagement und die meisten leistungsstarken Aggregate sind separat abgesichert. Damit Ihr Wagen bei einem elektrischen Defekt nun nicht gänzlich ohne Strom da steht, verteilten Opel-Ingenieure die Bordverbraucher auf mehrere Stromkreise. Nebenverbraucher mit weniger wichtigen Aufgaben arbeiten in gemeinsamen Stromkreisen – jeweils von einer Sicherung geschützt. Nicht so die Stromkreise zwischen Anlasser, Batterie, Lichtmaschine und Zündschloss: Hier liegt ständig die volle Batteriekapazität an. Bei Arbeiten an diesen Stromkreisen gilt also besondere Vorsicht: Klemmen Sie **IMMER** zuerst die Batterie ab, bevor Sie hier »einsteigen«! Andernfalls provozieren Sie kapitale Schäden und Kabelbrände – bis hin zu Fahrzeugbränden.

Schnell erledigt – Sicherungen erneuern

Die meisten Sicherungen sitzen neben der Lenksäule hinter einer Verkleidung. Dort sind auch einige Relais platziert. Bevor Sie eine Sicherung oder ein Relais wechseln, schalten Sie besser die Zündung und alle Stromverbraucher (z. B. Radio) aus.

Die Sicherungen im Meriva

In den Bordsicherungskästen stecken Flachsicherungen (Minisicherungen), deren transparenter »Kunststoffkörper« zwei mit einem Schmelzdraht verbundene Flachstecker fixiert, oder so genannte A1-Sicherungen. Eine durchgebrannte Sicherung erkennen Sie am unterbrochenen Schmelzdraht. Oft ist auch der Rücken der Plastikumhüllung herausgebrochen oder geschmolzen.

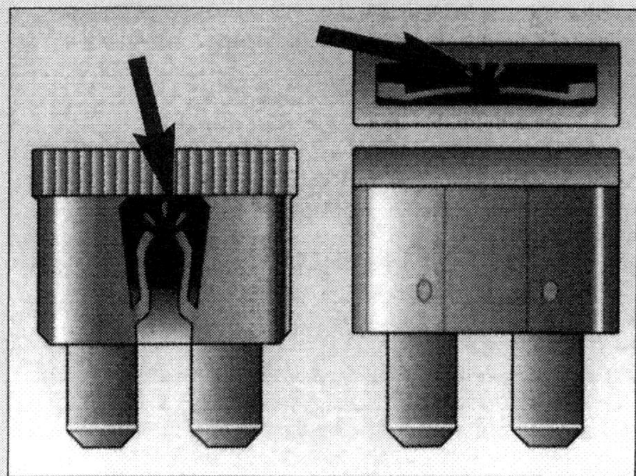

Durchgebrannte Sicherungen erkennen Sie am geschmolzenen Draht (Pfeil). Häufig ist dann auch die Plastikumhüllung gebrochen oder verschmort.

An der Farbe zu erkennen – die Amperezahl

Zur besseren Differenzierung der Maximalbelastung sind Sicherungen, zusätzlich zu ihrer Beschriftung, farbig markiert. Die Minisicherungen im Meriva vertragen:

Kennfarbe:	Stromstärke in Ampere
Grau	2
Hellbraun	5
Dunkelbraun	7,5
Rot	10
Hellblau	15
Gelb	20
Hellgrün	30
Orange	40

Zusätzlich schützen im Meriva A1-Sicherungen die »kräftigeren« Stromkreise.

Kennfarbe:	Stromstärke in Ampere
Pink	30
Rot	50
Gelb	60
Schwarz	80

Arbeitsschritte 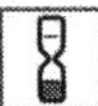

Egal ob im Innen- oder Motorraum, im Meriva sind die Sicherungen unter Kunststoffdeckeln geschützt.

Armaturenbrett

[1] Klappen Sie den Deckel des Sicherungskastens beiseite.

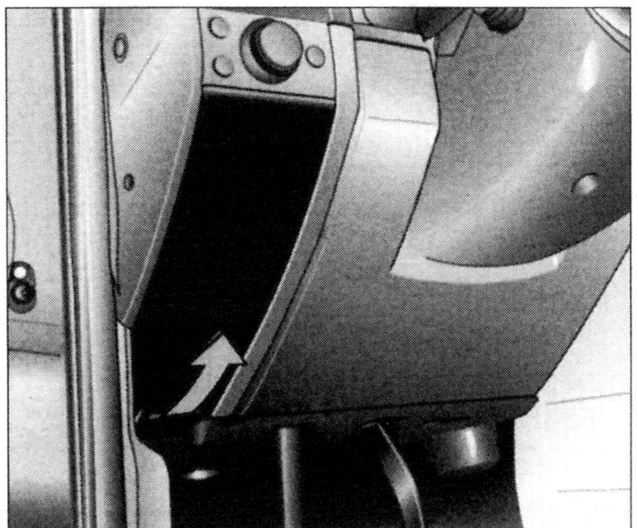

Am Griff ausrasten und dann komplett abziehen – Sichtblende links neben der Lenksäule.

[2] Ziehen Sie die durchgebrannte Sicherung vorsichtig mit der »Sicherungskralle« (im Sicherungskastendeckel gesteckt) oder passender Flachzange aus der Kontaktbrücke.

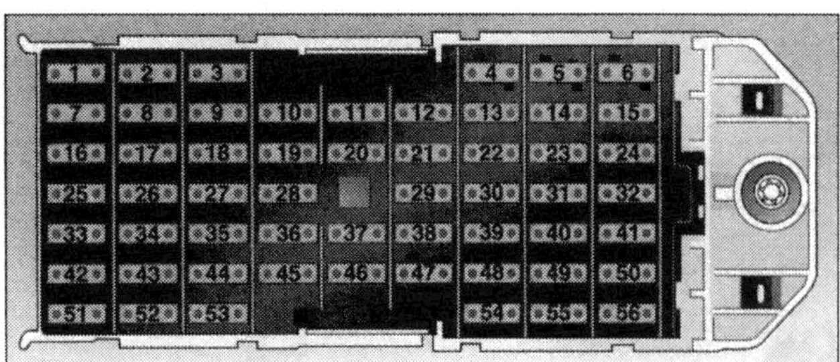

Sinnvollerweise mit Klammer oder passender Flachzange aus der Kontaktbrücke ziehen – defekte Sicherungen.

Motorraum

[3] Rasten Sie die Ösen des Sicherungskastendeckels zwischen Spritzwand und Frontscheibe aus (Pfeil) und ziehen ihn ab.

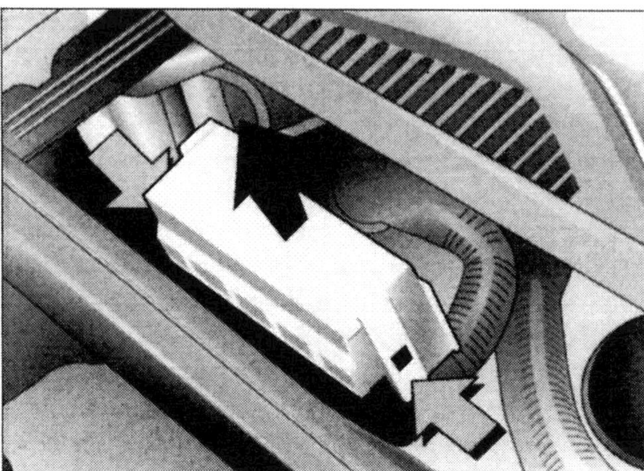

Zwischen Spritzwand und Frontscheibe – Sicherungskasten links im Motorraum.

[4] Inspizieren Sie die Sicherungsleiste und ziehen die durchgebrannte Sicherung vorsichtig mit der »Sicherungskralle« (Sicherungskasten Innenraum) oder einer passenden Flachzange aus der Kontaktbrücke.

Unter der Motorhaube platziert – Relais und Hauptsicherungen.

generell

[5] Achten Sie darauf, dass die neue Sicherung die gleiche Amperestärke wie ihre Vorgängerin hat. Drücken Sie beide Flachstecker gleichmäßig in die Kontaktbrücke ein.

[6] Sollte ihnen die neue Sicherung sofort wieder »dahinschmelzen«, prüfen Sie, ob der Stromkreis eventuell einen Masseschluss hat (Verbraucher defekt, Kabelisolation gegen Masse durchgescheuert, etc.).

Verteilen hohe Arbeitsströme – Schaltrelais

Ihr Auto hat eine Reihe von Verbrauchern, die im Vergleich zu anderen höhere Arbeitsströme erfordern. Um dort, mit möglichst geringen Kabeldurchmessern, ein Maximum an Sicherheit zu gewährleisten, steuert Opel jene Verbraucher aus der Zentralelektrikbox über separate Schaltrelais an. Über den Ein- und Ausschalter fließt dann lediglich ein geringer Schaltstrom, der im Relais den Arbeitsstrom zum Verbraucher schaltet.

Unterschiedliche Aufgaben – Schaltstrom und Arbeitsstrom

Beim Einschalten des betreffenden Verbrauchers wirkt im Relais der Schaltstrom auf eine Magnetspule. Die Magnetspule zieht einen kräftigen Kontakt gegen Federdruck an und öffnet so den Arbeitsstromkreis zum Verbraucher. Um den Verbraucher mit möglichst hoher Spannung zu bedienen, gelangt der Arbeitsstrom auf direktem Weg durch das Relais an sein Ziel. Die Relaiskontakte sind so stabil ausgelegt, dass sie »hohe« Ströme auch langfristig gut vertragen. Außerdem kürzt der vermeintliche »Umweg« durchs Relais den Weg des Arbeitsstroms ab. Vorteil: Je kürzer die Wege, um so geringer die Spannungsverluste zwischen Schalter und Verbraucher.

Erfüllen unterschiedliche Aufgaben – spezielle Relaistypen

Um die Übersichtlichkeit und Fehlersuche zu verbessern, sind im Meriva die meisten Relais auf speziellen Trägerplatten zusammengefasst. Zusätzlich arbeiten im Bordnetz noch Relaistypen, die bestimmte Funktionen, ganz in der Nähe ihres »Arbeitsplatzes«, erfüllen.

Sicherungsbelegung Sicherungstabelle Armaturenbrett

Sicherung	Ampere	abgesicherte Stromkreise
1	7,5	Zentrales Steuergerät
2	5	Wegfahrsperre, Warnblinker, Außenbeleuchtung
3	30	Scheinwerferwaschanlage
4	–	–
5	–	–
6	–	–
7	10	Anlasser, Dieselmotorsteuerung
8	15	Hupe
9	20	Einspritzanlage, Kraftstoffpumpe, Zusatzheizung
10	20	Blinker
11	20	Radio, Info-Display,
12	7,5	Heizbare Heckscheibe, Außenspiegel
13	10	Zentralverriegelung, Diebstahlwarnanlage
14	15 / 7,5*	Motorsteuerung
15	10 / 15**	Motorsteuerung
16	20	Steckdose, Zigarettenanzünder
17	–	–
18	–	–
19	20	Zentralverriegelung
20	5	Innenraumleuchte, Leselampe
21	15	Scheibenwaschanlage
22	20	Fensterheber hinten
23	5	DVD-System
24	5	Diebstahlwarnanlage
25	15	Heckscheibenwischer
26	15	Zündanlage, Motorelektronik
27	5	Motorsteuerung, Airbag, ESP
28	7,5	AC-Anlage
29	20	Fensterheber vorne links
30	5	Kennzeichenleuchte
31	7,5 / 10**	Motorsteuerung
32	20	Fensterheber vorne rechts
33	5	Zentrales Steuermodul, Wegfahrsperre, Kontrollleuchten
34	30	Scheibenwischer
35	5	Innenleuchte, Innenspiegel, Info-Display
36	15	Bremslicht, ABS, TC, ESP
37	20	Zigarettenanzünder, Zusatzheizung
38	15	Sitzheizung links
39	15	Sitzheizung rechts
40	5	Automatische Leuchtweitenregulierung
41	15	Rückfahrscheinwerfer
42	5	Motorkühlung
43	5	Standlicht links
44	5	Standlicht rechts
45	10	Nebelschlussleuchte
46	15	Nebelscheinwerfer
47	20	Anhängerkupplung
48	–	–
49	–	–
50	30	Diesel-Filterheizung
51	10 / 15***	Abblendlicht links
52	10 / 15***	Abblendlicht rechts
53	5	Schiebedach, Fensterheber, Radio
54	10	Fernlicht links
55	10	Fernlicht rechts
56	–	–

* Dieselmotor, ** Z17 DTH, *** Xenon-Scheinwerfer.

Sicherungstabelle Motorraum

Sicherung	Ampere	abgesicherte Stromkreise
1	–	–
1	30	Innenraumgebläse
2	50	Servolenkung
3	40	ABS
4	60 / 80	Easytronic / Diesel-Vorglühsystem
5	30	Heizbare Heckscheibe
6	40 / 50	Motorkühlung Y17 DT / Z17 DTH
7	30	Anlasser
8	40	Motorkühlung Ottomotoren

DER INNENRAUM

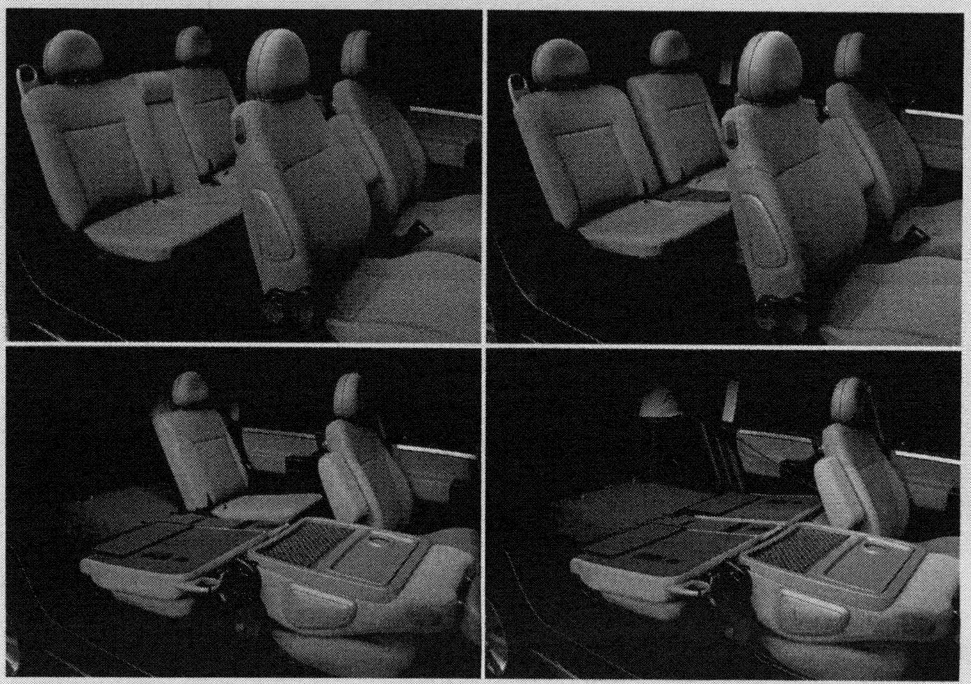

»Van-Tastisch«: Basierend auf dem FlexSpace®-Innenraumkonzept mutiert das Reiseabteil des Meriva im Handumdrehen vom Fünfsitzer zum Vier-, Drei, Zwei- oder Einsitzer. Die überflüssigen Sitzgelegenheiten dienen dann entweder als praktische »Beistelltischchen«, oder sie tauchen komplett im Unterboden ab. Die Machart des variantenreichen Multimobils offeriert zudem fortschrittliche Sicherheitstechnik und ein behagliches Ambiente. Do it yourselfer freilich haben nur wenig »Spielraum«: Das vorzüglich verarbeitete Interieur lässt kaum Möglichkeiten, sinnvoll Hand anzulegen.

Wartung

Reparatur

Verglichen mit konventionellen »Klassenkameraden« bietet das multivariable FlexSpace®-Innenraumkonzept des Meriva geradezu üppige Grundrissvarianten und vorbildliche Platzverhältnisse. Das Prädikat »Multimobil« passt auf den Meriva wie die Faust aufs Auge. Denn sein Auftritt ist alles andere als langweilig: Der Kompakt-Van kommt athletisch daher – überflüssiger Designschnickschnack oder schrilles Make-up sind seine Sache nicht. Statt dessen beinhaltet der Opel kreative Detaillösungen, den Fahrwerkskomfort eines modernen Pkw und – je nach Motorisierung bzw. Orderpaket – Ausstattungen, die durchaus auch anspruchsvolle Käufer zufrieden stellen.

Alternativangebot – Fünfgang-Schaltgetriebe oder automatisiertes Fünfgang-Schaltgetriebe (Easytronic®)

Schaltpuristen »sortieren« im Meriva fünf Vorwärtsgänge und einen Rückwärtsgang. In Kombination mit beiden 16 Ventil-Ottomotoren schickt der Kompakt-Van seine »Kilowatt« gegen Aufpreis auch via automatisiertem Fünfgang-Schaltgetriebe auf die Straße.
Ausgeprägte Komfortansprüche leben Meriva-Käufer, je nach Einstellung und verfügbarem Geldbeutel, mehr oder weniger ausreichend aus: Das On-Bord-Infotainment umfasst unter anderem hochwertige Radio-/Kassettengeräte mit 4fach-CD-Wechsler inklusive speziell abgestimmter vierfach Lautsprechersysteme. Radiofernbedienung mit getrennter Höhen- und Tiefenregelung vom Lenkrad aus sowie eine geschwindigkeitsabhängige Lautstärkeregelung sind da fast schon obligatorisch – gleichfalls ein satellitengestütztes Navigationssystem mit Grafik Info Display und Dualband-Telefon.

***Aufgeräumt und übersichtlich:** »Fahrers Arbeitsplatz« im Opel Meriva.*

Und damit die Mitfahrer all die Goodies entspannt genießen können, gibt's den Meriva auch mit »Lederfauteuils«. Und wenn sommer- oder wintertags das Innenraumklima mal nicht passen sollte, sorgt gegen Aufpreis eine AC für prima Klima. Für noch mehr Bares temperiert den Meriva gar eine Klimatisierungsautomatik, sie kühlt sogar das Handschuhfach und verbannt in Kombination mit einer Solar-Reflect-Frontscheibe einen Großteil der UV-Strahlen aus dem Innenraum.

Vorbildlich – die Raumausnutzung

Ein markantes Merkmal des Meriva ist seine effiziente Raumausnutzung: Mit 4.042 Millimeter Außenlänge, 1.694 Millimeter Breite und 1.624 Millimeter Höhe bietet der kompakte Opel-Van Platzverhältnisse, die jedem Vergleich »gewachsen« sind. Doch Meriva-Käufer bekommen nicht nur die entscheidenden Millimeter geboten, sie genießen zudem auch ein großzügiges Raumgefühl: Maßgeblichen Anteil daran haben das klare Innenraumdesign, die zweifarbig gestaltete Armaturentafel mit klar verlaufenden Linien und hochwertig wirkenden Kunststoffoberflächen, sowie das griffsympathische Dreispeichenlenkrad. Ergonomisch günstig platzierte Hebel und Schalter, eine höhenverstellbare Lenksäule und eine übersichtliche Sitzposition unterstützen Fahrerinnen und Fahrer bei der »Arbeit« – vornehmlich im innerstädtischen Verkehrsgewusel.

Schützt die »Fahrerfüße« – Pedal-Release-System

Auf die Informationen modernster Crash-Sensorik reagieren im Meriva zwei Front- und Seitenairbags. Auf Wunsch sichern zusätzlich zwei Kopfairbags die Passagiere. Aktive Kopfstützen gibt's auf den Vordersitzen nur in Kombination mit Kopfairbags. Dreipunkt-Sicherheitsgurte auf allen Plätzen, vorne mit höheneinstellbaren Gurtumlenkpunkten, Gurtstraffern und lastabhängigen Gurtkraftbegrenzern, ergänzen die Sicherheitsausstattung im Meriva. Und damit bei einem Frontal-Crash oder Auffahrunfall auch die »Fahrerfüße eine faire Chance« bekommen, klinken das Kupplungs- und Bremspedal aus ihrer Verankerung und schwenken kraftlos auf den Boden.
Im Fall der Fälle sind die »Großen« also vergleichsweise gut versorgt. Und der Nachwuchs? Kids im »Isofix-Alter« erleben Fahrten selbstverständlich von

»ihrem Thron«: Papa oder Mama rasten ihn vorher auf der Rückbank ein. Kein Zweifel, der Meriva bedient gleichermaßen den Verstand und das Auge.

Klappen bei einem Frontalcrash »saft- und kraftlos« auf den Boden: *Kupplungs- und Bremspedal bei einem Frontal-Crash oder Auffahrunfall.*

Was da für traditionelle Do it yourselfer noch zu tun übrig bleibt, erfahren Sie auf den folgenden Seiten. Wir empfehlen Ihnen bewusst nur jene Wartungs- und Reparaturarbeiten, die einen versierten »Schrauber« nicht überfordern. Und warum gehen wir auf die »Innenarchitektur« überhaupt noch relativ detailliert ein? Besserwisser behaupten: Da »passiert« heutzutage doch eh nichts mehr.

Denkste! Ein elektrisch betätigter Fensterheber in der Fahrertür zum Beispiel hält selten ein ganzes Autoleben unbeschadet. Und eine »blinde« Innenleuchte oder ein »abgefahrener« Außenspiegel konfrontiert Sie mitunter häufiger mit Ihrer »Werkzeugkiste« als es Ihnen lieb sein mag. Dennoch sagen wir Ihnen auf den folgenden Seiten klipp und klar, wann und wo der Profi die erste Adresse ist.

Doch über Arbeitsmangel werden Sie nicht zu klagen haben. Nicht etwa weil Ihr Meriva ein »zickiges« Auto wär, sondern weil Selbsthilfe generell den Geldbeutel schont – nicht nur bei Störungen oder Reparaturen: Ein regelmäßig gepflegtes Auto steigert beispielsweise Ihr und das Wohlbefinden aller Beifahrer. Und spätestens beim Wiederverkauf macht ein gut gepflegter Innenraum beim Käufer leicht auch ein paar zusätzliche »Scheinchen« locker.

Heizung und Lüftung

Ein Teil des Fahrtwinds passiert das Lüftungsgitter vor der Frontscheibe. Von hier aus gelangt die »Brise« dann über das Luftverteilungssystem an die entsprechenden Belüftungsdüsen im Innenraum. In der Instrumententafel sind die Düsen einstellbar: Je nach Bedarf variieren Sie den Luftstrom in Menge und Richtung. Nicht so die Luftführungen im Fußraum, die Entfeuchter- sowie die Entfrosterdüsen – sie sind lediglich starr montiert.

Bevor die Frischluft jedoch an die Austrittsdüsen gelangt, passiert sie im Meriva einen Staub- und Pollenfilter sowie ein vierstufiges Luftgebläse. Der Pollenfilter – ein Aktivkohlefilter – ist Bestandteil der Serienausrüstung. Er filtert Partikel über 3 Mikron sowie Pollen, Staub und Dieselruß aus der Luft. Die Aktivkohleschicht auf den Filterlamellen neutralisiert unangenehme Gerüche und bindet Ozon.

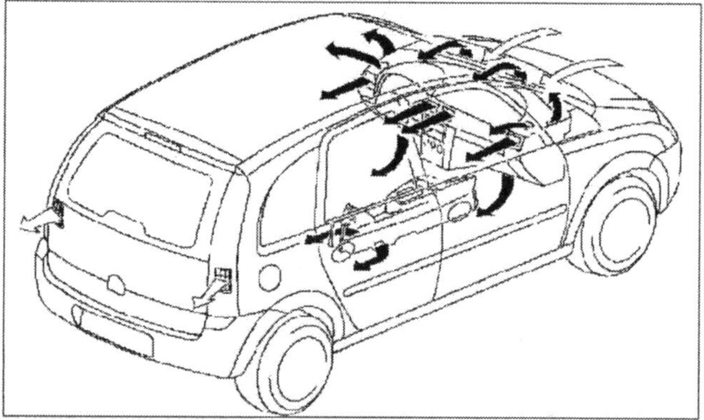

Gleichmäßig verteilt: *Der Luftstrom im Meriva-Innenraum.*

Sorgt ständig für frische Luft – Zwangsbe- und -entlüftung

Sollten Sie in Ihrem Meriva die Vorzüge einer AC genießen und Ihnen der Vordermann oder lästige Industrieabgase irgendwann die Nase »zwangsparfümieren«, schaffen Sie sich kurzerhand mit der Umlufttaste Ihr eigenes Klima. Aktivieren Sie die Funktion allerdings immer nur kurzzeitig, ansonsten »schmoren« Sie, vornehmlich im Herbst und Winter, wie unter einer Glaskuppel schnell im eigenen Saft. Spätestens, wenn die Scheiben beschlagen, lenken Sie die Frischluft direkt auf die Scheiben um. Damit Ihnen im Meriva grundsätzlich nicht der »Durchblick« abhanden kommt, streicht während der Fahrt ein zugfreier Luftstrom (Zwangsentlüftung) an den Scheiben vorbei.

Auch bei geschlossenen Düsen und Fenstern sorgt die Zwangsentlüftung für einen ständigen Luftaustausch im Innenraum. Je nach Stellung der Luftführungsklappen lässt sich der Innenraum mit Verteilerdüsen unterschiedlich klimatisieren. Ein Teil der frischen Außenluft temperiert sich im Heizungswärmetauscher, um sich hernach mit »Kaltluft« auf das gewünschte Temperaturniveau zu vermischen. Ohne Assistenz des Luftgebläses funktioniert die Belüftung natürlich nur geschwindigkeitsabhängig. Lassen Sie an Ihrem Wohlbefinden das Gebläse darum auf Kurzstrecken und im Stadtverkehr immer auf Stufe 1 oder 2 arbeiten. Vorteil: Unabhängig von der Fahrgeschwindigkeit verteilt sich die Frischluft schneller im Innenraum. Im Meriva sitzt das Luftgebläse vor dem Wärmetauscher, es kühlt den Innenraum dadurch auch an kälteren Tagen nicht aus.

Ab und an checken – Heizung und Lüftung

Checken Sie in Ihrem Meriva ab und an das Innenraumklima. Schließlich könnten Staubpartikel, Straßenschmutz, Insekten oder fallendes Herbstlaub die Luftkanäle und den Pollenfilter verstopfen. Suchen Sie sich dazu eine wenig befahrene Landstraße aus und gehen folgendermaßen vor:

- Drehen Sie den Heizungsregler bei betriebswarmem Motor bis zum Anschlag auf – strömt die Warmluft jetzt gleichmäßig aus?
- Schließen Sie den Heizungsregler ganz. Nach einigen Kilometern darf dann nur noch kalte Luft aus den Düsen kommen, andernfalls schließen die Luftklappen nicht mehr dicht.
- Funktioniert die Luftverteilung nach oben und unten?
- Strömt die Luft gleichmäßig aus allen Öffnungen?
- Funktioniert, falls vorhanden, der Umluftregler?
- Läuft das Gebläse in allen Stufen?

Reinluftfilter wechseln

Der Reinluftfilter befindet sich auf der rechten Seite zwischen Stirnwand und Windschutzscheibe.

[1] Demontieren Sie, wie beschrieben, den Wasserabweiser zwischen Spritzwand und Frontscheibe. Das Filtergehäuse befindet sich darunter.

[2] Clipsen Sie danach den Gehäusedeckel 1 los. Dazu »drehen« Sie die Verkleidung aus den Befestigungspunkten 2, 3 und 4.

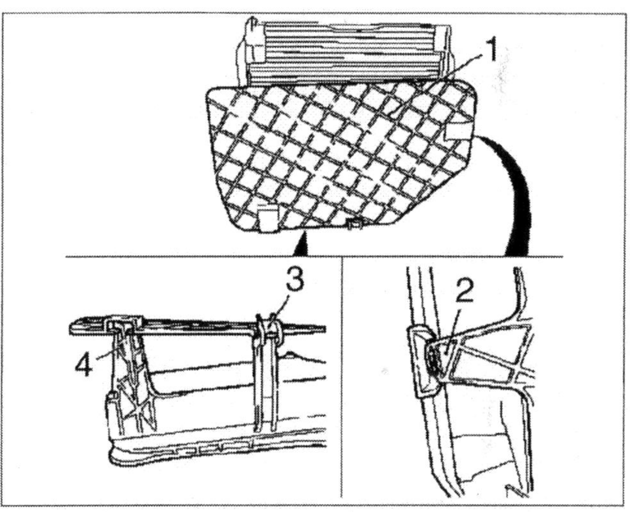

Zur Filterdemontage aus den drei Befestigungspunkten »drehen« – Filtergehäusedeckel.

Heizung – Störungsbeistand

Störung	Ursache	Abhilfe
[A] Schwache Heizleistung.	**1** Luftklappe schließt nicht völlig.	Seilzüge kontrollieren; Klappe gängig machen, ggf. Fremdkörper entfernen.
	2 Wärmetauscher verdreckt oder Zuleitungen gequetscht.	Wärmetauscher reinigen bzw. ersetzen (lassen); Zuleitungen kontrollieren.
	3 Heizungsbetätigung verstellt oder ausgehängt.	Einstellen bzw. neu einhängen.
	4 Vor- und Rücklauf des Wärmetauschers verstopft oder geknickt.	Kontrollieren, ggf. Schläuche ersetzen.
[B] Heizung fällt während der Fahrt aus.	Kühlmittelverlust (Luft im Kühlsystem/Wärmetauscher).	Temperaturanzeige beobachten und bei Überhitzung sofort stoppen. Ansonsten kann der Motor »fressen« oder die Zylinderkopfdichtung durchbrennen. Leckage beheben und Kühlmittel ergänzen.

[3] Danach entriegeln Sie am Filtereinsatz 1 die beiden Halter 2 in Pfeilrichtung und bugsieren das »Drecknetz« aus dem Stativ.

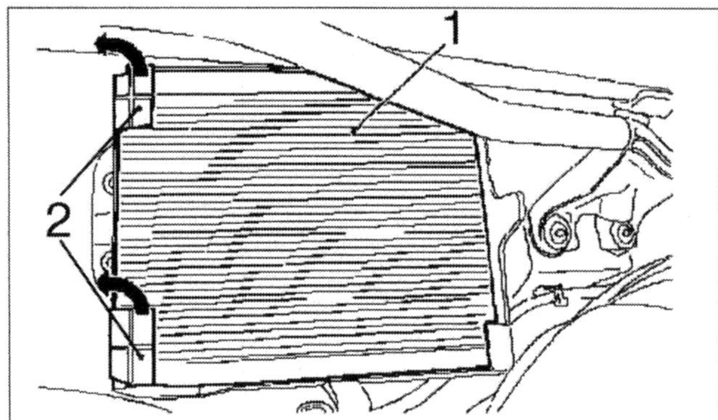

Schnell erledigt – Reinluftfiltereinsatz erneuern.

[4] Das alte Filterelement »dürfen« Sie nicht reinigen – es wäre nach der Prozedur allenfalls noch als »Fliegenfänger« brauchbar. Verwenden sie also ein neues Filterelement und entsorgen das alte.

[5] Beenden Sie die Montage in umgekehrter Reihenfolge.

Die Bedienungselemente

Im Meriva bedienen Sie die Heizung und Klimaanlage mit drei Drehschaltern in der Mittelkonsole. Die Temperatur- und Luftverteilungsklappen bringt ein Bowdenzug in die gewünschte Position. Das Innenraumgebläse, die Umluft- und AC-Taste steuern Sie per Knopfdruck elektrisch an.

Heizungs- und Lüftungsbedieneinheit aus- und einbauen

[1] Klemmen Sie das Batteriemassekabel ab und demontieren das Radio wie beschrieben.

[2] Hernach lösen Sie im Armaturenträger die Halteschraube (Pfeil) des Radiorahmens. Ziehen Sie den Rahmen dann so weit heraus, ...

[3] ... bis Sie die Anschlüsse bequem trennen können. Den Rahmen legen Sie dann beiseite.

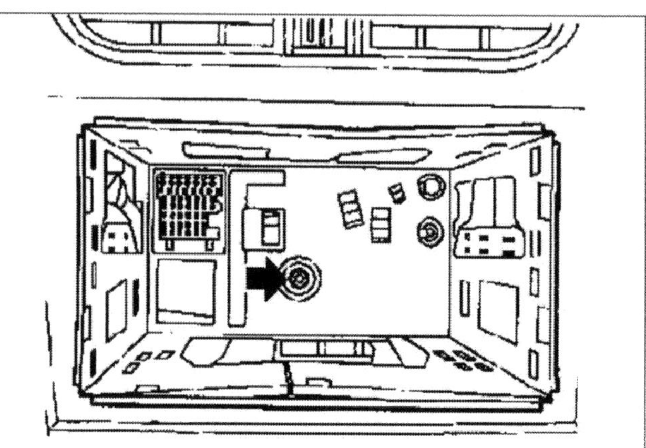

Nur mit einer Schraube im Armaturenträger befestigt – Radiorahmen.

[4] Lösen Sie danach am Bedienteil beide Befestigungsschrauben 1 und ...

[5] ... clipsen dann vorsichtig die Blende der Heizungs- und Lüftungsbedieneinheit aus. Um die Blende möglichst nicht zu beschädigen, unterlegen Sie den Schraubendreher 2 mit einem Putzlappen und beginnen am Radioschacht.

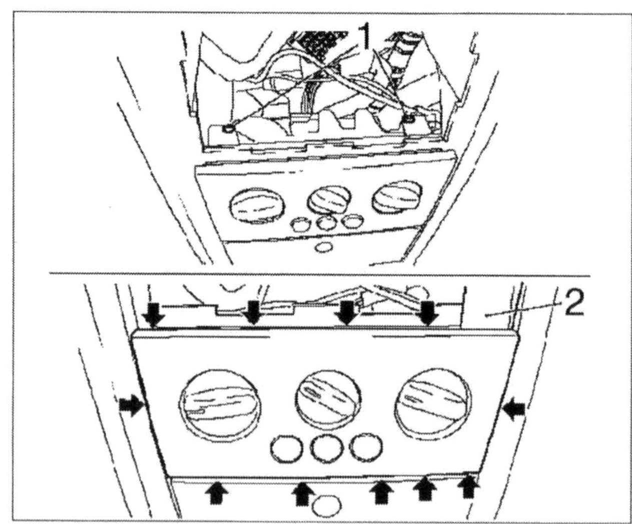

Befestigungsschrauben lösen, dann die Kunststoffblende ausclipsen – zur Demontage der Heizungs- und Belüftungsbedieneinheit.

[6] Um das Bedienteil 3 zu demontieren, gehen Sie besser der Reihe nach vor: Zunächst lösen Sie an der Mischluftklappe 1 den Bowdenzug und hängen seine Seele aus.

[7] Anschließend entriegeln Sie am Luftmischer die Welle 2 und ziehen sie vom Bedienpaneel ab.

[8] Jetzt entsperren Sie die Rasternasen (Pfeile) des Mehrfachsteckers 4 und ...

9 ... ziehen dann das Bedienteil nach vorne aus dem Armaturenbrett.

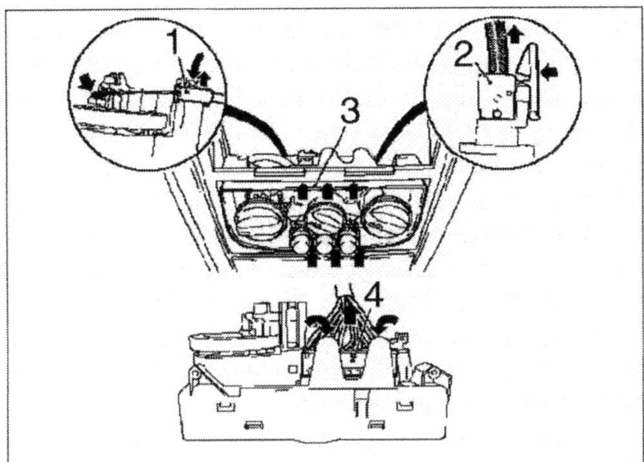

Der Reihe nach vorgehen – zur Bedienteildemontage.

10 Beenden Sie die Montage in umgekehrter Reihenfolge. Damit die Blende spannungsfrei sitzt, clipsen Sie das »gute Stück« jeweils von der Mitte nach außen ein. Vergessen Sie jetzt nicht, den Lenkwinkelsensor neu zu kalibrieren.

Das Gebläse

In jedem Meriva unterstützt ein vierstufiges Radialgebläse den Luftaustausch im Innenraum. Das Gebläse sitzt sinnvollerweise vor dem Heizungswärmetauscher und kann somit den Innenraum auch an Wintertagen nicht »auskühlen«. Den Gebläsemotor regeln vorgeschaltete Widerstände stufenweise ein. In Stufe 4 hat der Lüfter die größte Leistung. Seine Kapazität ist großzügig ausgelegt, so dass, unabhängig von der momentanen Fahrgeschwindigkeit, immer genügend Luft umgewälzt wird. Das gilt für wenige Minuten übrigens auch in Stellung »Umluft« (Option). Der Gebläsemotor sitzt zentral vor der Spritzwand unter dem Armaturenbrett.

Störungssuche am Gebläse

1 Arbeitet das Gebläse in keiner Schalterstellung, kontrollieren Sie zunächst die Sicherung im Sicherungskasten.

2 Ist die Sicherung o. k., überprüfen Sie den Gebläseschalter. Dazu demontieren Sie – wie beschrieben – die Bedieneinheit.

3 Checken Sie, ob Spannung an den Anschlüssen des Mehrfachsteckers anliegt. Falls nicht, prüfen Sie, ausgehend vom Sicherungskasten, auch die Zuleitung.

4 Im nächsten Schritt checken Sie den Schalter in allen Stellungen auf »Durchgang«. Schließen Sie dazu ein Multimeter an.

5 Einen defekten Schalter tauschen Sie besser aus, Reparaturen sind erfahrungsgemäß nicht von langer Dauer.

6 Sollte der Schalter jedoch o. k sein, überprüfen Sie die Masseverbindung des Gebläsemotors.

7 Machen Sie dort keinen Fehler aus, ist der Gebläsemotor defekt (Kohlen abgebrannt, Ankerwicklungen »verschmort«).

Gebläsemotor/ Vorwiderstand tauschen

Mit etwas handwerklichem Geschick tauschen Sie den Gebläsemotor in Eigenregie.

Arbeits-schritte

1 Klemmen Sie das Batteriemassekabel ab und ...

2 ... lösen die vier Schrauben im Handschuhfachgehäuse.

3 Ziehen Sie zunächst das Handschuhfach so weit nach vorne, dass Sie den Kabelstecker an der Handschuhfachleuchte abziehen können. Jetzt bugsieren Sie das Fach komplett aus dem Armaturenbrett. Falls Ihr Meriva mit AC klimatisiert, ziehen Sie noch »schnell« den Kühlschlauch vom Handschuhfachgehäuse.

4 Jetzt demontieren Sie die untere Instrumententafelpolsterung 3 an der Beifahrerseite. Lösen Sie dazu die Schraube 4 und ...

5 ... ziehen »das Polster« einfach von den beiden Clipsen 1 und 2 ab.

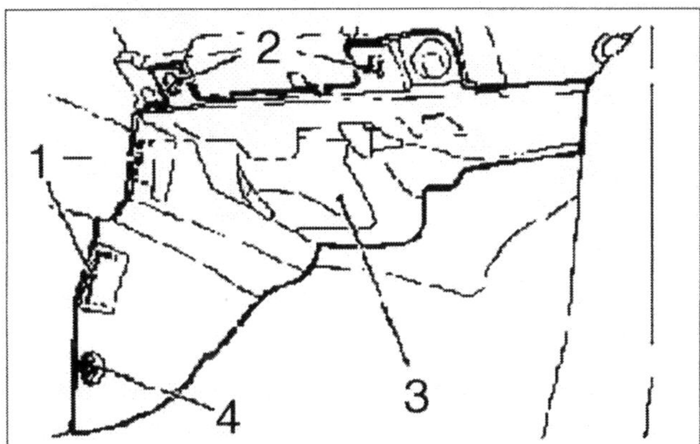

Schraube lösen und abziehen – zur Demontage der Instrumententafelpolsterung.

6 Jetzt haben Sie genügend Platz, den Spreizniet (Pfeil) an der Luftführung 1 zu entfernen, um den ganzen »Kasten« dann nach unten aus dem Fußraum zu bugsieren.

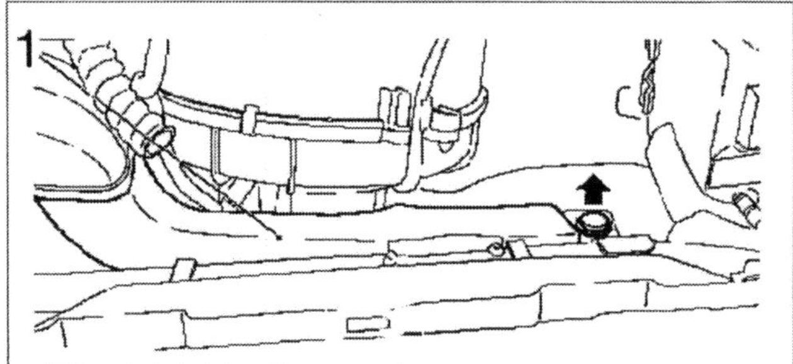

Im Fußraum demontieren – Luftführung.

7 Der Gebläsemotor liegt nun relativ gut zugänglich »zur Hand«. Ziehen Sie die Anschlussstecker 1 und 5 ab und ...

8 ... lösen am »Lüfter« die Schraube 2.

9 Hernach demontieren Sie den Gebläsevorwiderstand 3. Lösen Sie dazu die Schraube 4.

10 Entsperren Sie im Anschluss mit einem handlichen Schlitzschraubendreher die sechs Befestigungsklammern (Pfeile) des Gebläsemotors und nehmen ihn von der Spritzwand.

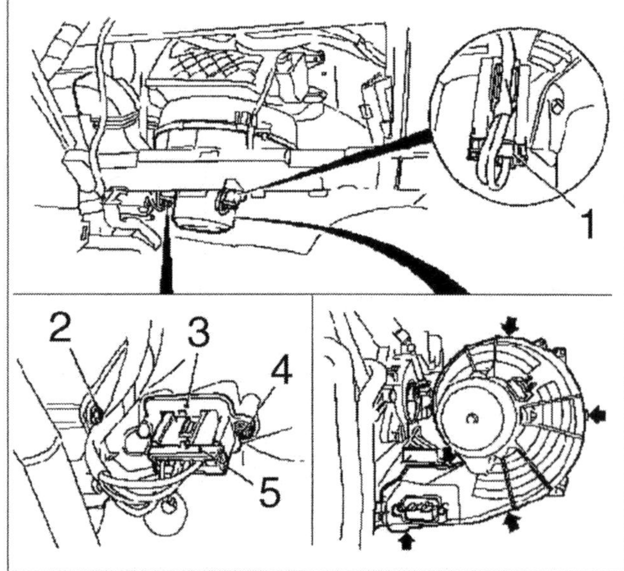

Im Fußraum vor der Spritzwand montiert – Gebläsemotor.

11 Beenden Sie die Montage in umgekehrter Reihenfolge. Vergessen Sie nicht, den Lenkwinkelsensor neu zu kalibrieren.

Wirkungsvoll und standfest – die Klimaanlage (AC)

Was der Heizung billig, ist der AC recht: Sie arbeitet zuverlässig im Untergrund – und das ohne besondere Pflege und Wartung. Zumindest dann, wenn Sie mindestens alle 24 Monate einen Grundcheck vornehmen lassen. Die Betonung liegt auf »lassen«, denn um Klimaanlagen zu warten oder instand zu setzen, benötigen Sie Spezialwerkzeug, das nicht unbedingt auf der Werkbank einer Do-it-yourself-Werkstatt herumliegt. Dennoch beschreiben wir Ihnen im Praxistipp »So funktioniert die Klimaanlage« global den AC-Kühlkreislauf. Als technisch interessierter Hobbyschrauber bekommen Sie dann zumindest einen ersten Funktionseindruck von der AC und wissen fortan auch um ihre »segensreiche« Wirkung, nicht nur während der warmen Jahreszeit.

Praxistipp

So funktioniert die Klimaanlage

Der »Kühlkreislauf« des zunächst gasförmigen Kältemittels, z. B. R 134a, beginnt im Verdichter (Kühlkompressor). Dort wird es, ähnlich wie die Frischgase in Hubkolbenmotoren, auf eine Verdichtungstemperatur zwischen 60 bis 100 °C komprimiert. Den Kompressor treibt übrigens ein Flachrippenriemen direkt von der Kurbelwelle aus an.

Aus dem Verdichter strömt das Kältemittel in den Verflüssiger, auch Kondensator genannt. Er sitzt meistens direkt im Fahrtwind vor dem Wasserkühler. Ein geradezu prädestinierter Platz. Denn der kühlende Wind entzieht dem Kältemittel so viel Überschusswärme, dass es seinen Aggregatzustand von gasförmig auf flüssig ändert.

Ein ähnliches Symptom beobachten Brillenträger übrigens auch in der kalten Jahreszeit: Wenn Sie aus geheizten Räumen in die Kälte kommen, kondensiert die kalte Luft an den noch warmen Brillengläsern – die Brillengläser fungieren dann gewissermaßen als Kondensator.

Aus dem AC-Kondensator fließt das Kältemittel unter hohem Druck und mit relativ hoher Fließgeschwindigkeit in den Verdampfer. Hier findet der gleiche Prozess mit anderen Vorzeichen statt: Die Flüssigkeit dehnt sich im Verdampfer aus, kommt kurzzeitig zur »Ruhe« und wechselt derweil erneut ihren Aggregatzustand – jetzt von flüssig auf gasförmig. Warum? Die zur Expansion erforderliche Verdampfungswärme »besorgt« sich das Kältemittel aus der an den Verdampferlamellen vorbeiströmenden

Außen- oder Umluft. Das hat übrigens den angenehmen Nebeneffekt, dass die Luft im Verdampfer nicht nur gekühlt, sondern zwangsläufig auch »getrocknet« wird (Brilleneffekt). Aus dem Verdampfer gelangt das Kältemittel dann wieder in den Verdichter, der Kreislauf ist damit geschlossen.

Die getrocknete Luft kühlt sommertags den Innenraum und hält in der kalten Jahreszeit, entsprechend temperiert, die Scheiben beschlagfrei. Das Kondensat verlässt das Verdampfergehäuse derweil als Kondenswasser ins Freie. Sollte Ihr Meriva also, kurz nachdem Sie ihn geparkt haben, unterhalb des Motors nässen, bleiben Sie cool – der AC-Verdampfer »lässt unter sich«. Übrigens, in neueren Klimaanlagen tragen AC-Verdampfer eine wasserabweisende und antibakterielle Beschichtung, sie trocknet die Kühllamellen sehr schnell ab und mindert wirkungsvoll unangenehme Gerüche, die weiland vornehmlich ältere Klimaanlagen verbreitet haben.

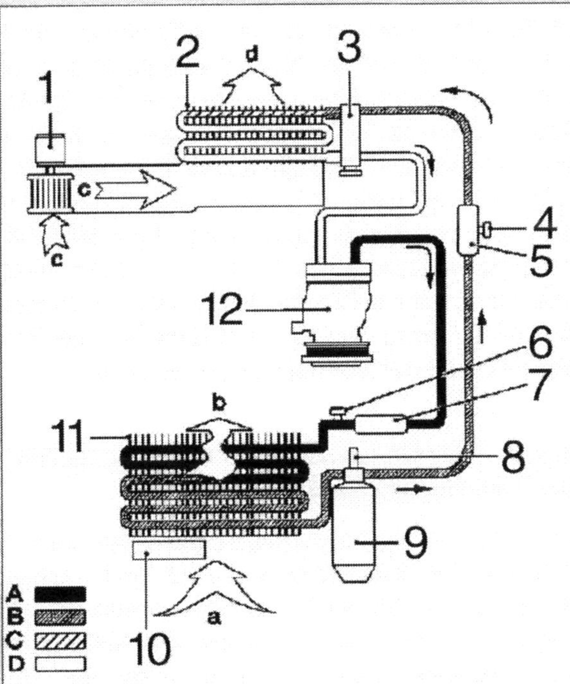

Im Vorderwagen und im Motorraum verteilt: Die AC-Komponenten. *1 Heizungsgebläsemotor, 2 Verdampfer, 3 Expansionsventil, 4 Niederdruck-Serviceanschluss, 5 Pulsationsdämpfer, 6 Hochdruck-Serviceanschluss, 7 Pulsationsdämpfer, 8 Drucksensor, 9 Trocknerbehälter, 10 Zusatzgebläse, 11 Verflüssiger, 12 Verdichter,* **a** *Außenluft,* **b** *Warmluft,* **c** *ungekühlte Luft,* **d** *gekühlte Luft,* **A** *Hochdruckdampf,* **B** *Hochdruckflüssigkeit,* **C** *Niederdruckflüssigkeit,* **D** *Niederdruckdampf.*

Damit Sie Ihr Auto möglichst schnell und sparsam temperieren, geben wir Ihnen im Praxistipp »Klimaanlage – sommer- und wintertags ein Komfortgewinn« ein paar nützliche Hinweise.

Praxistipp

Klimaanlage – sommer- und wintertags ein Komfortgewinn

Keine Frage, je größer und flacher die Fensterflächen an modernen Autos, umso eher gerät die herkömmliche Innenraumbe- und -entlüftungsanlage an die Grenzen ihrer Leistungsfähigkeit – sommer- und wintertags. Moderne Motoren produzieren zu wenig »Abwärme« und das Luftgebläse ist auch in der höchsten Stufe maßlos überfordert.

Einen komfortablen Ausweg aus dem »individuellen« Temperaturstau schaffen Klimaanlagen: Bei starker Sonneneinstrahlung kühlen sie die heiße Luft und im Winter »trocknen« sie die feuchte Frischluft ab.

Der Komfortgewinn hat freilich seinen Preis – zum Nulltarif arbeitet keine Klimaanlage: Wenn Sie Ihre AC als Kühlschrank missverstehen, bezahlen Sie den »Irrtum« mit etwa einen Liter Kraftstoff in der Stunde. Falls nicht, investieren Sie in Ihre Wohlfühltemperatur rund die Hälfte.

Techniker differenzieren zwischen der manuellen AC – dabei wählen Sie die momentane Kühlleistung an einem Dreh- oder Schiebeschalter – sowie der Klimaautomatik mit elektronischer Temperaturvorwahl und einem so genannten »Luftgütesensor«.

Einmal programmiert, agieren leistungsfähige Klimaautomaten bevor das Innenraumklima zu »kippen« droht. Zudem erkennt der Luftgütesensor, ob Ihnen der Vordermann zu viel Abgase in den Innenraum »pustet« oder ob Sie bald in Ihrem »eigenen Saft baden«. Der »Schnüffler« vergleicht dazu die Luftqualität – innen wie außen und variiert zielsicher zwischen Frisch- und Umluft.

Als beste Temperatur – egal ob mit manueller AC oder Klimaautomatik – empfehlen wir Ihnen ganzjährig den Bereich zwischen 20 – 24 °C. Wenn Sie unseren Vorschlag beherzigen, halten Sie den Mehrverbrauch in vertretbaren Grenzen und riskieren keine »Erkältung« zu viel.

Und wie klimatisieren Sie am effizientesten einen brütendheißen Innenraum?

Öffnen Sie vor Fahrtantritt alle Fenster und, falls vorhanden, auch das Schiebedach. Natürlich aktivieren Sie auch die AC und das Heizungsgebläse in der höchsten Stufe. Ihre Maßnahmen bewirken, dass die Luftführungskanäle mitsamt der Innenraumtemperatur, abhängig von der Innenraumgröße, binnen weniger Kilometer von etwa 70 °C um rund 30 °C abkühlen. Nach etwa fünf Minuten schließen Sie dann alle Fenster – vergessen Sie nicht das Schiebedach – und wählen hernach die Umluftstellung.

Sobald Ihre Wohlfühltemperatur erreicht ist, justieren Sie den AC-Regler auf 20 – 24 °C, stellen das Gebläse in Stellung II und schalten von Um- auf Frischluft. Das war's. Wenn Sie eine Klimaautomatik an Bord haben, erledigt der Automat die Arbeit für Sie.

Innenleuchten wechseln

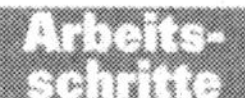

Innenleuchten

[1] Schließen Sie die Türen damit an den Innenleuchten keine Spannung mehr anliegt.

[2] Das betreffende Leuchtenglas hebeln Sie mit einem flachen Schraubendreher aus seiner Halterung und …

[3] … ziehen dann die defekte Soffitte mit einer Klammer aus der Fassung.

[4] Die neue Leuchte drücken Sie einfach in die Fassung.

Leseleuchten (Option)

[1] Siehe »Innenleuchten wechseln«.

Gepäckraumleuchte

[1] Hebeln Sie mit einem flachen Schraubendreher das Lampengehäuse vorsichtig aus der Seitenverkleidung und tauschen dann die Lampe.

Die Schalter

Im Meriva sind unterschiedliche Schaltertypen verbaut. Rechts und links der Lenksäule reichen die Betätigungshebel des Lenkstockschalters aus der Verkleidung. Das Heizgebläse und die Luftverteilung im Innenraum aktivieren Drehschalter in der Mittelkonsole. Den elektrischen Fensterhebern (Option) sind Kippschalter vorbehalten. Druckschalter setzen dagegen die Nebelschlussleuchte, die Zusatzscheinwerfer sowie die beheizbare Heckscheibe in Aktion. Mit etwas Geschick wechseln Sie defekte Kipp- und Druckschalter in eigener Regie. Den Lenkstockschalter sollten Sie besser in Ihrer Fachwerkstatt wechseln lassen, denn dazu wird das Lenkrad demontiert – das geht am Airbag nicht spurlos vorbei.

Aktiviert auch die Wegfahrsperre – das Lenk-/Zündschloss

Mit dem Lenk-/Zündschloss starten Sie den Motor und – bei abgezogenem Zündschlüssel – binnen weniger Sekunden auch die automatische Wegfahrsperre. Ohne Zündschlüssel rastet das Lenkradschloss nach etwa einer halben Lenkraddrehung ein. An der Schließmechanik treten erfahrungsgemäß nur selten Störungen auf. Bei älteren Autos kommt es schon mal vor, dass die elektrischen Zündschlosskontakte »verkleben« bzw. korrodieren. Leider ist die Kontaktplatte separat nicht mehr austauschbar. Sie müssen also das gesamte Lenk-/Zündschloss erneuern. Wir raten Ihnen, die Arbeit Ihrem Opel-Händler anzuvertrauen.

Bestandteil der elektronischen Wegfahrsperre – Zündschloss und Zündschlüssel

Sollte Ihr Auto allerdings partout nicht starten wollen, hat das nicht unbedingt mit dem Zündschloss zu tun: Der Meriva hat ab Werk nämlich eine elektronische Wegfahrsperre an Bord. Einmal aktiviert, zieht die Sperre den Anlasser so lange aus dem Verkehr, bis sie im Zündschloss ihren »eigenen« Zündschlüssel »erkennt«. Das funktioniert zuverlässig, denn der Schlüssel hat ein elektronisches Bauteil in seinem »Griff«, dessen Code nur das Zündschloss erkennt: Langfinger haben da schlechte Karten – mit dem falschen Zündschlüssel bleibt der Meriva stur wie ein Esel.

Stoppt den Datenfluss – »abgeschirmter« Zündschlüssel

Doch in der Praxis kommt es mitunter vor, dass der »Wächter« den Zündschlüssel nicht mehr erkennt. Zum Beispiel dann, wenn er irgendwann als »Flaschenöffner« oder als provisorisches »Schlagwerkzeug« herhalten musste. Zudem kann Ihr Zündschlüssel von anderen Metallanhängseln am Schlüsselbund irritiert werden. In dem Fall blinkt die entsprechende Kontrollleuchte (Pfeil) im Armaturenbrett. Ziehen Sie dann den Zündschlüssel ab und starten nach rund 5 Sekunden erneut. Ergebnislos? Dann aktivieren Sie den Ersatzschlüssel und suchen alsbald Ihren Opel-Händler auf. Er wird Ihnen den »verstimmten« Schlüssel neu codieren oder fertigt einen Ersatzschlüssel an.

Leuchtet kurzzeitig bei eingeschalteter Zündung: *Wegfahrsperrenkontrollleuchte.*

In der A- oder B-Säule montiert: *Türkontaktschalter (Pfeil) im Meriva.*

Türkontaktschalter prüfen

Die Innenbeleuchtung steuern Türkontaktschalter an der A- oder B-Säule. Sollte das Lämpchen »schwarz« bleiben, gehen Sie wie folgt vor:

Arbeitsschritte  

[1] Checken Sie zunächst die Sicherung 20 und 35 im Sicherungskasten. Ist sie o. k., …

[2] … ziehen Sie die Kontaktstifte der montierten Schalter mehrmals bis zum Anschlag hin und her. Die anderen Türen müssen dazu verschlossen sein.

[3] Brennt die Leuchte dann, war »nur« der Schalter korrodiert.

[4] In dem Fall schrauben Sie prophylaktisch alle Schalter los und reinigen die Kontaktflächen. Gegen »Wiederholungsfälle« schützen Sie die Kontakte mit einem Kontaktspray.

[5] Sollten die Kontaktstifte allerdings verzogen oder anderweitig verschlissen sein, wechseln Sie den betreffenden Schalter komplett aus.

[6] Vergessen Sie übrigens nicht, den abgezogenen Kabelstecker zu fixieren. Falls doch, könnte er Ihnen samt Anschlusskabel in die Säule fallen.

Radio aus- und einbauen

In der folgenden Beschreibung berücksichtigen wir nur das Opel-Radioprogramm. Beim nachträglichen Einbau eines Zubehörradios beschaffen Sie sich einen auf den Meriva abgestimmten Einbausatz – Befestigungs- und Montageprobleme sind damit weitestgehend ausgeschlossen. Dem Einbausatz liegt erfahrungsgemäß auch eine detaillierte Montageanleitung bei.

Arbeitsschritte  

[1] Bevor Sie das Batterieminuskabel abklemmen, notieren Sie sich an Radios mit Anti-Diebstahl-Codierung (Keycode) die Codenummer.

[2] Dann schrauben Sie vier Madenschrauben (Fingerspitze) heraus und …

[3] … entsichern das Radio-/Kassettengerät ausschließlich mit den speziellen U-förmigen Drahtwinkeln (Opel: KM 6067). Schieben Sie dazu pro Seite jeweils einen Winkel in die vorgesehenen Bohrungen. Drücken Sie die Winkel jeweils gleichmäßig nach außen (das entlastet die Haltekrallen) und ziehen das Gerät »an« den Winkeln aus der Montageöffnung. Auf diese Weise vermeiden Sie Beschädigungen an der Gerätehalterung.

Keine große Aktion: *Radio mit Montagewinkeln demontieren.*

4 Kennzeichnen Sie die Anschlüsse auf der Geräterückseite und ziehen hernach das Antennenkabel, den Stromanschluss, die Lautsprechersteckverbindung und den Masseanschluss aus den Steckplätzen.

5 Beenden Sie die Arbeit in umgekehrter Reihenfolge. Radios mit Diebstahlcodierung müssen Sie neu codieren.

Lautsprecher aus- und einbauen

Je nach Ausstattung und Modellvariante hat Ihr Meriva in den Türen Breitbandlautsprecher oder Hochtonlautsprecher montiert. Die Montage in den Vorder- und Hintertüren ist nahezu identisch.

Breitbandlautsprecher

1 Stellen Sie das Radio ab und ...

2 ... demontieren die entsprechende Türverkleidung, wie beschrieben. Achten Sie darauf, dass Ihnen die Türdichtfolie nicht einreißt. Ansonsten »wassern« Sie später bei jedem Regenguss und jeder Wagenwäsche ungewollt den Fußraum.

3 Drehen Sie die drei Lautsprecher-Schrauben (Pfeile) los, ...

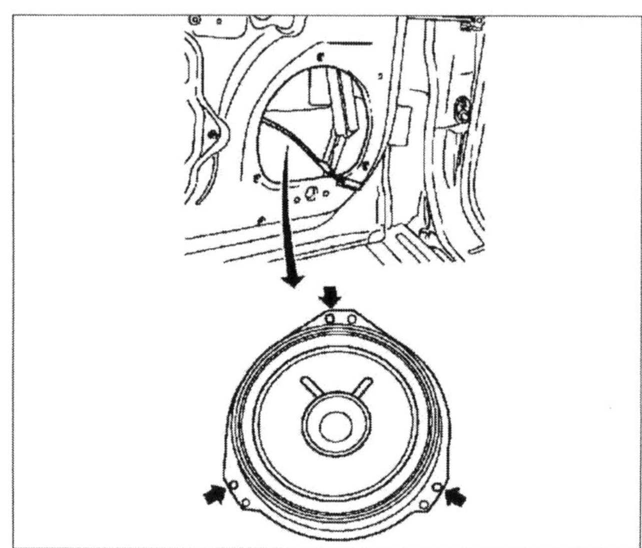

In der Tür demontieren – ***Breitbandlautsprecher****.*

4 ... ziehen den Stecker vom Lautsprecherchassis und bugsieren den Lautsprecher aus der Tür. Ziehen Sie wirklich nur an den Steckern und nicht etwa unachtsam an den Kabeln – Ihnen bleiben dann nämlich »plärrende« oder gar stumme Lautsprecher erspart.

5 Originalkabelsätze haben Formstecker. Wenn Sie in Eigenregie Zwillingsleitungen verlegen möchten, markieren Sie sich vorher die Anschlüsse. Damit vermeiden Sie unterschiedliche Polaritäten.

6 Beenden Sie die Montage in umgekehrter Reihenfolge.

Hochtonlautsprecher

7 Stellen Sie das Radio ab und ...

8 ... demontieren die Türgriffverkleidung, wie beschrieben.

9 »Hebeln« Sie das Lautsprecherchassis 1 mit einem breiten Schlitzschraubendreher aus dem Türprofil und ziehen den Anschlussstecker 2 ab. Ziehen Sie wirklich nur an den Steckern und nicht etwa unachtsam an den Kabeln – Ihnen bleiben dann nämlich »plärrende« oder gar stumme Lautsprecher erspart.

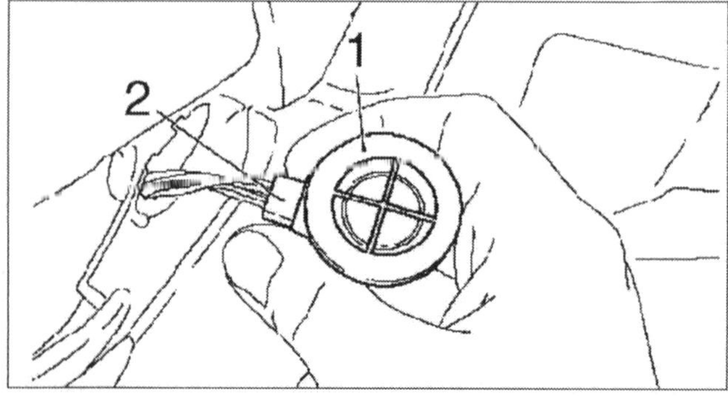

Im Türprofil montiert – ***Hochtonlautsprecher****.*

[10] Originalkabelsätze haben Formstecker. Wenn Sie in Eigenregie Zwillingsleitungen verlegen möchten, markieren Sie sich vorher die Anschlüsse. Damit vermeiden Sie unterschiedliche Polaritäten.

[11] Beenden Sie die Montage in umgekehrter Reihenfolge.

Praxistipp

Hecklautsprecher – achten Sie auf die Größe

Bevor Sie Ihren Meriva in einen rollenden Konzertsaal umfunktionieren, achten Sie auf die Abmessungen der vorhandenen Lautsprechermontageöffnungen und belassen es bei passenden Chassis: Die Magnetwirkung größerer Boxen könnte andernfalls die Sperrwirkung der hinteren Gurtaufroller beeinträchtigen. In dem Fall blockieren die Gurte und lassen sich nicht mehr einwandfrei bedienen.

Dachantenne auswechseln

Werksseitig montierte Radios »surfen« per Dachantenne in der Atmosphäre. Dachantennen sind nahezu unverwüstlich – vorausgesetzt Sie muten den Empfangsstäben keine rotierenden Waschbürsten zu und schrauben sie vorab vom Antennenfuß. Ansonsten legen sich über kurz oder lang die Waschbürsten mit dem Antennenstab an und »knicken« das sensible Stück.
Die dann fälligen Kosten können Sie locker minimieren: Kaufen Sie im Autozubehör eine passende Antenne und »sparen« sich die Montagekosten in die eigene Tasche. Sollten Sie die Antenne komplett installieren, »verstecken« Sie das Antennenkabel unter dem Dachhimmel und hinter einer A-Säulenblende. »Standardmäßig« ist der Ausbau der Dachantenne sehr zeitaufwändig. Wir machen Ihnen darum einen Vorschlag, mit dem Sie die Antenne einfacher vom Dach »kriegen«.

Arbeitsschritte  

[1] Um die Dachantenne zu demontieren, lassen Sie vorsichtig den hinteren Dachhimmelteil ab. Um Kurzschlüsse zu vermeiden, klemmen Sie vorher das Batteriemassekabel ab.

[2] Öffnen Sie die Heckklappe und ziehen das Dichtgummi im oberen »Dachbereich« vorsichtig ab.

[3] Hebeln Sie mit einem Schlitzschraubendreher hernach die drei Blindstopfen aus dem »Himmel« und ...

[4] ... lösen die darunter liegenden Schrauben.

[5] Ziehen Sie jetzt den Himmel gerade so weit vom Dach, dass Sie an die Befestigungsmutter mitsamt den Antennenanschlüssen heran kommen.

[6] Trennen Sie dann den Kabelanschluss 1, lösen die Befestigungsmutter 2 des alten Antennenfußes und ...

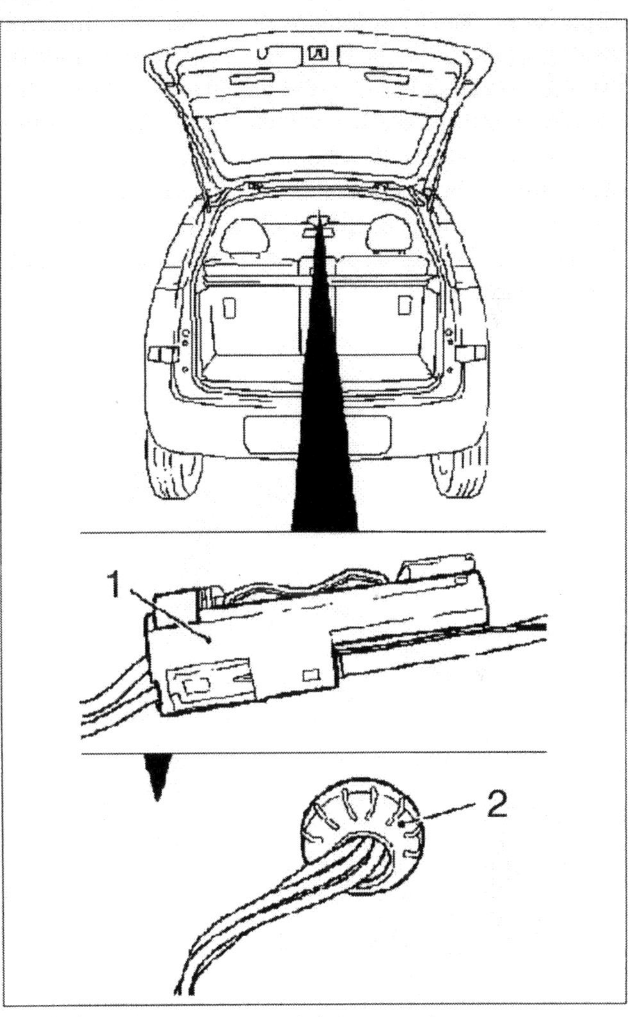

Nacheinander lösen bzw. abziehen – 1 Antennenanschluss, 2 Befestigungsmutter.

[7] ... ziehen den Fuß aus der Dachhaut.

[8] Bevor Sie den neuen Fuß endgültig montieren, ziehen Sie die Befestigungsmutter nur handfest vor, schrauben kurz die Antenne ein, richten den Fuß auf dem Dach aus und ziehen ihn erst danach mit fünf Nm fest.

[9] Beenden Sie die Montage in umgekehrter Reihenfolge.

Nicht zu empfehlen – Vordersitze in Eigenregie aus- und einbauen

Im Meriva sitzen Fahrer und Beifahrer auf »Anti-Dive-Sitzen« – gegen Aufpreis mit Kopfairbags und aktiven Kopfstützen. Die Sitzmöbel sind integraler Bestandteil des Opel-Sicherheitssystems. Im Fall eines Heckaufpralls richten sich gleichfalls die Kopfstützen auf und minimieren damit zusätzlich die Gefahr von Nackenverletzungen (z. B. Schleudertrauma). Unsachgemäß demontierte Sitze könnten die die Sitz- und Gurtsensoren als Crash missinterpretieren. Folge: Sie »zünden« unnötig und haben ihr »Pulver« für den Ernstfall dann verschossen. Sollten Sie sich die Sitzdemontage dennoch selbst zutrauen, informieren Sie sich vorher bei Ihrem Opel-Händler über die bestehenden Sicherheitsvorschriften.

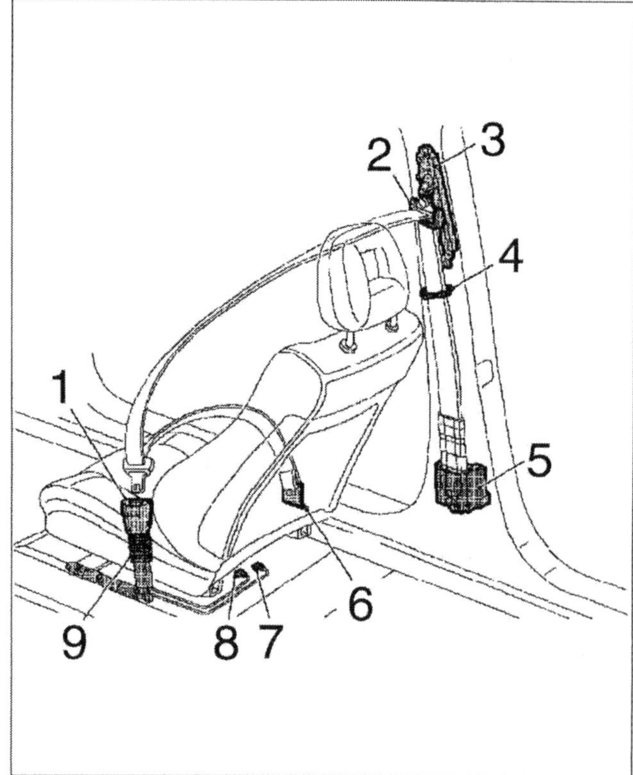

Verringert die Gurtlose: Pyrotechnischer Gurtstraffer am Beispiel der Vordersitze. *1 Gurtschloss, 2 Umlenkbeschlag, 3 Gurthohenversteller, 4 Sicherheitsgurtführung, 5 Aufrollautomat mit Kraftbegrenzer, 6 untere Gurtbefestigung, 7 Mehrfachstecker Sicherheitsgurtkontrollleuchte (nur Fahrerseite), 8 Mehrfachstecker Auslöseeinheit, 9 pyrotechnischer Gurtschlossstraffer.*

Praxistipp: Sicherheitsgurt-Check

Sicherheitsgurte haben ein »Innenleben« und bei Gebrauchtwagen auch eine unbekannte »Vergangenheit«: Erneuern Sie darum grundsätzlich alte Bänder, deren Vergangenheit Sie nicht genau kennen. Machen Sie die Investition bitte nicht von einem scheinbar properen Aussehen oder funktionierendem Aufrollmechanismus abhängig: Nach einem Crash sind Sicherheitsgurte gedehnt und somit ohnehin unbrauchbar.

Selbst wenn Sie die Vita Ihrer »alten« Sicherheitsgurte aus dem Effeff kennen, checken Sie die Gurte von Zeit zu Zeit. Ihr Auto hat vorn und hinten Automatiksicherheitsgurte – auf den äußeren Sitzen mit pyrotechnischen Gurtstraffern. Etwaige Fehler im Sicherheitsrückhaltesystem signalisiert Ihnen die Airbagkontrollleuchte im Cockpit. »Nervt« das Lämpchen unaufhörlich, lassen den Fehler in einer Opel-Werkstatt auslesen. Übrigens: Gurtstraffer- und Airbagkomponenten dürfen Sie nicht zerlegen oder reparieren.

Die Rollgurte werden durch zwei Sensoren »diszipliniert«: Der Bewegungssensor wird beim Bremsen, Kurvenfahren, steilen Bergaufpassagen und ungünstiger Fahrzeuglage aktiv. Dahingegen bremst der Gurtsensor das »Band« nur dann ein, wenn es ruckartig abrollt. Beide Systeme ergänzen sich in ihrer Funktion und müssen unabhängig voneinander funktionieren.

Bevor Sie den Gurten in Teamwork mit einem Beifahrer »dynamisch« auf den Zahn fühlen, kontrollieren Sie ihr Outfit: Wenn Sie

- wellige Gurtbänder,
- ausgefranste Kanten,
- aufgeriebenes Gewebe oder gar
- angerissene Nähte

entdecken, können sie sich die dynamische Prüfung getrost sparen und neue Bänder in Ihrem Auto »aufhängen«. Ansonsten gehen Sie der Reihe nach vor.

Bremsprüfung

- Legen Sie den Gurt korrekt an (Ihr Beifahrer tut es Ihnen gleich), …
- … starten den Motor und fahren im ersten Gang zehn km/h (nicht schneller).
- Bremsen Sie dann möglichst »scharf«. Beide Gurte müssen sofort blockieren. Andernfalls sind die Bewegungssensoren nicht mehr einwandfrei, tauschen Sie den/die defekten Gurte aus.
- Wiederholen Sie die Prüfung auf allen Plätzen.

Zusatzprüfung (Kurvenfahren)

Suchen Sie einen genügend großen Parkplatz, um mit voll eingeschlagenen Vorderrädern fahren zu können. Denken Sie daran, Ihr Wagen hat einen Wendekreis von gut 11 Metern.

- Fahren Sie mit ganz eingeschlagener Lenkung und max. 16 km/h (nicht schneller) im Kreis.
- Derweil versucht Ihr Beifahrer, alle Automatikgurte langsam aus der Aufrollautomatik herauszuziehen. Schafft er das, verschrotten Sie den betreffenden Gurt.

Gurtsensor prüfen

- Halten Sie auf ebener Fläche und im stehenden Auto den Gurt nahe der oberen Verankerung fest. Ziehen Sie den Gurt dann ruckartig aus der Aufrollautomatik. Nach spätestens 25 cm muss die Automatik blockieren. Falls nicht – Gurt verschrotten.

Bevor Sie Ihrem Wagen neue Gurte spendieren, prüfen Sie die Befestigungspunkte an den B- und C-Säulen sowie an der Bodengruppe – treibt dort der Rost bereits sein Unwesen oder ist das Blech etwa schon angerissen, seien Sie misstrauisch: Unsicher befestigt bietet auch der beste Gurt allenfalls das Sicherheitspotenzial eines Hosenträgers.

Türverkleidung vorne aus- und einbauen

An Modellen mit elektrischen Fensterhebern klemmen Sie vorher die Batterie ab. Achten Sie darauf, dass Ihnen die Türdichtfolie nicht einreißt. Falls doch, erneuern Sie die Folie und legen sie auf den gereinigten Türrahmen in eine »satte« Silikonraupe ein. Falls Sie das allzu oberflächlich machen, läuft Ihnen hernach bei jedem Regenguss und jeder Wagenwäsche Wasser in den Fußraum.

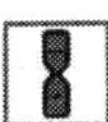

[1] Klemmen Sie das Batterieminuskabel ab und »senken« das entsprechende Fenster ab.

[2] Lösen Sie mit einem Schlitzschraubendreher die Spiegelverkleidung von der Tür. Falls vorhanden, ziehen Sie zuerst den Verstellhebel ab.

[3] Trennen Sie die Fensterschachtleiste von der Innenverkleidung und knippen sie mit einem breiten Kunststoff- oder Holzspatel ab.

mit elektrischen Fensterhebern

[4] Hebeln Sie die Schalter der Spiegelbetätigung und der elektrischen Fensterheber aus der Türverkleidung. Trennen Sie die Stecker von den Schaltern.

mit manuellen Fensterhebern

[5] Zeichen Sie sich mit einem Kreidestrich die Fensterkurbelstellung der auf Verkleidung an.

[6] Schieben Sie dann einen mittleren Schlitzschraubendreher 3 zwischen Rosette und Kurbelachse und entspannen die Sicherungsklammer 2 der Fensterkurbel 1. Ab Werk zeigt die »offene« Seite der Sicherungsklammer in Richtung Kurbelachse, sie kann jedoch auch um 180° verdreht montiert sein.

[7] Drücken Sie mit dem Schraubendreher die Sicherungsklammer aus der Nut und ...

[8] ... ziehen dann die Fensterkurbel mitsamt Innenblende von der Kurbelachse.

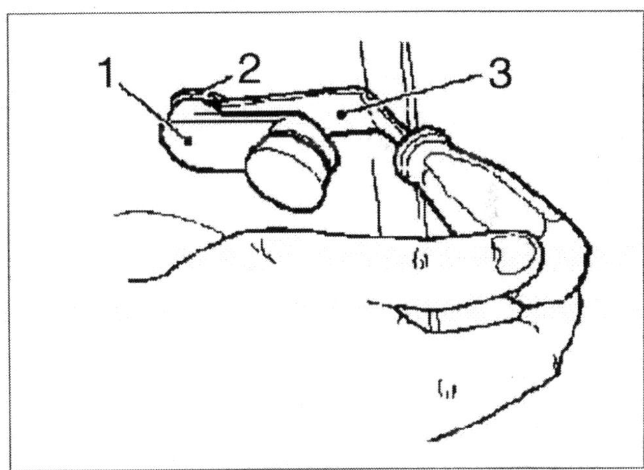

Etwas fummelig, aber machbar – Fensterkurbel demontieren.

beide Fensterheberarten

[9] Lösen Sie jetzt die sieben Befestigungsschrauben (Pfeile) der Türverkleidung. Dazu müssen Sie vorab die Türgriffblende demontieren. Sinnvollerweise hebeln Sie das »zerbrechliche Stück« mit einem passenden Schlitzschraubendreher aus den Verankerungen.

[10] Hebeln Sie nun ringsum die Türinnenverkleidung vom Türrahmen ab. Um die Verkleidung zu schonen, machen Sie das mit einem breiten Spachtel oder einem Fleischwender. Achten Sie dabei auf die Dichtfolie.

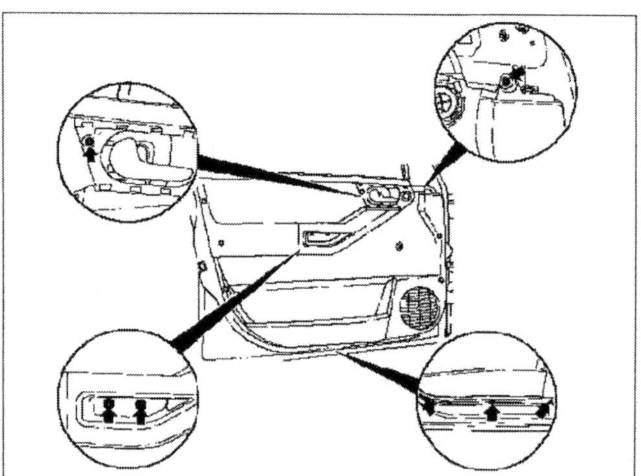

Türverkleidung demontieren – Schrauben und Clipse lösen.

[11] Stellen Sie die Türverkleidung beiseite.

[12] Um an die Türinnereien zu kommen, ziehen Sie die Türdichtfolie punktuell ab. Den Folienklebestreifen trennen Sie mit einem Kunststoffmesser (Einwegbesteck). Fassen Sie möglichst nicht auf die Kontaktränder bzw. die Klebeflächen. Sie würden damit die Klebe- und Dichtwirkung herabsetzen.

[13] Beenden Sie die Arbeit in umgekehrter Reihenfolge. Achten Sie rundum auf einen »satten« Sitz der Dichtfolie. Falls Sie der Dichtfläche misstrauen, tragen Sie besser sofort eine neue Silikonraupe auf.

Seitenscheibe/Fensterheber aus- und einbauen

Da die Arbeiten weitgehend identisch sind, beschreiben wir die Arbeit am Beispiel einer Vordertür.

Seitenscheibe

[1] Demontieren Sie die Türverkleidung und den Außenspiegel wie beschrieben.

[2] Ziehen Sie die Türdichtfolie vorsichtig ab. Trennen Sie dazu den Folienklebestreifen mit einem Kunststoffmesser (Einwegbesteck). Vermeiden Sie die Klebefläche unnötig zu berühren – darunter leidet die Klebewirkung.

[3] Bei Modellen mit Fensterkurbel setzen Sie jetzt die Kurbel kurz aufs Getriebe und heben die Scheibe an – ansonsten »liften« Sie die Scheibe elektrisch in der Tür.

[4] Bohren Sie die Blindnieten (Pfeile) der hinteren Fensterführung mit einem 4,8 mm Bohrer auf und bugsieren die Führung aus dem Türprofil.

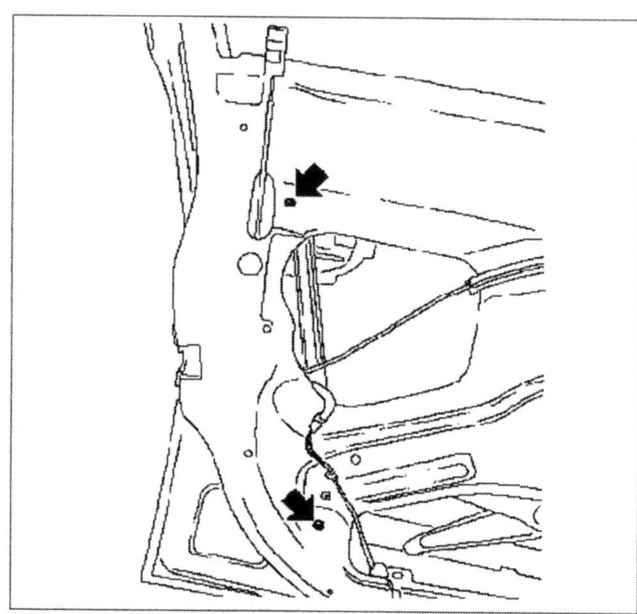

Mit Bohrmaschine ausbohren – hintere Fensterführung.

[5] Jetzt lassen Sie die Scheibe so weit ab ...

[6] ... bis Sie die beiden Schrauben (Pfeile) des Fensterhebers lösen können.

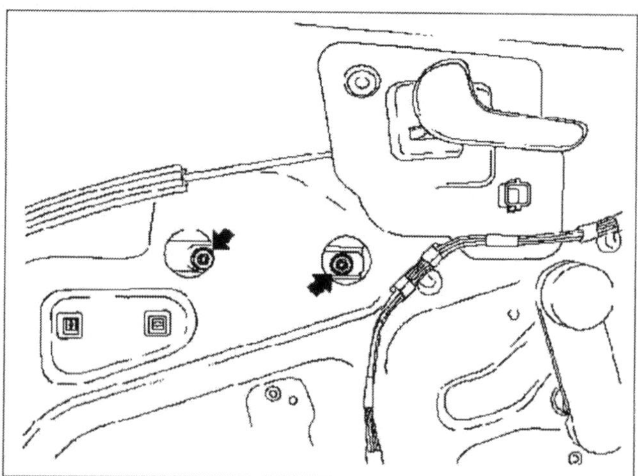

Demontieren – Seitenscheibe vom Fensterheber.

[7] Der vorhandene Platz reicht, um die Scheibe von der Außenseite des Fensterausschnitts aus der Tür zu heben. Schwenken Sie das Fenster dazu nach vorne und heben es aus der Tür. Erfahrungsgemäß kann es erforderlich sein, dass Sie die hintere Fensterrahmendichtung teilweise abziehen müssen.

[8] Schlagen Sie zur Montage zunächst mit einem 2 Millimeter Durchschlag die Nietkopfreste aus den Führungen.

[9] Vor der Montage heben Sie den Fensterheber geringfügig an und ...

[10] ... »jonglieren« die Scheibe in den Fensterschacht.

[11] Dazu fixieren Sie mit einer Hand die Scheibe hinten an der Oberkante und schieben sie gleichzeitig nach hinten **und** nach unten.

[12] Sobald die Scheibe am Fensterheber anliegt, »geben Sie ihr leichten Druck« und ziehen beide Klemmschrauben zunächst handfest vor.

[13] Die Fensterführung »poppen« Sie jetzt mit Blindnieten fest (4,8 x 11 mm).

[14] Passiert? Dann kurbeln Sie das Fenster einmal rauf und runter. Erst wenn der Hubweg passt, ...

[15] ... ziehen Sie die Klemmschrauben fest. Ansonsten justieren Sie das Fenster nach.

[16] Die restlichen Bauteile montieren Sie in umgekehrter Reihenfolge.

Fensterheber

[1] Klemmen Sie das Batteriemassekabel ab und demontieren die Türinnenverkleidung wie beschrieben.

[2] Lösen Sie, wie beschrieben, die Scheibe vom Fensterheber und ...

[3] ... blockieren die Scheibe in dieser Stellung mit einem Holzkeil.

mit elektrischen Fensterhebern

[4] Demontieren Sie den Türlautsprecher und trennen den dahinter liegenden Stecker der elektrischen Fensterheber.

beide Fensterheberarten

[5] Bohren Sie nun die sechs Blindnieten (Pfeile) aus dem inneren Türrahmen und bugsieren den Fensterheber aus der Tür.

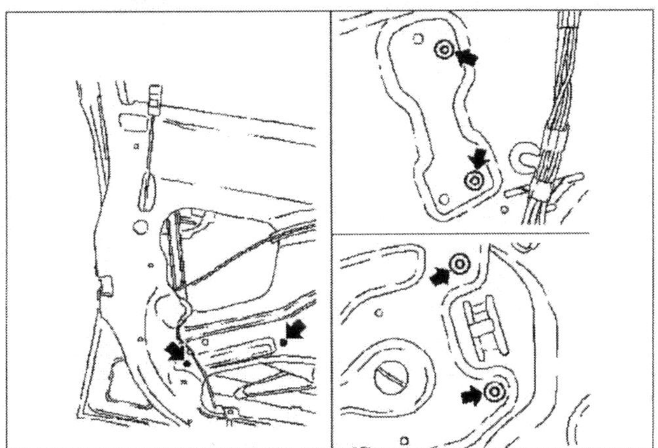

Zur Demontage aus dem inneren Türrahmen ausbohren – Blindnieten.

[6] Beenden Sie die Montage in umgekehrter Reihenfolge, und initialisieren den Fensterhebermotor.

Fensterhebermotor initialisieren

Arbeitsschritte  

[1] Nachdem die Batterie abgeklemmt war, müssen Sie grundsätzlich jeden Fensterheber einzeln initialisieren.

[2] Schließen Sie dazu alle Türen und schalten die Zündung ein.

[3] Drücken Sie jetzt den Fensterheberschalter und lassen die Scheibe vollständig nach oben fahren.

[4] Nachdem die Scheibe geschlossen ist, halten Sie den »Schalter noch mindestens fünf Sekunden fest« und ...

[5] ... lassen ihn erst danach wieder los.

[6] Wenn der »Motor ihre Befehle akzeptiert hat«, öffnet und schließt das Fenster fortan automatisch auf Knopfdruck. Falls nicht, wiederholen Sie den »Handgriff« wie beschrieben.

[7] Wiederholen Sie den Vorgang an allen Seitenscheiben.

Praxistipp

Elektrischer Fensterheber streikt

Schalter defekt: Demontieren Sie den gegenüberliegenden Schalter und stecken den Mehrfachstecker um. Mit dem intakten Schalter können Sie nun das Fenster schließen.

Zuleitung zum Elektromotor unterbrochen: Verlegen Sie eine »Freiluftleitung« mit Plus (wenn keine Spannung anliegt) oder mit Masse (wenn keine Masse anliegt) zum Motor. Lassen Sie dann den Motor anlaufen.

Motor blockiert: Demontieren Sie die Türverkleidung, hängen die Scheibe aus und pressen sie manuell fest in die obere Scheibenführung. In dieser Stellung sichern Sie die Scheibe mit Klebeband oder verkeilen sie von unten mit einer passenden Holzlatte.

Alle hier genannten Tricks sind natürlich nur Notlösungen für die schnelle Hilfe auf der Straße. Zuhause müssen Sie sich der Sache schon fundiert annehmen.

Die Zentralverriegelung

Die Zentralverriegelung öffnet und schließt alle Türen sowie die Heck- und Tankklappe – vorausgesetzt, beide Vordertüren sind tatsächlich im Schloss: An jedem Türschloss sind dazu kleine Stellmotoren installiert. Meriva-Türen reagieren übrigens auf Knopfdruck: Der Sender sitzt direkt im Zündschlüssel und der Empfänger im Gehäuse der Innenraumbeleuchtung. Die Signale gehen jeweils von den beiden Vordertüren »auf die Reise« – von außen passiert das per Zündschlüssel und von innen mit dem Türöffnungshebel.

Zündschlüssel synchronisieren

Bei Funktionsstörungen der Zentralverriegelung checken Sie zunächst die Batterie im Schlüsselgriff. Hat sie noch Power, dann synchronisieren Sie den Zündschlüssel (Sender) mit dem Empfänger.

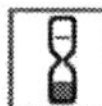

[1] Schalten Sie die Zündung ein und drücken, innerhalb von 30 Sekunden, auf die »Öffnen oder Schließen-Taste« Ihres Schlüssels.

[2] Sobald Sie die Zentralverriegelung jetzt einmal verriegeln und entriegeln, ist der Schlüssel synchronisiert.

Türgriff ab- und anbauen

Einerlei ob Sie die vorderen oder die hinteren Türgriffe demontieren – die Arbeitsschritte unterscheiden sich nur unwesentlich voneinander. Wir beschreiben die Arbeit exemplarisch am Beispiel eines vorderen Türgriffs.

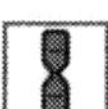

[1] Klemmen Sie das Batterieminuskabel ab und...

[2] ...demontieren danach – wie beschrieben – die Türverkleidung.

[3] Ziehen Sie im hinteren Türbereich vorsichtig die Dichtfolie ab und fixieren sie mit Klebeband an der Türinnenseite.

[4] Drehen Sie in der Tür die beiden Muttern (Pfeile) des Türgriffs los, legen jetzt die Griffschale 1 beiseite und...

[5] ...hängen das Gestänge aus.

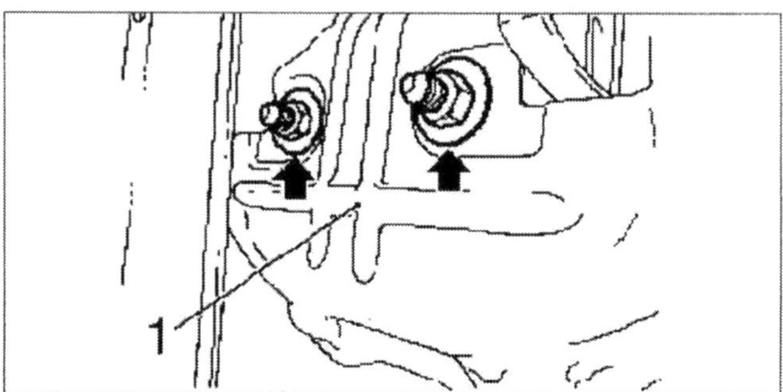

Türgriffschrauben von innen lösen und Gestänge aushängen – zur Griffdemontage.

[6] Ziehen Sie den Türgriff jetzt vorsichtig von der Türaußenhaut ab und...

[7] ...beenden die Montage in umgekehrter Reihenfolge .

Türschloss aus- und einbauen

[1] Zunächst gehen Sie bis Arbeitsschritt 3 »Türgriff ab- und anbauen« vor.

[2] Dann entriegeln Sie, falls vorhanden, den Stecker 1 der Zentralverriegelung und ziehen ihn ab.

[3] Danach hängen Sie den Bowdenzug des Innengriffs 2 und der Türverriegelung 3 aus.

[4] Anschließend lösen Sie drei Türschlossschrauben (Pfeile) und nehmen es ab.

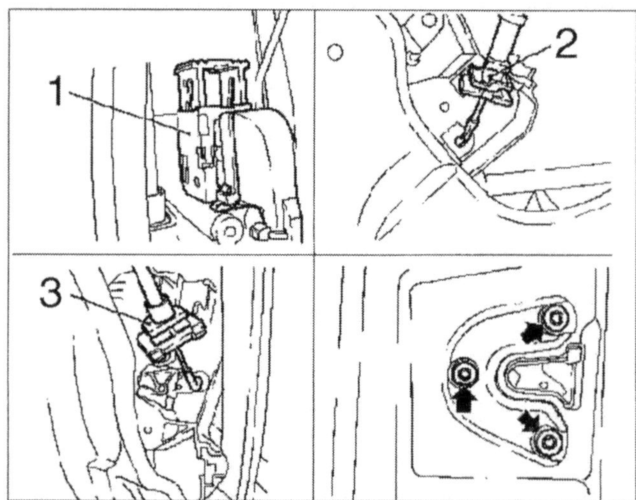

Schnell gemacht – Türschloss demontieren.

[5] Beenden Sie die Montage in umgekehrter Reihenfolge.

Lenkradschloss aus- und einbauen

1 Klemmen Sie das Batteriemassekabel ab.

2 Demontieren Sie, wie beschrieben, die Lenksäulenverkleidung und...

3 ... clipsen den Scheibenwischerschalter aus.

4 Jetzt bauen Sie das Lenkradschloss aus. Dazu drehen Sie den Zündschlüssel in Stellung »I« und drücken die Verriegelung 1 mit einem schmalen Schraubendreher ins Zündschloss. Ziehen Sie dann den kompletten Schließzylinder heraus.

5 Beenden Sie die Montage in umgekehrter Reihenfolge.

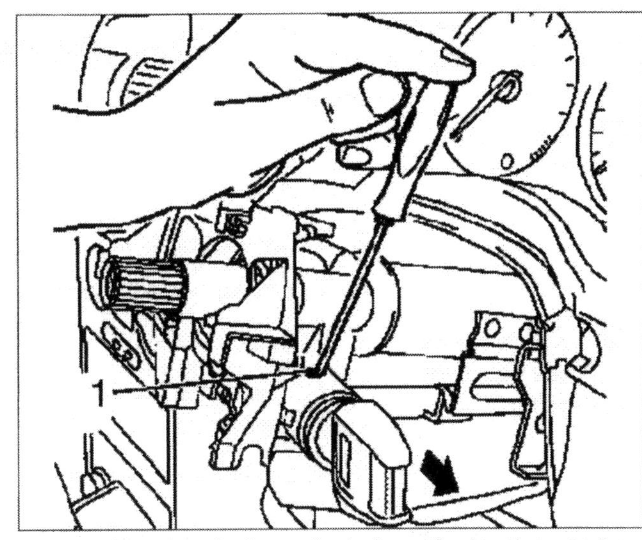

Zündschlüssel in Stellung »I« drehen, Verriegelung 1 eindrücken und Lenkradschloss mit Zündschlüssel herausziehen.

Elektrische Fensterheber*

Störungsbeistand

Störung	Ursache	Abhilfe
A Seitenscheibe »läuft« nur in eine Richtung.	Schalter defekt.	Schalter auswechseln.
B Seitenscheibe blockiert.	1 Passungen zu eng – Sicherung durchgebrannt.	Seitenscheibe in den Führungen gängig machen – Sicherung erneuern.
	2 Motor läuft nicht an – Sicherung o. k.	Provisorisch Spannung an Motor legen. Falls der Motor »läuft«, ist die Zuleitung defekt. Andernfalls Motor auswechseln.
C Seitenscheibe öffnet oder schließt zu langsam.	1 Seitenscheibe in den Führungen verklemmt.	Spiel der Scheibe prüfen und ggf. korrigieren.
	2 Zu starke Reibung in der gesamten Mechanik.	Mechanik ohne Seitenscheibe auf Reibungsverluste überprüfen, ggf. erneuern
	3 Kabelverbindungen defekt oder oxidiert.	Überprüfen, reinigen, ggf. auswechseln.
	4 Schalter defekt oder oxidiert.	Überprüfen, ggf. auswechseln.
D Seitenscheibe öffnet oder schließt im oberen Bereich zu langsam.	Siehe C1.	

*Die Fensterheber arbeiten nur bei eingeschalteter Zündung.

Zentralverriegelung

Störungs-beistand

Störung	Ursache	Abhilfe
A Verriegelung funktioniert nicht.	**1** Sicherung durchgebrannt.	Erneuern.
	2 Servomotor(en) defekt.	Funktion überprüfen, ggf. auswechseln.
	3 Verkabelung unterbrochen.	Überprüfen, ggf. erneuern (lassen).
	4 Fernbedienung nicht synchronisiert.	Fernbedienung synchronisieren.
B Schlösser werden entriegelt, aber nicht verriegelt.	**1** Siehe A2.	
	2 Mehrfachstecker an Motor oder Türkasten locker oder oxidiert.	Festen Sitz kontrollieren, ggf. reinigen.
	3 Schalter im Servomotor defekt.	Durchgangsprüfung an den entsprechenden Motorklemmen durchführen.
C Schlösser werden verriegelt, aber nicht entriegelt.	**1** Siehe A2.	
	2 Siehe B2 und 3.	
D Eines der Schlösser funktioniert nicht.	**1** Siehe B2.	
	2 Kabel- bzw. Steckverbindung am Servomotor oder Türkasten fehlerhaft.	Überprüfen, ggf. instand setzen.
	3 Mechanische Übertragungsteile klemmen.	Teile auf Funktion überprüfen und festen Sitz kontrollieren. Ggf. Teile etwas fetten, verschlissene Teile auswechseln.

DIE KAROSSERIE

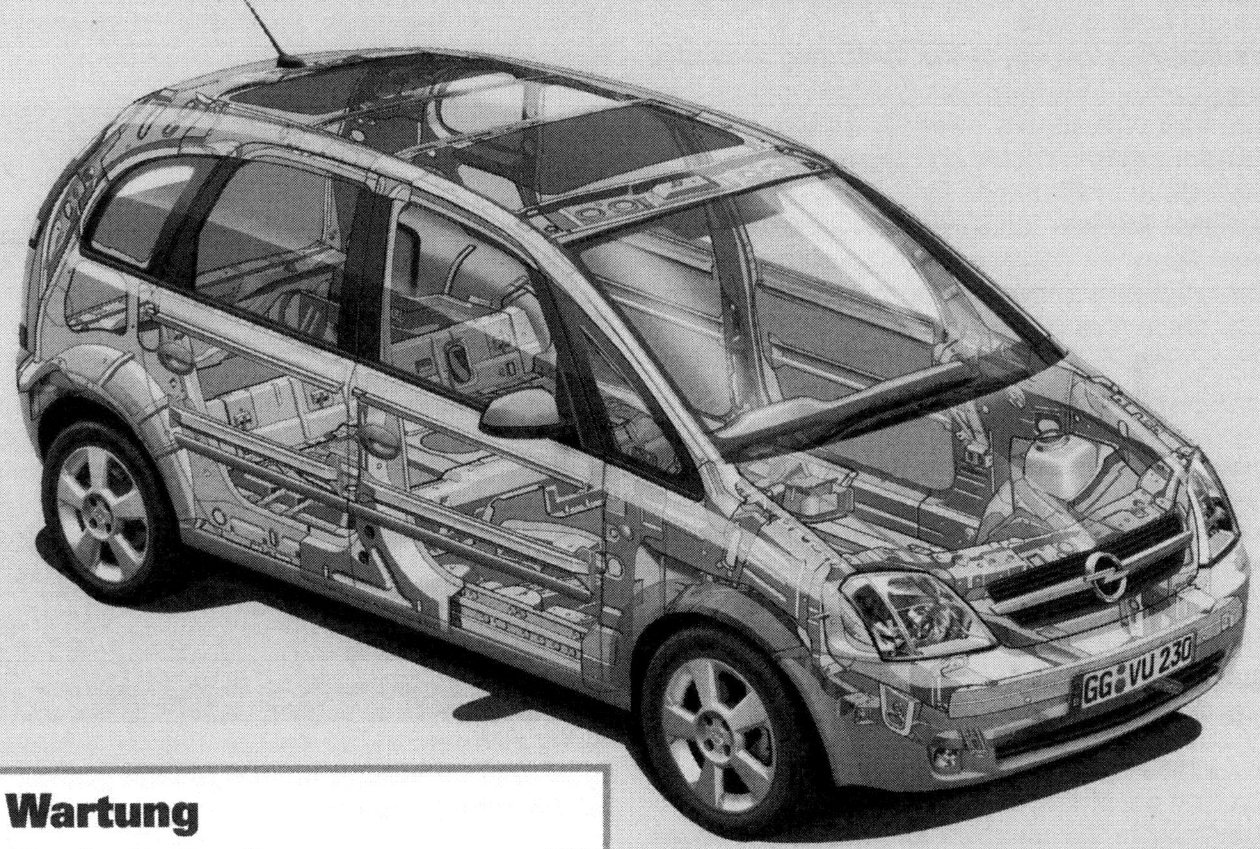

»Ein' feste Burg«: Die Karosseriestruktur des Opel Meriva absorbiert Verformungsenergie in Computer strukturierten Lastenpfaden. Ein Großteil des selbsttragenden Aufbaus besteht aus hochfesten und zäh elastischen Karosseriestählen.

Wartung

Reparatur

Nach dem Willen seiner Vordenker wuchs der Kompakt-Van gewissermaßen von innen nach außen. Zu den Pluspunkten des Meriva zählen unter anderem seine relativ leichte wie stabile Karosseriestruktur: ein Finite-Element-Produkt mit gekonntem Materialmix, allgegenwärtiger Computerassistenz und hochmoderner Produktionsmethoden. Außerdem »wuchert« der kleine Opel mit einem Höchstmaß an Ergonomie, Komfort und Funktionalität.

Der Chauffeur mit bis zu vier Beifahrern profitieren zunächst von 2.630 Millimeter Radstand und einer relativ hoch verlaufenden Dachlinie: Attribute, die den Insassen auf allen Plätzen eine ergonomisch günstige Sitzposition, problemlosen Ein- und Ausstieg sowie viel Bein-, Schulter- und Kopffreiheit offerieren.

Keine Frage, die Platzverhältnisse im Meriva sind der konventionellen Kompaktklasse großzügig entwachsen: Meriva-Eigner erfreut die »innere Größe« der nächstgrößeren Fahrzeugspezies. Nicht so im täglichen Verkehrsgeschehen: Mit 4.042 Millimeter in der Länge, 1.694 Millimeter in der Breite und 1.624 Millimeter in der Höhe findet der Meriva auch in wuseligen Situationen seinen Freiraum, er passt zudem locker in kompakte Parklücken. Das Fahrverhalten des Kompakt-Vans lässt keine großen Wünsche offen – auch voll gepackt, rund 455 Kilogramm sind machbar.

Auf hohem Niveau – der Vorderwagen mit Computer berechneten Lastpfaden

Ein entscheidender Faktor für den hohen Sicherheitsstandard des Meriva ist seine extrem »torsionssteife« Fahrgastzelle. Sie absorbiert im Crashfall die einwirkenden Deformationskräfte in drei Computer berechneten Lastpfaden. Der Vorbau »schluckt«, während eines Frontalaufpralls, die größte Energie. Im oberen Karosseriebereich »verzetteln« sich die Verformungskräfte in Richtung A-Säulen, von dort aus geht's weiter über Türschachtverstärkungen nach hinten. Den unteren Lastpfad bildet der Fahrschemel, dessen Hydroforming-Struktur besonders viel Energie »vernichtet«.

Serienmäßig mit an Bord – Full Size Front- und Seitenairbags für Fahrer- und Beifahrer, pyrotechnische Gurtschlossstraffer

Diverse passive Sicherheitssysteme schützen die Insassen bei frontalen und seitlichen Kollisionen vor übermäßigen Blessuren. Opel rüstet den Meriva beispielsweise mit Full Size Front- und Seitenairbags aus. Außerdem »fesseln« die Besatzung auf den Vordersitzen aktive Gurte mit höhenverstellbaren Gurtumlenkpunkten, pyrotechnischen Gurtstraffern und am Sitz montierten Gurtschlössern. Full Size Kopfairbags in Front und Heck gibt's gegen Aufpreis, übrigens nur in Kombination mit aktiven Kopfstützen vorne. Aktive Kopfstützen schnellen, um den Rotationsraum auf ein Minimum zu begrenzen, im Ernstfall automatisch in Richtung Hinterkopf.

***»Luftig gebremst«:** »Harte« Kollisionen werden im Meriva durch Airbags abgefedert. Aktive Kopfstützen gibt's nur auf den vorderen Sesseln.*

»Entschärft« den vorderen Fußraum – Fahrschemel

Das Meriva-Lastenheft stellte den »Rohbaukonstrukteuren« manch knifflige Denksportaufgabe. Beispiel: Fahrer und Beifahrer sollten ihre Beine in einem »entschärften« Fußraum unterstellen können. Die Aufgabe wurde mit Hilfe des vorderen Fahrschemels gelöst: Er nimmt nicht nur die Antriebseinheit mitsamt Vorderachse auf, sondern leistet zudem die Funktion eines Hilfsrahmens mit genau definiertem Verformungscharakter.

Der Meriva-Chauffeur profitiert bei schweren Frontalcrashes zusätzlich vom Pedal-Release-System (PRS). Dank PRS »fällt« das Kupplungs- und Bremspedal »saft- und kraftlos« in den Fußraum – das Verletzungsrisiko für den Fahrer sinkt damit deutlich.

Gut für die Umwelt und den Geldbeutel – recyclinggerechte Konstruktion

Grundsätzlich wurde der Meriva für ein langes Autoleben konzipiert. Dennoch war sein »geordnetes Ableben« bereits in der »Bildschirmphase« Thema – die einfache Demontage, insbesondere der Kunststoffteile, sowie deren möglichst sortenreine Recyclingmöglichkeiten gehörten ebenso dazu wie die entsprechende Kennzeichnung aller Kunststoffe.
Den Meriva »dekorieren« übrigens rund zehn Prozent Recyclingkunststoffe. So »erleben« zum Beispiel das Gehäuse des Kombiinstruments oder die Scheinwerfer- und Nebelscheinwerfergehäuse in jedem Meriva ihren zweiten Frühling.

Geklebte Front- und Heckscheibe – ein Fall für den Profi

Bevor wir uns nun den Karosseriearbeiten zuwenden, noch ein Rat an alle Do it yourselfer: An die Front- und Heckscheibe lassen Sie besser nur Profis heran. Besagte Scheiben sind nämlich mit der Karosserie verklebt und somit ein stabilisierendes Element. Deren unsachgemäße Reparatur rächt sich spätestens bei einem ernsthaften Crash. Die Karosseriearbeiten, denen wir uns auf den folgenden Seiten widmen, sind dagegen durchaus in Eigenregie zu bewältigen.

Praxistipp

Arbeiten an der Karosserie

Die meisten in diesem Kapitel beschriebenen Reparaturen setzen zwar eine solide Werkzeuggrundausstattung, nicht jedoch unbedingt fremde Hilfe voraus. Doch große Blecheile wie Motorhaube, Heckklappe und Türen sind ziemlich sperrig, da ist bei der Montage oder Demontage ein Assistent erfahrungsgemäß Gold wert. Und noch ein Tipp zu Arbeiten an Motorhaube und Heckklappe: Sie erleichtern sich die Montage, wenn Sie vorher den ursprünglichen Sitz der Scharniere mit einem wasserfesten Filzschreiber in den Karosseriefalzen anzeichnen.

Tür aus- und einbauen

Da die Arbeit für alle Türen nahezu identisch ist, greifen wir die Fahrertür als Beispiel auf. Zum schnellen Ein- und Ausbau der Türen trennen Sie die Scharniere lediglich am Scharnierstift: Schlagen Sie den Stift mit einem passenden Durchschlag nur so weit aus dem Scharnier, dass er im unteren Teil »stecken« bleibt und Sie die Tür zur Montage mit einem leichten Hammerschlag unter den Bolzen fixieren können. Lassen Sie sich von einem Assistenten unterstützen. Nach Unfallreparaturen oder beim Austausch gleichen Opel-Monteure die Türen über die Scharnierhälften an der A- und B-Säule ans Karosseriegefüge an – sie nutzen dazu das Richtwerkzeug Opel Nr. KM-149-A und KM-295-C.

Gurtstraffer und Do it yourself

Bei einem Crash fixieren pyrotechnische Gurtstraffer Fahrer und Beifahrer binnen fünf Millisekunden automatisch gegen die Vordersitzrückenlehnen. Denn sobald ein festprogrammierter Verzögerungswert eintritt, zünden Gasgeneratoren und straffen die gesamte Mechanik – mitsamt Gurtband – um »die oftmals entscheidenden« Zentimeter.

Übrigens: Arbeiten an automatischen Rückhaltesystemen sind **grundsätzlich** kein Fall für Do it yourselfer. Selbst Profis trainieren in speziellen Lehrgängen den sachgerechten Umgang mit Gurtstraffer & Co. Machen Sie sich also die Erfahrungen geschulter »Blaumänner« zu Eigen und stellen Ihre Schraublust hinten an. Das sollte Ihnen die eigene und die Sicherheit Ihrer Mitfahrer allemal Wert sein.

Wichtig VOR Karosseriearbeiten unter dem Auto – »entschärfen« Sie Gurtstraffer und Airbag

Klemmen Sie vor **allen** nennenswerten Karosseriearbeiten die Batterie ab und geben Airbag- und Gurtstrafferkondensatoren hernach noch mindestens zehn Minuten Zeit, um sich zu »entladen«. Ansonsten könnten die Sensoren bereits leichte Hammerschläge oder Schlagschraubervibrationen irrtümlich als Unfall interpretieren. Folge: Sie »zünden« grundlos.

Arbeitsschritte  

1. Klemmen Sie das Batteriemassekabel ab und...
2. ...schrauben dann das Türfangband 4 von der A-/B-Säule ab.
3. Trennen Sie den Mehrfachstecker 3 im vorderen Türschacht. Ziehen Sie dazu den roten »Cap« und drehen dann die Handrändelschraube auf, Sie spüren in der Stellung einen Widerstand.

[4] Ziehen Sie jetzt die Schutzkäppchen 2 von beiden Scharnierbolzen 1.

[5] Bevor Sie die Scharnierbolzen aus den Scharnierhälften treiben, lassen Sie einen Helfer die Tür halten. »Ziehen« Sie zunächst den oberen und dann den untere Scharnierbolzen. Sollten die Bolzen klemmen, bitten Sie den Helfer leicht an der Tür zu »wackeln« – wenn er das gefühlvoll macht, entspannt er damit den/die Bolzen.

[6] Bugsieren Sie die Tür jetzt aus den Scharnieren und stellen sie kippsicher auf einer geeigneten Unterlage ab.

[7] Vor der Montage fetten Sie die Scharnierbolzen mitsamt Fangband leicht ein. Dann ...

[8] ...bugsieren Sie die Tür in den Karosserieausschnitt und »verzahnen« beide Scharnierhälften mit den Scharnierbolzen. Lassen Sie sich assistieren.

[9] Beenden Sie die Montage in umgekehrter Reihenfolge. Achten Sie darauf, dass die Rändelschraube des Mehrfachsteckers fest sitzt.

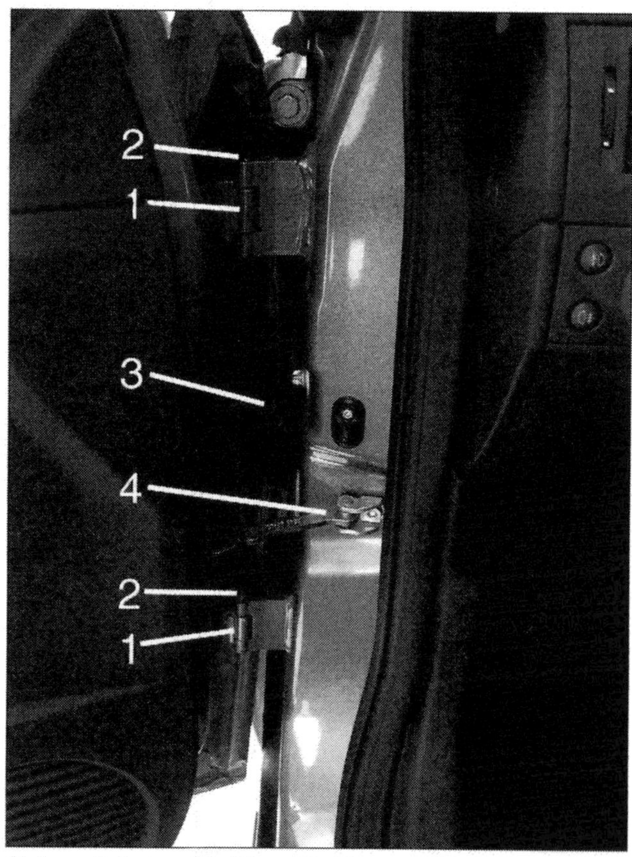

Unkompliziert und haltbar: *Die Türscharniere des Meriva trennen Sie an den mittleren Bolzen. Vergessen Sie nicht, vorher das Türfangband von der Säule zu schrauben und den Mehrfachstecker im Säulenschacht zu lösen.*

Außenspiegel ab- und anbauen

[1] Klemmen Sie das Batteriemassekabel ab und lösen die Innenverkleidung des Außenspiegels.

[2] Je nach Ausstattung ziehen Sie zunächst den Verstellhebel von der Welle ab und hebeln dann mit einem Schraubendreher die Verkleidung von der Tür.

[3] Falls Ihr Meriva elektrisch verstellbare Außenspiegel hat, ziehen Sie nun den Mehrfachstecker 1 ab und...

[4] ... schrauben die drei Schrauben (Pfeile) los.

An drei Schrauben demontieren – Außenspiegel.

[5] Beenden Sie die Montage in umgekehrter Reihenfolge.

Motorhaube aus- und einbauen

Damit Ihnen die Haube nicht auf die Kotflügel bzw. den Kopf »knallt«, lassen Sie sich von einem Helfer assistieren. Die Scharnierhälften sind jeweils geschraubt.

Arbeitsschritte  

[1] Öffnen Sie die Motorhaube und stützen sie mit einem Besenstiel ab.

[2] Um die neue Haube später passgerechter auflegen zu können, markieren Sie jetzt die Scharnierstellung des Altteils mit einem Filzstift.

[3] Passiert? Dann lösen Sie die Haubenscharniere mitsamt dem Haubensteller.

[4] Die neue Motorhaube komplettieren Sie besser schon vor der Montage mit den Anbauteilen der alten Haube.

[5] Legen Sie mit Ihrem Helfer die neue Haube vorsichtig auf und richten sie anhand der vorgezeichneten Scharnierflächen aus.

[6] Die Scharnierschrauben ziehen Sie zunächst nur handfest vor und …

[7] … stellen hernach die Motorhaube grob ein.

[8] Dazu richten Sie die geschlossene Haube so auf dem Vorderwagen aus, dass sie zu beiden Kotflügeln ein gleichmäßiges Spaltmaß hält. Danach justieren Sie die Haubenvorderkante zu den Kotflügeln. Im Idealfall stimmt bei geschlossener Haube dann auch schon die »Fuge« zum Windlauf und die Höhe zur Karosserie. Falls nicht, wiederholen Sie den Vorgang, so lange bis Sie mit Ihrem Ergebnis zufrieden sind.

[9] Sollten Sie dabei »verzweifeln«, gehen Sie Punkt für Punkt vor …

Motorhaube justieren

[1] Richten Sie die aufgelegte Haube mit leicht vorgezogenen Scharnierschrauben 1 so aus, dass sie mit dem Stoßfänger fluchtet und die Spaltmaße 3 zu beiden Kotflügeln gleich sind.

[2] Achten Sie auch auf die Haubenhöhe im Scharnierbereich. Falls die Flucht nicht stimmt, lösen Sie die Scharnierschrauben 2 und ...

[3] … ziehen die Haube mit entsprechenden Distanzstücken »hoch« oder »senken« sie im Umkehrschluss ab.

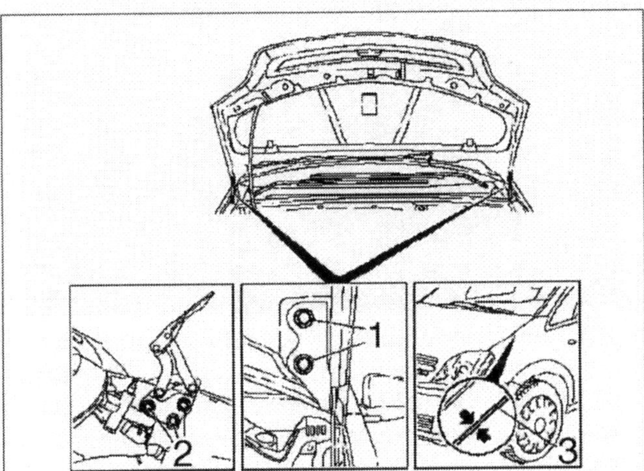

Mit Geduld das richte Spaltmaß einstellen – an der Motorhaube.

[4] Schließen Sie die voreingestellte Haube und pressen mit beiden Händen die Haubenfläche bündig an die Kotflügel. Hernach öffnen Sie vorsichtig die Haube und …

[5] … ziehen auf beiden Seiten die Scharnierschrauben fest.

[6] Bevor Sie die Haube wieder schließen, drehen Sie beide vorderen Haubenanschlagpuffer ein und lösen auch das Haubenschloss so weit, dass der Schließbolzen bei zufallender Haube automatisch die Höhe korrigieren kann. Jetzt …

[7] … lassen Sie die Haube ins Schloss fallen, checken die Haubenstellung und korrigieren – falls erforderlich – die Höhe an den Anschlaggummis. Stellen Sie beide Puffer so ein, dass die geschlossene Haube unter leichter Vorspannung steht.

[8] Das ist dann gleichfalls auch die »Grundstellung« für das Haubenschloss.

[9] Wenn die Haube jetzt aus ca. 20 cm Höhe satt ins Schloss fällt, haben Sie »gut« gearbeitet. Aus geringerer Höhe muss zumindest der Sicherungshaken einrasten. Falls er widerspenstig bleiben sollte, drehen Sie den Schließbolzen ein wenig im Uhrzeigersinn nach oben.

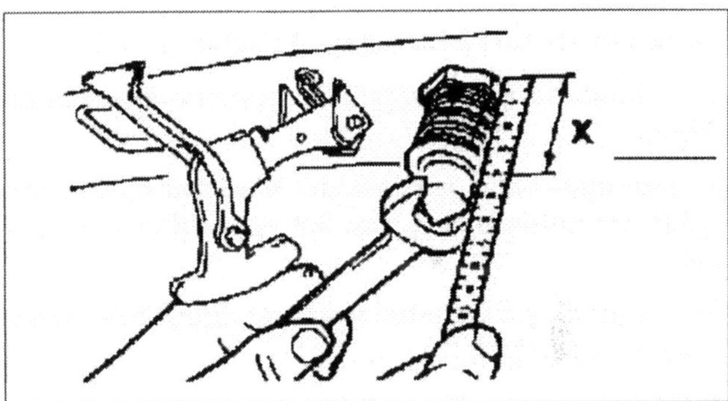

Soll zwischen 40 bis 45 Millimeter betragen – Maß »X«.

Motorhaubenzug auswechseln

Die Motorhaube wird durch einen Seilzug entriegelt. Er verläuft vom Haubenschloss über den linken Radlauf durch die Stirnwand ins Wageninnere. Das Widerlager sitzt im Fußraum an der linken Seitenwand.

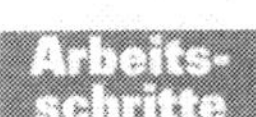

[1] Öffnen Sie die Motorhaube, …

[2] … hängen den Haubenzug am Motorhaubenschloss und …

[3] … am Widerlager im linken Fußraum aus.

[4] Falls der alte Außenzug noch o. k. ist, »verkuppeln« Sie an der Schlossseite per Bindedraht die leicht gefettete Seele des neuen Haubenzugs mit der alten und ziehen den gerissenen Zug Richtung Innenraum aus der Zughülle. Die »neue Seele« findet so automatisch ihren Weg in den linken Fußraum. Andernfalls müssen Sie den kompletten Zug neu verlegen.

[5] Fixieren Sie den neuen Zug zunächst am Widerlager, ...

[6] ... bringen ihn hernach am Haubenschloss auf »Länge« und ...

[7] ... quetschen das noch freie Ende am Haubenschloss fest.

[8] Eventuell müssen Sie die Motorhaube nach der Montage neu einstellen.

Stoßfänger aus- und einbauen (vorne)

Arbeitsschritte  

[1] Bocken Sie den Vorderwagen rüttelsicher auf und ...

[2] ... lösen in beiden Radläufen insgesamt vier Schrauben (Pfeile).

[3] Jetzt drehen Sie unterhalb der Motorhaube, links und rechts der Scheinwerfer, zwei Schrauben (Pfeile) heraus und ...

[4] ... dann die verbleibenden drei Spreiznieten (Pfeile) unterhalb des Stoßfängers.

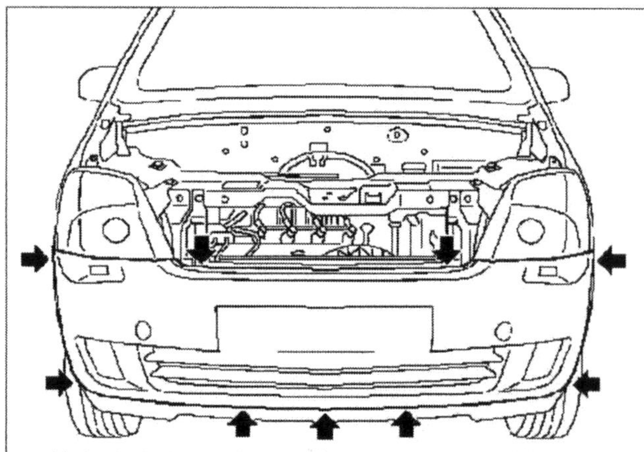

Sechs Schrauben und drei Spreiznieten lösen – zur Stoßfängerdemontage.

[5] Jetzt trennen Sie noch vorne links den Mehrfachstecker des Temperaturfühlers und – falls vorhanden – den der Nebellampen.

Praxistipp

Haubenzug gerissen

Sollte der Zug im Innenraum direkt am Hebel gerissen sein, versuchen Sie das Zugende mit einer Flachzange (Wasserpumpenzange, Kombizange) zu erreichen und daran zu ziehen. Meistens klappt's ... Falls der Zug jedoch am Haubenschloss gerissen ist, behalten Sie »Nerven«, denn es gilt jetzt die Feder der Schließfalle »blind« zu entspannen. Dazu jonglieren Sie einen Montierhebel zwischen den unteren Kühlluftschlitzen in Richtung Haubenschlossfeder und »peilen« mit der flachen Hebelseite das arretierte Federende an. Sobald der Montierhebel davor anliegt, drücken Sie es in Pfeilrichtung aus dem Langloch (Pfeil) nach hinten und »wippen« es gleichzeitig nach oben. Wenn Ihnen das gelungen ist, springt die Haube auf und Sie können den »Deckel« dann wie gewohnt öffnen.

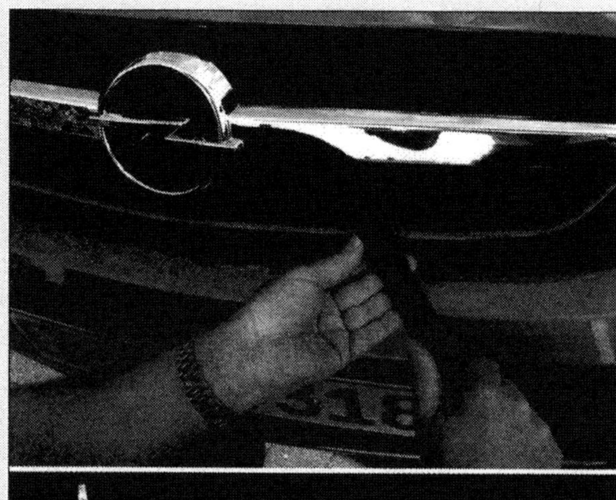

»Mit Geduld und Spucke...«: Motorhaube von außen mit dem Montierhebel öffnen. *»Jonglieren« Sie einen Montierhebel zwischen den unteren Kühlluftschlitzen in Richtung Haubenschlossfeder (oberes Motiv) und pressen das arretierte Federende (Pfeil) mit der flachen Hebelseite schräg nach hinten.*

[6] Bugsieren Sie nun den Stoßfänger mit einem Helfer aus dem Vorderwagen.

[7] Beenden Sie die Arbeit in umgekehrter Reihenfolge. Setzen Sie den Stoßfänger zunächst nur an, ziehen die Schrauben »locker« vor und richten ihn zur Karosserie aus. Ziehen Sie zunächst beide Schrauben links und rechts der Scheinwerfer an, dann folgen die restlichen Schrauben in umgekehrter Demontagereihenfolge. Vergessen Sie nicht, regelmäßig den passgenauen Sitz des Stoßfängers zu checken.

Kotflügel aus- und einbauen

[1] Ziehen Sie die Handbremse an, sichern die Hinterräder mit Unterlegkeilen und bocken den Vorderwagen rüttelsicher auf.

[2] Jetzt nehmen das betreffende Rad ab und demontieren den Innenkotflügel. Er ist an acht Punkten (2 Schrauben, 6 Spreiznieten) fixiert.

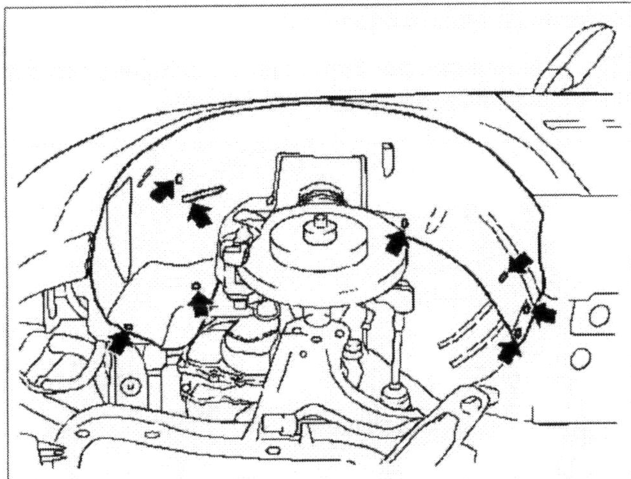

An den Befestigungspunkten (Pfeile) lösen – Innenkotflügel im Radlauf.

[3] Hernach demontieren Sie den Stoßfänger und ...

[4] ... anschließend dann die seitliche Führungsleiste. Dazu bohren Sie beide Popnieten (Pfeile) aus und ...

[5] ... ziehen die Leiste vom Kotflügel.

[6] Hebeln Sie die »leeren Nietgehäuse« mit einem Schraubendreher aus dem Kotflügel.

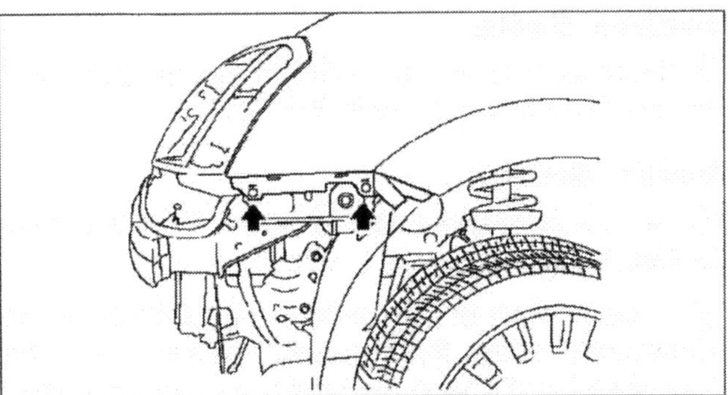

Mit zwei Popnieten am Kotflügel befestigt – seitliche Führungsleiste.

[7] Anschließend demontieren Sie den Hauptscheinwerfer an drei Schrauben (Pfeile) und den Anschlussstecker vom Scheinwerfergehäuse.

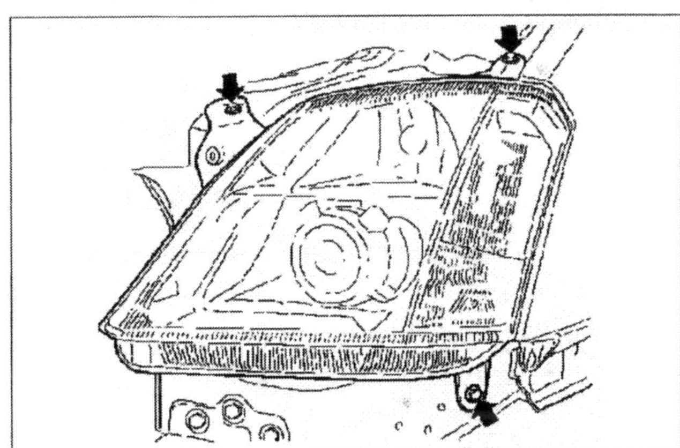

Drei Schrauben und den Anschlussstecker lösen – zur Scheinwerferdemontage.

[8] Erledigt? Dann hebeln Sie die Scheinwerferhalteklammer 1 und das Motorhauben-Anschlaggummi 2 aus dem Kotflügelfalz.

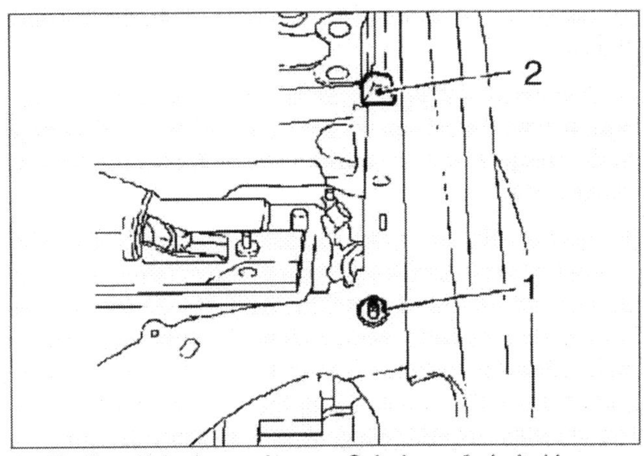

Im Kotflügelfalz demontieren – Scheinwerferhalteklammer und Motorhauben-Anschlaggummi.

rechte Seite

[9] Bauen sie zunächst den Aktivkohlefilter aus und fixieren ihn einfach per Schweißdraht im Radhaus.

beide Seiten

[10] Hernach demontieren Sie, wie beschrieben, die seitliche Blinkleuchte und …

[11] … demontieren im Kotflügelfalz, an der A-Säule und am Türschweller sieben Befestigungsschrauben (1 – 7). Die Schrauben 2 und 3 lösen Sie lediglich und die Schraube 1 »treffen« Sie mit einem Maulschlüssel.

[12] Die Kontaktflächen des gelösten Kotflügels trennen Sie nun mit einem schmalen Spachtel bzw. scharfen Messer vorsichtig vom Radlauf. Das Prozedere gelingt Ihnen besser, wenn Sie die Bereiche vorher mit einem Heißluftgebläse oder leistungsfähigen Fön temperieren: Der Unterbodenschutz bzw. die Dichtmasse wird dann flexibel und gibt leichter »nach«.

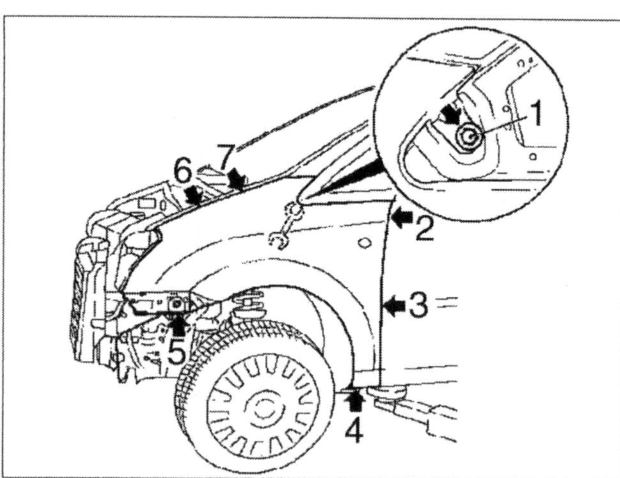

An sieben Befestigungsschrauben lösen – Kotflügel.

[13] Heben Sie den gelösten Kotflügel nun vorsichtig vom Radlauf ab.

[14] Den neuen Kotflügel lackieren Sie bereits vor der Montage. Achten Sie auf den richtigen Lackaufbau und die nötige Rostvorsorge an den Innenfalzen und im Kontaktbereich des Innenflügels.

[15] Säubern Sie sämtliche Kontaktflächen von alter Dichtmasse und sonstigem Dreck. Probieren Sie's mit einem Schaber oder scharfen Messer. Achten Sie jedoch darauf, dass die Lackierung unversehrt bleibt. **Achten** Sie peinlich genau darauf, ansonsten kommen Sie an einem kompletten »Lackneuaufbau« nicht vorbei. Geben Sie in dem Fall den neuen Lackschichten jeweils genügend Zeit, um auszutrocknen.

[16] Bevor Sie den neuen Flügel auflegen, tragen Sie eine »satte Raupe« Unterbodenschutz bzw. Dichtmasse auf sämtliche Kontaktflächen auf. Schließen Sie dann die Tür und richten den Flügel zum Türfalz hin aus. »Passt«? Dann fixieren Sie ihn provisorisch mit zwei passenden Durchschlägen in »bequemen« Schraublöchern.

[17] Jetzt setzen Sie alle Schrauben, jeweils von der Mitte nach außen, an und ziehen sie handfest vor. Reinigen Sie vorher die Gewinde und fetten sie leicht ein. Checken Sie das Türspaltmaß (4,0 mm ± 1,0 mm) und korrigieren es eventuell.

[18] Das Gleiche machen Sie nach jeder »festen« Schraube mit dem Spaltmaß zur Motorhaube.

[19] Abschließend prüfen Sie sämtliche Spaltmaße und ziehen den Flügel dann endgültig fest.

[20] Beenden Sie die Montage in umgekehrter Reihenfolge. Vergessen Sie nicht, die Scheinwerfer einzustellen.

Stoßfänger aus- und einbauen (hinten)

[1] Öffnen Sie die Heckklappe, lösen in den hinteren Radläufen sämtliche Muttern (Pfeile) und …

[2] … demontieren den Stoßfänger anschließend von den restlichen sechs Befestigungspunkten (Pfeile).

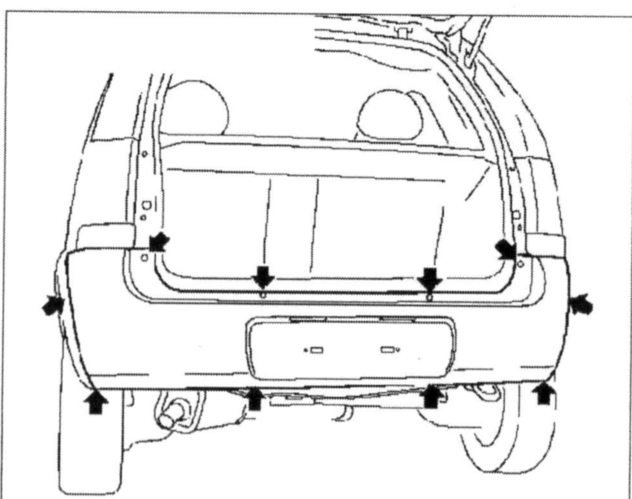
An zehn Stellen lösen – hinteren Stoßfänger zur Demontage.

[3] Ziehen Sie den Stoßfänger zunächst nur so weit vom Hinterwagen ab, bis Sie den Stecker der Kennzeichenbeleuchtung abziehen können.

[4] Montieren Sie die Bauteile in umgekehrter Reihenfolge.

5 Hängen Sie dazu den neuen Stoßfänger zunächst nur in die Karosserie ein und passen ihn grob dem Karosserieverlauf an. Während der Endmontage gleichen Sie dann regelmäßig die Flucht und Spaltmaße aus.

Heckklappe aus- und einbauen

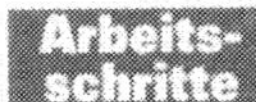  

1 Klemmen Sie das Batteriemassekabel ab und ...

2 ... ziehen nacheinander die Kabelstecker der beheizbaren Heckscheibe, der dritten Bremsleuchte, des Heckscheibenwischers und der Zentralverriegelung ab.

3 Stützen Sie jetzt die Heckklappe (z. B. mit einem Besenstiel) ab, ...

4 ... »fädeln« die Halteklammern 1 der Aufsteller in Pfeilrichtung heraus und hebeln an der Klappe die Gasdruckaufsteller von den Kugelbolzen ab.

5 Während Sie die Scharnierbolzen 2 entsichern und mit einem Durchschlag aus den Scharnieren treiben, lassen Sie einen Assistenten die Kofferraumklappe halten.

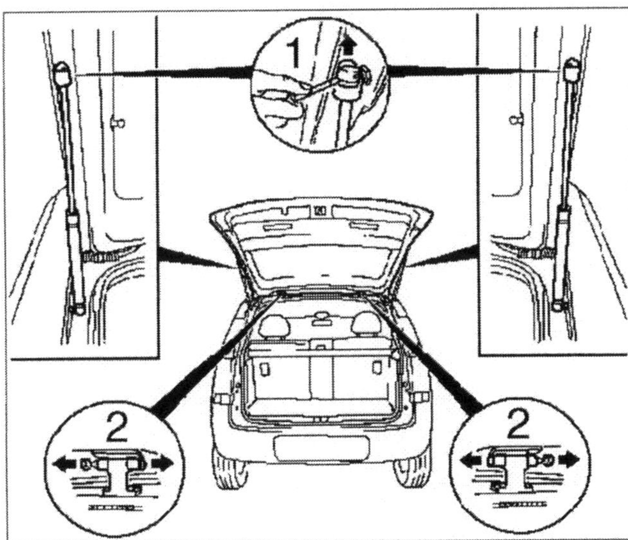

Zuerst entsichern und dann aus den Scharnieren treiben – Heckklappenscharnierbolzen.

6 Nehmen Sie nun die Klappe ab und »parken« sie kippsicher auf einer Unterlage.

7 Beenden Sie die Montage in umgekehrter Reihenfolge. Falls Sie die alte Heckklappe nicht wieder montieren, komplettieren Sie vor der Montage das Neuteil mit den Innereien des ausgemusterten Deckels.

Praxistipp

Heckklappe komplettieren

Um die neue Heckklappe schneller zu komplettieren, »verlängern« Sie bereits vor der Demontage des alten »Deckels« alle »Versorgungsleitungen« mit einem Bindfaden oder Bindedraht. Die Zuleitungen ziehen Sie dann am anderen Ende zusammen mit den angebundenen Verlängerungen aus der Klappe. Lassen Sie die Fäden auf beiden Seiten genügend lang aus der Klappe »baumeln«, denn daran befestigen Sie Neuteile zur Installation. Die Montage »passiert« in umgekehrter Reihenfolge – die Fäden fungieren dabei als »Pfadfinder« für Kabel und Schläuche.

Gummidichtung ersetzen

Wenn Sie sich schon die Heckklappe »vorgenommen« haben, prüfen Sie gleich auch die Heckklappendichtung: Staub- oder Wasserlaufspuren auf beiden Seiten der Dichtfläche »verraten« undichte Stellen. Ist die Dichtung spröde oder rissig, spendieren Sie Ihrem Wagen ein neues Formteil. Ziehen Sie dazu die alte Dichtung vollständig ab und säubern den Falz von alten Dichtmittelresten und Schmutz.

Pressen Sie neues Dichtmittel (z. B. Fugendichtmittel, Silikon) sparsam in die Dichtungsnut. Falls Sie keine »fertige« Dichtung bekommen sollten, setzen Sie eine entsprechend profilierte Nachrüstdichtung in Schlossmitte an und pressen sie hernach rundum auf den Falz. Das überstehende Ende kürzen Sie einfach mit einem Seitenschneider passend ein. »Geben« Sie der Stoßverbindung etwas Vorspannung und »schlagen« dann die vormontierte Dichtung vorsichtig mit einem Gummihammer auf den Karosseriefalz.

Heckklappenschloss aus- und einbauen

1 Klemmen Sie das Batteriemassekabel ab, ...

2 ... demontieren die innere Heckklappenverkleidung an vier Befestigungsschrauben (Pfeile) und ...

3 ... ziehen »das gute Stück« vorsichtig ab. Verfahren Sie vorsichtig mit den zehn Befestigungsclipsen.

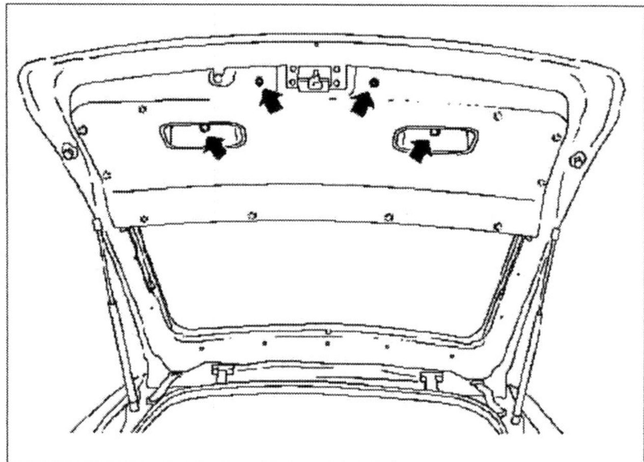

Mit zehn Clipsen und vier Schrauben befestigt – Heckklappenverkleidung.

[4] Anschließend ziehen Sie den Anschlussstecker 2 vom Schließmodul, clipsen die Zugstange (Pfeil) vom Schlossgehäuse und ...

[5] ... lösen beide Muttern 1 innerhalb der Klappe.

[6] Bugsieren Sie nun das komplette Schloss aus dem »entkleideten« Deckel. Um Schloss und Gehäuse zu trennen, lösen Sie die vier Befestigungsschrauben – fertig.

[7] Beenden Sie die Montage in umgekehrter Reihenfolge.

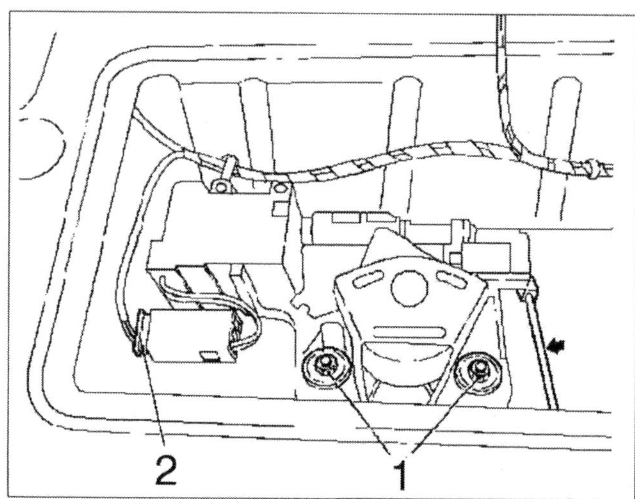

Mit zwei Muttern innerhalb der Klappe verschraubt – Heckklappenschlossgehäuse.

Technische Daten*

Motor

Modell	1,6 8V	1,6	1,8	1,7 DTI	1,7 CDTI
Bauart	Reihe (SOHC)	Reihe (DOHC)	Reihe (DOHC)	Reihe (DOHC)	Reihe (DOHC)
Motortyp	Z16 SE	Z16 XE	Z18 XE	Y17 DT	Z17 DTH
Zylinder	4	4	4	4	4
Ventile pro Zylinder	2	4	4	4	4
Bohrung mm	79,0	79,0	80,5	79,0	79,0
Hub mm	81,5	81,5	88,2	86,0	86,0
Hubraum cm³	1598	1598	1796	1686	1686
Kurbelwellenlager	5	5	5	5	5
Verdichtungsverhältnis	9,6:1	10,5:1	10,5:1	18,4:1	18,6:1
Höchstleistung kW/PS	64/87	74/100	92/125	55/75	74/100
bei 1/min	5400	6000	6000	4400	4400
Maximales Drehmoment Nm	138	150	165	165	240
bei 1/min	3000	3600	4600	1800-3000	2300
mittlere Kolbengeschw. bei Nenndrehzahl (m/s)	14,7	16,3	17,6	12,6	12,6
max. Ladedruck bar	–	–	–	0,9	1,18
Ventilspiel	hydraulisch	hydraulisch	hydraulisch	manuell	manuell
Öldruck bei 80 °C** Leerlauf bar	1,5	1,5	1,5	1,27	1,27

*Stand Januar 2004; ** bei Leerlaufdrehzahl und betriebswarmen Motor.

Ventilsteuerung

SOHC-Motor (Z16 SE)	eine oben liegende Nockenwelle; Antrieb über Zahnriemen; hydraulische Tassenstößel; zwei Ventile pro Zylinder; automatischer Ventilspielausgleich.
DOHC-Motor (Z16 XE, Z18 XE)	zwei oben liegende Nockenwellen; Antrieb über Zahnriemen; hydraulische Tassenstößel; vier Ventile pro Zylinder; automatischer Ventilspielausgleich.
DOHC-Motor (Y17 DT, Z17 DTH)	zwei oben liegende Nockenwellen; Antrieb über Zahnriemen; Tassenstößel mit Ausgleichsscheiben; vier Ventile pro Zylinder.

Schmiersystem

Druckumlaufschmierung, Ölfilter im Hauptstrom.

Kühlsystem

Modell	1,6 8V	1,6	1,8	1,7 DTI	1,7 CDTI
Kühlung	Wasserumlauf mit Kreiselpumpe				
Ventilator	thermostatisch geregelter Elektrolüfter				
Antrieb der Wasserpumpe	Mehrrippenantriebsriemen				
Thermostat	Bypasssteuerung				
beginnt zu öffnen °C	92	92	92	92	92
Kühlsystemüberdruck bar	1,4	1,4	1,4	1,2	1,2

Kraftstoffanlage

Motor	1,6 8V	1,6	1,8	1,7 DTI	1,7 CDTI
Gemischaufbereitung	Sequenzielle Kraftstoffeinspritzung, Multec S	Sequenzielle Kraftstoffeinspritzung, Multec S (F)	Sequenzielle Kraftstoffeinspritzung, SIMTEC-71	Direkteinspritzung, EDC-Verteilereinspritzpumpe, Bosch VP 29	Common-Rail Direkteinspritzung, Denso HP 3
Katalysator	Drei-Wege-Katalysator, zwei Lambdasonden, Abgasrückführung	Drei-Wege-Katalysator, zwei Lambdasonden, Abgasrückführung	Drei-Wege-Katalysator, zwei Lambdasonden, Abgasrückführung	Oxidations-Katalysator, Abgasrückführung	Oxidationskatalysator, Abgasrückführung
Kraftstoff	95 ROZ	95 ROZ	95 ROZ	Diesel	Diesel
Abgasnorm	Euro 4	Euro 4	Euro 4	Euro 3	Euro 4

Kraftübertragung

Kraftübertragung	Frontantrieb		
Kupplung	hydraulisch betätigte, selbstnachstellende Einscheiben-Trockenkupplung mit Tellerfederdruckplatte, asbestfreier Belag.		
Hydraulikflüssigkeit	DOT 4 oder SAE-Spezifikation J1703		
Durchmesser (mm)	Z16 SE 200	Z16 XE / Z18 XE / Y17 DT 205	Z17 DTH 228
Schaltgetriebe (F13, F17, F23)	manuelles 5-Gang Schaltgetriebe; Mittelschaltung; Differenzial mit Getriebe verblockt; homokinetische Antriebswellen.		
Easytronic* (MTA F 17)	elektronisch gesteuertes 5-Gang Schaltgetriebe mit sequenzieller Schaltfunktion; Winterprogramm; Differenzial mit Getriebe verblockt; homokinetische Antriebswellen.		

* nur 1,6; 1,8.

Übersetzungsverhältnisse	1,6 8V	1,6 /*	1,8 /*	1,7 DTI	1,7 CDTI
1. Gang	3,73	3,73 / 3,73	3,73 / 3,73	3,73	3,58
2. Gang	2,14	2,14 / 1,96	2,14 / 1,96	1,96	1,89
3. Gang	1,41	1,41 / 1,32	1,41 / 1,32	1,32	1,19
4. Gang	1,12	1,12 / 0,74	1,12 / 0,74	0,74	0,85
5. Gang	0,89	0,89 / 0,76	0,89 / 0,76	0,76	0,69
Rückwärtsgang	3,31	3,31 / 3,31	3,31 / 3,31	3,31	3,31
Achsübersetzung	3,94	3,94 / 3,94	3,94 / 3,94	3,94	3,84

* Easytronic-Version

Karosserie

Länge (mm)	4042
Breite exkl. Außenspiegel (mm)	1694
Höhe exkl. Dachreling (mm)	1624
Luftwiderstandsbeiwert (c_W)	0.32*

*Grundmodell

Fahrwerk

Vorderachse	Einzelradaufhängung an McPherson Federbeinen; Dreiecksquerlenker an geschlossenem Fahrschemel; Stabilisator.
Spurweite (mm)*	1449
Hinterachse	Torsionsrohr-Verbundlenkerachse, Gasdruckstoßdämpfer, Miniblock Schraubenfedern.
Spurweite (mm)*	1464
Radstand (mm)	2630

*je nach Rad-/Reifenkombination

Räder

Felgen	Modell	Serie		auf Wunsch	
	1,6 8V	5½J x 14	Stahl	6J x 15, 6J x 16, 6½J x 17	Leichtmetall
	1,6	6J x 15	Stahl	6 J x 15, 6J x 16, 6½J x 17	Leichtmetall
	1,8	6J x 15	Stahl	6J x 15, 6J x 16, 6½J x 17	Leichtmetall
	1,7 DTI	6J x 15	Stahl	6J x 15, 6J x 16, 6½J x 17	Leichtmetall
	1,7 CDTI	6J x 15	Stahl	6J x 15, 6J x 16, 6½J x 17	Leichtmetall

Reifen	Modell	Serie	auf Wunsch
	1,6 8V	175/70 R14	185/60 R15, 205/50 R16, 205/45 R17
	1,6	185/60 R15	205/50 R16, 205/45 R17
	1,8	185/60 R15	205/50 R16, 205/45 R17
	1,7 DTI	185/60 R15	205/50 R16, 205/45 R17
	1,7 CDTI	185/60 R15	205/50 R16, 205/45 R17

Lenkung

Geschwindigkeitsabhängige elektrische Zahnstangenlenkung EPS; höhenverstellbare Sicherheitslenksäule (Option) mit Deformationselement; Sicherheitslenkrad; Wendekreis 10,9 m; 3,8 Lenkradumdrehungen von Anschlag zu Anschlag.

Bremsanlage

diagonal geteiltes ABS-Bremssystem (Bosch 5.3) mit elektronischer Bremskraftverteilung (EBV); pneumatischer Bremskraftverstärker; automatische Traktionskontrolle* (TC-Plus); Handbremse mechanisch auf die Hinterräder wirkend; vorne / hinten Bremsscheiben (v. innenbel.); Handbrems-/Bremskreis-Kontrollleuchte; asbestfreie Bremsbeläge.

* Meriva 1,8 und Meriva 1,7 CDTI.

Vorderachse		
Bremsscheibendurchmesser (mm)	280	(260 bei 1,6 8V)
Scheibenstärke (mm)	25	(24 bei 1,6 8V)
Mindeststärke (mm)	22	(21 bei 1,6 8V)
max. Scheibenschlag (mm)	0,03	
Bremskolbendurchmesser (mm)	57	(54 bei 1,6 8V)

Hinterachse		
Bremsscheibendurchmesser (mm)	264	(240 bei 1,6 8V)
Scheibenstärke (mm)	10	
Mindeststärke (mm)	8	
max. Scheibenschlag (mm)	0,03	
Bremskolbendurchmesser (mm)	38	(36 bei 1,6 8V)

Elektrische Anlage

Modell	1,6 8V	1,6	1,8	1,7 DTI	1,7 CDTI
Bordspannung V	12	12	12	12	12
Batterie Ah	44	44	44	70	70
Generator A	70	100	100	70	70
Zündsystem	ruhende Zündverteilung; digitale Motor Elektronik			automatische Vorglühanlage (Schnellglühkerzen)	

Füllmengen (Liter)

Modell	1,6 8V	1,6	1,8	1,7 DTI	1,7 CDTI
Motoröl mit Filter	3,5	3,5	4,25	4,5	4,7
Kühlsystem inkl. Heizung	6,8	7,1	6,5	7,1	6,7
Kraftstoff	53	53	53	53	53
Schaltgetriebe	1,6	1,6	1,6	1,6	1,55
Automatikgetriebe	–	1,6	1,6	–	–

Gewichte (kg)*

	Leistung (kW)	Leergewicht	Zuladung	zuläss. Gesamtgewicht	zulässige Achslast vorne	zulässige Achslast hinten
1,6 8V	64	1350	455	1805	920	950
1,6	74	1375	455	1830	940	950
1,6 Easytronic	74	1375	455	1830	940	950
1,8	92	1380	455	1835	940	950
1,8 Easytronic	92	1380	455	1835	940	950
1,7 DTI	55	1393	477	1870	985	950
1,7 CDTI	74	1455	455	1910	1025	950

* Leergewicht plus 200 kg Zuladung; Basisausstattung.

Zulässige Anhängelasten (kg) bei 12% Steigung

	ungebremst	gebremst
1,6 8V	675	1200
1,6	675	1200
1,6 Easytronic	675	1200
1,8	675	1200
1,8 Easytronic	675	1200
1,7 DTI	675	1100
1,7 CDTI	675	1200

Fahrleistungen*

Modell	Leistung kW	Reifen	V-max. km/h	Beschleunigung 0 –100 km/h	Verbrauch gemäß NEFZ Liter/100 km städt.	außerstädtisch	gesamt	CO_2-Emission g/km
1,6 8V	64	175/70 R14	171	14,5	10,5	6,2	7,8	187
1,6	74	185/60 R15	177	13,3	9,9	6,1	7,5	179
1,6 Easytronic	74	185/60 R15	178	14,3	9,8	5,7	7,2	173
1,8	92	185/60 R15	192	11,3	10,9	6,6	8,2	196
1,8 Easytronic	92	185/60 R15	190	12,3	10,7	6,1	7,8	187
1,7 DTI	55	185/60 R15	161	17,0	6,9	4,5	5,4	146
1,7 CDTI	74	185/60 R15	178	13,4	6,7	4,5	5,3	143

*Fahrleistungen und Verbrauchswerte gelten für Fahrzeuge mit angegebener Bereifung. Verbrauchswerte sind in der Praxis gewichtsabhängig zu sehen. Die hier genannten Werte sind nach einheitlichen Prüfvorschriften ermittelt.

Diebstahlschutz

Elektronische Wegfahrsperre (3. Generation); Zentralverriegelung mit Funkfernbedienung; Diebstahlalarmanlage (Option); Schließzylinder mit Rutschkupplung; CAN-BUS.

Sicherheit

Fahrer-/Beifahrer- und Seitenairbags; elektronisch geregeltes Antiblockiersystem mit integrierter Bremskraftverteilung (EBV); spurkorrigierendes Fahrwerk; Traktionskontrolle (TC-Plus)*; Seitenaufprallschutz in den Türen; höhenverstellbare Sicherheitslenksäule mit Deformationselement; Pedal-Release-System (PRS); Dreipunkt-Automatikgurte auf allen Plätzen (vorn und hinten außen höhenverstellbar mit pyrotechnischen Gurtstraffern und -kraftbegrenzern); Kindersitzhaltesystem (ISOFIX). Option: Kopfairbags, aktive Kopfstützen; elektronisches Stabilitätsprogramm (ESP)**; Sitzbelegungserkennung (Beifahrerairbag); Parkpilot.

* Meriva 1,8 und Meriva 1,7 CDTI.

** nicht mit Easytronic und im 1,7 DTI.

Wartung

Alle 30.000 km (Ottomotoren) bzw. 50.000 km (Dieselmotoren) zum Servicecheck, spätestens jedoch nach 24 Monaten. Der Meriva hat ab Werk ein bedarfsgerechtes Servicesystem an Bord – die Serviceintervalle können also je nach Fahrweise und Belastung variieren.

Garantie

Neuwagengarantie:
Nach Erstzulassung 24 Monate ohne Kilometerbegrenzung, verlängerbar auf fünf Jahre.

Karosserie:
Nach Erstzulassung zwölf Jahre gegen Durchrostungen.

Opel Starterbatterien:
Nach Erstzulassung zwei Jahre.

Mobilservice:
Nach Erstzulassung 24 Monate Mobilitätsgarantie, bei regelmäßigen Servicechecks – in autorisierten Opel-Vertragswerkstätten – verlängerbar auf sieben Jahre (120.000 km).

Stichwortverzeichnis

Zeitfracht Medien GmbH
Ferdinand-Jühlke-Straße 7
99095 Erfurt, Deutschland
produktsicherheit@kolibri360.de